Einspindelautomaten

Von

Professor Dipl.-Ing. F. Karpinski

Eßlingen a. N.

Mit 386 Abbildungen

Springer-Verlag

Berlin/Göttingen/Heidelberg

1958

ISBN-13: 978-3-642-47369-2 e-ISBN-13: 978-3-642-47367-8
DOI: 10.1007/978-3-642-47367-8

Softcover reprint of the hardcover 1st edition 1958

Vorwort

Die ursprüngliche Absicht, das Buch von PH. KELLE „Automaten" in neuer Auflage herauszubringen, ließ sich nicht ausführen, weil die Entwickelung der Automaten in der Zwischenzeit solche Fortschritte gemacht hatte, daß vieles als veraltet und unzweckmäßig wegfallen mußte. Mehrere Automatentypen sind von den Herstellern aufgegeben worden oder sterben langsam aus. Andererseits sind neue Typen auf den Markt gekommen, die im Buch von KELLE nicht behandelt worden sind.

Da über die Mehrspindelautomaten ein Buch von FINKELNBURG erschienen ist, beschränkt sich das vorliegende Buch auf die heute hergestellten Einspindelautomaten, soweit sie für die westliche Industrie von Bedeutung sind.

Das Buch soll nicht nur den Konstrukteuren von Automaten dienen, sondern auch den Werkzeugkonstrukteuren, Fertigungsplanern, Einrichtern und Studierenden. Die Kapitel über Werkzeuge, Werkzeughalter, Arbeitspläne, Kurven und Sondereinrichtungen sind daher ausführlicher gehalten.

Den Firmen, die durch Hergabe von Unterlagen und Bildern bereitwillig mitgewirkt haben, sowie dem Springer-Verlag, der dem Buch die bewährte vorzügliche Ausstattung gab, sei hierdurch herzlichst gedankt.

Ferner danke ich Herrn Baurat Dipl.-Ing. GAISER in Stuttgart-Untertürkheim bestens für wertvolle Anregungen und Mitarbeit.

Eßlingen, Dezember 1957

F. Karpinski

Inhaltsverzeichnis

Einleitung

Drittes Kapitel

Sondereinrichtungen

Viertes Kapitel

Die Automatenwerkzeuge

Fünftes Kapitel

Einrichtung und Betrieb der Automaten

Seite

Sechstes Kapitel

Berichtigung

S. 51, Abb. 73 i. d. Unterschrift: statt Schlitten	**lies:**	Schlitzen
S. 206, letzte Z.: Revolverschlitten	**füge hinzu:**	Kupplungszeiten 0,25 sek
S. 270, 4. Z. v. u.: statt Abb. 3	**lies:**	Abb. 365

Karpinski, Einspindelautomaten

Einleitung

Die Entstehung und Entwicklung der Automaten

Das immer weiter greifende Streben nach kürzeren Arbeitszeiten und höheren Löhnen treibt von selber die Betriebe dazu, mehr automatische Maschinen und Einrichtungen anzuschaffen. Mit diesen kann durch Schichtarbeit auch bei kürzeren Arbeitszeiten die Produktionsleistung

Abb. 1. Fay-Automat

des Betriebes erhöht und bei höheren Löhnen die Wirtschaftlichkeit verbessert werden. Man beobachtet daher in neuester Zeit eine immer stärker werdende Nachfrage nach automatischen Maschinen, und viele Maschinenfabriken haben sich auf den Bau von solchen Maschinen eingestellt, nicht nur zur Herstellung einfacher Werkstücke mit verhältnismäßig einfachen Maschinen, Werkzeugen und Einrichtungen, sondern auch mit sehr umfangreichen und teuren automatischen Fertigungsstraßen für komplizierte Werkstücke und vielerlei verschiedene Arbeiten, wie Bohren, Fräsen, Reiben, Gewindeschneiden usw., in Verbindung mit automatischen Transport- und Spanneinrichtungen.

Von den automatischen Bearbeitungsmaschinen werden im vorliegenden Buch nur die Einspindel-Drehautomaten behandelt, die man ursprünglich als „Automaten" bezeichnet hat.

Kennzeichen für diese sind folgende:

Es wird auf ihnen jeweils nur eine Stange oder ein Formwerkstück bearbeitet, und zwar bei Verwendung einer automatischen Zangen- oder Futterspannung. Drehmaschinen mit Handbetätigung der Spannung oder der Bewegungen fallen nicht hierunter, vielmehr sind dieses dann selbsttätige Drehbänke, Revolverbänke oder Halbautomaten. An vielen Einspindelautomaten läßt sich eine Einrichtung anbringen, mit der die Spindel nach Beendigung eines Arbeitsvorganges stillgesetzt wird, um ein neues Werkstück von Hand einzuspannen. Die sonstigen Bewegungen des Werkstücks und der Werkzeuge bleiben automatisch. In diesem Falle ist der Vollautomat auf halbautomatische Arbeit umgestellt worden. Man kann solche umgestellten Vollautomaten nicht als Halbautomaten bezeichnen. Ausgesprochene Halbautomaten, wie z. B. den Fay-Automaten (Abb. 1) oder den Le-Blond-Automaten (Abb. 2) sollte man eher als selbsttätige Drehbänke bezeichnen, da bei diesen die Spannung der Werkstücke mit Hand oder Fuß betätigt wird, ebenso das Ingangsetzen.

Abb. 2. Le Blond-Automat

Durch Anbringung eines Magazins und einer Greiferzuführung kann eine solche selbsttätige Drehbank in einen Vollautomaten verwandelt werden, z. B. der Halbautomat von Pratt & Withney (Abb. 3). Jedoch besitzen diese meist keine Einrichtung für Stangenarbeit.

Der Anwendungsbereich der hier behandelten Einspindelautomaten kann wie folgt festgelegt werden:

1. Für kleine Stangendurchmesser kommt der Einspindelautomat für mittlere und große Stückzahlen wegen der hohen Drehzahlen allein in

Abb. 3. Pratt & Withney-Halbautomat

Betracht. Die Drehzahlen gehen bis auf 12 000 je Minute hinauf. Derartig hohe Drehzahlen sind auf Mehrspindelautomaten nicht herstellbar wegen der Schwierigkeiten des Antriebes der Lagerung und Schmierung. In diesen Bereich fallen die sogenannten Schweizer Automaten, auch Langdrehautomaten genannt, und ihnen ähnliche deutsche Automaten (Steinhäuser, Gauthier, Strohm, Maier & Remshardt, Ritis) sowie die INDEX 0 von den INDEX-Werken. Bei diesen sind die Möglichkeiten für Bohrungen und Innenarbeiten begrenzt und Querbohrungen sowie Flächenfräsungen nicht immer möglich. Außerdem sind Magazine nicht immer anbringbar.

2. Für kleine bis mittlere Stückzahlen einfacher Werkstücke ist es wirtschaftlicher, einfachere und billigere Einspindelautomaten zu verwenden.

3. Für mittlere Durchmesser und kompliziertere Werkstücke bis zu 60 mm ∅ steht der Einspindelautomat mit Revolver, z. B. INDEX, BMW, Tarex, im Wettbewerb mit den Mehrspindelautomaten. Der Einspindelautomat wird hierbei für mittlere und oft wechselnde Stückzahlen vorzuziehen sein, weil er weniger Einrichtearbeit erfordert. Jedoch hat er auch für große Stückzahlen dann seine Berechtigung, wenn sehr genaue Werkstücke hergestellt werden müssen. Es ist einleuchtend, daß die Präzision bei einem Mehrspindelautomaten nicht so hoch sein kann,

wie beim Einspindelautomaten, weil außer der Lagerung der Spindel noch die Lagerung der Spindeltrommel in Betracht kommt. Da neuerdings auch Revolverautomaten mit 8 Werkzeuglöchern hergestellt werden, können kompliziertere Werkstücke bearbeitet werden als bei Mehrspindelautomaten, die mit höchstens 6 Spindeln gebaut werden. Gegenüber Mehrspindelautomaten ist ferner die bessere Laufruhe der Einspindelautomaten zu bemerken. Gegenüber den Langdrehautomaten hat der Einspindelautomat — in diesem Fall Revolverautomat — den Vorteil, daß mehr Innenarbeiten wegen der größeren Zahl von Revolverlöchern möglich sind und daß Magazine angebracht werden können.

4. Für große Stangendurchmesser über 60 bis 110 mm sind Einspindelautomaten (z. B. Böhringer) zweckmäßig, da diese Durchmesser stabile Spindeln und starren Aufbau erfordern. Da die Bearbeitungszeiten bei diesen Werkstücken meist lang sind, spielen die Totzeiten prozentual keine so große Rolle. Wegen der verhältnismäßig schweren Steuerwellen mit ihren Kurven sind auch bei Anwendung von Schnellgängen nicht die gleichen kurzen Totzeiten zu erzielen, wie bei den Automaten für kleinere Werkstücke.

Um an Einspindelautomaten die Totzeiten möglichst niedrig zu halten, hat man mannigfache Einrichtungen zur Verkürzung der Totzeiten entwickelt, wie z. B. Eilgang, Schnellschaltung u. a., die im weiteren beschrieben werden. Diese Einrichtungen verteuern und komplizieren den Automaten, werden jedoch immer mehr bei Neukonstruktionen angewendet und verlangen von den Einrichtern und Werkzeugingenieuren eingehendere technische Kenntnisse. Daher zeigt es sich als notwendig, die Leistungsberechnungen, Konstruktion der Kurven und Werkzeuge ingenieurmäßig zu behandeln und aufzuzeichnen. Ferner muß auch die Anfertigung der Kurven und Werkzeuge, ja oft sogar das Nachschleifen der Schneiden maßhaltig in einer gut eingerichteten Werkzeugmacherei, durchgeführt werden, um die eigentlichen Einrichter der Automaten weitgehend zu entlasten. Die Automateneinrichter, die noch selbständig imstande sind, Berechnungen, Kurven und Werkzeuge anzufertigen, werden immer knapper. Nachwuchs ist schwer zu bekommen. Es hat sich in solchen Betrieben, in denen die ingenieurmäßige Berechnung der Zeiten und der Entwurf der Kurven und Werkzeuge im Büro ausgeführt wird, gezeigt, daß die Leistung der Automatendreherei um 30 bis 50% erhöht wurde, indem Verluste durch Stillstand der Automaten und Ausschaltung der Reserven, die sich die selbständigen Automateneinrichter naturgemäß vorsahen, vermieden worden sind. In gut arbeitenden Automatendrehereien kann man bis auf einen Ausnutzungsgrad der Automaten von 80% der berechneten Stückzeiten kommen. Hierbei sind die übrig bleibenden 20% für Stangenwechsel, Nachschleifen und Nachstellen der Schneiden, Spänebeseitigung, Schmierung sowie persönliche und sach-

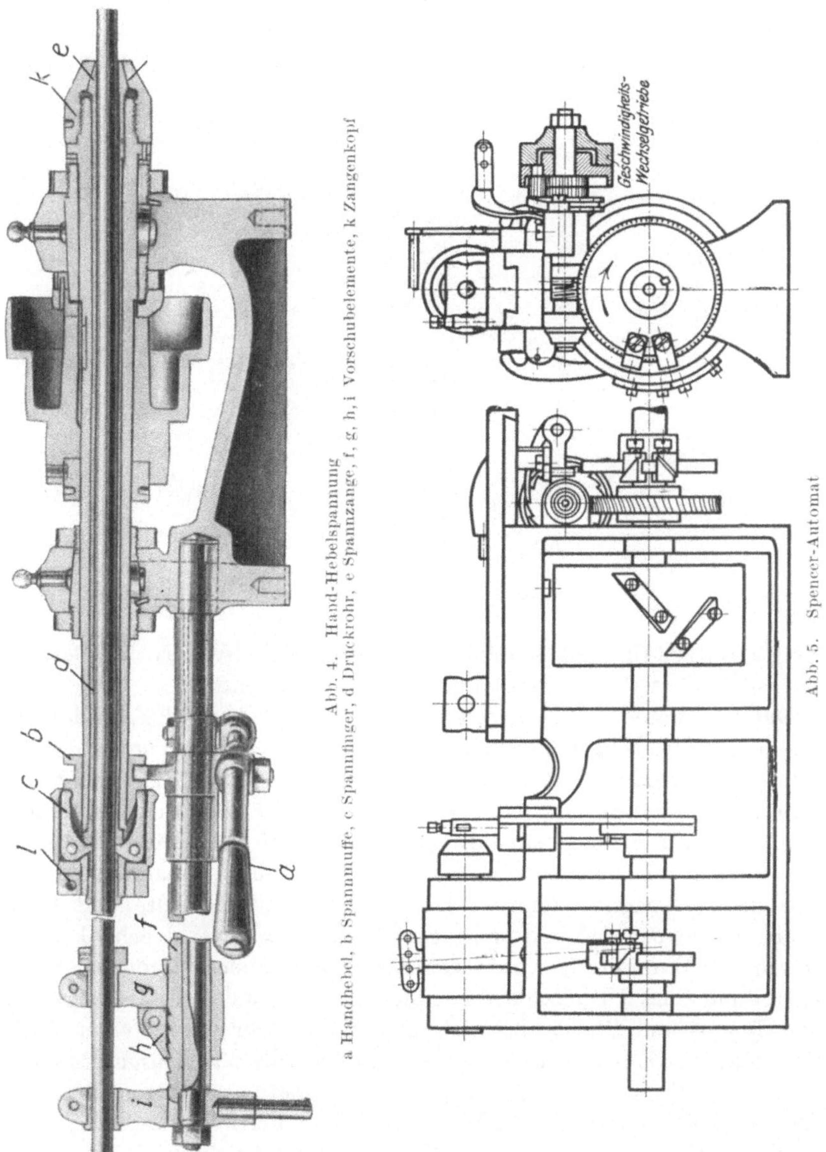

Abb. 4. Hand-Hebelspannung
a Handhebel, b Spannmuffe, c Spannfinger, d Druckrohr, e Spannzange, f, g, h, i Vorschubelemente, k Zangenkopf

Abb. 5. Spencer-Automat

liche Verlustzeiten zu rechnen. Geringere Ausnutzungsgrade sind ein Zeichen für Verluste durch ungenügende Arbeitsvorbereitung, Selbstanfertigung der Kurven und Werkzeuge und höhere Verlustzeiten.

Der Ausnutzungsgrad ergibt sich, wenn man die Zahl der in einer Schicht fertig gewordenen Werkstücke durch die theoretisch ohne Verluste mögliche Zahl dividiert.

Vom Ausnutzungsgrad zu unterscheiden ist der Wirkungsgrad. Diesen erhält man, wenn man die Zeit, während die Späne erzeugt werden, durch

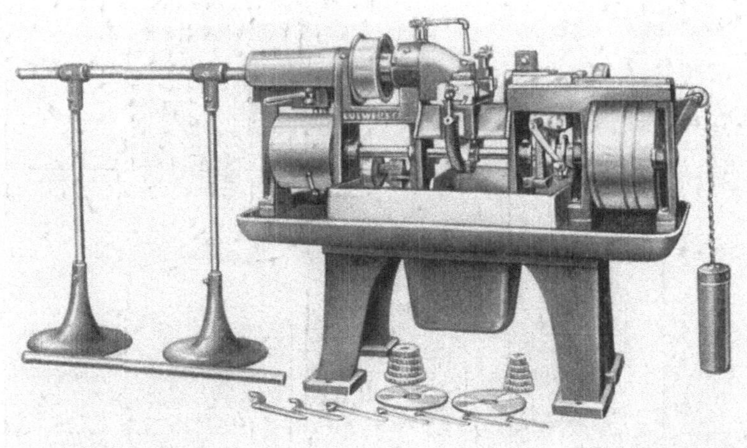

Abb. 6. Fasson-Automat (Loewe)

die Gesamtzeit für die Herstellung des Werkstücks dividiert. Die Gesamtzeit ist die Zeit für die Zerspanung plus den Totzeiten.

Die Automaten sind zuerst in Amerika entwickelt worden, da dort die Knappheit an Facharbeitern und der große Massenbedarf von selbst dazu führten, automatische Maschinen zu bauen. Im Jahre 1871 meldete der Amerikaner Parkhurst ein Patent auf eine Einrichtung an, durch welche man in einer Drehbank Stangenmaterial gleichzeitig von Hand vorschieben und mittels Handhebel, Spannmuffe, Spannfinger und Spannzange spannen konnte. Diese in Abb. 4 dargestellte und heute noch an kleinen und mittleren Drehbänken und Revolverbänken angewendete Einrichtung wurde von dem Amerikaner Spencer 1880 zur Erstellung eines Automaten verwendet (Abb. 5), indem die Bewegungen der Spann- und Vorschubeinrichtung mittels Kurven auf einer durch Schneckengetriebe angetriebenen Steuerwelle selbsttätig ausgeführt wurden. In Deutschland sind diese Spencer-Automaten zuerst von der Firma Ludwig Loewe in Berlin (Abb. 6) und später noch von andern Firmen gebaut worden, ohne Revolverschlitten für einfache Werkstücke und mit Revolverschlitten nach Abb. 7. Der Aufbau dieser Automaten entspricht dem einer normalen Revolverbank. Die Steuerwelle mit den Kurven für die Bewegungen der Spannung, des Vorschubs und der Werkzeuge ist unter dem Spindelstock angebracht. Die Steuerwelle kann durch ein mittels Nocken umschaltbares Getriebe auf verschiedene Geschwindigkeiten geschaltet werden. Hierdurch können die Totzeiten verkürzt werden.

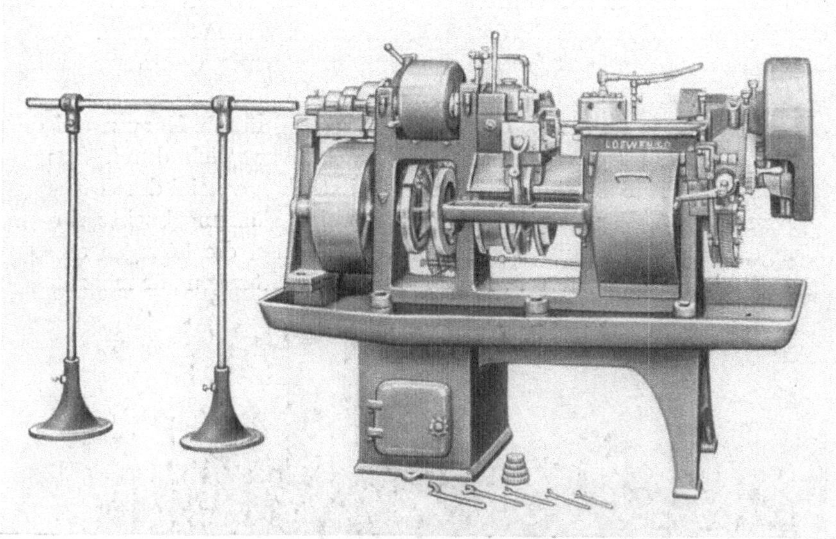

Abb. 7. Revolver-Automat (Loewe)

Zur Rückbewegung der Werkzeugschlitten dienen Federn oder ein Gewichtszug mit Seil (Abb. 6) oder Kette. Da der Gewichtszug sich als unbequem und sperrig erwies, hat man ihn an den heutigen Automaten verlassen und verwendet für die Rückbewegung der Werkzeuge bei leichteren Automaten Federn und bei schweren zwangsläufige Rückzugskurven. Es kann nämlich bei Verwendung von Federn passieren, daß z. B. beim Bohren die Federkraft nicht ausreicht, wenn sich der Bohrer verstopft und festsitzt. Wenn der Automat dann weiter schaltet, gibt es Bruch.

Abb. 8. Langdreh-Automat (Bechler)

Die ursprüngliche Bauart Spencer ist in Deutschland aufgegeben worden, weil sie in der Leistung von andern Automatentypen überholt worden ist.

Die Langdrehautomaten (Abb. 8) sind zuerst in der Schweiz für Uhrenteile, wie Achsen, Wellen und Spindeln, entwickelt worden und werden in der Schweiz von Petermann, Tornos und Bechler und in Deutschland von Hau, Steinhäuser, Gauthier, Strohm und Ritis gebaut. Ihre besonderen Merkmale sind:

Der Spindelstock macht eine Längsbewegung durch Kurven auf der Steuerwelle, die Drehstähle sind nur radial beweglich durch Steuerkurven, und die Bohrstähle werden in Reitstöcken achsial durch Steuerkurven bewegt. Vor dem Spindelkopf ist eine Führungsbuchse für die Stangen vorgesehen, um bei langen Werkstücken die Stangen an den Querstählen kurz zu führen. Durch Zusatzeinrichtungen für mehrfaches

Abb. 9. Brown & Sharpe-Automat

Bohren, Versenken und Gewinde können auch Werkstücke mit mehrfacher Bearbeitung an der Stirnseite hergestellt werden.

Die sonstigen Einspindel-Automatentypen haben alle feststehende Spindeln und Längs- und Quervorschübe der Werkzeugschlitten.

Eine Weiterentwicklung mit gleichzeitiger Verkürzung der Totzeiten ist der Brown & Sharpe-Revolverautomat, der aus dem Patent von Worsley im Jahre 1890 entstanden ist (Abb. 9). Der Sternrevolver hat eine waagrechte Drehachse, die Werkzeuge schwingen nicht wie bei Spencer in einer waagrechten Ebene, sondern in einer senkrechten. Hierdurch wird vor allem erreicht, daß die im Revolver angebrachten

Werkzeuge nicht an die Querschlitten stoßen. Das wichtigste Merkmal des Brown & Sharpe-Automaten ist jedoch der Steuerungsmechanismus. Während beim Spencer-Automaten alle Bewegungen und Schaltungen von einer einzigen Steuerwelle abgeleitet werden, die schnell und langsam angetrieben wird, dienen beim Brown & Sharpe-Automaten für die Schaltungen des Stangenvorschubs, der Spannung und des Revolverkopfes kurze Teilsteuerwellen, die von einer Hilfssteuerwelle durch

Abb. 10. Index-Revolver-Automat 36

Schnellschaltkupplungen einzeln eingeschaltet werden und von selbst nach Beendigung einer Schaltung herausspringen. Zwischen den einzelnen Schaltungen stehen die Teilsteuerwellen still, die Hauptsteuerwelle läuft gleichmäßig langsam weiter. Hierdurch werden die beim Schalten der Totzeiten bewegten Massen geringer und die Schaltzeiten kleiner und bleiben konstant.

In Deutschland wird dieses System von den INDEX-Werken in Eßlingen a. N. ausgeführt und weiterentwickelt (Abb. 10), ferner sind die BMW-Automaten, BSA- und CVA-Automaten in England und die Tarex-Automaten in der Schweiz nach dem Prinzip von Brown & Sharpe entwickelt worden.

Das Hilfssteuerwellensystem wird teilweise auch in andern Automatentypen angewendet, worauf später noch eingegangen wird. Das System

Abb. 11. Gridley-Automat (Böhringer)

Abb. 12. Monforts-Halbautomat

Cleveland, das früher von den Pittler-Werken in Leipzig gebaut wurde, hat an Stelle eines Sternrevolvers einen Trommelrevolver. Dieser ergibt eine stabilere Lagerung der Langdreh- und Bohrwerkzeuge und hiermit stärkere Spanleistungen, jedoch sind die Totzeiten verhältnismäßig hoch im Vergleich zum Hilfssteuerwellensystem. Die Fertigung der Cleveland-Automaten ist in Westdeutschland bisher noch nicht wieder aufgenommen worden, jedoch ist das Prinzip der Trommelrevolver bei den Langdrehautomaten angewendet worden.

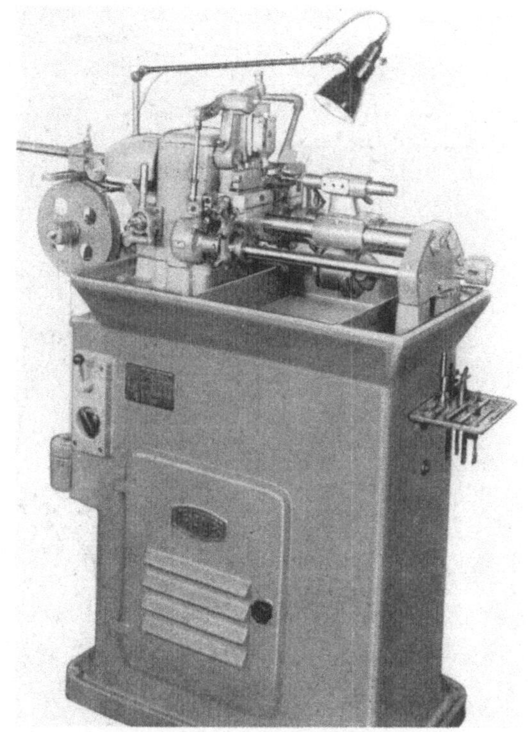

Abb. 13. Traub-Automat

Für große Werkstükke und starke Spanleistungen ist das System Gridley in Amerika entwickelt worden, das in Deutschland von der Firma Böhringer in Göppingen gebaut wird (Abb. 11). Diese Böhringer-Automaten werden in erster Linie für schwere und verhältnismäßig einfache Werkstücke verwendet, bei denen die Totzeiten im Verhältnis zur Gesamtarbeitszeit keine so große Rolle spielen, da die Stückzeiten meist mehrere Minuten betragen. Da die unter der Spindel gelagerte Steuerwelle mit einer großen Kurventrommel versehen ist, lassen sich keine kürzesten Schaltzeiten und Totzeiten herstellen. Der Revolverkopf wird nicht längs bewegt, sondern nur umgeschaltet, und hat 4 Führungsbahnen für die 4 Längsschlitten, die von den Kurven auf der Kurventrommel der Steuerwelle bewegt werden. Da der Böhringer-Automat sehr stabil gebaut ist und einen freien großen Späneraum aufweist, kann er besonders vorteilhaft für starke Spanleistungen verwendet werden.

Dieses System Gridley wird sowohl für Stangenarbeit als auch für Futterarbeit ausgeführt und arbeitet im letzteren Falle als Halbautomat.

Für reine Futterarbeit ist der Monforts-Halbautomat entwickelt worden (Abb. 12). Bei diesem werden alle Schaltungen und Bewegungen hydraulisch durch Öldruck ausgeführt und durch Nocken auf der Steuer-

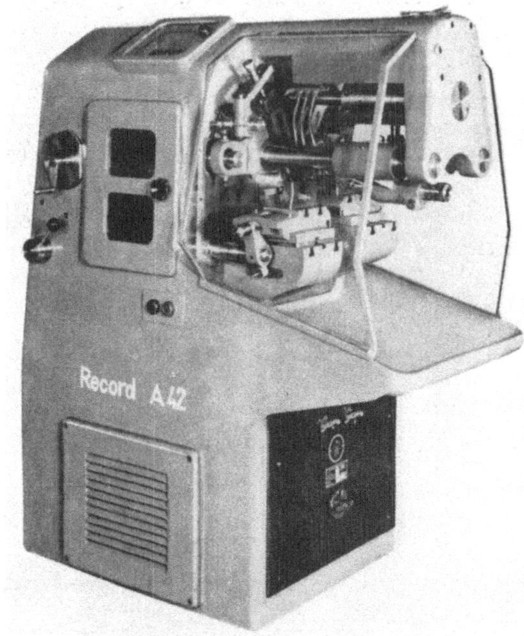

Abb. 14. Record-Automat (Maier & Remshardt)

welle betätigt. Durch Regulierventile können die Vorschübe und Geschwindigkeiten der Spindel beliebig in weitem Bereich eingestellt werden, so daß Kurven nicht angefertigt werden müssen, wenn der Automat auf andere Werkstücke umgestellt werden soll. Daher ist ein solcher Automat sehr rasch umstellbar und auch schon für kleinere Stückzahlen wirtschaftlich.

Auf den ursprünglichen Spencer-Automaten greifen die Traub-Automaten (Abb. 13) und die Recordautomaten von Maier & Remshardt (Abb. 14) zurück, die jedoch ganz wesentlich weiterentwickelt und verbessert worden sind, so daß ihr Anwendungs-

Abb. 15a. Index ON Automat

bereich vergrößert wurde.

Ein besonderer von allen bisherigen ursprünglich aus Amerika stammenden Typen abweichender Automat ist der INDEX 0 von den INDEX-Werken, der sowohl ohne Revolver als auch mit Revolver gefertigt wird (Abb. 15a und 15b).

Abb. 15b
Index OR Automat

Erstes Kapitel

Die verschiedenen Systeme der Einspindelautomaten

I. Langdrehautomaten

Diese Automaten sind ursprünglich zum Drehen von Wellen und Stiften für die Uhrenfabrikation in der Schweiz entwickelt worden.

Die kennzeichnenden Konstruktionsmerkmale sind folgende:

a) Der Spindelstock mit der Hauptspindel ist in einer Schlittenführung verschiebbar, und die Spindel hat Linkslauf mit konstanter Drehzahl. Er wird durch Kurven von der Steuerwelle, die entsprechend dem Werk-

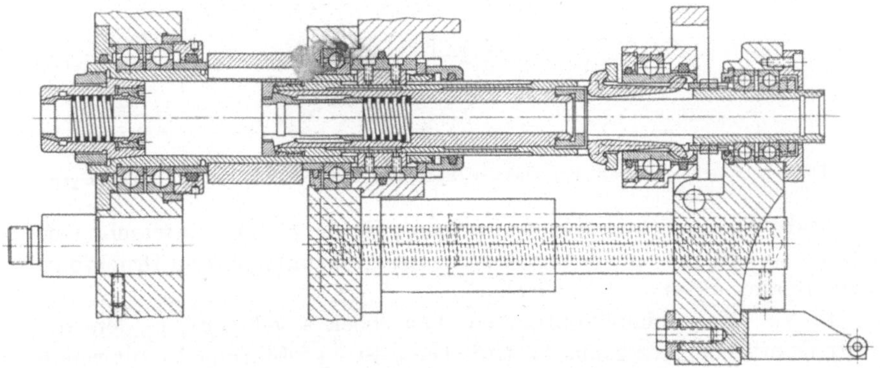

Abb. 16. Dreifache Lagerung der Spindel (Ritis)

stück ausgearbeitet sind, nach rechts vorgeschoben und durch eine Feder zurückbewegt. Beim Ritisautomaten ist dieses Prinzip insofern abgeändert, als der Spindelstock feststeht und innerhalb der Spindel ein besonderer Schlitten vorgeschoben wird, der die Spannzange trägt und dadurch

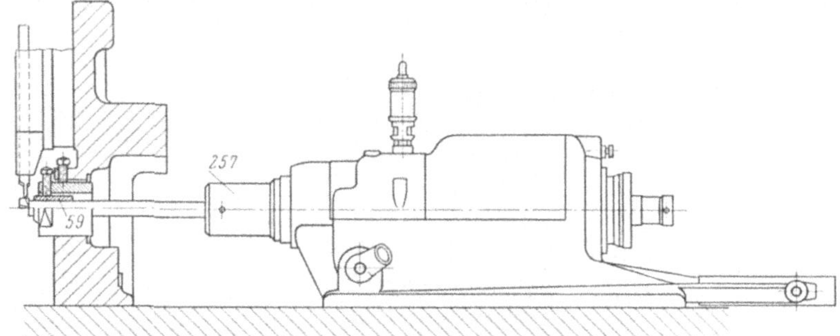

Abb. 17. Feste Führungsbüchse (Bechler)

die Stange nach rechts vorschiebt. Hierdurch wird die lange Antriebsriemenscheibe für die Spindel vermieden, die so lang sein muß, wie der maximale Weg des Spindelschlittens dies erfordert, jedoch sind dadurch 3 Lagerungen an der Hauptspindel erforderlich (Abb. 16).

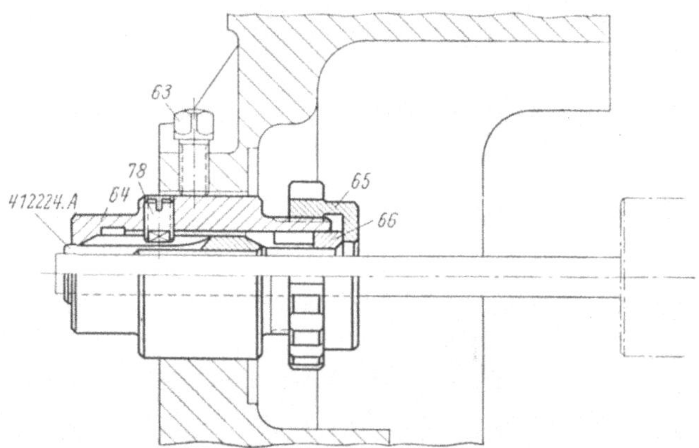

Abb. 18. Einstellbare feste Führungsbüchse (Bechler). A Doppelkonus-Zange, 66 Spannkegel

In der Spindel ist die Spanneinrichtung für die Stangen untergebracht. Diese besteht aus Spannzange, Spannmuffe, Spannfinger und Druckrohr. Die Spannzangen sind Bundzangen.

b) Vor dem Spindelkopf ist ein Lagerbock angebracht, in dem die Stangenführung festgemacht wird. Diese Stangenführung ist für runde Stangen entweder eine feste Führungsbüchse (Abb. 17), deren Bohrung dem Durchmesser der Stange angepaßt ist, oder eine nachstellbare Führungsbüchse. Diese kann durch konische geschlitzte Büchsen auf den Durchmesser der Stange genau eingestellt werden (Abb. 18).

Die festen Führungsbüchsen werden für große Massenfertigung vielfach aus Hartmetall hergestellt und haben dann eine wesentlich geringere Abnützung als solche aus gehärtetem Stahl.

Müssen kantige Stangen bearbeitet werden, z. B. Sechskant oder Vierkant, so müssen umlaufende Führungsbüchsen verwendet werden, z. B.

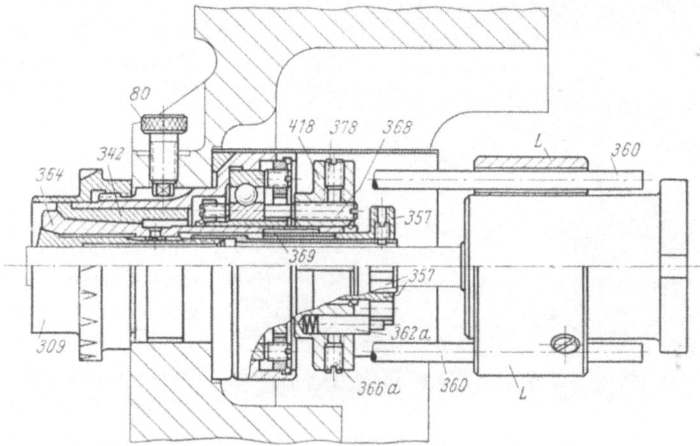

Abb. 19. Umlaufende Fuhrungsbüchse (Bechler). 360 Mitnehmer, 364 Druckhälse mit Spannzange

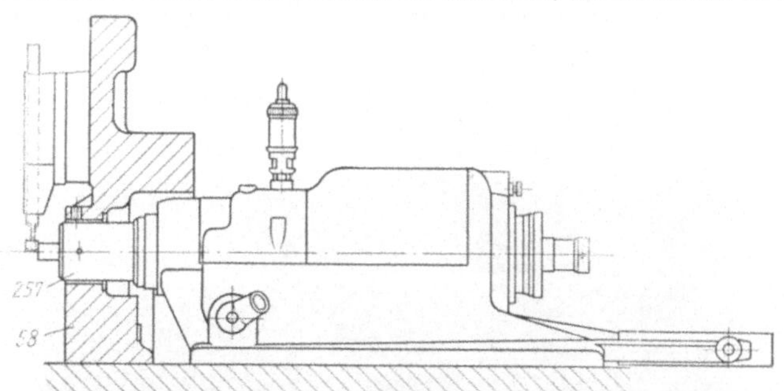

Abb. 20. Bearbeitung kurzer Werkstucke am Spindelkopf (Bechler)

solche nach Abb. 19 mit nachstellbarer Büchse und Wälzlager. Diese umlaufenden Führungsbüchsen sind auch bei runden Stangen notwendig, wenn Werkstoffe verarbeitet werden, die leicht anfressen, wie Kupfer, Nickel und Elektrolyteisen.

Kurze Werkstücke, bei denen die Länge den Durchmesser nicht übersteigt, können auch ohne Führungsbüchsen am Spindelkopf bearbeitet werden (Abb. 20).

Abb. 21. Seitenstähle an Langdrehautomaten (Bechler)

c) Die Drehstähle sind sternförmig um die Spindel angeordnet und machen durch die Kurven der Steuerwelle nur eine radiale Bewegung entweder in Schlittenführungen gerade oder auf einer Wippe bogenförmig. Man ordnet 3, 4 oder 5 Seitenstähle (Abb. 21) an, und zwar so, daß die beiden unteren gemeinschaftlich auf einer Wippe angebracht sind, so daß diese durch die Kurven auf der Steuerwelle um den Drehzapfen gedreht werden. Bei größeren Stangendurchmessern ist diese Schwenkbewegung nicht mehr brauchbar, weil sich durch das Einschwenken der Freiwinkel des Stahls stark ändert und hierdurch die Schneide leidet. Bei solchen Automaten,

Abb. 22. Mikrometer-Einstellung (Bechler)

etwa von 30 mm Stangendurchmesser aufwärts, sind auch die unteren Stähle oft in geraden Schlittenführungen geführt und können hierdurch unabhängig voneinander bewegt werden, während die Stähle auf der Wippe nur nacheinander zum Schneiden kommen können. Der eine der Wippenstähle wird meist zum Abstechen verwendet. Die Wippe und die anderen Seitenstähle lassen sich in axialer Richtung durch Mikrometerschrauben fein verstellen. Ebenso kann man auch die radiale Einstellung auf Durchmesser sehr genau mittels Mikrometerschrauben einstellen (Abb. 22).

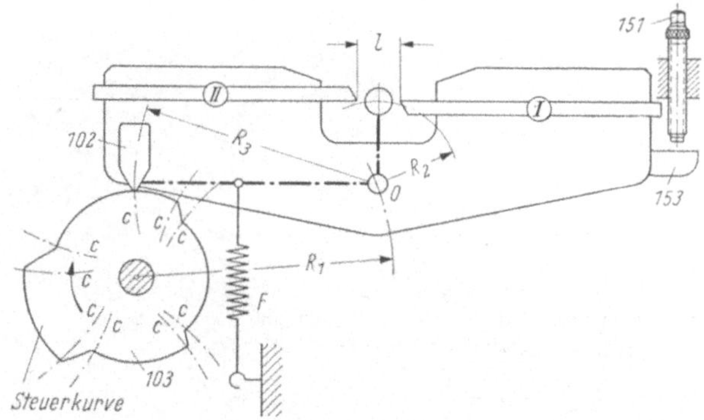

Abb. 23. Bewegung der Seitenschlitten durch Wippe

Zum Zurückbewegen der Schlitten und der Wippe sind Federn eingebaut. Das Schema der Wippenbewegung zeigt Abb. 23. Aus Abb. 24 geht der Bewegungsmechanismus der oberen Seitenschlitten hervor. Durch Verstellen des Hebearms von a nach b kann der Weg der Seitenschlitten verstellt werden.

d) Für Operationen von der Stirnseite, wie Bohren, Senken, Gewindeschneiden usw., werden vorn horizontale Spindeln in Lagerböcken angeordnet. Diese Lagerböcke werden an Paßflächen des Maschinenbettes angeschraubt und lassen sich je nach dem Bedarf austauschen. Auf Abb. 21 sind diese

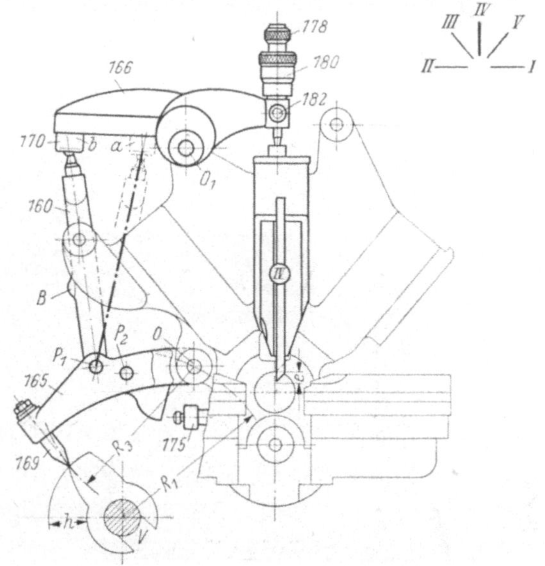

Abb. 24. Bewegung der Vertikalschlitten (Bechler)

sauber geschabten Paßflächen sowie die Befestigungs- und Einstellschrauben an der Stirnseite deutlich sichtbar.

Diese auswechselbaren Lagerböcke für die horizontalen Spindeln werden ausgeführt:

1. Einspindlig für einfache Bohroperationen ohne oder mit Antrieb. Die rotierenden Spindeln wendet man dann an, wenn kleine Bohrungen gebohrt werden müssen, um die Schnittgeschwindigkeit zu erhöhen, dadurch, daß man den Bohrer entgegengesetzt zur Drehrichtung rotieren

Abb. 25. Einfache Bohrspindel (Bechler)

Abb. 26. Schwenkbarer Spindelstock mit 3 Spindeln (Bechler)

läßt. Diese Bohrspindeln können durch Kurven auf der Steuerwelle auch noch axial bewegt werden (Abb. 25).

2. Müssen mehrere Bohr- und Gewindearbeiten ausgeführt werden, so werden Lagerböcke mit 3 Spindeln zum Schwenken nach Abb. 26 angebaut oder solche mit 4 bis 6 Spindeln in einem Trommelrevolver nach Abb. 27. Zum Gewindeschneiden oder Schnellbohren mit kleinen Bohrern erhalten die horizontalen Spindeln einen Antrieb von der unten im Kastenfuß laufenden Antriebswelle. Die Schalt- und Vorschubbewegungen werden durch Kurven auf der Steuerwelle erzeugt.

3. Für schräge Einstiche von vorn, wie diese z. B. für Uhren- oder Zählerwellen benötigt werden, wird an Stelle des Spindellagerbocks ein Bock mit Schlittenführung nach Abb. 28 angebaut.

4. Zum Fräsen von Schraubenschlitzen oder Bohren von Querbohrungen werden die Werkstücke nach dem Abstechen mit einer Greifervorrichtung gefaßt und an die Säge- oder Bohrvorrichtung gebracht.

Die Langdrehautomaten werden in verschiedenen Größen etwa nach den folgenden Abmessungen und Verwendungsbereichen gebaut:
Größter Stangendurchmesser: 4; 7; 10; 12; 16; 20; 26; 32 mm.
Größte Werkstückslänge: 70; 70; 100; 130; 200; 200; 220; 220 mm.
Die Antriebsleistungen liegen zwischen 1 und 4 kW.
Abb. 29 und 30 zeigen einige Arbeitsmuster der Langdrehautomaten.

Abb. 27. Trommelrevolver (Bechler)

Abb. 28. Schlittenbock für Einstiche von der Stirnseite (Bechler)

II. Revolverautomaten

a) System Brown & Sharpe

Die Revolverautomaten nach dem System Brown & Sharpe sind gekennzeichnet durch folgende Merkmale:

1. Feststehender Spindelstock.
2. Revolverkopf mit 6 bis 8 Werkzeuglöchern für die Werkzeuge, die von der Stirnseite aus durch Kurven vorgeschoben werden.
3. 2 bis 4 Seitenschlitten, die durch Kurven radial bewegt werden.
4. Hauptdrehrichtung schnell links, Schaltung verschiedener Drehrichtungen und Drehgeschwindigkeiten durch Zahnrädergetriebe mit Kupplungen.
5. Hauptsteuerwelle mit den Kurven und Schaltnocken sowie Hilfssteuerwelle mit Kupplungen für die Totzeiten.

Durch diese komplizierteren Einrichtungen werden die Revolverautomaten zwar teurer, jedoch ist ihr Verwendungsbereich und ihre Leistung dadurch größer. Man kann auch Magazine und Spannfutter anwenden, und daher werden die Revolverautomaten nach dem System Brown & Sharpe auch oft als Universalautomaten bezeichnet.

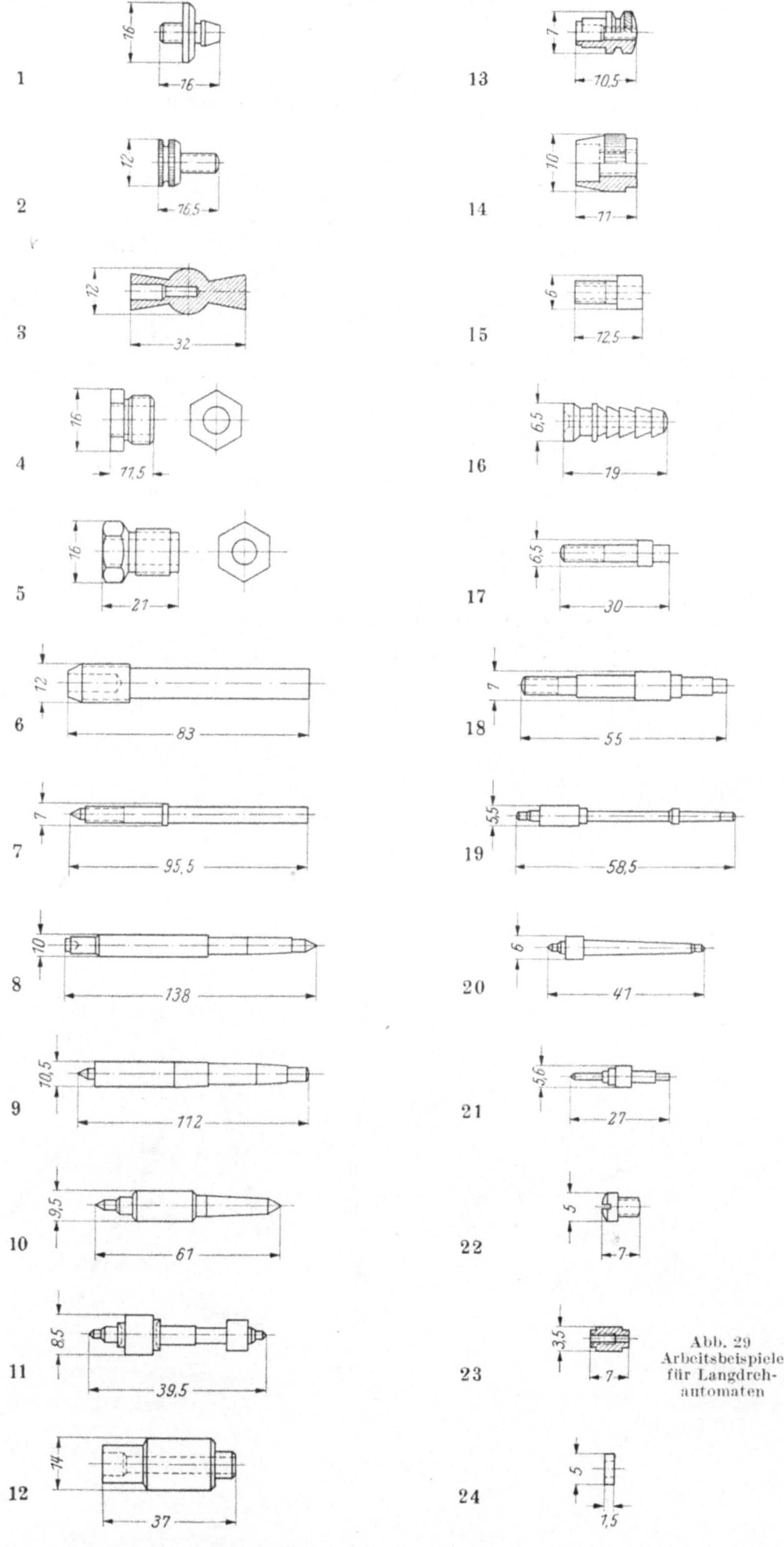

Abb. 29
Arbeitsbeispiele
für Langdreh-
automaten

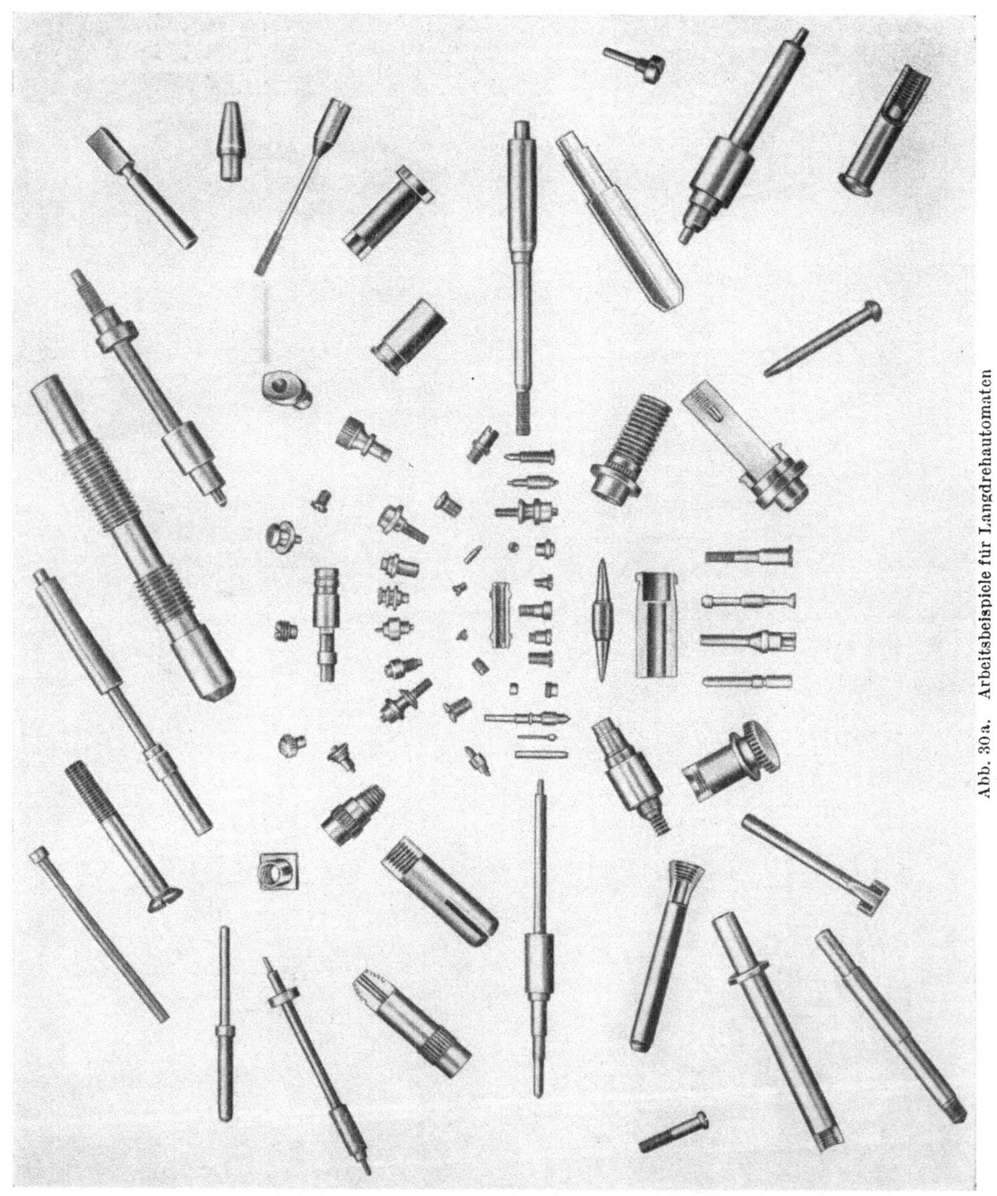

Abb. 30a. Arbeitsbeispiele für Langdrehautomaten

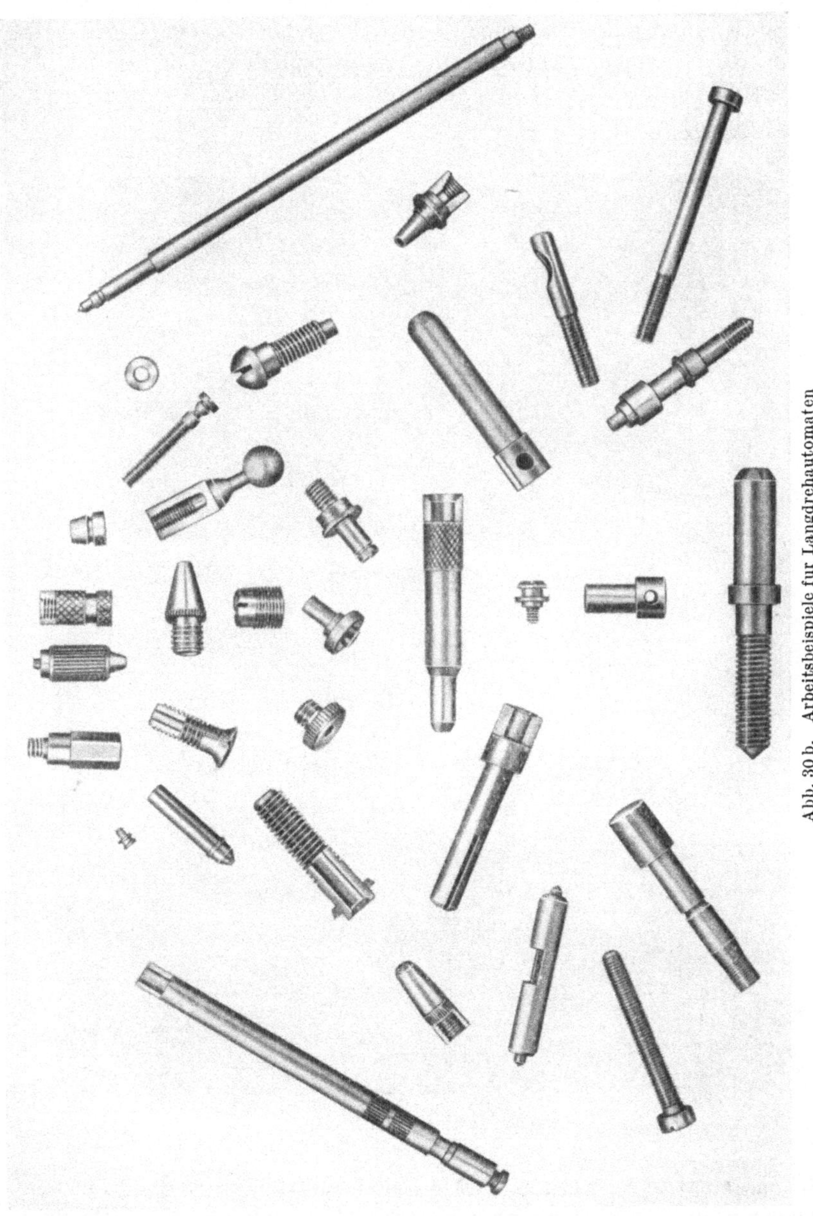

Abb. 30 b. Arbeitsbeispiele für Langdrehautomaten

Die Spindel erhält ihren Antrieb vom Hauptgetriebe, das durch einen Elektromotor angetrieben wird. Dieses Hauptgetriebe ist entweder im Kastenfuß untergebracht (nach Abb. 31) und treibt entweder mit Ketten oder Riemen (Abb. 32) die Hauptspindel an oder es ist im Spindelstock untergebracht und treibt die Spindel mit Zahnrädern an (nach Abb. 33).

Abb. 31. Getriebe im Kastenfuß (Index)

Abb. 32. Riementrieb (BMW)

Seitenschlitten. Es werden 2 bis 4 Seitenschlitten entweder in festen Führungen des Bettes angeordnet (nach Abb. 34), wobei die beiden oberen Schlitten zur Aufnahme einfacher Stähle zum Einstechen, Kantenbrechen und Abstechen eingerichtet sind. Auf den waagrechten Seitenschlitten lassen sich Formstahlhalter, Langdreheinrichtungen, Magazine und andere Einrichtungen anbringen.

Abb. 33. Spindelstock mit Zahnräderantrieb (Tarex)

Abb. 34. 4 Seitenschlitten (Index)

Eine andere Ausführungsart der waagrechten Seitenschlitten zeigt Abb. 35, in der der Seitenschlitten als Kreuzsupport ausgeführt ist.

Die Seitenschlitten werden durch Flachkurven der Steuerwelle gegen das Werkstück bewegt und durch Federn zurückgezogen. Der Übertragungsmechanismus von der Kurve zu den Seitenschlitten ist entweder fest 1:1 oder auch an andern Automatentypen in begrenztem Umfang verstellbar, um an ähnlichen Werkstücken mit vorhandenen Kurvenscheiben auszukommen.

Abb. 35. Seitenschlitten als Kreuzsupport (Tarex)

Revolverkopf. Der Revolverkopf (Abb. 36) wird mit 6 bis 8 Löchern für die Aufnahme der Revolverwerkzeuge ausgeführt. Er schwenkt um eine horizontale Drehachse und wird durch eine Malteserkreuzschaltung

Abb. 36. 8-Loch-Revolver (Index)

von der Steuerwelle umgeschaltet und in den Arbeitsstellungen durch einen Indexbolzen verriegelt.

Die ursprüngliche Bauart Spencer des Revolverkopfes mit senkrechter Drehachse, wie an Revolverdrehbänken mit Sternrevolver, ist allgemein aufgegeben worden, weil die Revolverwerkzeuge an den Seitenschlitten vorbeischwenken müssen und hierdurch größere Leerwege des Revolverschlittens erforderlich werden. Die Totzeiten werden dadurch länger.

Der Anwendungsbereich der Revolverautomaten kann durch Anbringung verschiedener Zusatzeinrichtungen erweitert werden.

Zusatzeinrichtungen. Der Werkstoff-Schwinganschlag (Abb. 37) erspart ein Werkzeugloch im Revolverkopf. Er wird von einer Steuerkurve betätigt und schwingt vor die Arbeitsspindel beim Vorschub der Stange.

Abb. 37. Werkstoff-Schwinganschlag (Index)

Schnellbohreinrichtung (Abb. 38). Diese wird beim Bohren kleiner Bohrungen angewendet, um bei gleichbleibender Drehzahl der Spindel eine günstigere Schnittgeschwindigkeit für das Bohren des kleinen Loches zu erhalten. Die Schnellbohrspindel wird in einem Revolverloch festgeklemmt und vom Hauptantrieb mit Kegelrädern entgegengesetzt zum Drehsinn der Hauptspindel angetrieben. Hierdurch addieren sich die Drehzahlen.

Schlitzeinrichtung (Abb. 39). Mit dieser wird mit einer Greifeinrichtung das abgestochene Werkstück gefaßt und einer Säge oder Fräsern zugeführt, die in die Abstichseite Schlitze oder Flächen fräsen. An Stelle der Frässpindel kann man auch zum Hinterbohren von der Abstichseite eine Bohrspindel anordnen. Die Antriebs- und Greifeinrichtungen bleiben dabei die gleichen.

Spindel-Abbremseinrichtung (Abb. 40). Mit der Abbremseinrichtung der Spindel ist es möglich, die Spindel stillzusetzen, und zwar nicht nur in einer Stellung, sondern es sind beliebig mehrere Stellungen der Spindel

Abb. 38. Schnellbohreinrichtung (Index)

Abb. 39. Schlitzeinrichtung (Index)

schaltbar. Mit dieser Einrichtung lassen sich in die Stirnseite der Werkstücke exzentrische Löcher bohren oder Flächen anfräsen, indem die Bohrköpfe bzw. Fräsköpfe in die Revolverspindel angetrieben werden. Abb. 41 zeigt einige Arbeitsbeispiele hierzu.

Gewindestrehleinrichtung (Abb. 42). Diese eignet sich zur Herstellung ein- oder mehrgängiger Innen- und Außengewinde, an deren Genauigkeit,

Abb. 40. Spindel-Abbremseinrichtung (Index)

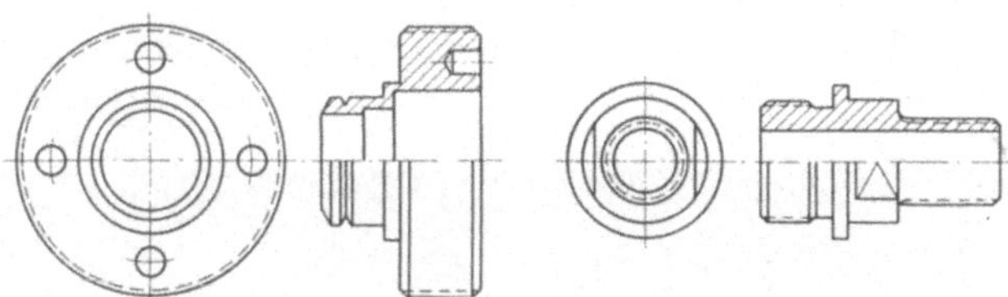

Abb. 41. Arbeitsbeispiele für Spindelabbrems-Einrichtung (Index)

Abb. 42. Gewindestrehleinrichtung (Index)

Sauberkeit und Rundlauf höchste Anforderungen gestellt werden. Auch Gewinde mit feinsten Steigungen können gestrehlt werden. Gewinde hinter Ansätzen können nur mit der Strehleinrichtung geschnitten werden. Auch keglige Gewinde bis zu 3° lassen sich in beiden Richtungen strehlen. Die Strehleinrichtung wird auf dem vorderen Seitenschlitten aufgespannt und erhält ihren Antrieb über Wechselräder und Kupplung von der Arbeitsspindel durch ein Vorgelege, das Übersetzungen bis zu 48:1 zuläßt. Die Längsbewegung wird in beiden Richtungen, also für Rechts- und Linksgewinde, zwangsläufig durch eine Leitkurve oder Leitpatrone gemacht. Der Gewindestrehler wird je nach dem Werkstoff des Werkstücks und der Gewindeform 6- bis 40mal über das Werkstück geführt, wobei die Eingriffstiefe selbsttätig zugestellt wird. Abb. 43 zeigt einige Arbeitsbeispiele.

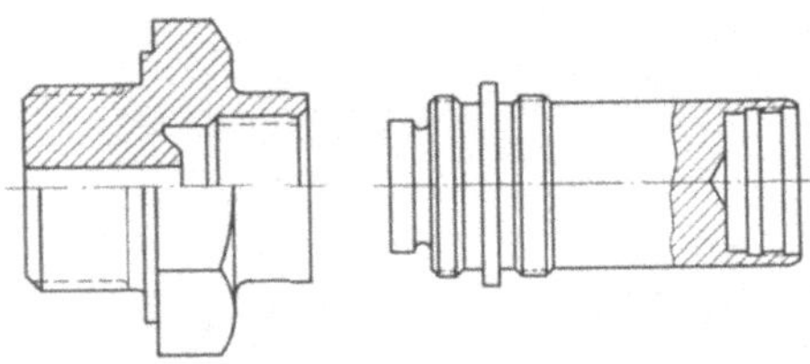

Abb. 43. Arbeitsbeispiele für Gewindestrehlen

Lang- und Formdreheinrichtung (Abb. 44). Diese wird auf den vorderen Seitenschlitten aufgespannt und erhält den Längsvorschub von einer Flachkurve auf der Steuerwelle über einen Zahnstangentrieb. Zur Querbewegung wird an der Seitenschlittenführung ein Leitlineal bzw. eine Leitkurve befestigt, an der die Rolle des Seitenschlittens entlangläuft. Es können hiermit schlanke Kegel und flache Formen kopiegedreht werden (Abb. 45).

Abb. 44. Lang- und Formdreheinrichtung (Index)

Magazineinrichtungen. Die Magazine werden für solche Werkstücke verwendet, die z. B. auf der Abstichseite nach dem Abstechen noch

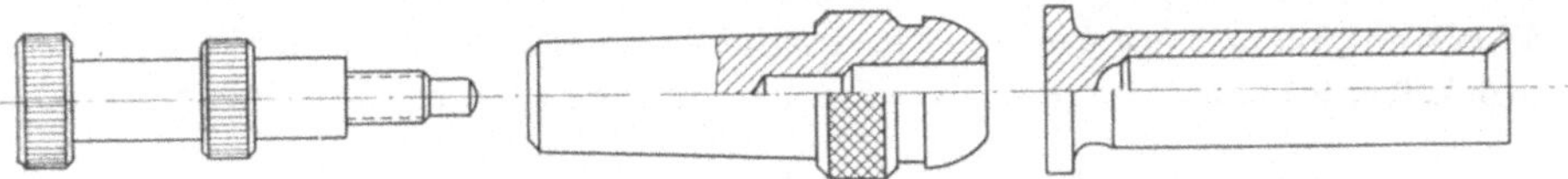

Abb. 45. Arbeitsbeispiele für Lang- und Formdrehen

Abb. 46. Magazin-Einrichtung (Index)

bearbeitet werden müssen oder für Preß-, Gesenk- und Gußstücke. Sie werden meist als Kanalmagazine verwendet, die von Hand gefüllt werden.

Abb. 47. Magazin-Einrichtung (Index)

Diese Magazine werden auf einem Seitenschlitten angebracht (Abb. 46 und 47) und durch Kurven so bewegt, daß sie beim Einspannen vor der Spindel stehen. Ein Bolzen im Revolverkopf schiebt durch die Revolverkurve das Werkstück dann fest in die Spindel. In dieser wird das Werkstück festgespannt, z. B. durch eine Spannzange oder ein Spannfutter.

Abb. 48. Magazin-Einrichtung (Index)

Für solche Werkstücke, die durch ihre Form z. B. mit Ansätzen sich nicht in die Spindel aus dem Magazinkanal einschieben lassen, ferner dann, wenn die Seitenschlitten für Zerspanungsarbeiten gebraucht werden, verwendet man Magazine rechts vom Revolverkopf (Abb. 48). Der Revolver enthält eine federnde Haltevorrichtung, in die beim Rückwärtsfahren des Revolverkopfes aus dem Magazinkanal ein Werkstück hineingeführt wird. Beim Weiterschwenken des Revolverkopfes kommt das Werkstück nach vorn, wird in die Spindel geschoben und darin festgespannt. Die federnde Haltevorrichtung muß dann das Werkstück auslassen.

Spannfutter. An Stelle der Spannzangen werden für größere und beliebig geformte Preß-, Gesenk- und Gußstücke Drei- und Zweibackenfutter mit mechanischer oder Preßluftspannung benutzt.

Die Revolverautomaten nach dem System Brown & Sharpe werden in Deutschland von den INDEX-Werken und dem BMW-Werk, in der Schweiz von Tarex in folgenden Typen gebaut:

Größter Stangendurchmesser: 12, 18, 20, 30, 42, 60, 64 mm.
Größte Drehlänge des Revolverkopfes zwischen 45 und 130 mm.
Die Antriebsleistungen liegen zwischen 2,2 und 5 kW.

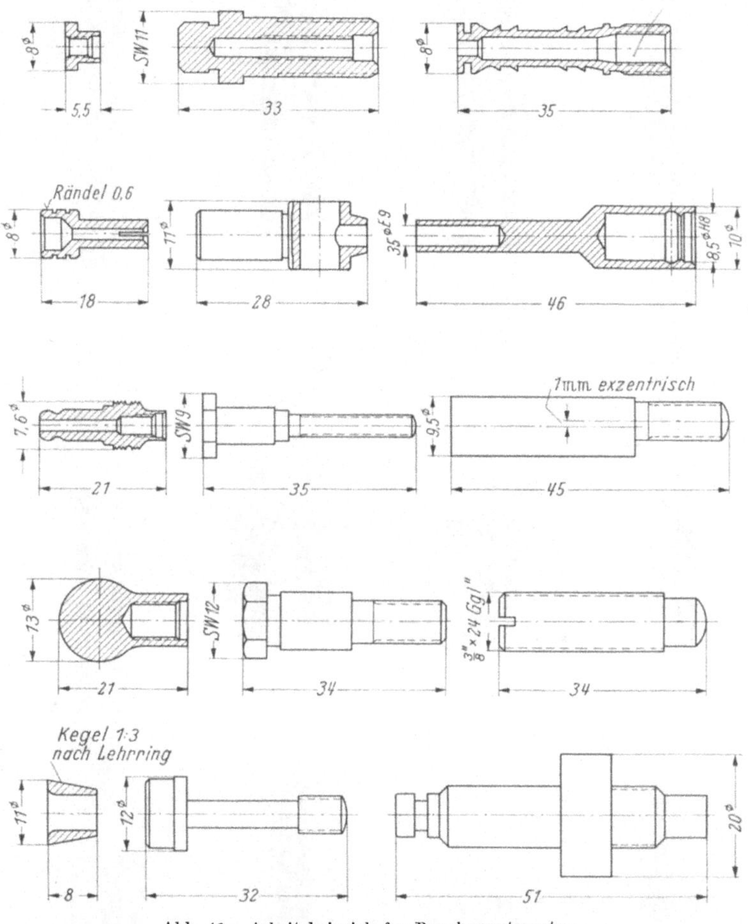

Abb. 49. Arbeitsbeispiele fur Revolverautomaten

Die Tafeln 49 und 50 zeigen Beispiele von Werkstücken auf Revolverautomaten.

b) Böhringer-Automat

Der Böhringer-Automat (Abb. 11) ist aus dem Gridley-Automat entwickelt worden. Kennzeichnend ist die Anordnung des Revolvers. Dieser ist um eine waagrechte Achse drehbar, die parallel zur Spindel liegt (Abb. 51). Auf dem Revolverkopf sind 4 Schlitten einzeln durch Kurven auf der Steuerwelle in Richtung parallel zur Spindel verschiebbar,

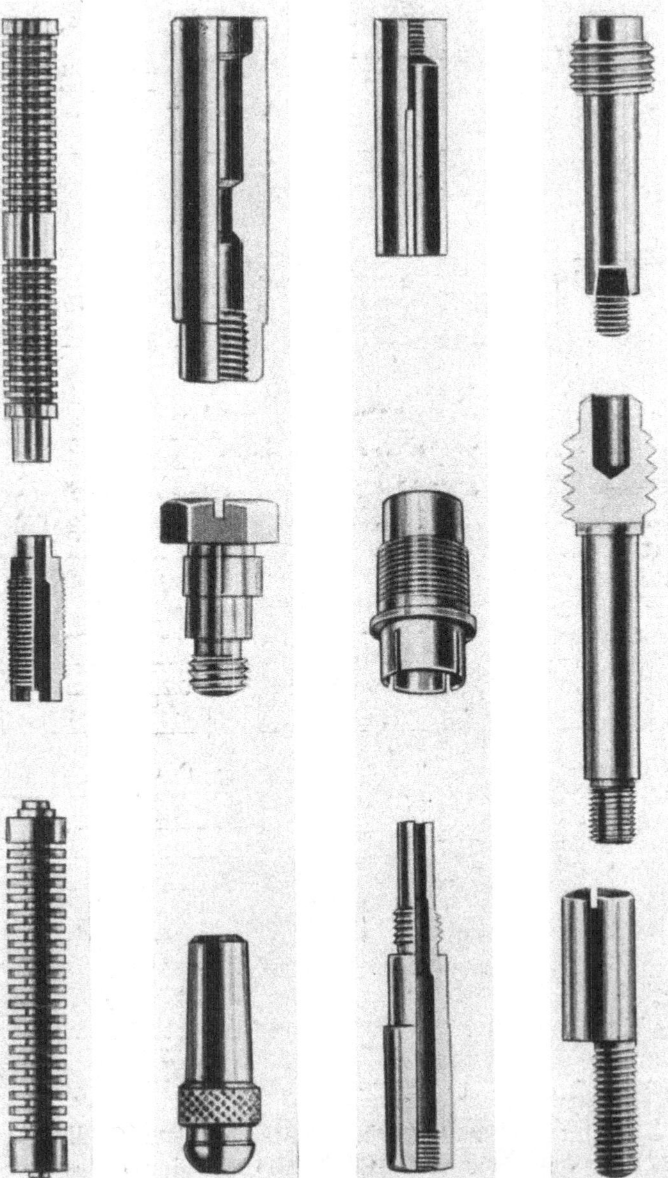

Abb. 50 a. Arbeitsbeispiele für Revolverautomaten

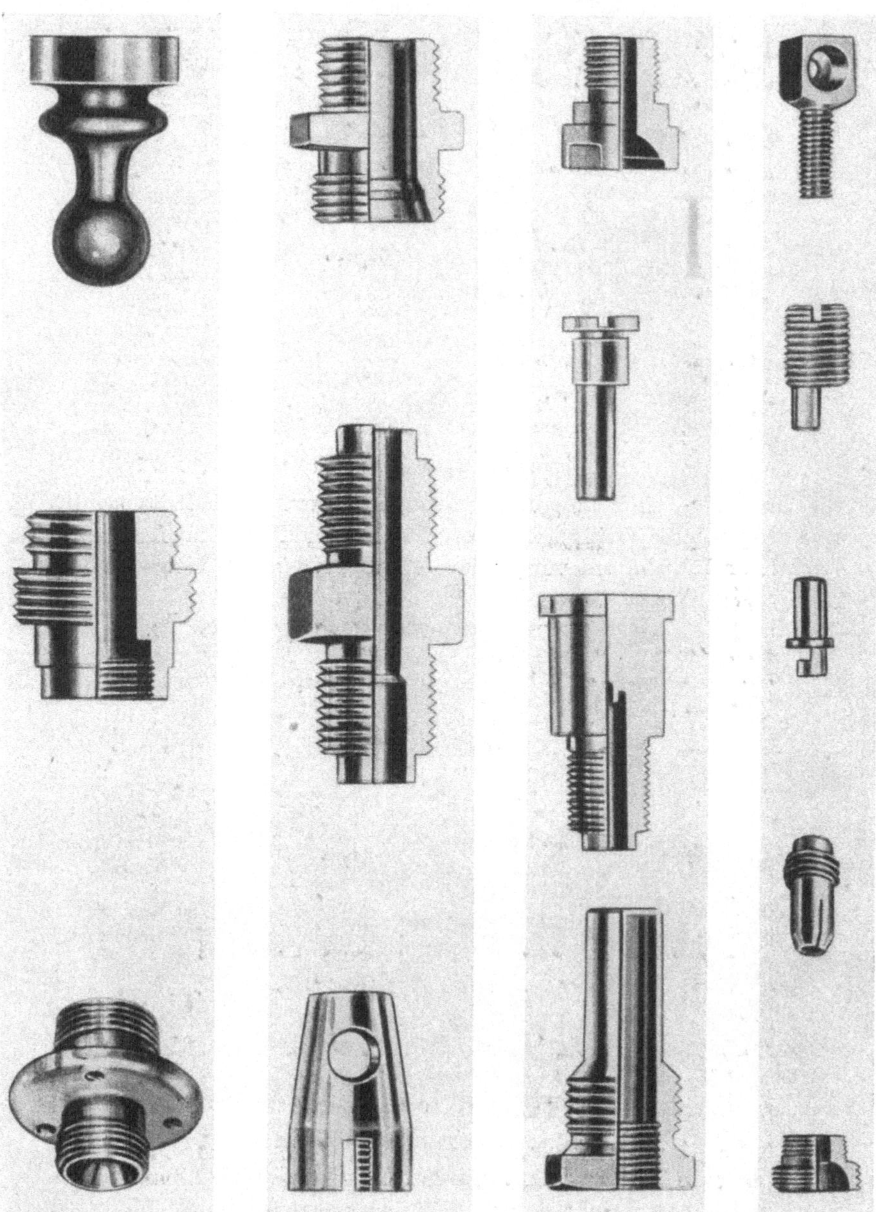

Abb. 50 b. Arbeitsbeispiele für Revolverautomaten

Abb. 51. Bohringer-Automat

die die Bohr- und Langdrehwerkzeuge tragen. Zwei Seitenschlitten und ein weiterer Vertikalschlitten (Abb. 52) sind für Plandrehen, Einstechen und Abstechen vorgesehen. Durch kräftige Antriebs- und Vor-

Abb. 52. Seiten- und Vertikalschlitten (Böhringer)

schubelemente ist der Böhringer-Automat für starke Spanleistungen verwendbar und durch weite Verstellbarkeit auch ohne Neuanfertigung von Kurven vielseitig umstellbar. Daher eignet sich der Böhringer-Automat nicht nur für Massenfertigung, sondern auch für mittlere

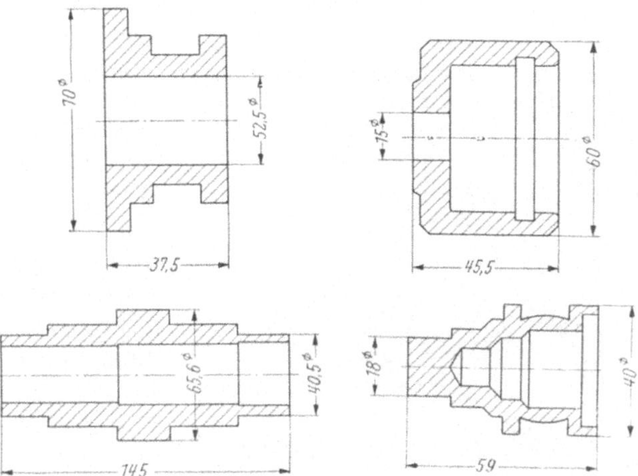

Abb. 53a—d. Werkstücke für Stangenarbeit (Böhringer)

Serien. Er wird sowohl mit Zangenspannung für Stangen von 52, 87 und 114 mm ⌀ in 3 Größen gebaut als Vollautomat, als auch als Halbautomat, indem er nach Fertigstellung eines Werkstücks selbsttätig stillgesetzt wird. Durch Verwendung von mechanischen oder Preßluftfuttern können Preß-, Gesenk- und Gußstücke einzeln gespannt werden. Eine selbsttätige Magazineinrichtung ist nicht vorgesehen, ebenso keine Gewindeschneideinrichtung.

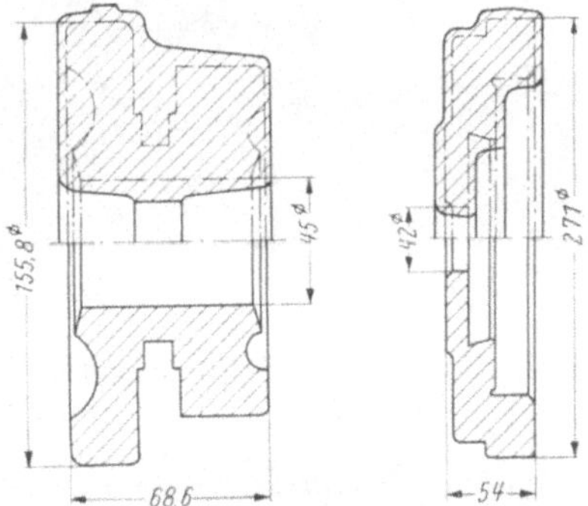

Abb. 54a, b. Beispiele für Futterarbeiten auf Bohringer-Automat

Abb. 53a—d zeigen einige Werkstücke für Stangenarbeit, Abb. 54a, b solche für Futterarbeit.

Die größten Drehdurchmesser für Futterarbeiten sind 200 und 300 mm, die größten Drehlängen 180 und 210 mm, der Kraftbedarf 5,5 und 10 kW.

III. Formdrehautomaten — Traub (Abb. 13)
— Maier & Remshardt (Abb. 14)

Diese Automaten sind ursprünglich für einfache Drehteile, wie Stifte, Bolzen, Buchsen, Scheiben, und andere einfache Werkstücke entwickelt worden in der Absicht, für solche Werkstücke einen einfachen und billigen Automaten zu schaffen. Durch eine Reihe von Zusatzgeräten sind diese Automaten jedoch auch für kompliziertere Werkstücke verwendbar.

Traub-Automat. Der Spindelstock ist fest, die Spindel läuft rechts, daher sind normale Werkzeuge wie Rechtsbohrer usw. verwendbar.

Abb. 55. Vertikalschlitten (Traub)

Die Werkzeuge werden durch Kurven vorgeschoben und durch Federn zurückbewegt. Die Steuerwelle ist dreifach ausgeführt, um die verschiedenen Bewegungen der Werkzeuge und Zusatzeinrichtungen zu machen. Eine Steuerwelle ist in der Mitte angebracht und dient der Bewegung des Reitstocks, die beiden andern Steuerwellen liegen vorn und hinten und sind für die Seitenwerkzeuge und Zusatzeinrichtungen vorgesehen. Alle drei Steuerwellen laufen mit gleicher Drehzahl. Sie werden von einem besonderen Motor mit einem Vorgelege angetrieben. Das Vorgelege gestattet verschiedene Drehzahlen der Steuerwellen entsprechend den Stückzeiten für ein Werkstück.

Seitenschlitten. Die Zahl der Seitenschlitten ist 2, 3 oder 4, je nach den Erfordernissen des Werkstücks. Zwei Seitenschlitten bewegen sich waagrecht, der dritte vertikal (Abb. 55). Werden zwei Vertikalschlitten verwendet, so sind diese schräg angeordnet (Abb. 56). An den Vertikalschlitten ist die Hebelübersetzung verstellbar, um bei ähnlichen Werkstücken mit ähnlichen Kurvenscheiben ohne Neuanfertigung auszukommen.

Der Reitstock wird auf zwei gehärteten Wellen geführt und durch Kurven auf der mittleren Steuerwelle vorgeschoben (Abb. 55).

Auch beim Rekordautomaten von Maier & Remshardt wird der Reitstock auf zwei Wellen geführt (Abb. 14). Bei diesem Automat liegt die Steuerwelle oben.

Zusatzeinrichtungen. Für kleine Bohrungen wird zur Erzeugung einer höheren Schnittgeschwindigkeit eine Schnellbohreinrichtung (Abb. 57) benutzt, die auf dem Reitstock angebracht wird und mit einem besonderen Motor angetrieben wird. Für kleine Bohrungen ist dabei eine Zentriereinrichtung (Abb. 58) notwendig, um die Bohrungen genau zentrisch herzustellen. Die Einrichtung besteht aus Schwenkhebel mit Zentrierbohrerhalter, welcher von einer Schwenkkurve auf der vorderen Steuerwelle zur Spindelmitte gebracht und durch einen seitlichen Anschlag vom Bohrreitstock mit einer besonderen Vorschubkurve betätigt wird. Diese Einrichtung ist durch Anbringung eines Anschlags für den Stangenvorschub (Abb. 59) gleichzeitig zum Anschlagen und Zentrieren ausgebaut.

Abb. 56. Schräge Seitenschlitten (Traub)

Abb. 57. Schnellbohreinrichtung (Traub)

Für Drehteile mit Stufenbohrungen verschiedener Durchmesser findet die Doppelbohreinrichtung (Abb. 60) Anwendung. Diese arbeitet mit 2 Bohrpinolen, die von der vorderen Steuerwelle mittels einer Schwenkkurve umgeschwenkt und mit einer Doppelvorschubkurve betätigt werden.

Eine Langdreheinrichtung (Abb. 61) wird auf dem vorderen Seitensupport aufgebracht und durch eine Trommelkurve auf der

Abb. 58. Zentrierbohreinrichtung (Traub)

Abb. 59. Zentrierbohreinrichtung (Traub)

vorderen Steuerwelle mit veränderlicher Hebelübersetzung vorgeschoben.

Gewindeschneideinrichtung. Zum Schneiden von Außengewinden mit selbstöffnendem Gewindeschneidkopf, System Wagner, dient die Gewindeschneideinrichtung (Abb. 62), die durch einen besonderen Elektromotor, je nach Bedarf, für Rechtsgewinde langsamer als die Drehspindel in der gleichen Drehrichtung läuft, für Linksgewinde schneller. Benützt man an Stelle des Gewindeschneidkopfes einen Fette-Gewinderollkopf zum Rollen des Gewin-

Abb. 60. Doppelbohreinrichtung (Traub)

des, so ist ein **Antriebs**motor nicht notwendig, da das Rollen von Gewinden keiner Verringerung der Drehgeschwindigkeit bedarf.

Für kleine Gewinde, die mit Schneideisen gemacht werden, ist eine Klein-Gewindeschneideinrichtung (Abb. 63) vorgesehen, die durch einen polumschaltbaren Motor angetrieben wird. Dieser Motor wird, je nach Rechts- oder Linksgewinde, so geschaltet, daß die erforderliche Herabsetzung der Schnittgeschwindigkeit sowie der Ablauf erreicht wird.

Magazineinrichtungen. Ein Kanalmagazin auf dem hinteren Seitenschlitten zeigt Abb. 64. Bei diesem werden die Werkstücke aus dem Kanal in die Spannzange der Spindel hineingeschoben, nachdem der hintere Seitenschlitten in die Ladestellung gebracht worden ist. Diese Anordnung gestattet nur begrenzte Arbeitsoperationen durch die Seitenschlitten. Glatte Werkstücke ohne Bunde oder Ansätze lassen sich von einem Kanalmagazin am hinteren Spindelende nach Abb. 65 durch die Spindelbohrung in die Spannzange einführen. Hierbei stehen alle Seitenschlitten zur Verfügung.

Die Formdrehautomaten werden in verschiedenen Größen von 15, 20, 25 und 42 mm Stangendurchmesser ausgeführt mit Drehlängen von 70 mm bei den ersten drei, 100 mm bei dem 42er.

Der Recordautomat 42 von Maier & Remshardt ist zunächst für einfachere Drehteile gebaut. Daher sind die Zusatzeinrichtungen noch nicht so weit entwickelt. Abb. 66a, b zeigen einige Fertigungsbeispiele der Formdrehautomaten.

IV. Schnellaufautomaten — INDEX 0 (Null)

Diese Automaten sind eine eigene Entwicklung der INDEX-Werke zur Herstellung kleiner Werkstücke bis 12 mm Stangendurchmesser. Sie

Abb. 61. Langdreheinrichtung (Traub)

werden in zwei Ausführungen gebaut, und zwar INDEX ON ohne Revolver für einfachere Werkstücke und kantige oder runde Muttern (Abb. 15a) und für kompliziertere Werkstücke mit Revolver INDEX OR (Abb. 15b).

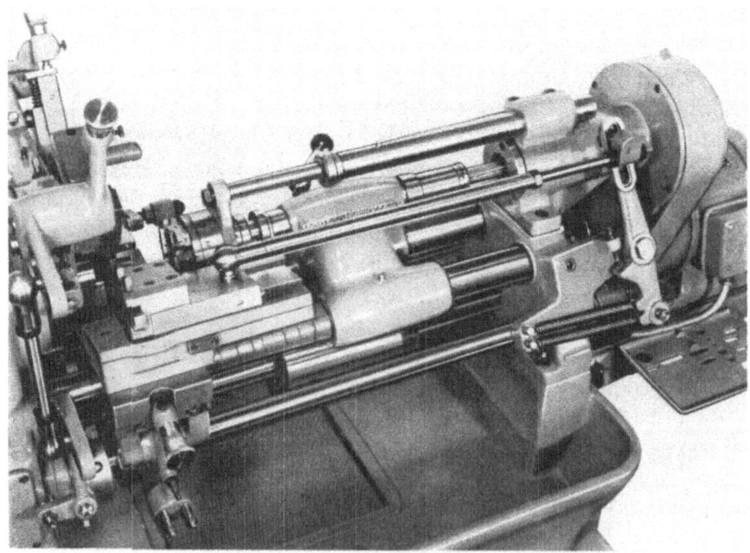

Abb. 62. Gewindeschneideinrichtung mit selbstöffnendem Gewindeschneidkopf (Traub)

Abb. 63. Klein-Gewindeschneideinrichtung (Traub)

Die besonderen Merkmale dieser Typen sind folgende:

Der Spindelstock ist fest. Seitenschlitten sind nicht vorhanden, vielmehr sind die Seitenwerkzeuge auf Wellen befestigt, die durch Flachkurven auf der vornliegenden Steuerwelle in das Werkstück eingeschwenkt und durch Federn zurückgeschwenkt werden (Abb. 67). Eine dieser

Abb. 64. Kanalmagazin, vorn (Traub)

Schwenkwellen kann auch durch eine Trommelkurve auf der Steuerwelle axial vorgeschoben werden, so daß man damit Langdreharbeiten bis 32 mm Länge machen kann.

Die Schwenkbewegungen können naturgemäß rascher ausgeführt werden als Schlittenbewegungen, wodurch eine Ersparnis an Totzeiten erzielt wird. Abb. 68a—f zeigen die Anordnung der Werkzeuge.

Zum Herstellen von Außengewinden wird gegenüber der Spindel eine Gewindeschneideinrichtung mit Schneideisen angebaut, die durch einen Riementrieb angetrieben wird und mit Überholung und Abbremsen arbeitet. Da die Drehrichtung der Hauptspindel links ist, können mit dieser Gewindeschneideinrichtung nur Rechtsgewinde geschnitten werden (s. Abb. 99, S. 74). Um Ausschuß beim Gewindeschneiden zu verhüten,

Abb. 65. Kanalmagazin, hinten (Traub)

ist an der Gewindeschneideinrichtung eine Sicherheitsausrückung vorhanden, die die Maschine bei nicht vollständig ausgeschnittenem Gewinde stillsetzt.

Für kleine Bohrungen ist eine Schnellbohreinrichtung vorgesehen (Abb. 69), die an Stelle der Gewindeschneideinrichtung gesetzt werden kann und von einem Riementrieb entgegengesetzt zur Drehrichtung der Hauptspindel angetrieben wird, so daß sich die Drehzahlen addieren.

Die Bohr- und Lünettendreheinrichtung (Abb. 70) besitzt eine feststehende, axial verschiebbare Spindel, die zur Aufnahme von Spannzangen für Bohr- und Stufenbohrwerkzeuge vorgesehen ist. Dabei können auch solche Werkzeuge eingespannt werden, die gleichzeitig einen Bohrer

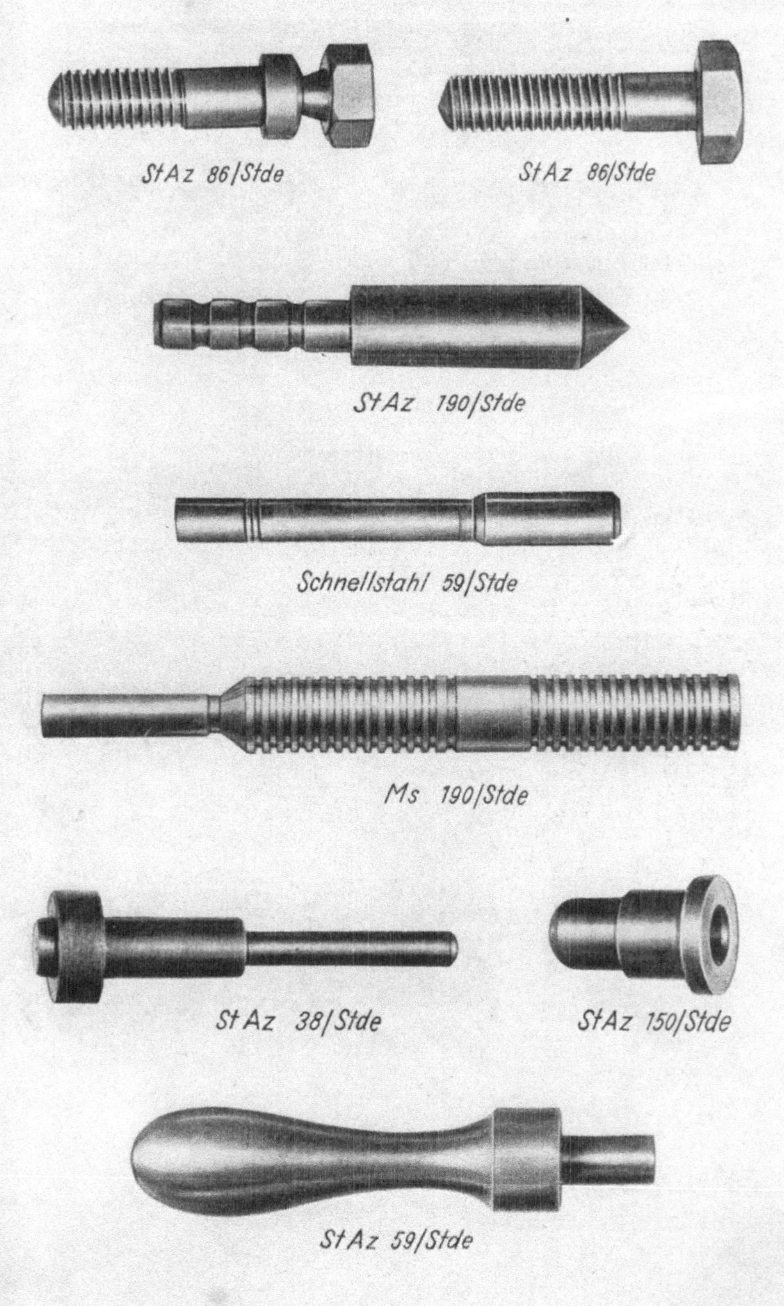

Abb. 66a. Arbeitsbeispiele fur Formdrehautomaten

StAz 235/Stde

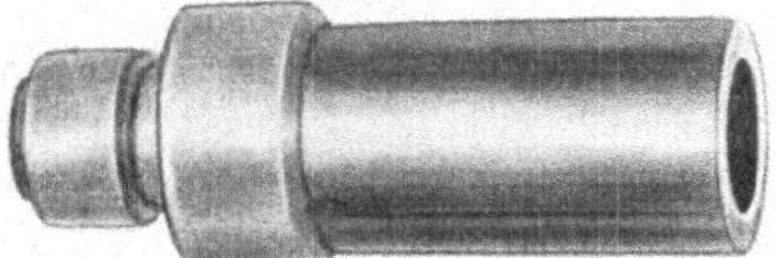

StAz 38/Stde

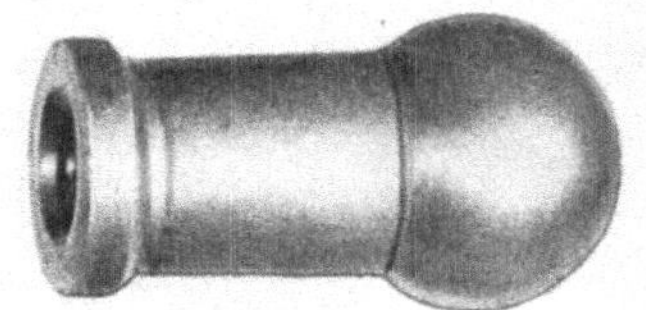

StAz 38/Stde

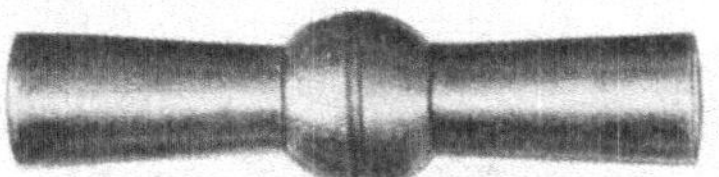

Ms 500/Stde

StAz 59/Stde

StAz 190/Stde

StAz 232/Stde

StAz 86/Stde

StAz 100/Stde

Ms 190/Stde

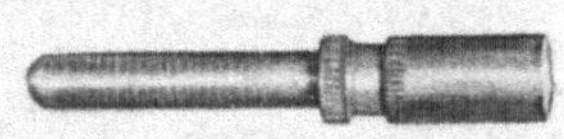

Ms 340/Stde

Abb. 66 b. Arbeitsbeispiele für Formdrehautomaten

und einen Drehstahl tragen, so daß beim Bohren gleichzeitig lang gedreht werden kann. Die obigen drei Einrichtungen erhalten ihre Vorschubbewegungen von Trommelkurven, die auf der Steuerwelle angebracht sind.

Weitere Zusatzeinrichtungen sind eine Schlitzeinrichtung (Abb. 71), bei der das abgestochene Werkstück mit einem Greifarm gefaßt und einer Säge oder Fräsern zugeführt wird, um einen Schlitz oder Flächen auf der Abstichseite zu fräsen. Zum Bohren von Querlöchern kann auch eine Querbohreinrichtung (Abb. 72) vorgesehen werden, die an Stelle der Sägeeinrichtung gesetzt wird. Mit einer Mutter-Gewindeschneideinrichtung (Abb. 73) werden die abgestochenen kantigen oder runden Muttern von hinten versenkt, Schlitz gesägt und das Gewinde mit Schlangengewindebohrer geschnitten. Abb. 74 zeigt einige Werkstücke, die sich zur Herstellung auf den INDEX-ON-Automaten eignen.

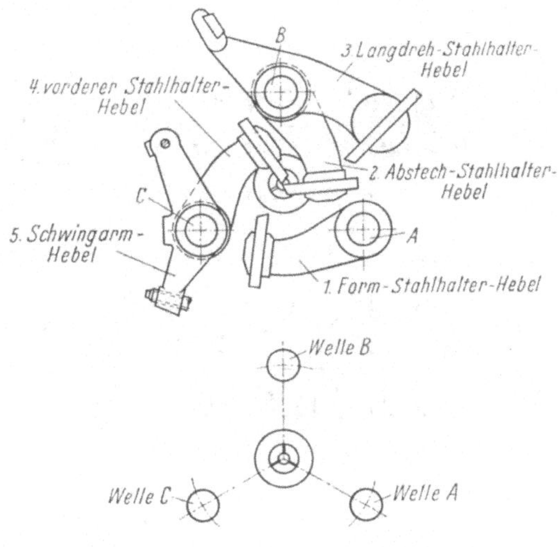

Abb. 67
Anordnung der Schwing-Werkzeughalter (Index)

Der INDEX-OR-Automat ist auf der Spindelseite ebenso ausgeführt wie der INDEX ON, hat jedoch noch einen Schwingarm mehr und an Stelle der Pinole einen Revolverschlitten, der ebenso wie bei den früheren Revolverautomaten nach dem System Brown & Sharpe gebaut ist.

Eine Schnellbohreinrichtung mit Antrieb durch Kegelräder vom Innern des Revolvers aus dient zum Bohren von kleinen Bohrungen. Die Langdreheinrichtung (Abb. 75, 76) ist die gleiche wie beim INDEX ON, ebenso die Schlitzeinrichtung, Muttern-Gewindeschneideinrichtung und Querbohreinrichtung.

Da man mit dem Revolver auch mehrere Bohrungen machen kann, ist es möglich, Außen- oder Innengewinde zu schneiden. Die Gewindeschneideinrichtung wird mit Kegelrädern vom Inneren des Revolvers angetrieben und arbeitet mit Überholen beim Schneiden und Abbremsen beim Rücklauf, da die Hauptspindel Linkslauf hat. Linksgewinde kann daher mit dieser Einrichtung nicht geschnitten werden.

Abb. 77 zeigt einige Arbeitsbeispiele des INDEX OR.

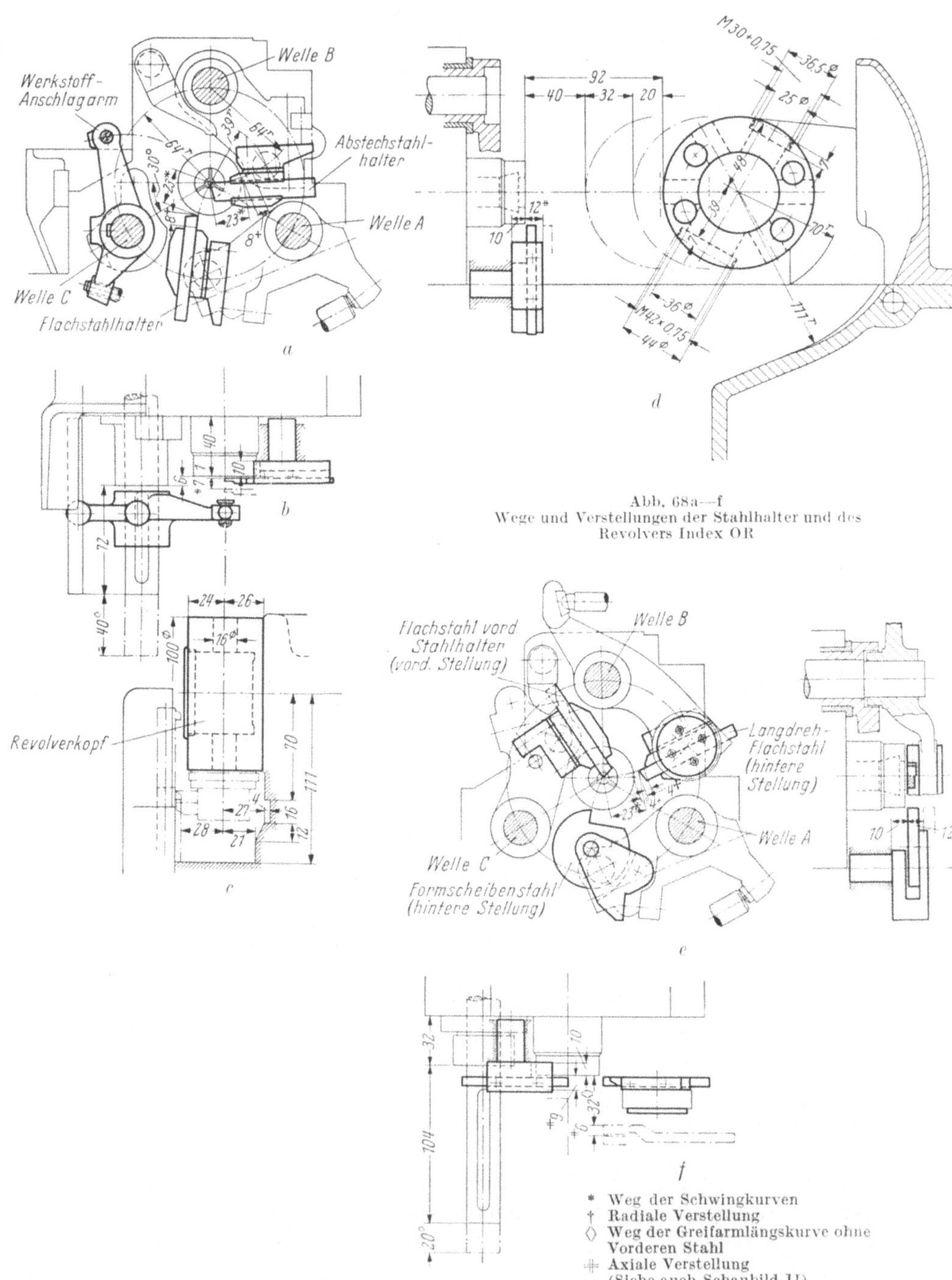

Abb. 68a—f
Wege und Verstellungen der Stahlhalter und des Revolvers Index OR

* Weg der Schwingkurven
† Radiale Verstellung
◇ Weg der Greifarmlängskurve ohne Vorderen Stahl
⌗ Axiale Verstellung
(Siehe auch Schaubild II)

Abb. 69
Schnellbohreinrichtung (Index ON)

Abb. 70
Bohr- und Lünettendreheinrichtung (Index ON)

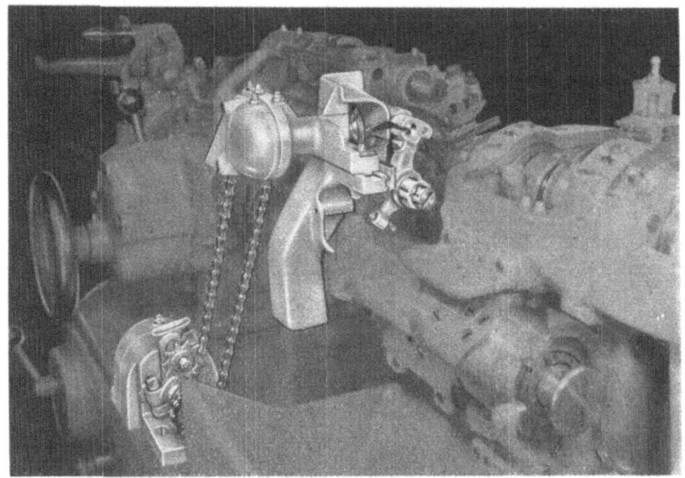

Abb. 71. Schlitzeinrichtung (Index)

Abb. 72. Querbohreinrichtung (Index)

Abb. 73. Mutternschneideinrichtung mit Schlitten (Index)

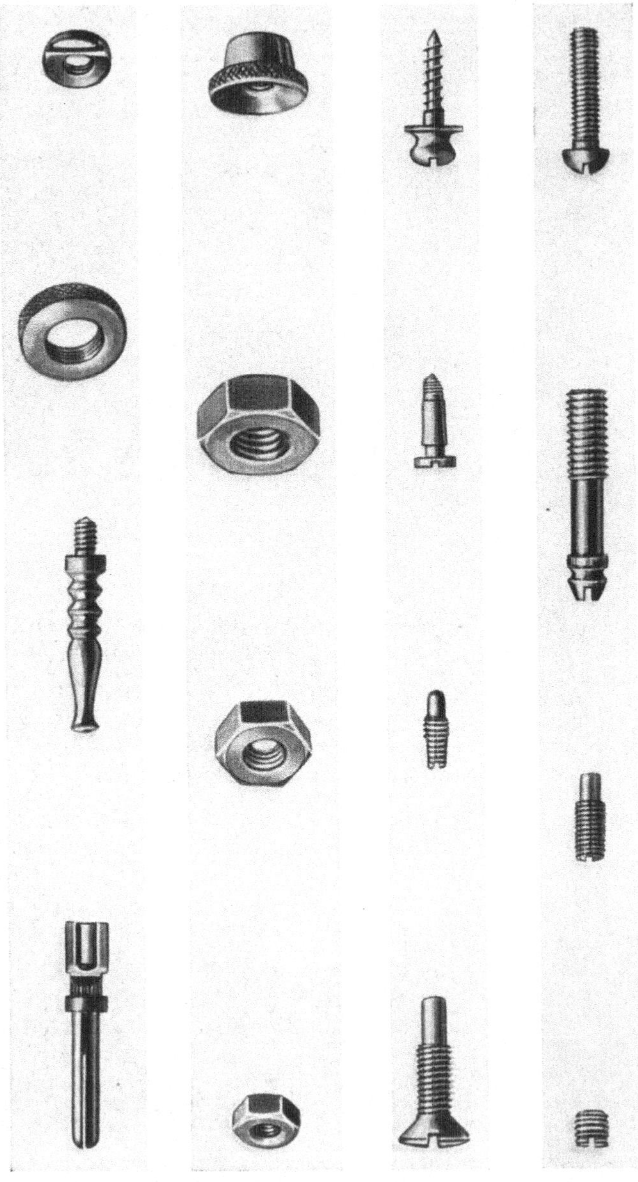

Abb. 74. Arbeitsbeispiele für Index ON

Abb. 75. Schnellbohreinrichtung auf Index OR

Abb. 76. Langdreheinrichtung auf Index OR

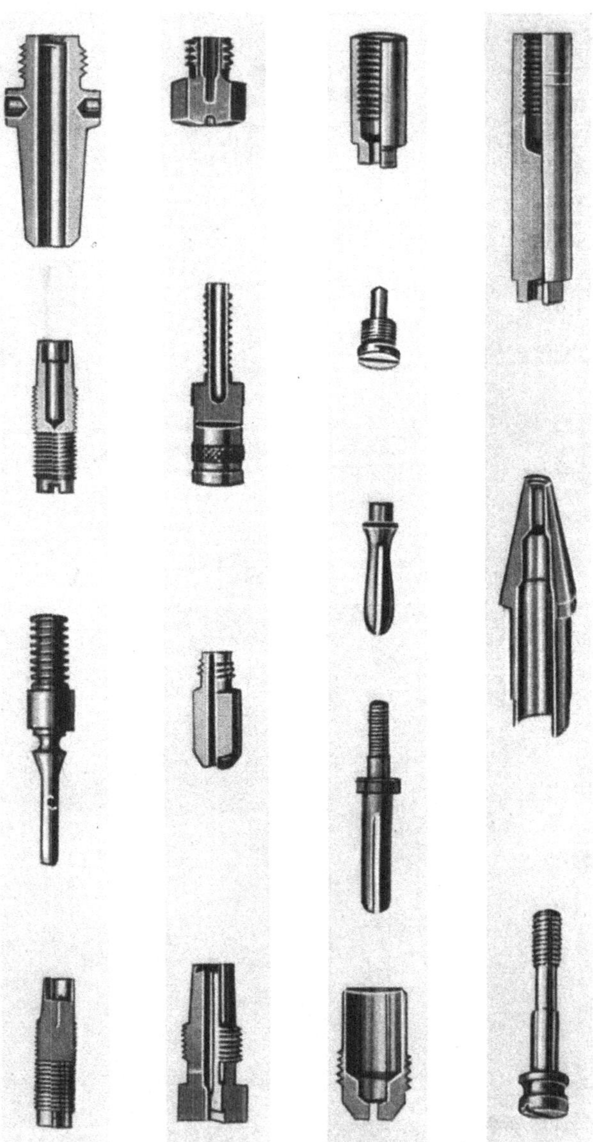

Abb. 77. Arbeitsbeispiele für Index OR

Zweites Kapitel

Die Konstruktionselemente der Einspindelautomaten

A. Der Hauptantrieb

I. Motorantrieb

Zum Antrieb werden ausschließlich eingebaute Drehstrommotoren verwendet, die entweder als Flansch- oder Fußmotoren im Kastenfuß des Automaten eingebaut werden und über ein Getriebe für verschiedene Drehzahlen die Spindel antreiben. Der Antrieb der Steuerung wird entweder vom Hauptmotor abgeleitet oder es ist dafür ein besonderer Motor vorgesehen.

Die Leistung der Hauptmotoren richtet sich nach dem größten Stangendurchmesser und liegt zwischen 1 kW bei den kleinsten Durchmessern (4 mm) bis 7 kW bei den größten (60 mm). Jedoch findet man auch bei verschiedenen Automatentypen für die gleichen Stangendurchmesser starke Abweichungen der Motorstärken. Im allgemeinen haben die Revolverautomaten bei gleichem Stangendurchmesser stärkere Motoren, weil bei diesen mehrere Seitenstähle oft gleichzeitig arbeiten müssen.

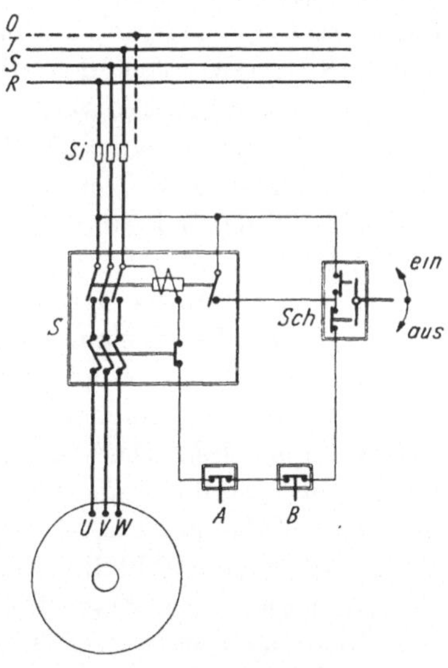

Abb. 78. Schaltplan für Gauthier-Automat

S = Luftschütz mit therm. Überstromauslösung
Si = Sicherungen
Sch = Schalter; Ein: von Hand
Aus: von Hand oder bei Werkstoffaufbrauch durch Maschine
A, B = Unterbrecher als Riemenbruchsicherung

Der am meisten vorhandene Motor ist ein Kurzschlußläufer mit n = 1400 U/min. Polumschaltbare Motoren haben entweder die Drehzahlen 700/1400 oder 1400/2800. Mehrfach umschaltbare Motoren werden wegen der höheren Kosten für den Motor und die Schalteinrichtungen nicht verwendet.

Zum Einschalten und Sichern der Motoren dienen druckknopf- oder hebelbetätigte Schützen mit thermischen Sicherungen. Diese letzteren schützen den Motor gegen Überlastung. Als Eingangssicherungen gegen Kurzschluß sind stets Schmelzsicherungen vorgesehen. Da diese jedoch den drei- bis viermal stärkeren Anlaufstrom der Kurzschlußläufer aushalten müssen, sichern sie den Motor nicht gegen Überlastung.

Im Schaltplan eines Langdrehautomaten (Gauthier) nach Abb. 78 ist ein Handschalter *Sch* zum Ein- und Ausrücken vorgesehen, ferner 2 Ausschalter *A* und *B*. Diese dienen zum Stillsetzen des Automaten, z. B. bei Riemen- oder Kettenbruch, um Beschädigungen der Werkzeuge oder der Maschine zu vermeiden. Man verwendet auch solche Ausschalter zum Stillsetzen bei Aufbrauch der Stange, indem der Stangenvorschub auf einen Endausschalter trifft, wenn die Stange aufgebraucht ist.

Für mehrere Motoren, z. B. für Gewindeschneidvorrichtungen, Schlitz- und Bohreinrichtungen, ergeben sich verwickeltere Schaltpläne, da man beachten muß, daß die Motoren sinngemäß miteinander arbeiten müssen und bei Störungen an einer Einrichtung die übrigen nicht in Mitleidenschaft gezogen werden dürfen. Die Automatenhersteller liefern für solche Fälle genaue Schaltpläne.

1. Antrieb der Hauptspindel

Für diesen findet man Flachriemen, Keilriemen, Rollenketten und Zahnräder. Für sehr hohe Drehzahlen sind endlos geleimte oder gewebte Riemen (Siegling) wegen des ruhigen Laufes zweckmäßig. Die endlosen Lederriemen sind nicht so kantenempfindlich und lassen sich oft auch in der Maschine leimen, ohne die Spindel auszubauen.

Bei endlos gewebten Riemen oder Gurten ist ein Leimen oder Kleben nicht möglich, daher ist das Auswechseln wegen des Spindelausbaus oft sehr umständlich.

Keilriemen bewähren sich bis etwa 6000 U/min. Bei höheren Drehzahlen leidet die Lebensdauer wegen der inneren Walkarbeit. Bei größeren Antriebsleistungen empfiehlt es sich, an Stelle eines Keilriemens 2 oder 3 parallel zu verwenden, um kleinere Durchmesser der Riemenscheiben zu erhalten. Das Auswechseln der Keilriemen ist oft umständlich, da diese endlos sind. Geteilte Keilriemen mit Riemenschlössern bewähren sich bei höheren Drehzahlen wegen des Schlages und der Abnützung am Riemenschloß nicht.

Kettenantrieb wird bei starken Leistungen und niederen bis mittleren Drehzahlen angewendet. Die Ketten sind meist Rollenketten oder auch bei höheren Ansprüchen an Geräuschlosigkeit Zahnketten. Für die Ketten ist stets eine Schmierung vorzusehen, z. B. indem die Kette durch ein Ölbad läuft, um die Abnutzung zu verringern. Ist die Kette abgenutzt, so genügt es nicht, die Kette auszuwechseln, vielmehr muß man meist auch die Kettenräder auswechseln, weil diese sich auch abgenutzt und ausgeschlagen haben. Hierdurch stimmt die Teilung nicht mehr zusammen und die Abnutzung wird noch rascher, das Geräusch stärker. Kettenspanner beseitigen nicht den Teilungsfehler.

Riemen- und Kettenspanner können gleichzeitig mit dem Ausschalter bei Bruch verbunden werden, so daß die Maschine bei Bruch selbsttätig stillgesetzt wird.

Zahnräderantrieb erfordert die Verlegung des Getriebes in den Spindelstock (Tarex), vermeidet jedoch die Nachteile der Kettenantriebe. Der Spindelstock wird dadurch umfangreicher und komplizierter. Die Zahnräder werden gehärtet und laufen im Ölbad oder werden durch herumspritzendes Öl geschmiert.

2. Getriebe

Die Hauptgetriebe dienen dazu, der Arbeitsspindel die verschiedenen Drehzahlen und Drehrichtungen zu geben. In den meisten Automaten werden Stufengetriebe verwendet, die eine bestimmte Auswahl von Drehzahlen ermöglichen. Stufenlose Getriebe haben dagegen den Vorteil, daß man jede beliebige Drehzahl innerhalb eines gewissen Bereiches einstellen und die Drehzahl während des Laufes ändern kann, z. B. beim Plandrehen oder Abstechen, um gleichbleibende Schnittgeschwindigkeit zu erhalten. Da der Regelbereich der stufenlosen Getriebe meist nicht höher

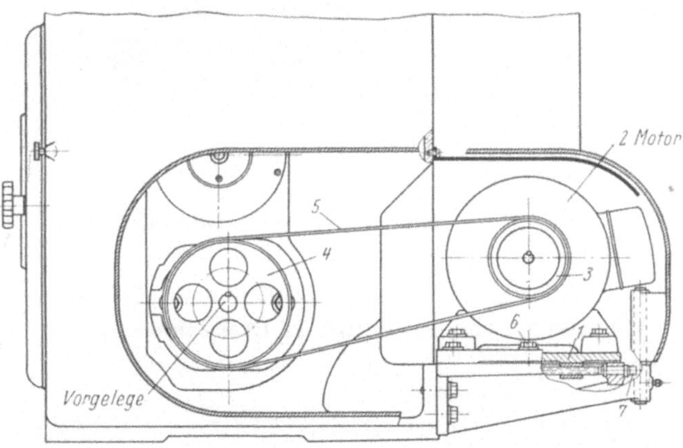

Abb. 79. Auswechselbare Riemenscheiben (Strohm). 3 und 4 auswechselbare Riemenscheiben

als 1:6 bis 1:8 ist, kommt man mit dem stufenlosen Getriebe allein oft nicht aus, sondern muß noch ein Schaltgetriebe einbauen, um den Drehzahlenbereich zu vergrößern.

Die einfachste Art, verschiedene Drehzahlen an der Hauptspindel zu erhalten, ist das Auswechseln von Riemenscheiben des Motors und der Vorgelegewelle, von der aus ein Riemen die Spindel antreibt, wie aus Abb. 79 hervorgeht. Die Riemenscheiben 3 auf dem Motor und 4 auf der Vorgelegewelle werden von Hand ausgewechselt, so daß, je nach ihren

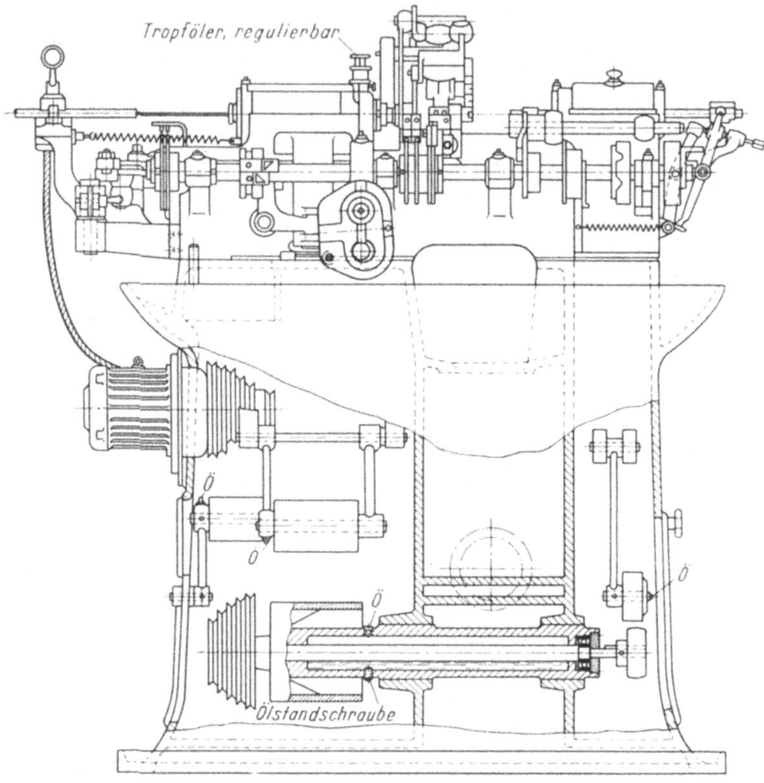

Abb. 80. **Hauptgetriebe mit Stufenscheiben (Gauthier)**

Durchmessern, beliebige Drehzahlen möglich sind. Ein Satz von normal mitgelieferten Riemenscheiben ergibt 12 Drehzahlen.

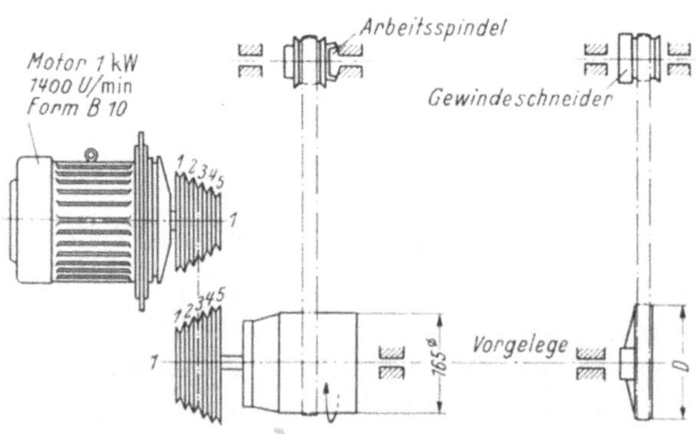

Abb. 81. **Auswechselbare Stufenscheiben (Gauthier)**

Um den Riemen die richtige Spannung zu geben, ist der Motor verstellbar durch Verschieben. Zur Spannung des Antriebsriemens der Spindel wird die Vorgelegewelle senkrecht verstellt.

Stufengetriebe mit Keilriemen (Gauthier)

Antriebscheiben	Antriebstufe	Arbeitsspindel Drehzahlen i. d. Min.	Gewindeschneidspindel Drehzahlen i. d. Min. des Einspindel- bzw. Dreispindelapparates bei Scheiben-⌀ D = 162 bzw. 75		175 bzw. 80		188 bzw. 88		Bohrspindel Dreispindelapparat bei Scheiben-⌀ D = 75	80	88
			Drehzahl	Überholg.	Drehzahl	Überholg.	Drehzahl	Überholg.	linkslaufend		
1	5	2000	2165	165	2330	330	2500	500	2330	2450	2700
1	4	2620	2838	218	3057	437	3275	655	3100	3200	3600
1	3	3450	3737	287	4025	575	4310	860	4000	4250	4700
1	2	4550	4928	378	5310	760	5685	1135	5300	5600	6200
1	1	6000	6500	500	7000	1000	7500	1500	7000	7400	8200
2	5	4000	4340	340	4650	650	5000	1000	4660	4920	5440
2	4	5000	5400	400	5800	800	6250	1250	5830	6150	6800
2	3	6500	7000	500	7500	1000	—	—	—	—	—
2	2	8000	—	—	—	—	—	—	—	—	—
2	1	10 000	—	—	—	—	—	—	—	—	—

Will man das Auswechseln von Riemenscheiben vermeiden, so baut man Stufenscheiben ein, auf denen sich der Riemen von Hand umlegen läßt. Eine einfache Anordnung für kleine Langdrehautomaten mit 5 Stufen zeigt Abb. 80 (Gauthier). Um an Breite zu sparen, werden Keilriemen verwendet. Eine Spannrolle dient zum Spannen, erleichtert das Umlegen des Keilriemens und kann gleichzeitig mit einem Auslöser verbunden werden, der bei Riemenbruch den Motor stillsetzt. Will man den Drehzahlenbereich erweitern, so kann man die Stufenscheiben 1 gegen einen anderen Satz 2 auswechseln und erhält dadurch mehr Drehzahlen (Abb. 81, Gauthier).

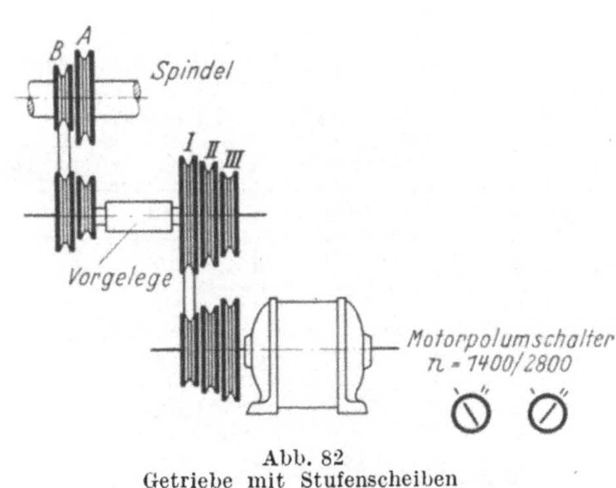

Abb. 82
Getriebe mit Stufenscheiben und polumschaltbarem Motor (Traub)

Mit polumschaltbaren Motoren kann der Drehzahlenbereich auch ohne Auswechseln von Stufenscheiben nach Abb. 82 (Traub) erweitert werden.

Der Motor und das Vorgelege werden in der senkrechten Höhe verstellt, um die Riemenspannung zu regeln.

Eine weitere Möglichkeit, die Anzahl der Drehzahlen zu erweitern, zeigt Abb. 83 durch Einbau eines Zwischenvorgeleges C und Anbringen von Riemenscheiben nach Abb. 84 (Bechler).

Beim INDEX-O-Automat werden die verschiedenen Drehzahlen der Hauptspindel durch Aufsteckwechselräder auf der Motorwelle und einer Zwischenwelle nach Abb. 85 erreicht. 10 Wechselräder ergeben 10 Drehzahlen von 950 bis 7500 U/min.

Die Riemengetriebe werden meist bei solchen Automaten verwendet, bei denen die Spindel stets in gleicher Drehrichtung läuft und die Drehzahl hoch ist. Für Automaten stärkerer Leistung wird der Ketten- oder

Umdrehungen pro Minute der Spindel „E" des Spindelstockes Autom. Type A (Bechler)

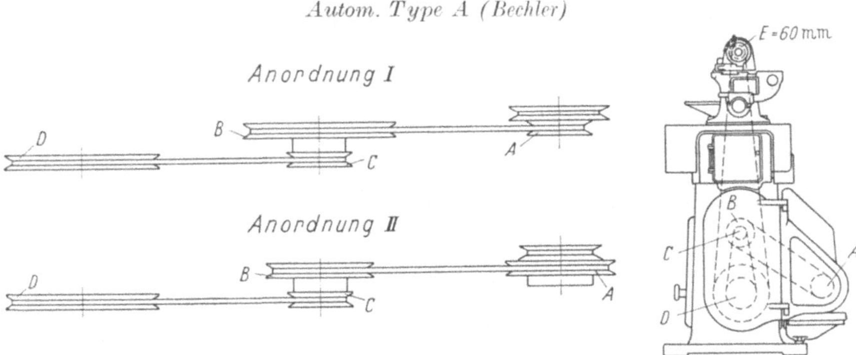

Abb. 83. Zwischenvorgelege für mehrere Drehzahlen (Bechler)

Anordnung I

Durchmesser der Riemenscheibe $A = 91$ mm — Durchmesser der Riemenscheibe $B = 212$ mm

Kombination Nr.	Durchmesser der Riemenscheibe C	Durchmesser der Riemenscheibe D	Drehzahl des Motors		
			930 t/min	1430 t/min	2860 t/min
1	90	210	455	700	1400
2	90	190	505	775	1550
3	110	210	555	860	1715
4	110	190	615	950	1895
5	110	170	685	1060	2120
6	130	190	725	1120	2240
7	130	170	815	1250	2505
8	130	150	920	1415	2835
9	150	170	940	1445	2885

Anordnung II

Durchmesser der Riemenscheibe $A = 151$ mm			Durchmesser der Riemenscheibe $B = 151$ mm		
10	90	210	1060	1630	3265
11	90	190	1170	1805	3610
12	110	210	1295	1995	3990
13	110	190	1435	2205	4410
14	110	170	1600	2465	4935
15	130	190	1695	2605	5215
16	130	170	1895	2915	5830
17	130	150	2150	3305	6610
18	150	170	2185	3365	6725
19	150	150	2480	3815	7625
20	170	150	2810	4320	8640
21	150	130	2860	4400	8800
22	170	130	3240	4985	9970
23	190	130	3625	5570	11145
24	170	110	3830	5890	
25	190	110	4280	6585	
26	210	110	4735	7280	
27	190	90	5235	8050	
28	210	90	5785	8895	

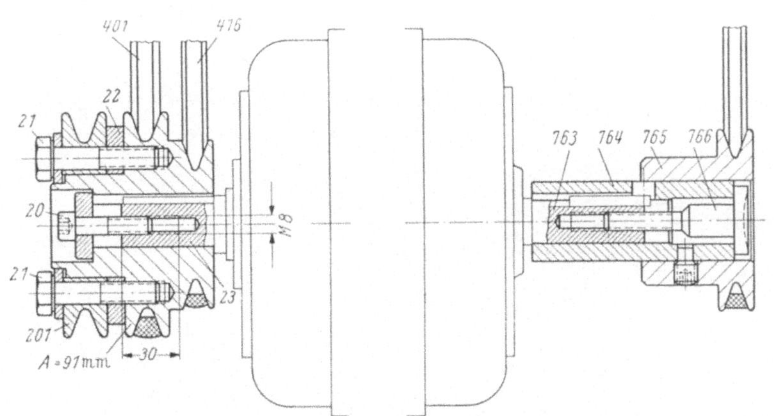

Abb. 84. Auswechselbare Keilriemenscheiben (Bechler)

Zahnräderantrieb der Spindel vorgezogen, ebenso bei solchen Automaten, in denen die Drehrichtung der Spindel umgeschaltet werden muß, z. B.

bei Revolverautomaten. Zum Umschalten braucht man dabei Reibungskupplungen, die im Getriebe eingebaut und von der Steuerwelle betätigt werden müssen. Diese Reibungskupplungen sind meist mechanische Kegelkupplungen, aber auch neuerdings elektromagnetische Lamellenkupplungen.

Bei den Revolverautomaten genügt jedoch das Umschalten von Links- auf Rechtslauf allein noch nicht, vielmehr ist es auch noch notwendig,

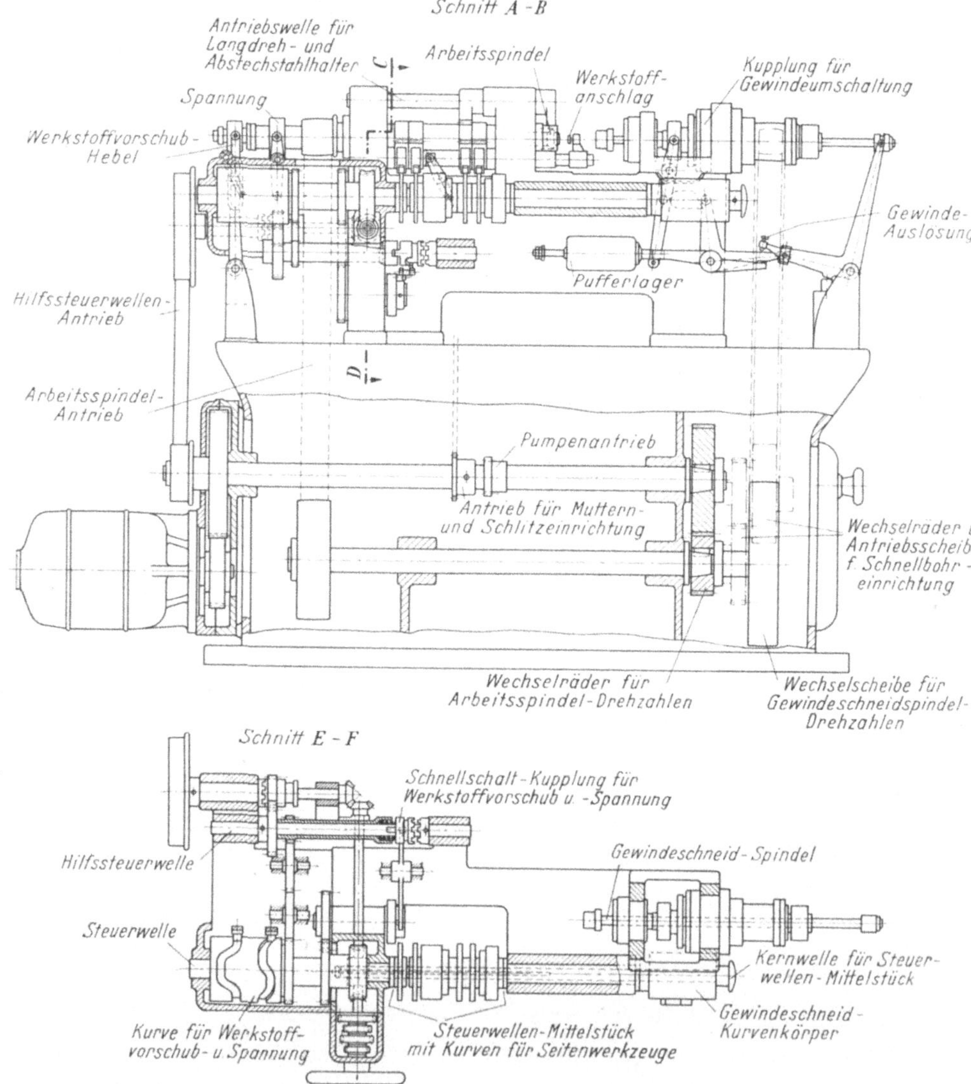

Abb. 85. Getriebeplan des Indexautomaten ON

die Spindeln schnell und langsam laufen zu lassen, je nach dem zu schneidenden Gewinde, also für Rechts- oder Linksgewinde. Daher werden noch weitere Vorgelege und Kupplungen eingebaut. Abb. 86 zeigt ein solches Getriebe mit Zahnrädern und 2 Doppelkupplungen für INDEX-Automaten. Das Getriebe mit einer Doppelkupplung für schnell und langsam ist im Kastenfuß eingebaut, die Doppelkupplung für Rechts- und Linkslauf auf der Spindel. Bei dieser Ausführung führt im Schnellgang der Kraftfluß über beide Vorgelege-Räderpaare, wobei der Antrieb noch ins Schnelle erfolgt, wie aus den Übersetzungen dieser Räderpaare ersichtlich ist. Dies erfordert beim Umschalten einen höheren Kraftbedarf, bringt Zeitverlust und mehr Abnützung.

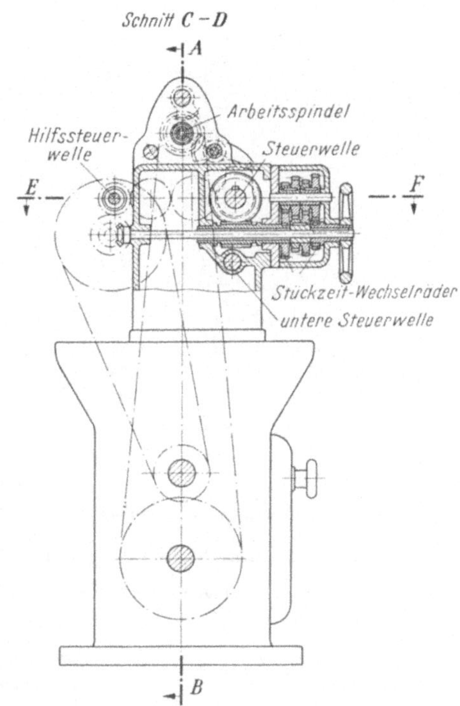

Zu Abb. 85. Getriebeplan des Indexautomaten ON

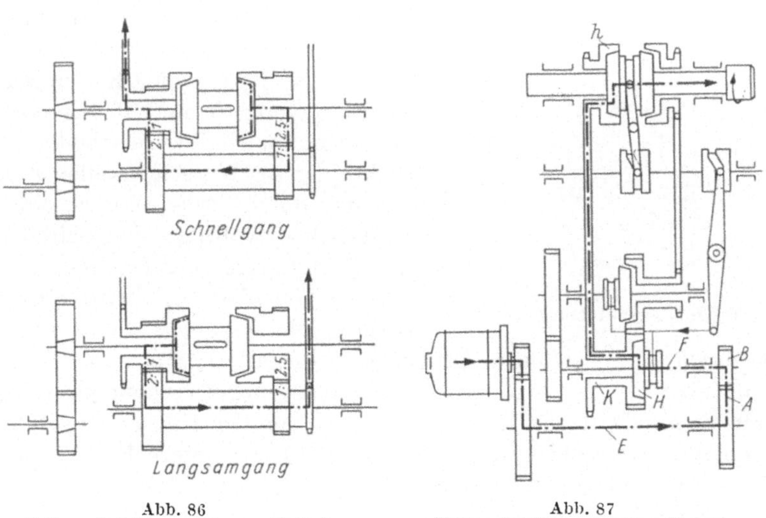

Abb. 86
Frühere Getriebeausführung (Index)

Abb. 87
Neuere Getriebeausfuhrung (Index)

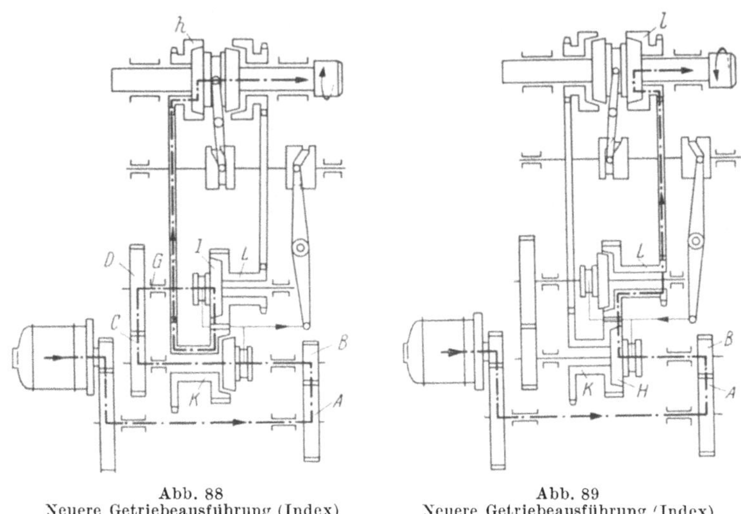

Abb. 88
Neuere Getriebeausführung (Index)

Abb. 89
Neuere Getriebeausführung (Index)

Daher hat man neuerdings ein günstigeres Getriebe mit einer weiteren Vorgelegewelle entwickelt nach Abb. 87 bis 90.

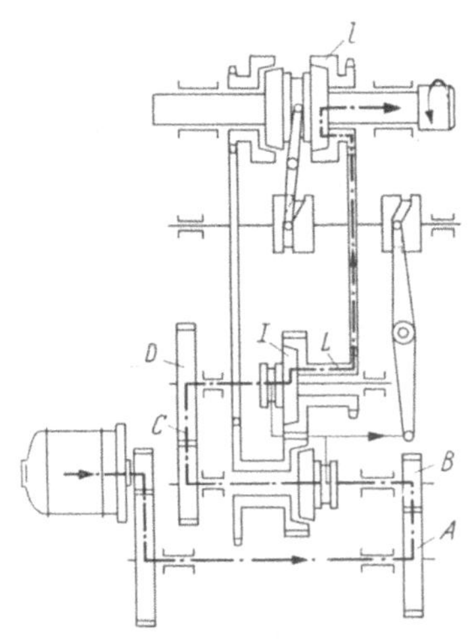

Abb. 90
Neuere Getriebeausfuhrung (Index)

Die Doppelreibkupplung auf der Spindel ist dabei die gleiche und dient zum Rechts- und Linkslauf der Spindel. Das Getriebe besteht — wie das Schema in den Abb. 87 bis 90 zeigt — aus der mit gleichbleibender Drehzahl vom Motor angetriebenen Antriebswelle *E* und den beiden parallel dazu gelagerten Vorgelegewellen *F* und *G*, auf denen jeweils eine Reibungsumschaltkupplung *H* und *J* angeordnet ist, die nur wechselweise arbeiten. Die Drehzahlen der Vorgelegewellen *F* und *G* sind durch Aufsteckwechselräder veränderlich, wobei die Wechselräder *A* und *B* die untere Vorgelegewelle *F* antreiben. Von dieser aus wird über die Wechselräder *C* und *D* die obere Vorgelegewelle *G* angetrieben. Die beiden Umschaltreibkupplungen *H* und *J* sind über ein Gestänge mit dem Kupplungshebel verbunden, welcher durch eine selbsttätig geschaltete Kurve von der Hilfssteuerwelle des Automaten betätigt wird. Ist im Getriebe die untere Reibkupplung (H. K) (Abb. 87 und 89) eingerückt, so läuft die Arbeitsspindel im Schnellgang. Kommt dagegen die obere Reibkupplung (J. L) in Eingriff, so läuft die Arbeitsspindel im Langsamgang (Abb. 88 und 90). Zum Schalten der Arbeitsspindel von Linkslauf auf Rechtslauf und umgekehrt dient die auf der Arbeitsspindel angeordnete Doppelreibkupplung. Mittels dieser und den beiden Reibkupplungen *H* und *J* sind während eines Arbeitsablaufs die in Tab. 1 festgelegten Antriebsübersetzungen verfügbar, unabhängig von dem jeweiligen Wert der Höchstdrehzahl n_1.

Tabelle 1 *Antriebsübersetzungen*

Kupplung				Drehzahl und Drehsinn der Arbeitsspindel	Verhältnisse der Drehzahlen zueinander				
in	außer	in	außer						
Eingriff									
Arbeitsspindel		Getriebe							
h	l	H, K	J, L	n_1 links* schnell	n_1				
l	h	H, K	J, L	n_2 rechts* schnell	$n_2 = \frac{n_1}{2}$ = konstant				
l	h	J, L	H, K	n_3 rechts langsam	$n_3 =$	$\frac{n_1}{5}$	$\frac{n_1}{8}$	$\frac{n_1}{10}$	$\frac{n_1}{12}$
h	l	J, L	H, K	n_4 links langsam	$n_4 =$ $2\,n_3 =$	$\frac{n_1}{2{,}5}$	$\frac{n_1}{4}$	$\frac{n_1}{5}$	$\frac{n_1}{6}$

* Durch Umklemmen des Antriebsmotors (Vertauschen von zwei Phasen) kann der Drehsinn von links in rechts und umgekehrt geändert werden. Der Drehsinn der Hilfssteuerwelle muß jedoch dabei unverändert bleiben.

Das Verhältnis $\frac{n_1}{n_2} = \frac{n_4}{n_3} = 2$ ist konstruktionsbedingt und daher konstant, während das Verhältnis $\frac{n_1}{n_3}$ bzw. $\frac{n_1}{n_4}$ mittels Wechselrädern innerhalb des Grenzbereiches von $^1/_5$ bis $^1/_{12}$ bzw. $^1/_{25}$, bis $^1/_6$ beliebig gewählt werden kann. Durch Austausch von 8 Antriebs- und 4 Gewindeschneidwechselrädern, von denen jeweils 2 an Stelle der Räder *A* und *B* bzw. *C* und *D* treten, kann die Arbeitsspindel 8 Stufen innerhalb eines Drehzahlbereiches von

n = 60—1500 U/min beim Drehen
bzw. n = 30— 750 U/min beim Gewindeschneiden,

Reiben usw. angetrieben werden.

Die Vorteile dieses Getriebes gegenüber der früheren Bauart sind folgende:

1. Geringerer Kräftebedarf und Zeitersparnis beim Schalten, weil nur noch ein Räderpaar zu beschleunigen bzw. zu verzögern ist. Die Schaltzeit konnte bis auf $^1/_4$ sec heruntergesetzt und die Lebensdauer der Kupplungen usw. verbessert werden.

2. Wirtschaftliche Zerspanung. Durch die Möglichkeit, nicht nur zum Gewindeschneiden, sondern auch z. B. für kleinere Durchmesser auf eine

höhere Arbeitsspindeldrehzahl selbsttätig zu schalten oder aber beim Abstechen bei Erreichung einer Abstechtiefe schneller zu drehen, können Zeitgewinne entstehen. Der Gewinn an Zerspanungszeit kann je nach der Form des Werkstücks bis zu 30 % betragen.

3. Günstige Drehzahlen zum Gewindeschneiden. Beim Bearbeiten zweier verschiedener Werkstoffe, von denen der eine gut, der andere jedoch sehr schwierig zu zerspanen ist, sind als Richtwerte folgende Schnittgeschwindigkeiten anzuwenden:

für Messing Ms 58		für Stahl von 85 kg/mm² Festigkeit	
beim Drehen und Abstechen	120 m/min	beim Drehen und Abstechen	20 m/min
beim Gewindeschneiden	40 m/min	beim Gewindeschneiden	2 m/min
(mit Schneideisen oder Gewindebohrer)			

Demnach ist die zulässige Schnittgeschwindigkeit beim Gewindeschneiden auf Messing Ms 58 etwa $^1/_3$ der Schnittgeschwindigkeit beim Drehen, während bei schwer bearbeitbarem Stahl dieses Verhältnis nur $^1/_{10}$ beträgt.

Diese Tatsache berücksichtigt das Getriebe nach Abb. 87 bis 90 dadurch, daß die Übersetzungsverhältnisse zwischen den Drehzahlen beim Gewindeschneiden von 1:3 bis 1:10 und mit Sonderwechselrädern sogar bis 1:12 veränderlich sind. Hiermit können also auf schwer bearbeitbare Werkstoffe auch solche Gewinde geschnitten werden, deren Durchmesser gegenüber dem der zu verarbeitenden Werkstoffstange verhältnismäßig groß sind. In diesen Fällen genügt es aber erfahrungsgemäß nicht, die Gewinde mittels Schneideisen oder Gewindebohrer mit langsamer Drehzahl (n_3) zu schneiden, wenn der Rücklauf des Gewindeschneidwerkzeugs im schnellen Drehgang (n_1) erfolgt. Die dabei in den Gewindeflanken des Werkstücks und Werkzeugs auftretende Reibung ist zu groß, und als Folge davon zerstört das ablaufende Schneidwerkzeug oftmals das vorher einwandfrei geschnittene Gewinde.

Aus diesem Grunde läuft beim Schneiden von Rechtsgewinde das Schneidwerkzeug im Linkslauf langsam (n_4) ab, wobei die Drehzahl stets doppelt so groß ist als jene beim Schneiden des Gewindes, sofern der zu verarbeitende Werkstoff es erfordert.

4. Abbremsen und Festhalten der Arbeitsspindel. Sollen in einem Werkstück Schlitze oder Flächen mit einem Werkzeug im Revolverkopf gefräst oder außermittige Löcher gebohrt werden, so muß die Arbeitsspindel hierzu abgebremst und festgehalten werden. Dies ist mit dem Getriebe nach Abb. 87 bis 90 immer möglich bei der Herstellung von

a) Werkstücken ohne Gewinde,
b) Werkstücken mit Gewinde,

die im Verhältnis 1:2 geschnitten werden können, was bei Messing und Leichtmetallen fast immer zutrifft.

In diesem Fall wird die Vorgelegewelle G des Getriebes im Kastenfuß des Automaten festgehalten (Abb. 91). Dazu wird an Stelle des Gewindeschneidwechselrades D ein besonderer Festhaltewinkel aufgesteckt. Sind nun die Umschaltreibkupplung der Vorgelegewelle F und der linke Hohlreibkegel der Doppelreibkupplung auf der Arbeitsspindel im Eingriff, so ist

Abb. 91. Antriebsübersetzungen

letztere linkslaufend im Schnellgang angetrieben. Kommt die Doppelreibkupplung auf der Arbeitsspindel mit dem rechten Hohlreibkegel in Eingriff, ohne gleichzeitig die Getriebekupplungen umzuschalten, so läuft die Arbeitsspindel im rechtslaufenden Schnellgang. Beim Schalten des Getriebes auf Langsamgang wird über die Reibkupplung auf der Vorgelegewelle G durch den Festhaltewinkel die Arbeitsspindel über eine der Rollenketten abgebremst und festgehalten, gleichgültig, in welchem Hohlreibkegel sich die Doppelreibkupplung auf der Arbeitsspindel befindet.

Beim BMW-Revolverautomat ist das Zahnrädergetriebe nach dem Schema Abb. 86 mit den beiden Doppelkupplungen im Kastenfuß eingebaut (Abb. 92 und 93). Mit den Wechselrädern können 9 Drehzahlen, je für Rechts- und Linkslauf, mit den Doppelreibkupplungen gemacht werden. Diese Reibkupplungen sind Lamellenkupplungen.

Eine Erweiterung der Drehzahlen ist mit dem Schnelläufergetriebe möglich, mit dem maximal 5800 Umdrehungen der Arbeitsspindel zu erzielen sind.

Vom Getriebe wird die Arbeitsspindel mit einem endlosen Riemen angetrieben (Abb. 32). Diese Bauart ergibt eine kurze Arbeitsspindel, jedoch ist eine Einrichtung zum Stillsetzen und Abbremsen der Arbeitsspindel nicht vorgesehen.

Der Tarexautomat vermeidet die Kette und den Riemen auf der Arbeitsspindel, indem das Wechselgetriebe mit 2 Doppelreibungskupplungen im Spindelstock eingebaut ist und die Arbeitsspindel direkt mit Zahnrädern angetrieben wird (Abb. 33). Der Antrieb des Getriebes geschieht von einem im Kastenfuß angebrachten Motor mit Keilriemen, oder direkt. Durch Auswechseln von Aufsteckwechselrädern können je 16 Drehzahlen für Links- und Rechtslauf eingestellt werden, dabei 2 links schnell und langsam und 2 rechts schnell und langsam mit etwa der $^1/_2$ bis $^1/_8$ des Linkslaufs.

Abb. 92. Hauptgetriebe im Kastenfuß (BMW)

An diesem Automat ist eine Spindelbremse zum Stillsetzen vorgesehen.

Stufenlose Getriebe. Von den stufenlosen Getrieben ist bisher das PIV-Getriebe mit Kegelscheiben und Blechlamellenkette eingebaut worden, und zwar in den Hau-Langdreh automaten und im Monforts-Halbautomaten. In den Hau-Automaten wird vom Motor das PIV-Getriebe mit Keilriemen angetrieben und von dort aus mit Ketten die Arbeitsspindel. Der Regelbereich des PIV-Getriebes mit 1:6 genügt dabei für die Hau-Stangenautomaten, für die Monforts-Halbautomaten wird durch ein schaltbares Zahnrädervorgelege mit 2 Stufen nach Abb. 94 der Drehzahlenbereich auf 1:20 erweitert.

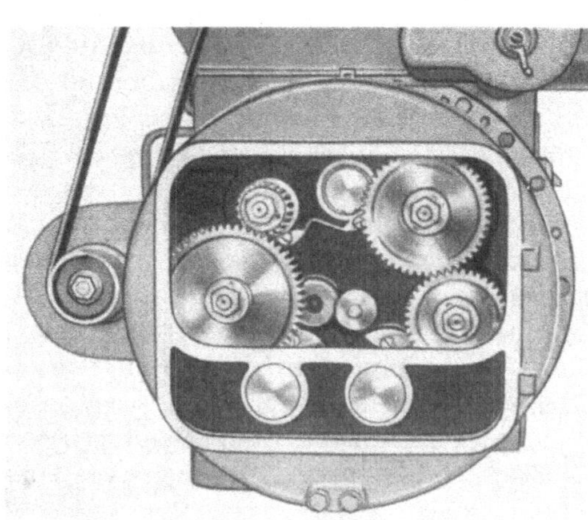

Abb. 93. Hauptgetriebe (BMW)

Bei den kleineren Hau-Automaten von 20 und 30 mm Durchlaß lassen sich die Drehzahlen des PIV-Getriebes nur von Hand während des Betriebes stufenlos fest einstellen, bei den größeren dagegen von 40 und 55 mm Durchlaß können innerhalb eines Regelbereiches von 1:3 durch eine Flachkurve während des Ganges die Drehzahlen selbsttätig verändert werden, z. B. für Plandrehen und Abstechen, wodurch eine Leistungssteigerung von 15 bis 25% je nach dem Werkstück erzielbar ist (Abb. 95).

Beim Monforts-Halbautomaten wird die selbsttätige Veränderung der Drehzahlen hydraulisch betätigt (Abb. 94).

Bisher wird das PIV-Getriebe an den Automaten nur für eine Drehrichtung, also ohne Umschaltung, angewendet. Es erfordert sorgfältige Behandlung durch reichliche Ölschmierung und Spannung der Lamellenkette und läßt sich nur im Lauf verstellen, wobei während der Selbstregelung nicht der ganze Regelbereich, sondern nur ein Teil davon ausgenutzt werden kann. Da das PIV-Getriebe gegen Überlastung empfindlich ist, muß eine besondere Überlastungssicherung eingebaut werden, z. B. eine Reibungskupplung, die bei Überlastung in Wirksamkeit tritt, um eine Beschädigung der Lamellenkette zu vermeiden.

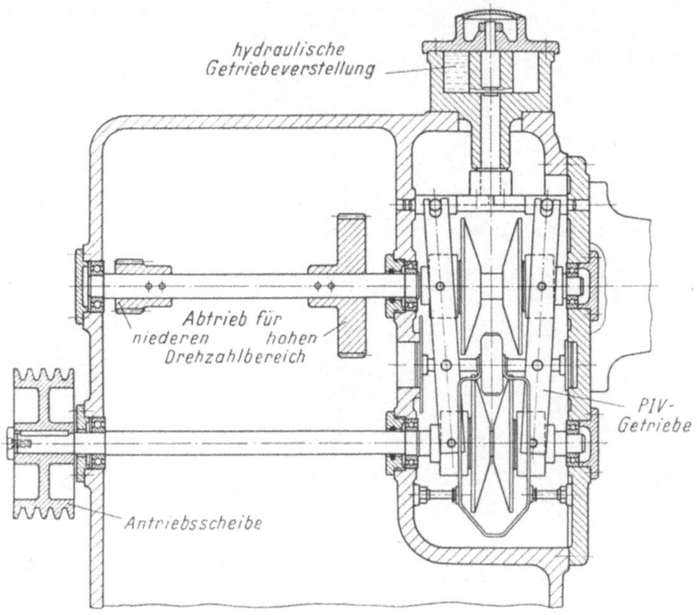

Abb. 94. PIV-Getriebe mit Zahnrädervorgelege (Monforts)

II. Der Drehsinn der Arbeitsspindel

Bei den Langdrehautomaten ist der Drehsinn links, also auf den Spindelkopf von der Bedienungsseite auf die Spindel gesehen im Sinne des Uhrzeigers. Diese gleiche Drehrichtung findet sich auch in den INDEX-ON- und INDEX-OR-Automaten. Die Drehzahl bleibt konstant.

Beim Schneiden von Rechtsgewinde muß daher die Gewindespindel im gleichen Drehsinn, jedoch schneller als die Hauptspindel, laufen und gegen das Werkstück so weit vorgeschoben werden, daß das Schneideisen bzw. der selbstöffnende Schneidkopf faßt und dann selbsttätig weiterläuft. Zum Ablauf braucht man nur die Gewindeschneidspindel durch eine Bremse festzuhalten, wenn man mit einem Schneideisen oder Gewindebohrer arbeitet. Diese laufen dann von selbst ab. Es ist also ein Riemen für die Drehung der Gewindespindel und eine Bremse notwendig, ferner eine Einrückvorrichtung, z.B. durch eine Kegelreibungskupplung.

Abb. 95. Kurvengesteuertes PIV-Getriebe (Hau)

Die Arbeitsweise der Gewindeschneideinrichtung für Rechtsgewinde ist folgende (Abb. 96 und 97):

Die Mitnahme der Gewindeschneidspindel *E* zum Gewindeschneiden wird von der Gewindevorholkurve *F* auf der Steuerwelle durch den doppelarmigen Kupplungshebel *G* bzw. die Spannmuffe *H* veranlaßt, indem diese bei Verschiebung nach rechts auf 2 im Innern der Spindel liegenden Spannfinger wirkt, deren Spanndruck auf den Doppelreibkegel *J* übertragen wird, so daß dessen Kupplung mit der ständig umlaufenden und mit einem entsprechenden Hohlkegel versehenen Riemenscheibe *K* erfolgt. Hierbei hat sich gleichzeitig die untere Verlängerung *L* des doppelarmigen Kupplungshebels *G* nach links bewegt und die Auslösenase desselben hinter die Aus-

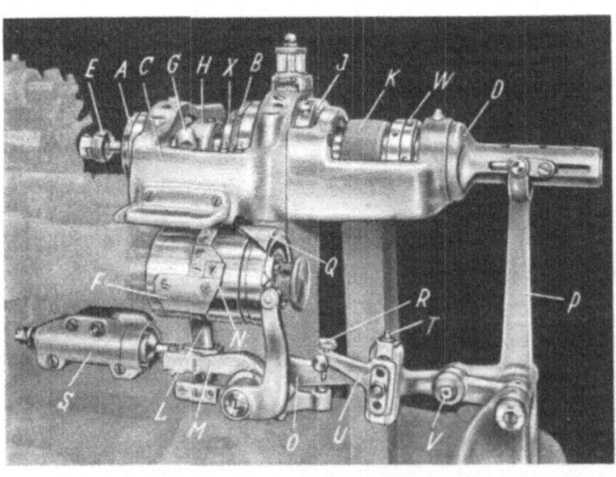

Abb. 96. Gewindeschneideinrichtung auf Index ON

lösenase des doppelarmigen Auslösehebel *M* gesetzt. Damit wird sowohl der unter Federdruck stehende Kupplungshebel *G*, als auch der gleichfalls unter Federdruck stehende Doppelreibkegel *J*, entgegen diesem Federdruck in der Mitnahmestellung, d. h. in der zum Gewindeschneiden erforderlichen Stellung, festgehalten.

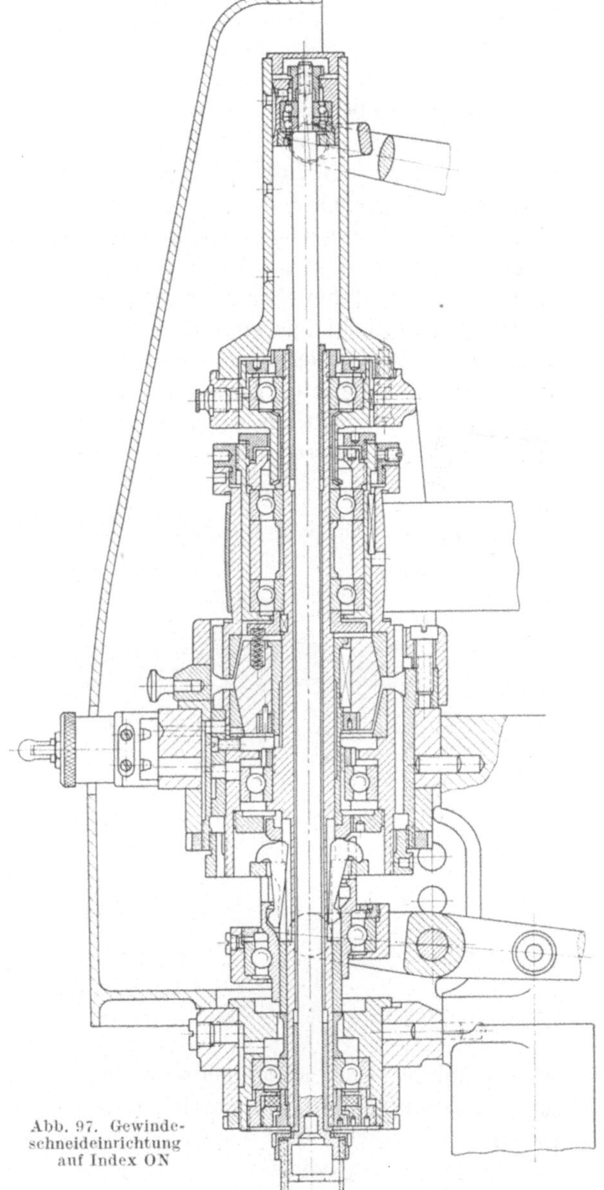

Abb. 97. Gewindeschneideinrichtung auf Index ON

Durch die Gewindevorholkurve *F* und die Gewindeandrückkurve *N* wird die Gewindeschneidspindel vorwärts bewegt durch Vermittlung der Winkelhebel *O* und *P*.

Die Gewindeandrückkurve *N* ist auswechselbar und muß der Steigung des zu schneidenden Gewindes entsprechen.

Die Gewinderückzugskurve *Q* ist auf der Steuerwelle umsetzbar, je nach der Länge des zu schneidenden Gewindes, und dazu bestimmt, bei Hemmungen bzw. Störungen die Gewindespindel *E* zwangsläufig so rechtzeitig zurückzuziehen, daß sie nicht mit dem Greifarm oder den Drehstählen zusammentreffen kann.

Bei Erreichung der vorgeschriebenen Gewindelänge trifft die Auslöseschraube *R* des durch den Vorlauf der Gewindeschneidspindel mitgenommenen Winkelhebels *P* auf die Anschlagfläche des doppelarmigen Auslösehebels *M* und drückt dessen Arm nach unten bzw. den linken Arm mit der Auslösenase nach oben, wodurch die Auslösenase des Kupplungshebels *G* freigegeben wird. Da dieser sowie auch der Doppelreibkegel *J* unter Federdruck stehen, wird letzterer plötzlich in einen feststehenden Bremshohlkegel nach links gepreßt, d. h. die Gewindeschneidspindel *E* zum augenblicklichen Stillstand und damit das Schneideisen bzw. der Gewindebohrer zum Abschrauben gebracht.

Das Pufferlager *S* ist zur Abfederung des Kupplungshebels *G* bestimmt. Der Abstand zwischen Schneideisenkappe und Spannzange ist der jeweiligen Werkstücklänge entsprechend durch die Stellschraube *T* einstellbar, wobei erforderlichenfalls der mit 3 Umsetzlöchern versehene Auslösearm *U* umzusetzen ist.

Die Sicherheitsauslösung zur Gewindeschneideinrichtung nach Abb. 98 schaltet die Arbeitsbewegung der Steuerwelle ab, wenn durch schadhafte

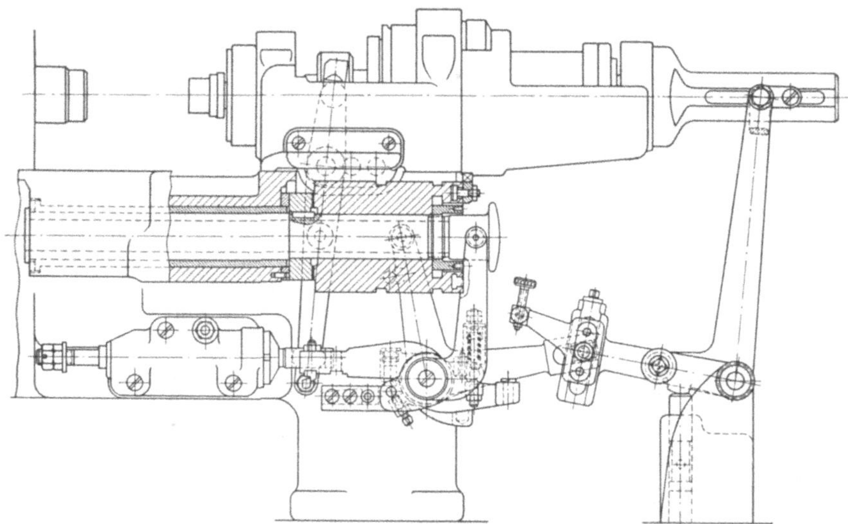

Abb. 98. Sicherheitsauslösung zur Gewindeschneideinrichtung

oder stumpfe Gewindeschneidwerkzeuge oder durch ungenügende Riemenspannung der Fall eintritt, daß sich die Arbeit des Schneidwerkzeuges verzögert bzw. das Gewindeschneiden zu spät beendet wird.

Bei kleineren Automaten ist die beschriebene Gewindeschneideinrichtung oft vereinfacht, indem die Spannmuffe und Spannfinger fortfallen und die Kegelkupplung ohne diese mit einem Hebel von der Steuerwelle direkt bewegt wird. Die Auslösung der Umschaltung erfolgt bei den kleinen Automaten durch Scheiben, die auf der Gewindespindel verstellbar, je nach der Gewindelänge, angebracht sind und beim Vorlauf der

Gewindespindel gegen einen Umschalthebel stoßen. Die Sicherheitsauslösung fällt oft fort, und der Arbeiter muß dann dem Automaten mehr Aufmerksamkeit widmen.

Bei den INDEX-OR-Revolverautomaten mit konstanter Drehzahl links ist der Mechanismus im Prinzip der gleiche, nur außerhalb des Revolverkopfes hinten eingebaut und die Gewindeschneidspindel in einem Loch des Revolverkopfes mit Kegelrädern angetrieben. Das diesem Loch entgegengesetzte Revolverloch enthält die Auslösenase zum Abbremsen nach Beendigung des Gewindeschneidens.

Die Drehzahl der Gewindeschneidspindel beim Überholen muß je nach der gewünschten Schnittgeschwindigkeit zum Gewindeschneiden höher sein. Sie läßt sich durch Auswechseln der Antriebsriemenscheibe der Gewindeschneidspindel verändern.

Das Verhältnis Vg der Drehzahlen von Arbeitsspindel zu Gewindeschneidspindel ergibt sich zu

$$Vg = \frac{n_g - n_s}{n_s},$$

wobei n_g die Drehzahl der Gewindeschneidspindel und n_s die Drehzahl der Arbeitsspindel ist. Dieses Verhältnis Vg wird meist gewählt:

$Vg = 1:\ 2$ für Messing Ms 58 und Automatenalu
$Vg = 1:\ 5$ für Automatenstahl
und Vg bis $1:10$ für schwer bearbeitbare Stähle.

Wenn z. B. die Arbeitsspindel mit 2000 Umdrehungen läuft und Messing Ms 58 geschnitten werden soll, mit $Vg = 1:2$, muß die Gewindeschneidspindel mit 3000 Umdrehungen laufen.

1. Rechtsgewinde auf Revolverautomaten

Diese laufen ebenfalls mit der Hauptdrehrichtung schnell links, das Schneideisen, Schneidkopf oder Gewindebohrer wird im Revolverkopf mit einem Schneideisen- oder Gewindebohrerhalter eingespannt und rotiert nicht. In diesen Haltern sind die Spannköpfe axial beweglich zum Herausziehen, um die Andrückkurve des Revolverkopfes zum Andrücken nicht so genau halten und die Umschaltnocken für die Drehrichtung nicht auf das genaueste einstellen zu müssen. Die Drehrichtung der Arbeitsspindel auf langsam rechts zum Gewindeschneiden und dann schnell links zum Ablauf wird, wie früher beschrieben, durch Umschalten der Doppel-Kegelreibkupplung umgesteuert. Dabei lassen sich durch Aufsteckwechselräder im Getriebe ebenfalls verschiedene Verhältnisse der Gewindeschneidgeschwindigkeit zur Drehgeschwindigkeit herstellen, z. B. 1:2, 1:5, 1:10 (bis 1:12).

Auf Automaten mit konstanter Drehzahl rechtslaufend (Traub) wird Rechtsgewinde nach folgendem Prinzip geschnitten:

Die Gewindeschneidspindel wird zum Schneiden des Rechtsgewindes langsamer in der gleichen Drehrichtung wie die Arbeitsspindel angetrieben. Dabei lassen sich die Geschwindigkeiten zum Gewindeschneiden nach den gleichen Übersetzungsverhältnissen Vg für die verschiedenen Werkstoffe durch die Antriebsscheiben der Gewindeschneidspindel herstellen wie bei den Langdrehautomaten, jedoch nach der Formel

$$Vg = \frac{n_s - n_g}{n_s}.$$

Wird z. B. die Arbeitsspindel mit $n_s = 2000$ Umdrehungen rechts betrieben und für Automatenstahl das Verhältnis $Vg = 1:5$ gewünscht,

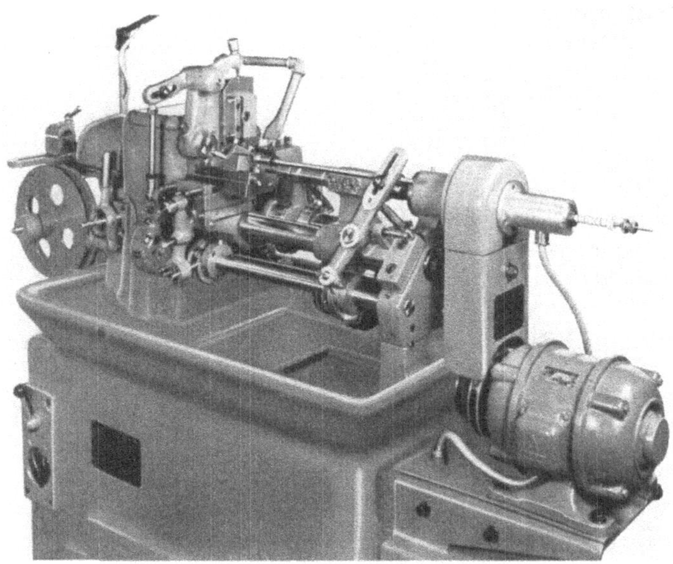

Abb. 99. Gewindeschneideinrichtung mit polumschaltbarem Motor (Traub)

so muß die Drehzahl der Gewindeschneidspindel in der gleichen Drehrichtung 1600 sein. Zum Ablauf des Schneidwerkzeuges muß die Drehzahl der Gewindeschneidspindel höher und in der gleichen Drehrichtung sein, also in obigem Beispiel etwa 3000 U/min.

Beim Traub-Automaten werden diese zwei Drehzahlen durch Polumschalten des Antriebsmotors für die Gewindeschneidspindel erzielt (Abb. 99 und 100). Der auf die gewünschte Gewindelänge mittels der Stellmuttern J und R einstellbare Steuerschalter schaltet den Antriebsmotor auf Schnellgang bei Beendigung des Schnittes um, so daß das Schneideisen bzw. der Gewindebohrer abläuft. Der Vorschub der Gewindeschneidspindel und der Rücklauf muß in diesem Fall durch Kurven auf der Steuerwelle gemacht werden, die mit dem Steuerschalter zusammenarbeiten müssen.

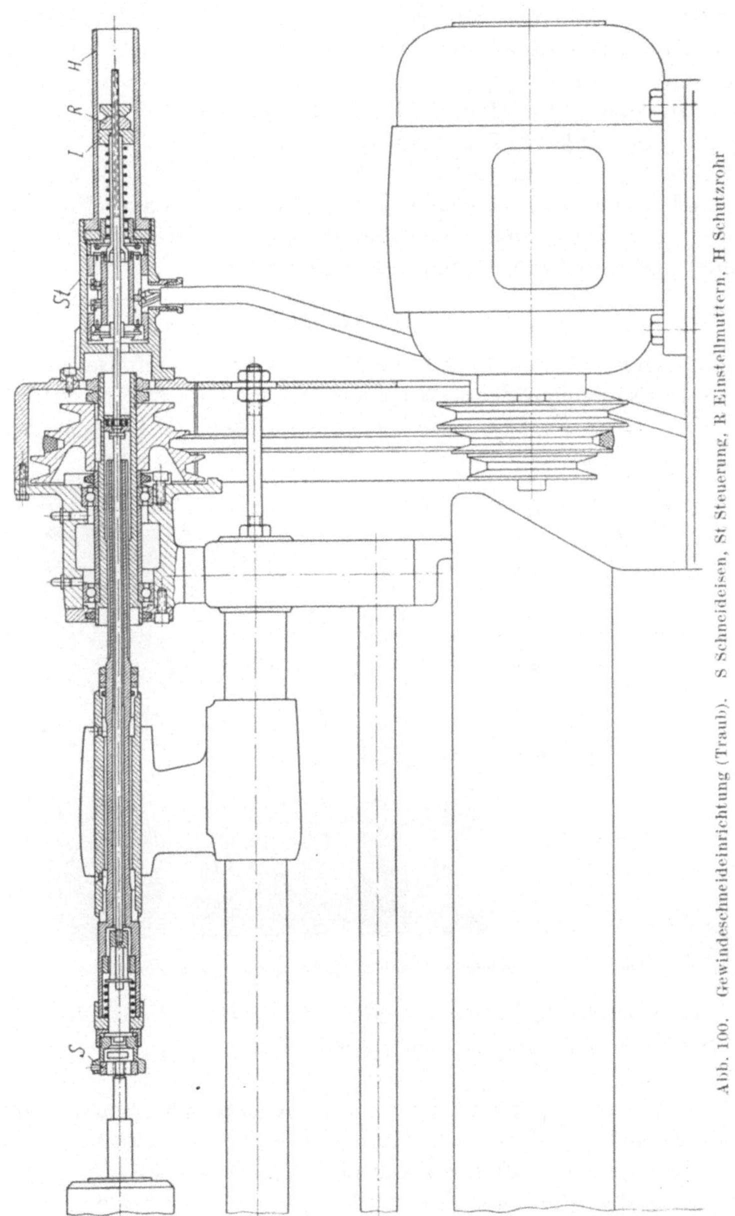

Abb. 100. Gewindeschneideinrichtung (Traub). S Schneideisen, St Steuerung, R Einstellmuttern, H Schutzrohr

Schneidet man das Rechtsgewinde mit selbstöffnenden Schneideisen, so ist der Antriebsmechanismus einfacher. Der Schneidkopf bekommt bei den Langdrehautomaten und anderen Automaten mit konstanter Drehzahl links nur eine Drehzahl schneller als die Arbeitsspindel, beim Traub-Automaten langsamer. Die Umschaltung kann fortfallen und der Rücklauf ist frei.

Bei Revolverautomaten wird nur der Rücklauf erspart, das Umschalten von Links- auf langsam Rechtslauf bleibt.

Die beiden ersteren Automatentypen haben dabei den Vorteil, daß während des Gewindeschneidens andere Dreharbeiten ausgeführt werden können, z. B. Einstechen und Plandrehen, da die Drehzahl der Arbeitsspindel und ihre Drehrichtung unverändert bleibt.

2. Linksgewinde

Zum Schneiden von Linksgewinde mit Schneideisen, Gewindebohrer oder selbstöffnendem Schneidkopf auf Automaten mit konstanter Drehzahl links muß die Gewindeschneidspindel ebenfalls links, jedoch mit

Abb. 101. Gewindeschneideinrichtung mit 2 Riemenscheiben (Bechler)

niedrigerer Drehzahl laufen. Das Verhältnis Vg der Drehzahlen ist dabei sinngemäß, je nach dem zu bearbeitenden Werkstoff, 1:2, 1:5 oder 1:10 zu wählen.

Zum Ablauf von Schneideisen und Gewindebohrer muß dann die Gewindespindel in der gleichen Drehrichtung links jedoch schneller als die Arbeitsspindel laufen. Es sind also 2 Riemen und Riemenscheiben notwendig, die durch eine Reibungskupplung auf die beiden Drehzahlen geschaltet werden (Abb. 101).

Diese Einrichtung mit 2 Riemen hat den Vorteil, daß sie sowohl für Links- als auch für Rechtsgewinde verwendet werden kann. Bei Rechtsgewinde braucht man nur die Antriebsscheiben auf der im Kastenfuß laufenden Vorgelegewelle zu vertauschen, und zwar so, daß die Gewindespindel zuerst schneller und nach Umschalten langsamer läuft. Dabei kann man die Ablaufgeschwindigkeit beliebig verringern, was z. B. bei schwer bearbeitbaren Werkstoffen von Vorteil ist, um Beschädigungen des Gewindes bei zu schnellem Ablauf zu vermeiden.

Beim Schneiden von Linksgewinde mit selbstöffnendem Schneidkopf fällt der Ablauf fort, indem man einfach den Riemen für die Ablaufseite abnimmt.

Linksgewinde auf Revolverautomaten mit stillstehendem Schneideisen, Gewindebohrer oder Schneidkopf, die im Revolverkopf festgespannt sind, wird durch Umschalten der Spindeldrehzahl nach links langsam geschnitten. Zum Ablauf wird dann die Arbeitsspindel auf schnell rechts geschaltet. Dieses Umschalten ist mit den im Kastenfuß untergebrachten Doppelreibkupplungen möglich, wie bereits früher beschrieben (Abb. 87 bis 90).

Auf Automaten mit konstantem Rechtslauf (Traub) muß Linksgewinde folgendermaßen geschnitten werden: Zum Schneiden muß die Gewindespindel in der gleichen Drehrichtung wie die Arbeitsspindel, jedoch schneller laufen, zum Ablauf des Schneideisens bzw. Gewindebohrers muß die Gewindespindel langsamer als die Arbeitsspindel laufen oder angehalten werden. Bei der Gewindeschneideinrichtung nach Abb. 100 ist diese Vertauschung der Drehzahlen in einfacher Weise dadurch zu erzielen, daß man die Anschlüsse von den Klemmen des Steuerschalters *St* an den Polumschaltschützen vertauscht.

Muttergewinde in abgestochenen Muttern ist Durchgangsgewinde und wird am zweckmäßigsten mit einem gebogenen Muttergewindebohrer (Schlangenbohrer) geschnitten, indem nach dem Abstechen die Muttern mit einem Greifarm gefaßt und dem Gewindebohrapparat zugeführt werden. Diesen durchlaufen sie selbsttätig und fallen hinten heraus. Wenn man die Drehrichtung dieser Muttergewindeschneideinrichtung umkehren und Muttergewindebohrer mit Linkssteigung verwenden würde, wäre es auch möglich, Muttern mit Linksgewinde zu schneiden. Dieser Fall dürfte jedoch selten vorkommen.

3. Gewindestrehlen

Die Gewindestrehleinrichtung in Revolverautomaten wird nach Abb. 102 auf dem vorderen Querschlitten befestigt und trägt in einem Strehlerhalter den Strehler. Dieser hat für eingängiges Gewinde zwei Rillen, für mehrgängiges eine Rille, die der Gewindeform entsprechen müssen. Bei Rechtsgewinde muß die Spindel in Revolverautomaten rechts

Abb. 102. Gewindestrehleinrichtung (Index)

laufen, bei Linksgewinde links. In diesem Fall muß auch der Strehler und seine Höheneinstellung zur Erzielung eines Freiwinkels umgekehrt werden.

Die Strehleinrichtung an Revolverautomaten besteht aus dem Strehlerschlitten, welcher das Strehlwerkzeug trägt, sowie der Lagerplatte, auf der der Antrieb, die Leitpatrone und die Zugstange mit dem Leitbackenhebel gelagert sind. Die Lagerplatte wird am Spindelkasten befestigt und die Antriebswelle B_1 mit der Arbeitsspindel durch Wechselräder verbunden (Abb. 103 und 104). Diese

Abb. 103. Gewindestrehleinrichtung mit Leitpatrone (Index)

dauernd laufende Antriebswelle B_1 wird durch die Zahnkupplung C mit der Leitpatronenwelle B gekuppelt und entkuppelt. Die Kupplung C wird über den Hebel D durch die beiden Nocken E und E_1 auf der Steuerwelle ein- und ausgerückt. Die Leitpatronenwelle B trägt die auswechselbare Leitpatrone H sowie die durch Verzahnung gegeneinander verstellbaren Nocken F und G, welche über die Hebel

M und *L* das Einfallen und Ausheben des Leitbackens bewirken, und gleichzeitig über die Zahnsegmente *S* das In- sowie Außerschnittbringen des Strehlers vor bzw. nach jedem Schneidgang betätigen. Die Leitbacke *J*, welche in die Leitpatrone *H* eingreift, ist am Leit-

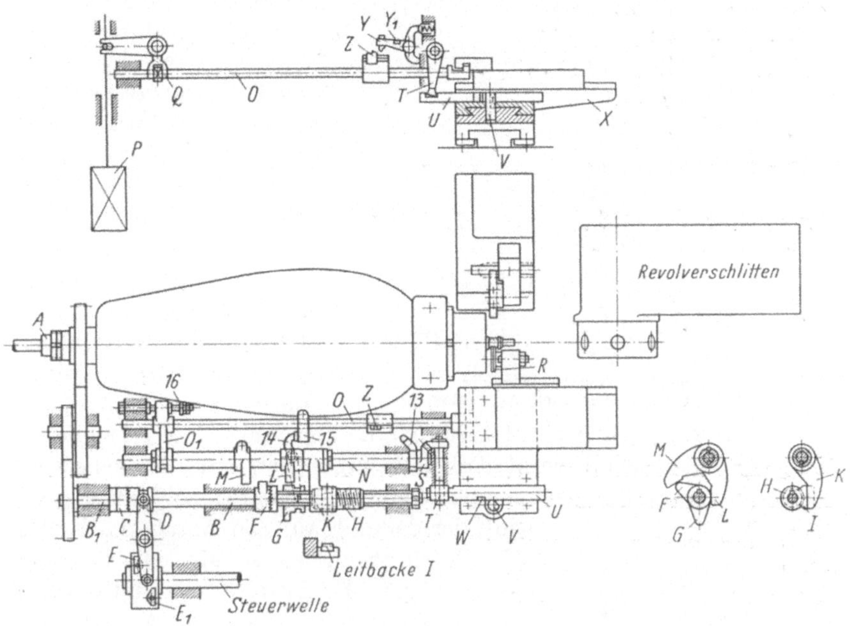

Abb. 104. Getriebeplan zur Gewindeschneideinrichtung (Index)

backenhebel *K* befestigt. In Verbindung mit Hebel *K* stehen die Hebel *L* und *M*. Hebel *L* arbeitet mit dem Nocken *G*, Hebel *M* mit Nocken *F* zusammen. Diese drei auf einer gemeinsamen Büchse sitzenden Hebel *K*, *L* und *M* sind auf der Welle *N* verschiebbar angeordnet, während die Drehbewegung, die diese Hebel ausführen, auf die Welle *N* übertragen wird. Die Längsbewegung dieser drei Hebel, die von der Leitpatrone *H* durch Eingriff der Leitbacke *J* vermittelt wird, wird über einen Gabelarm O_1 auf der Zugstange *O* übertragen. Das Gewicht *P* wirkt über den Winkelhebel *Q* auf die Zugstange *O* und zieht diese zurück, wenn nach jedem Strehlgang die Leitbacke *K* außer Eingriff in der Leitpatrone *H* ist.

Die Welle *N* trägt an ihrem rechten Ende ein Segment *S* eines Winkeltriebes, der durch eine Welle mit dem Hebel *T* in Verbindung steht. Der Hebel *T* greift in den Schieber *U* ein. Während der Strehler arbeitet, nimmt der Schieber *U* die gezeichnete Stellung ein. Ist ein Strehlgang beendet, so muß der Strehler außer Schnitt gebracht werden, um ihn für den nächsten Strehlgang in die Ausgangsstellung zurückführen zu können. Dies wird durch den nach rechts bewegten Schieber *U* erreicht.

Der Nocken V kann dadurch in die Lücke W des Schiebers eintreten. Dies hat zur Folge, daß der Querschlitten X durch eine Feder senkrecht zur Arbeitsspindel zurückgeht und damit den Strehler außer Schnitt bringt.

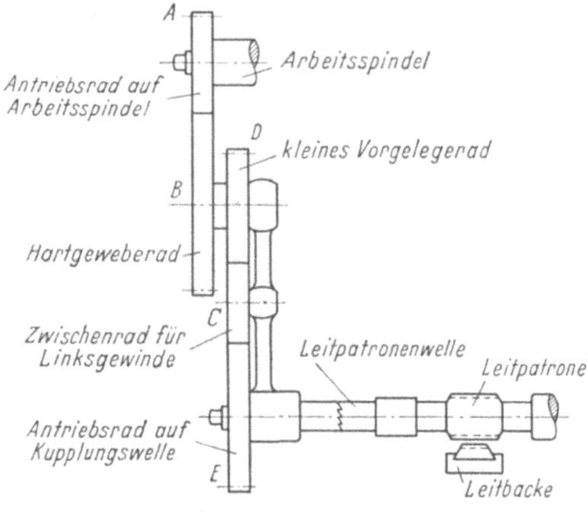

Abb. 105. Antriebsschaubild der Gewindestrehleinrichtung (Index)

Um beim Auftreffen der längsbewegten Massen in der zum Revolverschlitten gerichteten Ausgangsstellung jede Erschütterung zu vermeiden, wird die Zugstange O mittels der darauf einstellbaren Fangnase Z von dem ortsfesten Fanghebel Y verrastet. Beim darauffolgenden Strehlgang muß der Hebel Y wieder ausgelöst werden, um die Mitnahme des Strehlerschlittens durch die Zugstange O zu ermöglichen. Dies wird dadurch bewirkt, daß die beim Auftreffen des Nockens F auf Hebel M verursachte Drehung der Welle N auch auf Hebel 13 übertragen wird, der dadurch auf den Ansatz Y_2 des Hebels Y drückt, diesen anhebt und die Fangnase Z freigibt. Die Leitpatrone muß während eines Strehlgangs jeweils volle Umdrehungen machen, also eine, zwei, drei usw. Die Gewindelänge kann nicht allein entsprechend der gewünschten Gewindelänge auf dem Werkstück beliebig gewählt werden, sondern die zu strehlende Gewindelänge ist auch von der jeweiligen Steigung der Leitpatrone abhängig, die *volle* Umdrehung ausführen muß.

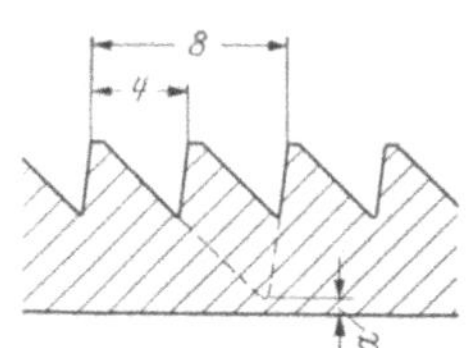

Abb. 106 Zähne der Leitpatrone (Index)

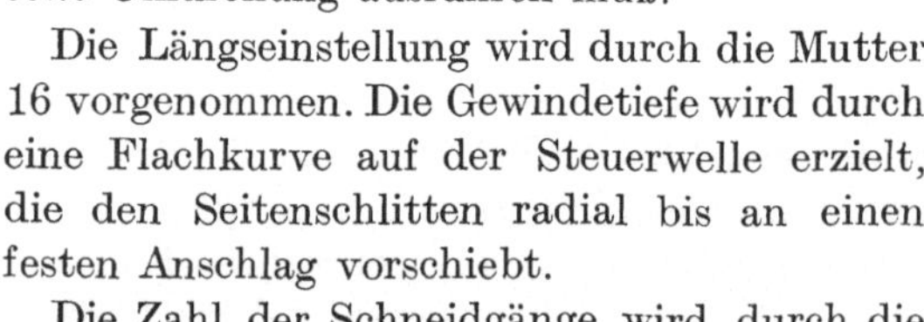

Die Längseinstellung wird durch die Mutter 16 vorgenommen. Die Gewindetiefe wird durch eine Flachkurve auf der Steuerwelle erzielt, die den Seitenschlitten radial bis an einen festen Anschlag vorschiebt.

Die Zahl der Schneidgänge wird durch die Nocken E und E_1 auf der Steuerwelle bestimmt.

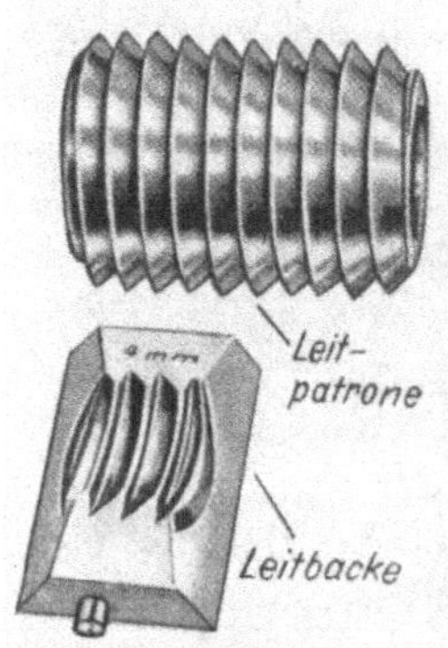

Abb. 107. Leitpatrone und Leitbacke (Index)

Die zu schneidende Steigung ergibt sich aus der Steigung der Leitpatrone und den Wechselrädern $ABCDE$ zwischen Arbeitsspindel und der Leitpatronenwelle (Abb. 105). Dabei muß bei Linksgewinde ein Zwischenrad eingebaut werden, damit bei Umkehrung der Drehrichtung der Arbeitsspindel die Leitpatrone in der gleichen Drehrichtung läuft. Die Form der Zähne ist nach Abb. 106 und 107 ausgeführt, um selbsttätiges Ausheben beim Schneiden zu verhindern und den Eingriff der Schneidbacken zu erleichtern. Um bei kleinen Steigungen nicht zu feine Gewindegänge der Leitpatrone zu erhalten, wählt man eine größere Übersetzung der Wechselräder *ABCDE* und größere Steigung der Leitpatrone. Die Übersetzung kann je nach den Wechselrädern gewählt werden zu 4:1, 5:1, 6:1, 8:1, 10:1 und 12:1.

Bei großen zu schneidenden Steigungen, z. B. mehrgängigen, benutzt man mehrgängige Leitpatronen, um die Wandstärke *a* nicht zu klein zu erhalten.

Beim Strehlen von mehrgängigem Gewinde muß die Arbeitsspindel ganz allgemein, unabhängig von der Anzahl der vollen Umdrehungen bis zum nächsten Eingreifen des Strehlers eine gewisse Teilumdrehung gemacht haben. Diese sind z. B. bei

2fach-Gewinde $^1/_2$,
3fach-Gewinde $^1/_3$ oder $^2/_3$,
4fach-Gewinde $^1/_4$ oder $^3/_4$ Teildrehung.

Dieses wird ermöglicht durch entsprechende Wahl der Zahnräderübersetzungen und der Steigung der Leitpatrone. Da die Übersetzungen der Zahnräder *ABCDE* nur so gewählt werden können, daß $^1/_6$, $^1/_3$, $^1/_4$

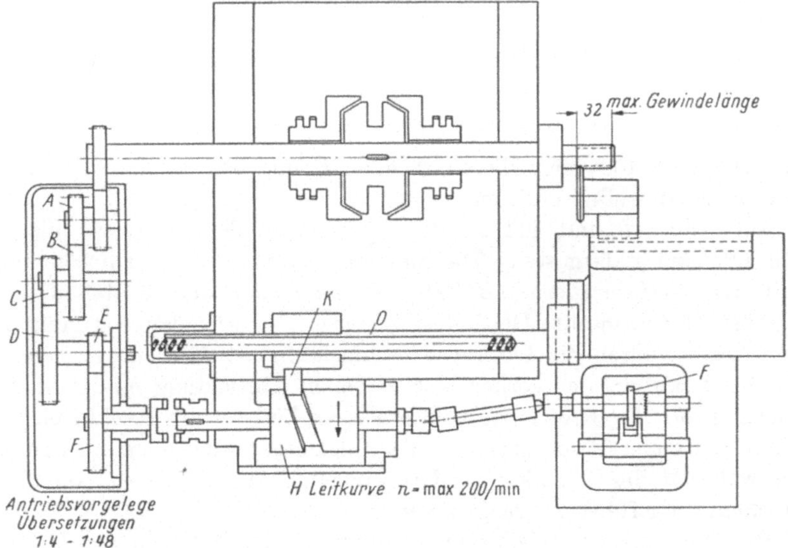

Abb. 108. Getriebeplan zum Gewindestrehlen (Index)

usw. entsprechend der Zähnezahl entstehen, muß eine solche Steigung der Leitpatrone angefertigt werden, daß die gewünschte Gewindesteigung erreicht wird.

Bei der oben beschriebenen Strehleinrichtung ist das Geräusch beim Zurückfahren durch den Gewichtszug lästig. Daher wird an neuesten Gewindestrehleinrichtungen an Stelle der Leitpatrone und Leitbacke eine Leitkurve nach Abb. 108 verwendet, mit der der Strehlschlitten zwangsläufig hin- und herbewegt wird, so daß der Gewichtszug fortfällt.

Die Leitkurve *H* wird über die Wechselräder *ABCDEF* und die Klauenkupplung wie früher angetrieben. Die Leitbacke *K* greift in diese Leitkurve *H* ein und ist mit der Zugstange *O* verbunden, die den Strehlschlitten hin- und herbewegt. Die Zurückbewegung wird noch durch eine Feder unterstützt. Von der Welle der Leitkurve wird mit einer Gelenkwelle ein Nocken *F* angetrieben, der die Abheb- und Anstellbewegung

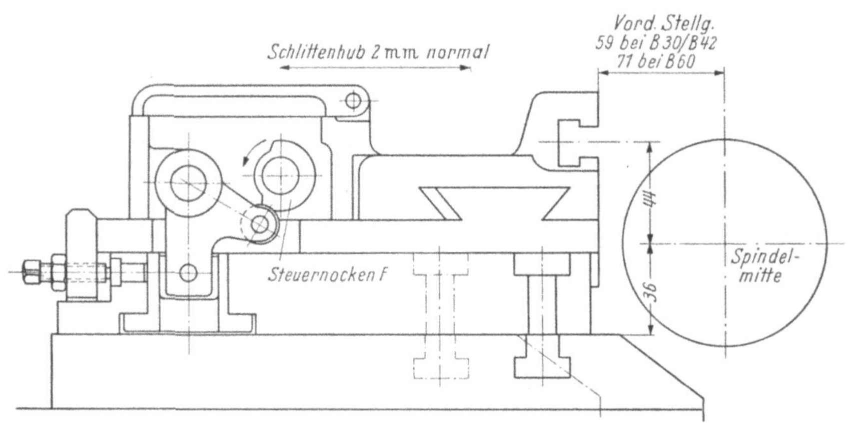

Abb. 109. Steuernocken für Anstellbewegung (Index)

bewirkt. Abb. 109 zeigt diesen Nocken *F* und den Strehlschlitten auf den vorderen Seitenschlitten.

Auf Abb. 110 und 111 ist die Abwicklung der Leitkurve mit der Rückzugskurve dargestellt. Die Steigung der Strehlkurve auf 360° muß mit den Wechselrädern *ABCDEF* so berechnet werden, daß die am Werkstück gewünschte Gewindesteigung und Gewindelänge stimmt. Da der Abstieg durch die Leitkurve zwangsläufig ist, fällt das schlagende Geräusch wie bei der vorher beschriebenen Einrichtung mit Gewichtsrückzug fort. Es wird dabei wohl etwas an Zeit für das Rückholen verloren, jedoch ist dieser Verlust in der Gesamtstückzeit nicht bemerkbar, da während des Strehlens andere Arbeiten, z. B. Bohren oder Einstechen, ausgeführt werden können.

Die Drehzahl der Arbeitsspindel braucht beim Strehlen von Messing Ms 58 und Automatenalu nicht herabgesetzt werden. Für Automatenstahl kann man die Drehzahl der Arbeitsspindel durch die Doppelkupplungen des Getriebes auf die Hälfte heruntersetzen. Dies gilt für das Strehlen von Außengewinden. Für Innengewinde ist die Herabsetzung der Drehzahlen der Arbeitsspindel fast nie notwendig, weil die Durchmesser dieser Gewinde kleiner sind und hierdurch von selbst die Schnittgeschwindigkeit beim Strehlen geringer ist. Die Zahl der Strehlgänge kann von 5 bis 40, je nach der zu schneidenden Gewindesteigung, eingestellt werden. Bei Messing und Automatenalu kann man bis 3 mm Steigung strehlen, bei Automatenstahl bis 2 mm. Schwer bearbeitbare Werkstoffe eignen sich nicht zum Strehlen wegen der Schneidhaltigkeit des Strehlers und des großen Zeitaufwandes.

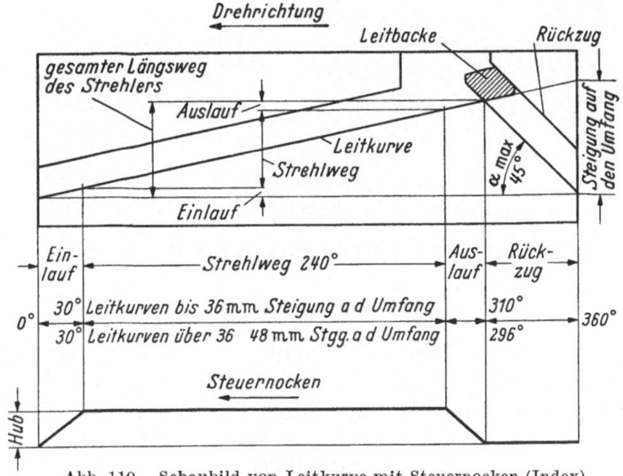

Abb. 110. Schaubild von Leitkurve mit Steuernocken (Index)

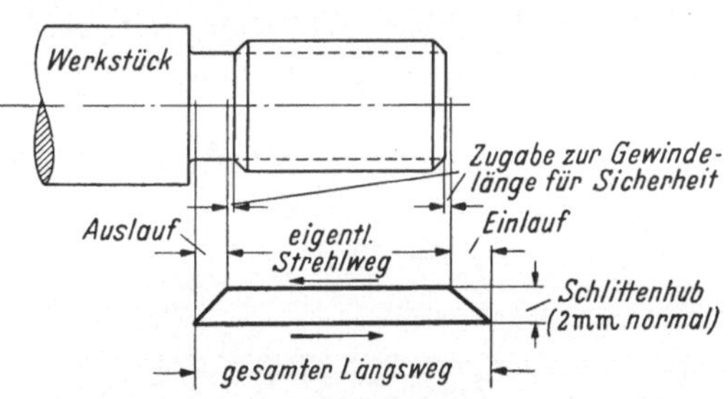

Abb. 111. Werkzeugbewegung beim Gewindestrehlen (Index)

In solchen Automaten, in denen für Rechts- und Linksgewinde die Arbeitsspindel nicht auf Rechts- und Linkslauf umgeschaltet werden kann, sondern konstanten Linkslauf hat (STEINHÄUSER), muß der Strehlvorgang nach Abb. 112 durchgeführt werden, z. B. durch ähnliche Leitkurven, jedoch mit entgegengesetzter Drehrichtung und Steigung. An diesen Automaten (STEINHÄUSER) ist die Strehleinrichtung nur zum Außenstrehlen vorgesehen.

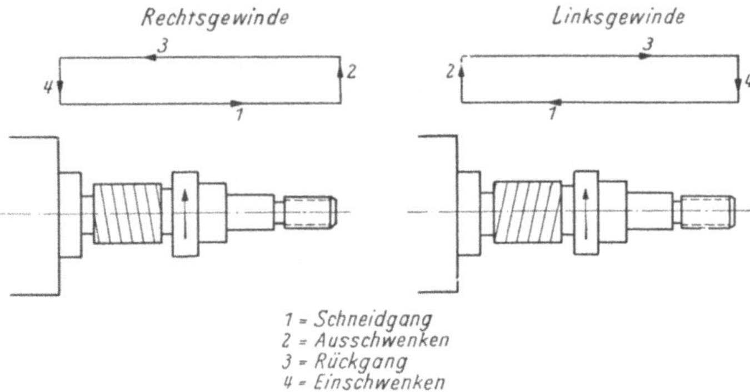

Abb. 112. Gewindestrehlen bei konstantem Linkslauf (Steinhäuser)

III. Spindellager

Die Lager der Arbeitsspindel werden als Wälzlager besonders bei hohen Drehzahlen ausgeführt, jedoch finden sich auch als Hauptlager Gleitlager, während man als Nebenlager stets Wälzlager verwendet.

1. Wälzlager

Diese sind entweder nicht nachstellbar oder so nachstellbar, daß entweder nur das radiale Spiel einstellbar ist als auch das radiale und axiale Spiel gleichzeitig.

Nicht nachstellbare Wälzlager mit Nadeln zeigt Abb. 113 (Steinhäuser) als Haupt- und Nebenlager. Zur Aufnahme der axialen Drücke

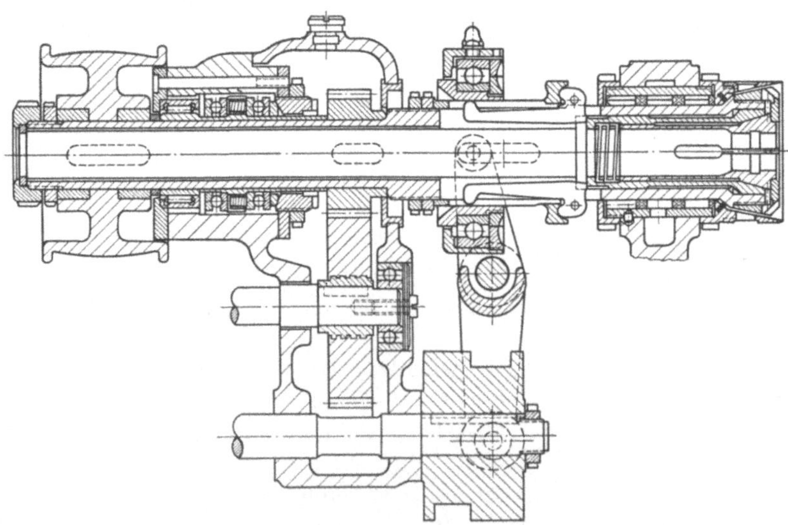

Abb. 113. Spindel mit Nadellager (Steinhäuser)

sind 2 Scheibenkugellager am Nebenlager vorgesehen. Das Längsspiel wird mittels einer Ringmutter eingestellt. Drei Reihen von Nadeln im Hauptlager, die auf der gehärteten Spindel ohne innere Laufringe laufen, ergeben genauesten und ruhigen Rundlauf und gute Lebensdauer.

Baut man 2 Hochschulterkugellager im Hauptlager so ein, daß sich der eine äußere Laufring durch eine Mutter *M* axial verschieben läßt (Abb. 114

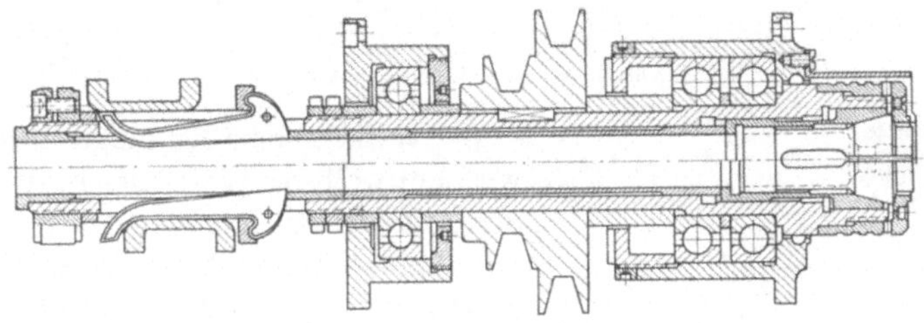

Abb. 114. Arbeitsspindel (Traub)

und 115), so kann man dadurch das axiale und radiale Spiel einstellen. Der Axialdruck wird dabei von den Hochschulterlagern aufgenommen. Bei starken Axialdrücken, also bei größeren Stangendurchmessern, ist es zweckmäßiger, an Stelle der Hochschulterlager Kegelrollenlager zu

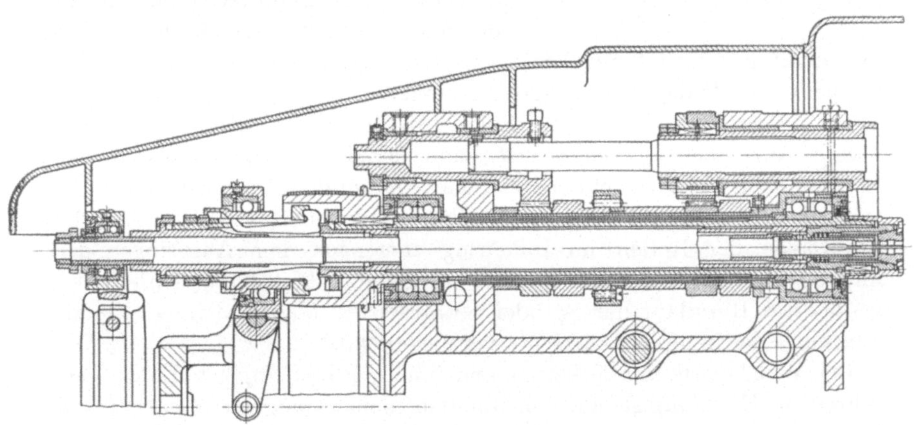

Abb. 115. Einstellbares Hauptkugellager (Index)

verwenden (Abb. 116), weil diese stärkere Axialdrücke und Radialdrücke vertragen. Eine sehr präzise Einstellung des Axial- und gleichzeitig Radialspiels am Nebenlager nach Skala bis auf $^1/_{1000}$ mm ist mit besonderen Hochschulterkugellagern nach Abb. 117 möglich, indem durch eine mit einer Mikrometerskala verbundenen Einstellmutter der rechte äußere Laufring axial verschoben wird.

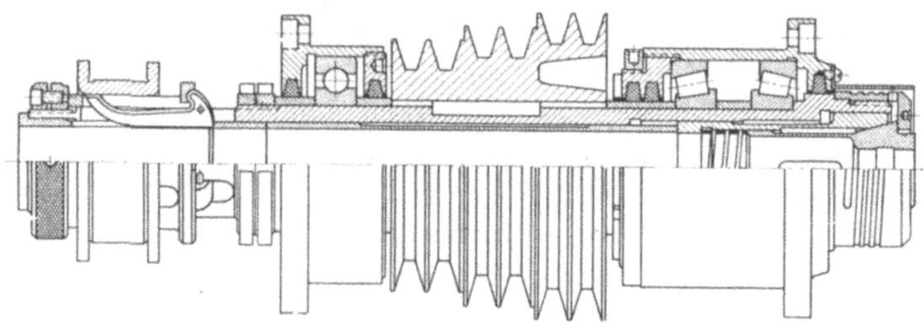

Abb. 116. Kegelrollenlager (Traub)

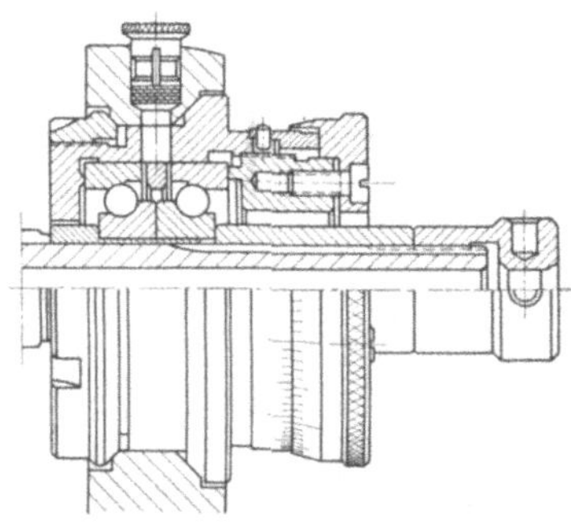

Abb. 117
Feineinstellung des Kugellagers (Bechler)

Bei verhältnismäßig langen Spindeln wird ein weiteres Wälzlager in der Nähe der Antriebsscheibe eingebaut, um die Durchbiegung der Arbeitsspindel durch den Riemenzug zu verhindern (Abb. 118), oder man entlastet die Spindel vom Riemenzug dadurch, daß man die Riemenscheibe auf einer Hohlwelle auf besonderen Wälzlagern laufen läßt, so daß durch Keile die Spindel mitgenommen wird. Auf Abb. 118 stellt sich in den doppelten Hochschulterlagern durch die Federn *F* in der Verschlußmutter *V* das axiale und radiale Spiel von selbst ein. Das linke Hauptlager ist ein doppeltes Rollenlager, bei dem der innere Laufring schwach konisch innen ausgeschliffen ist. Die Spindel ist ebenfalls schwach konisch. Durch Anziehen der Mutter *M* kann der innere Laufring auf der Spindel nach links verschoben werden. Hierbei dehnt er sich durch den schlanken Kegel aus, so daß weniger Radialspiel entsteht. Wenn man die Lauffläche der Rollen im Innenring erst nach dem Aufbringen des inneren Laufringes auf die Spindel auf genaues Maß fertig schleift, ist genauester Rundlauf der Spindel gewährleistet, da ein etwaiger Rundlauffehler des inneren Laufringes vermieden wird.

Bei Wälzlagern mit äußerem und innerem Laufring ist dieses Verfahren zur Erzielung genauesten Rundlaufes nicht möglich, daher müssen besonders ausgesuchte, genaue Wälzlager im Hauptlager verwendet werden.

Zur Schmierung der Wälzlager ist bei hohen Drehzahlen nur Öl zulässig, und zwar nur in geringen Mengen, da Fettschmierung und übermäßige Ölschmierung zu stärkerer Erwärmung führen.

2. Gleitlager

Gleitlager haben gegenüber Wälzlagern den Vorteil, daß in ihnen keine Vibration entstehen können und daher der Lauf ruhiger ist. Bei niedrigen und mittleren Drehzahlen bereitet die Schmierung durch Tropföler, Filz-, Docht- oder Ringschmierung keine Schwierigkeiten, bei höheren Drehzahlen und Belastungen ist jedoch eine zwangsläufige Schmierung durch mechanische Öler, z. B. Boschöler, notwendig.

Die Gleitlager als Hauptlager werden als konische Lagerbüchsen ausgeführt, die geschlitzt sind und sich durch 2 Muttern *B* und *C* axial verschieben lassen (Abb. 119). Die Keilschrauben *A* werden in den keilförmigen Schlitzen der Lagerbüchse nach oben und unten verstellt, um nach Einstellen des Lagerspiels durch die Muttern *B* und *C* die Lagerbüchse festzuhalten und das Atmen zu verhindern, so daß die Lagerbüchse festgeschlossen ist.

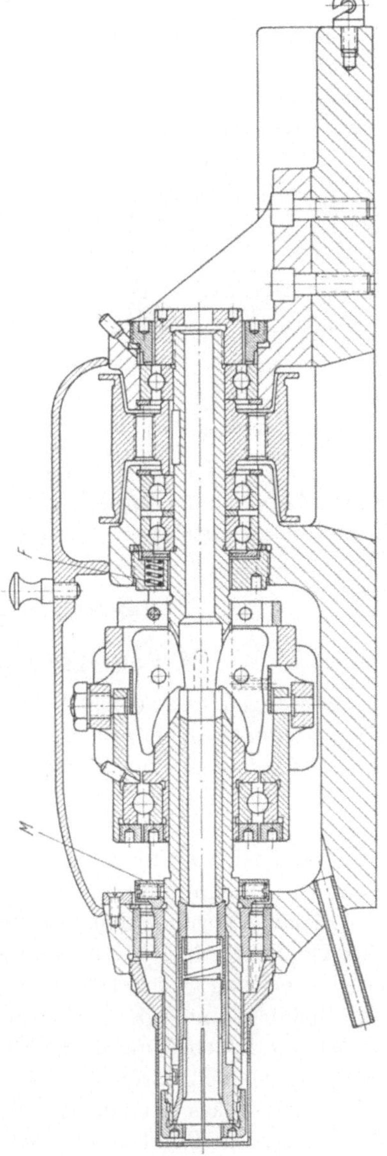

Abb. 118
Dreifache Lagerung der Arbeitsspindel (Strohm)

Bei dem Gleitlager nach Abb. 120 ist die konische, geschlitzte Lagerbüchse nicht direkt im Lagerbock eingesetzt, sondern der Lagerbock ist zylindrisch ausgebohrt und eine nichtgeschlitzte, kegelig ausgebohrte Büchse eingepreßt. Mittels der Verstellmutter kann die innere geschlitzte Lagerbüchse axial verschoben und dadurch das Lagerspiel nach einer Skala eingestellt werden. Diese Konstruktion hat den Vorteil, daß je nach Wunsch bei gleicher Bohrung des Lagerbocks entweder ein Gleitlager oder ein Nadellager wie in Abb. 116 eingebaut werden kann. Die Lagerbüchsen werden entweder aus Lagerbronze massiv hergestellt oder aus Stahl mit einem Ausguß aus Weißmetall. Die Erwärmung kann ohne Schaden bis zu 75° gehen. Dementsprechend kann man das Lagerspiel von 0,05 bis auf 0,01 mm einstellen, je nach der Drehzahl und Belastung.

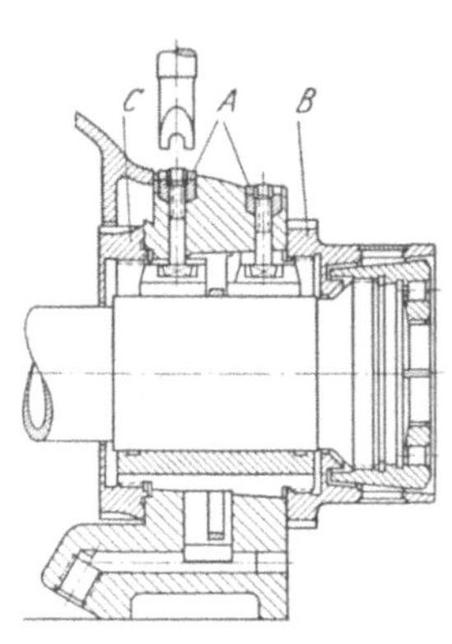

Abb. 119. Gleitlager (Index)

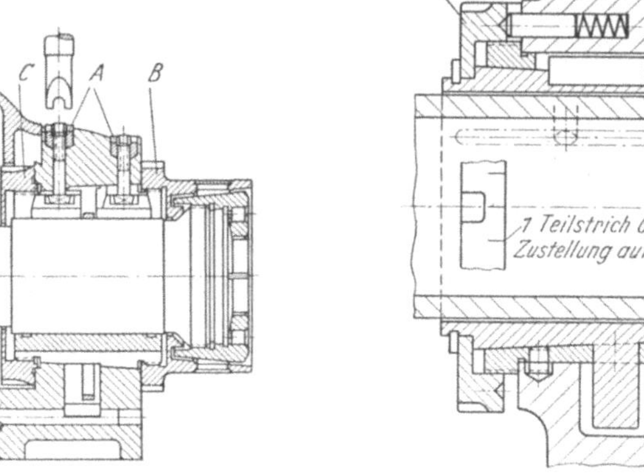

Abb. 120. Gleitlager (Steinhäuser)

Bei allen nachstellbaren Lagern ist es zur Erzielung einer möglichst langen Lebensdauer unbedingt zweckmäßig, das Nachstellen nicht dem Einrichter zu überlassen, sondern turnusmäßig, z. B. monatlich, die Einstellung der Lager von einer besonderen Aufsichtsstelle prüfen zu lassen.

B. Werkstoffspannung

I. Zangenspannung mit Druckrohr

Die Stangen und Werkstücke müssen so gespannt werden, daß sie während der Bearbeitung ihre Lage nicht verändern. An die Spanneinrichtung müssen deshalb die folgenden Anforderungen gestellt werden:

a) Stangen und Werkstücke mit normalen Toleranzen müssen sicher zentriert, ausgerichtet und festgehalten werden.

b) Die Spannung muß einstellbar sein, um Abweichungen der Werkstücke vom Nennmaß auszugleichen.

c) Axiale Verschiebungen dürfen nicht auftreten.

d) Die Spanneinrichtungen müssen gegen selbsttätiges Lösen während der Bearbeitung gesichert sein.

e) Spannen und Lösen sind Nebenzeiten, während denen am Werkstück keine Bearbeitung möglich ist. Diese Vorgänge sind daher so kurzzeitig wie möglich durchzuführen.

Als eigentliches Spannzeug werden in den Einspindelautomaten für Stangen nur die Bundzangen nach Abb. 121 verwendet.

Die Bohrung dieser Zangen entspricht bei Formstangen dem Profil, bei Rundstangen ist es zweckmäßig, die Bohrung um 0,1 bis 0,2 mm je nach Größe enger zu halten, um etwas Zugabe zur Abnutzung zu haben.

Der Außenkegel hat meist einen Kegelwinkel von 30°, und an den Schlitzen wird entweder eine Fläche nach Abb. 121 angeschliffen oder es wird beim Rundschleifen an den Schlitzen etwas frei geschliffen. Mit

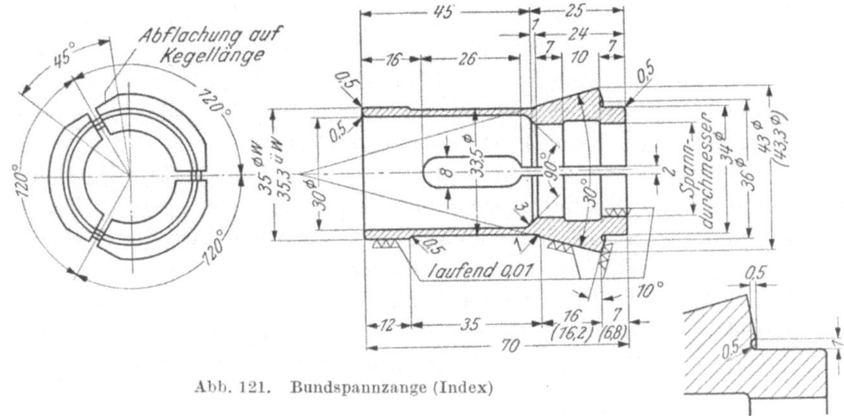

Abb. 121. Bundspannzange (Index)

beiden Maßnahmen wird angestrebt, daß beim Zusammendrücken der Spannzange der Druck mehr auf die Mitte des federnden Teiles kommt. Hierdurch federt die Zange leichter. Der Innenkegel der Druckhülse wird um 1° schlanker gehalten, damit die Spannzange am Außendurchmesser des Kegels gedrückt wird, also bei 30° der Spannzange 29°.

Im geöffneten Zustand ist die Spannzange um etwa 0,3 bis 0,5 mm weiter. Die Zeichnung 121 gilt demnach für die Zange in der Spannstellung. Da die Herstellung von Spannzangen große Erfahrung und vielfache Sondereinrichtungen verlangt, werden die Spannzangen meist von Spezialfirmen bezogen.

Die Bundzangen sind in einer Druckhülse eingepaßt, die ihrerseits in der Spindel genau passend axial beweglich ist und durch einen Keil von der Spindel mitgenommen wird. Wenn man die Verschlußmutter im Spindelkopf herausschraubt, kann man die Spannzangen leicht auswechseln (Abb. 121, 122 und 123).

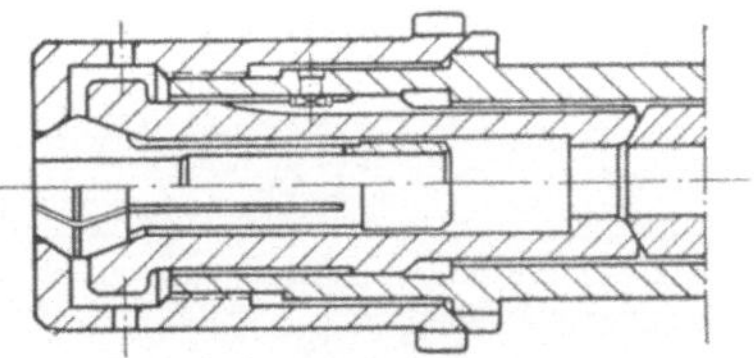

Abb. 122 Doppelkonus-Spannzange (Bechler)

Der Bund der Spannzange ist um 10 bis 15° angeschrägt. Beim Zusammendrücken bewegt sich die Bundzange entsprechend der Durchfederung axial nicht. Es tritt daher beim Spannen kein Druck auf den Anschlag ein.

An Langdrehautomaten werden auch Spannzangen mit Doppelkonus nach Abb. 122 verwendet. Diese haben den Vorteil, daß die Spannkraft bei gleicher Beanspruchung des Spannmechanismus wesentlich erhöht wird, jedoch den Nachteil, daß sich beim Spannen die Stange axial etwas verschiebt. Sie sind daher nur für Werkstücke mit geringeren Genauigkeitsansprüchen anwendbar.

Die Druckhülse wird durch den Spannmechanismus auf die Zange gedrückt und nach dem Öffnen durch die Federkraft der Zange wieder zurückbewegt. Da diese Federkraft oft jedoch nicht ausreicht, ist zusätzlich noch eine kräftige Schraubenfeder hinter der Spannzange vorgesehen (Abb. 118 und 123), welche die Druckhülse zurückdrückt.

Der Spannmechanismus besteht aus Druckrohr mit gehärtetem Druckstück am Ende, Spannfingern, Spannfingerlager und Spannmuffe. Die Spannmuffe ist auf der Spindel axial beweglich und wird durch Kurven auf der Steuerwelle hin- und hergeschoben.

Die Spannmuffe hat einen Außenkegel nach Abb. 123, der beim Verschieben der Spannmuffe nach rechts in Richtung *F 1* die Spannfinger in Richtung *F 2* hochhebt. Das kurze Ende der Spannfinger drückt dann

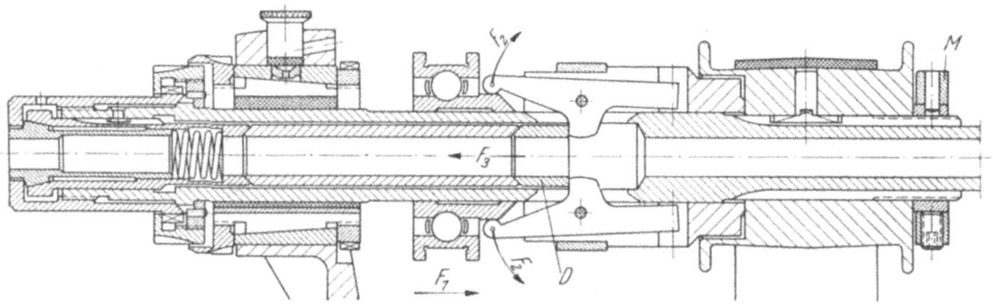

Abb. 123. Spanneinrichtung mit Außenmuffe (Bechler)

das Druckrohr in Richtung *F* 3 und schiebt damit die Druckhülse auf die Spannzange. Das Druckstück am Ende des Druckrohres *D* ist gehärtet und gegen das Druckrohr kugelig gemacht, um zu erreichen, daß beide Spannfinger gleichmäßig belastet sind, indem das Druckstück mit Spiel in der Spindelbohrung etwas pendelt.

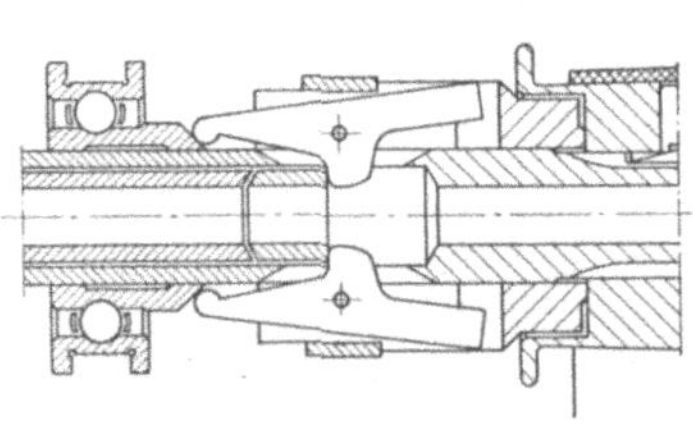

Abb. 124
Spanneinrichtung mit Innenmuffe, offen (Bechler)

Um bei hohen Drehzahlen leichtes Öffnen der Spannfinger zu erzielen, haben die Spannfinger einen Schwanz. Durch die Zentrifugalkraft werden die Spannfinger nach innen gedrückt (Abb. 124).

Verwendet man an Stelle der Außenmuffe eine Innenmuffe mit Innenkegel nach Abb. 113 bis 116, so werden die Spannfinger durch die Zentrifugalkraft von selbst nach außen gedrückt.

Die Spannmuffen lassen sich nach dem Öffnen der Spannzange und Zurückfahren von Hand mittels Handhebel betätigen, um zu prüfen, ob die Spannung richtig ist. Man prüft dies in der Weise, daß durch einen kräftigen Ruck von Hand die Zange so spannt, daß die Stange durch leichte Schläge auf die Stirnseite nicht rutscht. Erweist sich die Spannung als zu schwach, so muß sie stärker eingestellt werden, z. B. durch Anziehen der Stellmutter *M* in Abb. 123. Hierdurch wird das Lagerstück *L*, das die Spannfinger trägt, in Richtung *F* 3 vorgeschoben und dadurch auch das Druckrohr und die Druckhülse.

Bei den Spanneinrichtungen mit Innenkegel nach Abb. 113 bis 116 kann sinngemäß ebenfalls das Lagerstück, in dem die kurzen Hebel der Spannfinger gelagert sind, durch Stellmutter mit Gegenmutter auf der Spindel verstellt und damit die Spannkraft eingestellt werden.

Es werden meist 2 Spannfinger, mitunter auch 3 verwendet. Diese müssen genau gleich in ihren Abmessungen sein, damit die Spannkraft auf alle Spannfinger gleichmäßig verteilt wird. Wenn ein Spannfinger gebrochen ist, muß man alle Spannfinger durch einen neuen Satz ersetzen, der vom Hersteller gleichmäßig ausgesucht ist, weil schon geringe Unterschiede, z. B. durch Abnutzung, zu ungleichmäßiger Verteilung der Spannkräfte führen.

Verwendet man sehr genaue Stangen, wie z. B. in Langdrehautomaten mit fester Führungslünette, so brauchen die Spannfinger nicht elastisch zu sein, wie in Abb. 124. Will man jedoch Stangen mit den nach DIN 668 zulässigen Toleranzen verarbeiten, so muß man elastische Spannfinger nach Abb. 113 bis 116 verwenden, die wie eine Feder sich etwas durchbiegen und somit die Toleranzen ausgleichen können. Derartige Spannfinger erhalten die schlank-kegelige Form eines Körpers von gleicher Beanspruchung und müssen aus gutem Federstahl mit richtiger Vergütung hergestellt werden.

Die Berechnung der Kräfte auf das Druckrohr, die Spannfinger usw. bereitet einige Schwierigkeiten, weil folgende Faktoren zu berücksichtigen sind: Reibung des Werkstoffs in der Spannzange, eigene Spannkraft der Spannzange, Federkraft der Feder zum Zurückdrücken der Druckhülse, Reibung der Spannzange im Innenkegel der Druckhülse u. a. Ferner kommt durch das Gefühl des Einrichters beim Einstellen der Spannung ein Unsicherheitsmoment hinzu, das sich rechnerisch nicht erfassen läßt.

II. Spannfutter für Formstücke und zweite Spannung von vorgedrehten Werkstücken

Formstücke, wie Schmiede-, Preß- und Gußteile, werden in Zangen nur dann gespannt, wenn die Toleranzen denen von blanken Stangen entsprechen. Bei größeren Toleranzen werden 2- oder 3-Backen-Futter mit Formbacken angewendet, die der Form des Werkstücks angepaßt sind. Derartige Backenfutter werden von Hand oder mit Preßluft betätigt. Daher muß der Automat als Halbautomat arbeiten und nach jedem Werkstück die Spindel stillgesetzt werden. Dieses läßt sich bei den Revolver- und Formautomaten durch die Steuerung ausführen. Die Langdrehautomaten werden nicht als Halbautomaten verwendet.

Sollen vorgedrehte Werkstücke weiterbearbeitet werden, z. B. auf der Abstichseite, so können Spannzangen zum Spannen verwendet werden, wenn die vorgedrehten Teile mit den für Zangen notwendigen Toleranzen gedreht worden sind. Die Werkstücke werden in Magazinen gestapelt und aus diesen in die Zange hineingeschoben. Auch diese Magazine werden nur in Revolver- oder Formdrehautomaten verwendet.

Bei Anwendung von Magazinen vor der Spindel auf einem der Seitenschlitten in Kanälen muß das Kanalmagazin durch eine Kurve auf der Steuerwelle so vor die Spannzange gebracht werden, daß ein Bolzen im Revolverkopf die Werkstücke aus dem Kanal in die Spannzange hineingedrückt wird oder das Werkstück wird durch einen Zubringer aus dem Kanalmagazin vor die Spannzange gebracht. Dabei muß der Zubringer so weit bewegt werden, daß die Revolverwerkzeuge nicht behindert werden. Wenn der Hub der Steuerkurve für den Seitenschlitten nicht ausreicht, baut man einen Hubverdoppler nach Abb. 125 ein. Auf dem Oberteil des Seitenschlittens ist im Zwischenschlitten *b* ein Zahnrad *c* gelagert das sowohl mit der Zahnstange *e*, die mit dem Lagerbock *f* ortsfest verbunden ist, wie mit der Verzahnung *g* des Zubringerschlittens *h* kämmt; *h* ist auf dem Zwischenschlitten *b* geführt. Infolge dieser Übersetzung legt der Zubringerschlitten *h* bei einer Bewegung des Schlittens *b* in gleicher Richtung dessen doppelten Weg zurück. Durch diese zusätzliche Bewegung wird außerdem erreicht, daß der Zubringer *i* rasch aus dem Bereich der Revolverwerkzeuge zurückgeholt wird und diese bei ihrer sofort beginnenden Arbeit nicht behindert. Der Zubringer *i* ist der Form des Werkstücks anzupassen und wird am Zubringerschlitten *h* austauschbar befestigt.

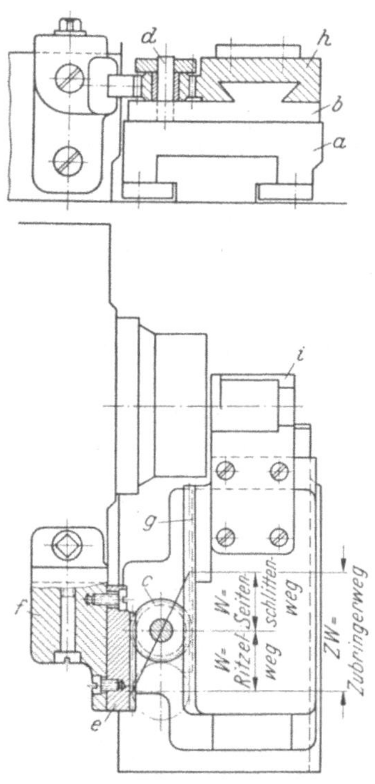

Abb. 125. Hubverdoppler (Index)

Wollte man mit dieser Einrichtung große, insbesondere verhältnismäßig lange Werkstücke zuführen, so würde — abgesehen vom Ausfall eines Seitenschlittens für die Bearbeitung — durch die beschränkten Raumverhältnisse die Zugänglichkeit der Werkzeuge beim Einrichten und Nachstellen stark behindert. Aus diesem Grunde wird an Stelle dieser Ausführung in zunehmendem

Maße die Ladeeinrichtung rechts vom Revolverkopf (s. Abb. 48) verwendet. Sie ermöglicht die Benutzung aller Seitenschlitten und der darauf aufgebauten Zusatzeinrichtungen.

Die Werkstücke werden dabei in einem Kanal gestapelt und das zuunterst liegende wird mittels eines waagrecht arbeitenden Zubringers an den Aufnehmer übergeben. Der Zubringer wird von einer Flachkurve gesteuert, die neben der Revolverkurve auf der Steuerwelle sitzt.

Die Kurventrommel zur Betätigung der Spannzange muß durch eine andere ersetzt werden, in der längere Öffnungszeiten der Spannzange vorgesehen sind. Dementsprechend muß auch die Steuerung der Spanneinrichtung anders werden.

Zum Ausstoßen der bearbeiteten Werkstücke aus der geöffneten Spannzange kann man bei kurzen Werkstücken einen federnden Ausstoßer nach Abb. 126 anwenden.

Für längere Werkstücke ist es sicherer, einen zwangsläufigen Ausstoßer *a* (Abb. 127) anzuwenden, der an das Vorschubrohr *b* angeschraubt

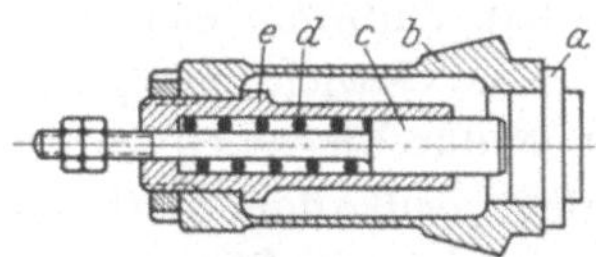

Abb. 126
Spannzange mit federndem Ausstoßer
a Werkstück, b Spannzange,
c Auswerfer, d Feder, e Führung

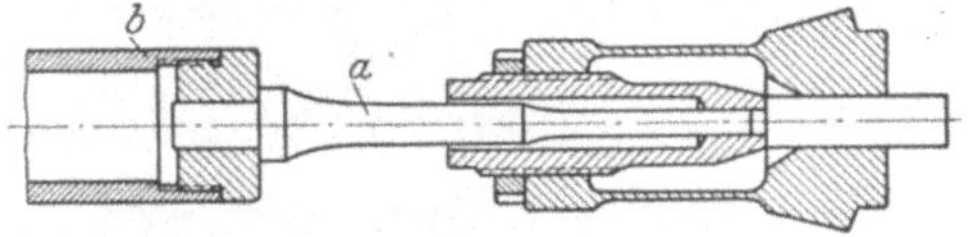

Abb. 127
Mit Vorschubrohr fest verbundener Ausstoßer

wird. Zur richtigen Bewegung dieses Ausstoßers muß in der Steuertrommel in diesem Falle eine andere Kurvenform eingebaut werden, ebenso wie für die Betätigung der Spannzange.

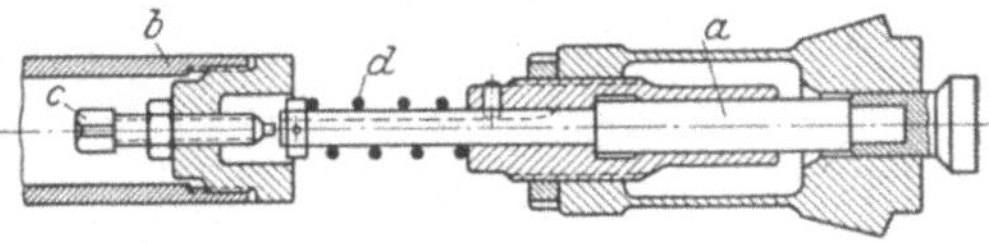

Abb. 128
Federnder Ausstoßer, mit Vorschubrohr verbunden

Eine weitere Ausführungsart der Auswerfereinrichtung nach Abb. 128 hat den Vorteil, daß der zwangsläufige Ausstoßer *a* durch die Stellschraube *c* genau eingestellt werden kann und der Ausstoßer als Gegenhalter beim Einspannen des Werkstücks dient. Dies ist bei solchen Werkstücken, wie in Abb. 128 dargestellt, notwendig, die infolge ihrer Form umkippen können.

Ein Magazin im Spindelende, wie es in Abb. 65 dargestellt ist, läßt sich nur für glatte Werkstücke verwenden, die sich durch die Spindelbohrung ohne Störungen hindurchschieben lassen. Die Steuerung des am Vorschubrohr befestigten Zubringers muß entsprechend durch Kurven auf der Steuerwelle ausgeführt werden.

C. Stangenvorschub

I. Vorschub durch Gewicht und Seilzug

Diese einfachste Form (Abb. 129) des Stangenvorschubs wird an den Langdreh- und Formautomaten verwendet. Sie hat den Vorteil, daß sie ohne Kurven unabhängig vom Automaten angebaut werden kann, jedoch den Nachteil, daß jedesmal beim Einführen einer neuen Stange das Gewicht zurückbewegt werden muß. Ferner drückt das Gewicht dauernd auf die Stange. Daher muß man bei kleinen Stangendurchmessern kürzere Stangen verwenden, um das Durchknicken zu vermeiden, und hat dadurch mehr Abfall. Das Gewicht muß dem Stangendurchmesser angepaßt werden. Außerdem muß das Rohr, in dem die Stange läuft, einen Längsschlitz haben. In diesem wird eine Stoßstange mit einer Fahne durch das Gewicht und den Seilzug gezogen und dadurch die Stange vorgeschoben. Bei dicken Stangen verwendet man Doppelführung.

Abb. 129
Stangenvorschub durch Gewicht (Traub)

Bei hohen Drehzahlen ist an der Stirnseite der Stoßstange ein mitlaufendes Anschlagteil vorgesehen, um die Reibung der Stange an der Stirnseite der Stoßstange zu verringern.

Bei Aufbrauch der Stange läuft die Fahne gegen einen Endschalter, durch den der Antriebsmotor ausgeschaltet und stillgesetzt wird.

Da der Motor jedoch noch im Auslauf mehrere Umdrehungen macht, ist die Stellung der Steuerwelle dadurch ungenau, und man muß von Hand die Steuerwelle drehen, wenn der Stangenrest entfernt und wenn eine neue Stange eingeführt und eingespannt wird. Diesen Nachteil kann man vermeiden, wenn man durch eine besondere Einrichtung die Steuerwelle stillsetzt. Diese Einrichtung wird bei Langdrehautomaten auf besonderen Wunsch oder auch serienmäßig eingebaut.

II. Stangenvorschub mit Vorschubzange, Vorschubrohr und Vorschubkurve

Gegenüber dem Gewichtsvorschub hat dieser Stangenvorschub mit Vorschubzange folgende Vorteile:

a) Das Führungsrohr für die Stange ist geschlossen, und es können geräuscharme Führungsrohre mit einer wellenförmigen Feder verwendet werden. Durch die Feder wird das Geräusch gemildert, und kantige Stangen werden weniger beschädigt.

b) Das Entfernen der Stangenreste ist einfacher und bequemer. Bei Revolverautomaten lassen sich die Stangenreste durch Schwenken des Revolverkopfes von Hand auf Lücke zwischen zwei Revolverwerkzeugen leicht herausnehmen.

c) Mit der Vorschubeinrichtung läßt sich eine selbsttätige Stillsetzung der Steuerwelle verbinden, die bei Aufbrauch der Stange eine Klauenkupplung betätigt, so daß die Vorschubzange in der richtigen Stellung stehenbleibt. Hierdurch ist das Einbringen einer neuen Stange ohne Drehen der Steuerwelle von Hand auf einfache Weise möglich. Die neue Stange kann bereits vorher im Stangenführungsrohr eingebracht werden.

d) Der Stangenrest ist kürzer, hierdurch Ersparnis an Material.

e) Auf der Stange ist kein Druck von hinten während der Bearbeitung.

Nachteile sind: Herstellungskosten sind höher, und es entsteht ein Verlust an Spindelbohrung durch das Vorschubrohr. Mit Außenspannung kann man allerdings das Vorschubrohr ersparen und stärkere Stangen verarbeiten, muß dann jedoch eine besondere Vorschubstange vom Durchmesser der Stange einbauen, die so lang sein muß wie die Länge der Spindel bis zur Spannzange.

Die Vorschubzangen sind geschlitzte Hülsen, deren Schenkel zusammengedrückt sind, so daß sie auf der Stange mit einer gewissen Kraftaufwendung verschoben werden können (Abb. 130). Sie werden in das Vorschubrohr eingeschraubt, bei linkslaufenden Automaten mit Linksgewinde. Das Vorschubrohr ist so lang, daß die Vorschubzange in vorderster Stellung bis dicht an die Spannfläche der Spannzange gelangt (Abb. 115).

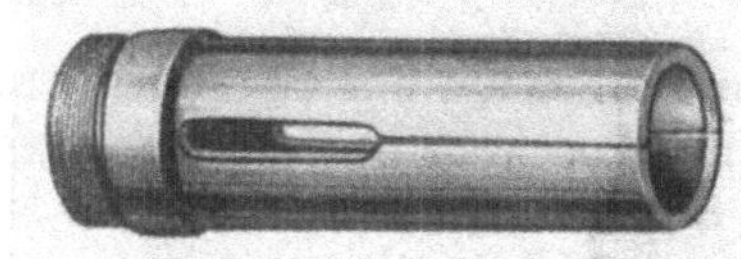

Abb. 130. Vorschubzange

Am hinteren Ende trägt das Vorschubrohr ein Kugellager, das im Vorschubschlitten *a* (Abb. 131) festgeklemmt wird. Das Vorschubrohr läßt sich leicht nach hinten herausnehmen, wenn die Festklemmung *b* gelöst wird. Die Vorschublänge ist einstellbar durch eine Hebelübersetzung und kann an einer Millimeterteilung abgelesen werden.

Nach Aufbrauch der Werkstoffstange erfolgt selbsttätiges Stillsetzen aller Arbeitsbewegungen. Zu diesem Zweck ist die in dem Federgehäuse befindliche Feder durch die Vierkantschraube *f* so zu spannen, daß sie mittels des Vorschubhebels den Vorschubschlitten zurückzieht, wenn die

Abb. 131. Spindelstock des Revolverautomaten (Index)

Vorschubzange beim Zurückgehen von dem restlichen Stück der durch die Spannzange gehaltenen Werkstoffstange abgleitet. Hierdurch wird es der am Vorschubhebel befindlichen Kurvenrolle (Abb. 142) ermöglicht, in eine seitliche Aussparung der Vorschubkurve einzufallen, wobei durch

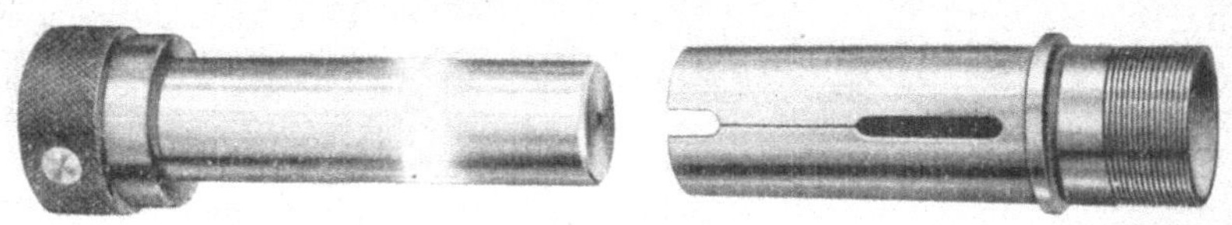

Abb. 132. Außenvorschubstange mit Zange (Index)

Ausklinken der mit einem Handhebel eingerückten Klauenkupplung die Hilfssteuerwelle (Abb. 144) stillgesetzt wird.

Die Federspannung darf keinesfalls so stark sein, daß sie die Vorschubzange über die Werkstoffstange hinwegzieht.

Die Außenvorschubzange für größere Durchmesser wird ohne Vorschubrohr links am Vorschubkugellager angeschraubt. Zur Außenvorschubzange ist eine Außenvorschubstange erforderlich, deren Durchmesser der Bohrung der Zange entsprechen muß (Abb. 132).

Die Außenvorschubstange wird stets auch bei Verarbeitung von Vierkant- und Sechskantwerkstoff rund ausgeführt, der Durchmesser der Bohrung muß hierbei dem Eckenmaß entsprechen.

III. Vorschub durch Preßluft oder Preßöl

In deutschen Automaten werden Vorschubeinrichtungen durch Preßluft oder Preßöl bisher noch nicht eingebaut, doch sind in den USA bereits solche gebräuchlich. Sie werden in Zusammenhang mit einem Stangenmagazin am Automaten angebaut. Ein Vorteil entsteht dabei bei großen Stückzahlen und langen Werkstücken, bei denen die Stangen sehr schnell aufgebraucht werden. Die Anschaffungskosten sind jedoch beträchtlich hoch und erreichen den Preis eines Automaten. Sie lassen sich jedoch auch nachträglich anbauen.

D. Die Steuerwelle und das Kurvensystem

I. Das Einwellensystem

Auf der Steuerwelle sind die Kurven für die Bewegungen der Schlitten sowie die Nocken für die Schaltbewegungen befestigt. Die Drehzahl der Steuerwelle ist bestimmt durch die für ein Werkstück erforderliche Bearbeitungszeit plus den Totzeiten für die Leerbewegungen. Die Bearbeitungszeit ergibt sich aus dem Werkstück und den zu seiner Fertigstellung erforderlichen Zerspanungszeiten.

Die Totzeiten sind: Entspannen, Vorschieben des Materials, Spannen, Aufstieg und Abstieg der Vorschubkurven für die Vorschübe und Umschaltzeiten, z. B. für den Revolverkopf, bzw. die schaltbaren Werkzeuge und Umschalten von Geschwindigkeiten und Drehrichtungen. Bei einer Umdrehung der Steuerwelle wird ein Werkstück fertiggestellt. Man muß also die für ein Werkstück erforderliche Gesamtzeit berechnen und dann der Steuerwelle die entsprechende Umdrehungszahl geben.

Es ist daher ersichtlich, daß der Antrieb der Steuerwelle verschiedene Drehzahlen ermöglichen muß. Hierzu ist ein Getriebe im Antrieb der Steuerwelle notwendig, das entweder stufenlos sein oder in Stufen verschiedene Drehzahlen der Steuerwelle einzustellen gestatten muß.

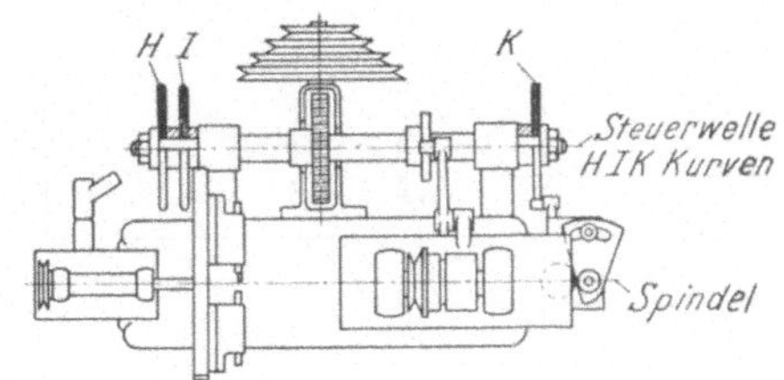

Abb. 133
Antrieb der Steuerwelle durch Stufenscheibe (alt)

Als stufenloses Getriebe wird das PIV-Getriebe im Hau-Automaten eingebaut.

Das PIV-Getriebe erlaubt einen Regelbereich von 1:6 bis 1:8. Braucht man jedoch einen größeren Regelbereich, so ist außer dem PIV-Getriebe noch ein weiteres schaltbares Vorgelege, z. B. ein Rädervorgelege, erforderlich. Bei den Hau-Automaten mit stufenlosem PIV-Getriebe erreicht man einen Regelbereich von 1:54.

Wegen der höheren Kosten der stufenlosen Getriebe baut man im allgemeinen Stufengetriebe ein, die mit Stufenscheiben oder auswechselbaren Zahnrädern eine bestimmte Zahl von Stufen ergeben. Auf der Steuerwelle ist bei allen Automaten ein Schneckenrad angebracht, das von einer Schnecke angetrieben wird. Das Getriebe ist zwischen dem Antrieb und der Schneckenwelle eingeschaltet. Die früher verwendete Stufenscheibe für Rundriemen nach Abb. 133 mit 4 Stufen reicht bei den neuzeitlichen Automaten nicht mehr aus. Mit 4 auswechselbaren Aufsteckzahnrädern Z_1, Z_2, Z_3 und Z_4 nach Abb. 134 erhält man 16 Stufen zwischen 0,87 und 20 Umdrehungen der Steuerwelle je Minute, wobei jedoch 2 Drehzahlen zusammenfallen, so daß praktisch sich nur 15 Stufen ergeben. Der Stufensprung ist $\varphi \sim 1{,}25$, jedoch wegen der Zähnezahl und des Achsenabstands nicht gleichmäßig. Ähnlich ist das Wechselgetriebe

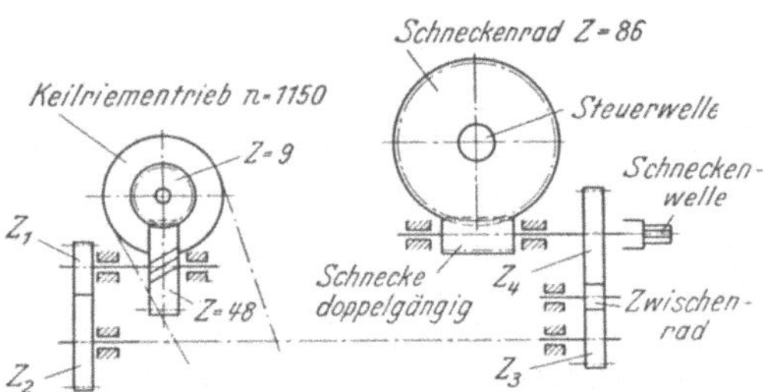

Abb. 134. Antriebsschema der Steuerwelle mit Wechselrädern (Gauthier)

$Z/_1$	$Z/_2$	$Z/_3$	$Z/_4$	Stückzahl
25	60	25	60	0,87
30	55			1,14
35	50			1,46
40	45			1,86
45	40			2,3
50	35			3,0
55	30			3,84
60	25			5,02
25	60	60	25	5,02
30	55			6,57
35	50			8,46
40	45			10,8
45	40			13,6
50	35			17,3
55	30			22,2
60	25			29,0

Rädertabelle für Steuerwelle

Rad 1	Rad 2	Rad 3	Rad 4	Stück Stunde	Rad 1	Rad 2	Rad 3	Rad 4	Stück Stunde
25	100	35	90	12	50	80	75	45	126
25	100	40	80	* 15	45	80	80	40	*136
25	100	45	80	17	90	35	40	80	*155
25	100	45	75	* 18	90	35	45	80	175
25	90	50	80	21	90	35	45	75	*187
35	90	40	80	* 24	90	35	50	75	207
35	90	45	80	26	80	25	50	90	215
35	90	45	75	* 28	100	25	40	80	*242
35	90	50	75	31	90	25	50	80	273
35	80	50	80	33	100	25	45	75	*291
45	80	45	80	38	100	25	50	75	322
45	80	45	75	* 41	80	45	75	45	*359
50	75	45	80	45	80	50	80	40	387
25	100	75	45	* 50	80	45	80	40	*430
25	90	80	50	54	90	35	75	45	*519
25	100	80	40	* 60	90	35	80	45	553
35	90	75	50	71	90	35	80	40	*622
35	90	75	45	* 78	100	25	75	50	726
40	90	75	45	90	100	25	75	45	*807
35	90	80	40	* 94	100	25	80	45	860
80	45	40	80	*107	100	25	80	40	*970
45	80	75	45	*113	100	25	90	35	1245

* gleichbleibende Scherenstellung

Abb. 135. Wechselgetriebe für Steuerwelle (Traub)

nach Abb. 135 mit einem ungefähren Stufensprung von 1,12 mit 44 Stufen von 12 bis 1248 in der Stunde.

Je nach der Anzahl der Aufsteckwechselräder werden bis zu 88 Stufen vorgesehen (Abb. 136), mit einem Bereich bis 1:100 und darüber. Diese Stufengetriebe mit Aufsteckwechselrädern finden sich in allen Automatentypen in ähnlicher Weise, also sowohl bei den Langdrehautomaten als auch bei den Revolver- und Formautomaten. Die unterste Stufe richtet sich etwa nach dem größten Stangendurchmesser, die oberste ist sehr willkürlich gewählt. Die Stückzahl wird unterschiedlich angegeben, entweder pro Minute oder pro Stunde, oder es wird die Stückzeit in Sekunden angegeben, am zweckmäßigsten erscheint die Angabe in Stück pro Minute, weil die Umdrehungszahl der Steuerwelle dabei die gleiche ist. Der Antrieb wird entweder von der in dem Kastenfuß untergebrachten Vorgelegewelle nach Abb. 137 abgenommen oder durch einen besonderen Antriebsmotor für das Steuerwellengetriebe erzielt. Diese letztere Art des Antriebes ergibt noch die Möglichkeit, einen Schnellgang der Steuerwelle zu erreichen, indem ein polumschaltbarer Motor von 1400/2800 Umdrehungen verwendet wird. Dieser läuft während der Zerspanungsarbeiten

Abb. 136. Vorschubgetriebe (Bechler)

mit 1400 Umdrehungen und kann während der Totzeiten durch Nokken auf der Steuerwelle und Schaltschützen auf 2800 geschaltet werden. Dieser Eilgang gestattet nur die Verdoppelung der Drehzahl der Steuerwelle; ist daher von der Steuerwellendrehzahl abhängig. Die folgenden Totzeiten sind jedoch eigentlich von der Drehzahl der Steuerwelle unabhängig und nur durch die Konstruktion der Bewegungselemente bedingt: Vorschieben und Spannen, Schalten der Geschwindigkeiten der Arbeitsspindel und Bewegungen des Revolvers. Diese können demnach stets gleichbleibend sein. Dies wird ermöglicht durch das Hilfswellensystem.

II. Hilfswellensystem

1. Das Prinzip

Zuerst ist dieses System in den Brown & Sharpe-Automaten verwirklicht worden, indem die Bewegungselemente für obige konstante Totzeiten aus der Steuerwelle herausgenommen und durch die Hilfswelle gemacht wurden. Abb. 138 zeigt das Schema des Hilfswellensystems:

Die mit einem Flachriemen vom Getriebe im Kastenfuß angetriebene Antriebsscheibe *a* treibt die schnell laufende Hilfssteuerwelle *b*. Von dieser aus wird durch die Aufsteckwechselräder *d* und das Schneckengetriebe *e* die langsam laufende Steuerwelle *c* angetrieben, welche aus zwei rechtwinklig zueinander liegenden, durch Kegelräder 1:1 verbundenen Teilen besteht. Die mit verstellbaren Nocken versehene Nockenscheibe *h* betätigt durch eine Hebelübersetzung die Zahnkupplung *l*, die mit der Hilfssteuerwelle *b* läuft und in das Zahnrad *m* eingreifen kann. Dieses Zahnrad dreht über eine Übersetzung 1:1 die Kurventrommel *n*,

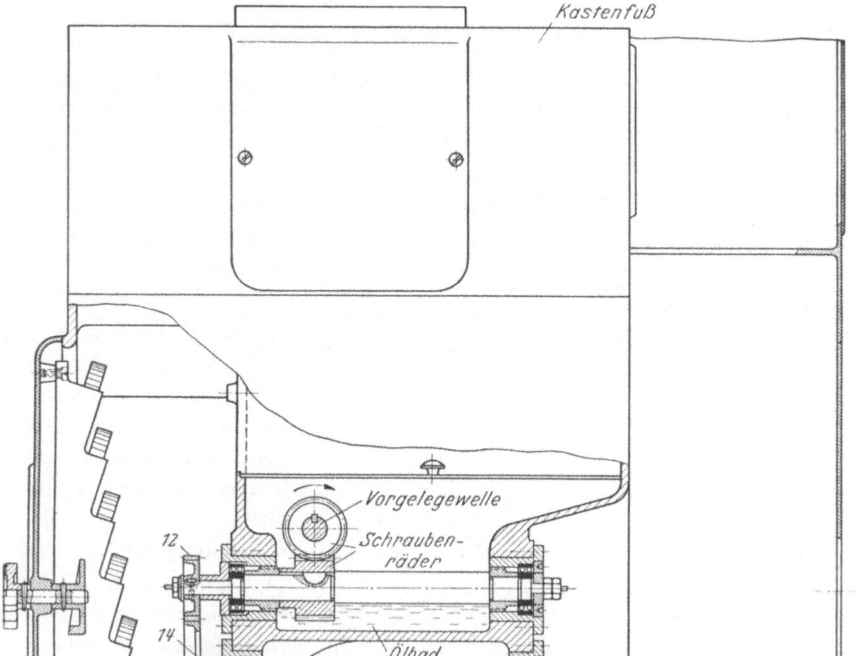

Abb. 137. Getriebe für Steuerwelle mit Aufsteckwechselrädern 12, 13, 14, 15 (Strohm)

auf der die Trommelkurven für die Spannung und Stangenvorschub angebracht sind, einmal herum. Die ebenfalls mit verstellbaren Nocken versehene Nockenscheibe *i* bewirkt über die Zahnkupplung *o*, die Zahnräder *p* 1:1 die Drehung der Kur-

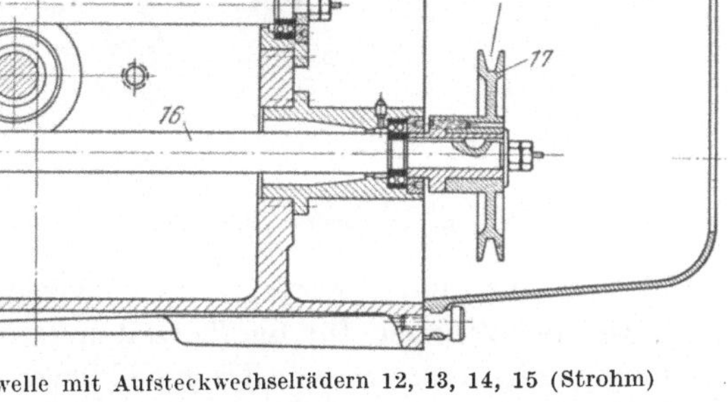

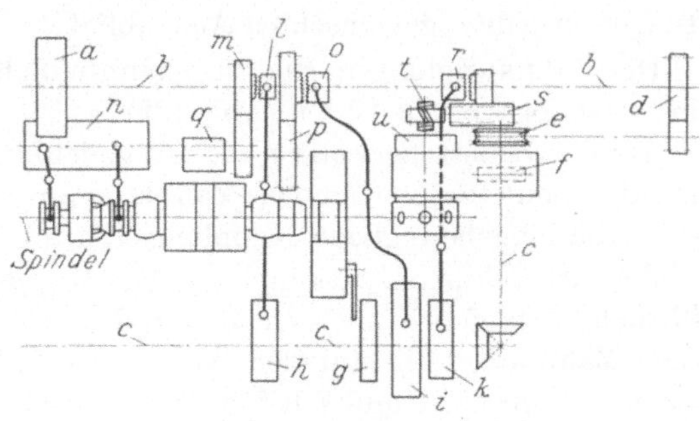

Abb. 138
Schema des Hilfswellensystems

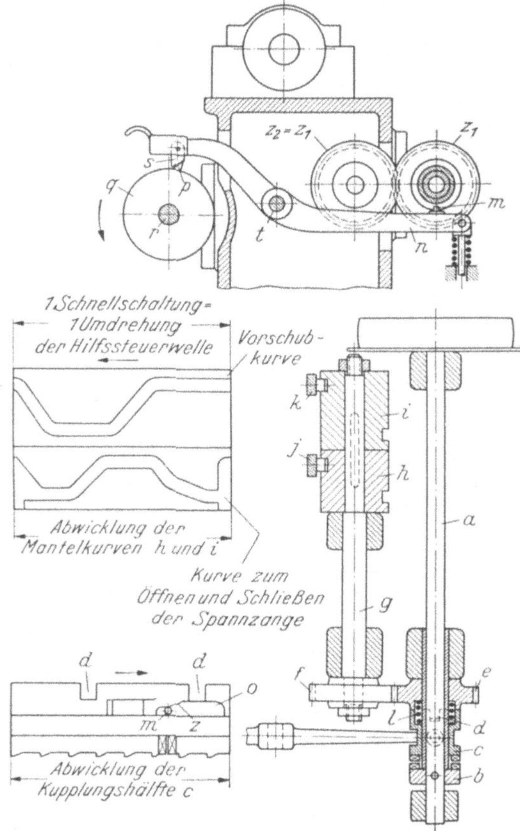

Abb. 139. Schnellschaltkupplung (Index)

ventrommel q, auf der die Kurven zur Betätigung der Doppelkegelkupplung für die Umschaltung des Drehsinns der Arbeitsspindel angebracht sind. Die Nockenscheibe k trägt die Nocken für das Umschalten des Revolverkopfes, also 6 bzw. 8, je nach der Zahl der Revolverlöcher. Durch eine Hebelübersetzung wird von den Nocken die Klauenkupplung r betätigt, die über das Zahnräderpaar s und das Schrauben- oder Kegelräderpaar t sowie das Maltesergetriebe u den Revolver umschaltet. Die auf der Steuerwelle befestigte Revolverkurve f bewegt den Revolverkopf, die Flachkurven g auf der Steuerwelle die Seitenschlitten.

Die Vorteile dieses Systems sind folgende:

1. Die Schaltungen für die Totzeiten erfolgen mit denkbar größter Schnelligkeit, weil nur kurze Trommelkurven gedreht werden.

2. Die Nockenscheiben h, i und k gestatten die Einstellung der Schaltungen in jedem gewünschten Augenblick.

Die Zahnkupplungen sind sogenannte Schnellschaltkupplungen, die in folgender Weise arbeiten (Abb. 139):

Auf der Hilfssteuerwelle a, die mit gleichbleibender Drehzahl umläuft, ist die damit fest verbundene Zahnkupplungshälfte b und dieser gegenüber die längsbewegliche Kupplungshälfte c gelagert: beide zusammen bilden die Schnellschaltkupplung. Die Kupplungshälfte c ist durch die Mitnehmerzapfen d mit dem Zahnrad e verbunden. Dieses kämmt mit dem Zahnrad f 1:1 auf der Welle g. Auf dieser Welle sind die zwei Trommelkurven h und i befestigt, in deren Kurvenbahnen der Spannhebel j für das Betätigen der Spannung und der Vorschubhebel k eingreifen. Während eines einmaligen Kuppelns der beiden Kupplungshälften *b* und *c* tritt die Spann- und Vorschubeinrichtung in Tätigkeit, einschließlich der dadurch ausgelösten Bewegungen, „Schnellschaltung“ genannt. Dabei steht die längsbewegliche Kupplungsmuffe *c* unter Wirkung der Druckfeder *l*, die sie in Richtung zur Kupplungshälfte *b* drückt. Der Eingriff wird durch den Fangzapfen *m* verhindert, der am Ende des Schalthebels *n* angebracht ist und in die Aussparung *o* der Kupplungshälfte *c* hineinragt. Wenn der Nocken *p*, der auf der Nockenscheibe *q* der Steuerwelle *r* beliebig verstellbar angeordnet ist, den um den Bolzen *t* drehbaren Schalthebel *n* hochhebt, wird die Kupplungshälfte *c* freigegeben und springt in die Kupplungshälfte *b* ein. Gleichzeitig wird der Rastbolzen *w* (Abb. 140), der die Kupplungshälfte *c* gegen Verdrehen sichert, angehoben und außer Wirkung gesetzt. Nach fast einer vollen Umdrehung der Kupplung *b* bis *c* fällt der Fangzapfen *m* durch die Wirkung der Feder wieder in die Aussparung *o* ein. Der Fangzapfen *m* drückt die noch umlaufende Kupplungshälfte *c* an der Keilfläche *z* außer Eingriff in die Längsrichtung, wodurch die Hilfssteuerwelle nach einer Umdrehung wieder entkuppelt ist. Kurz vor Beendigung der Schnellschaltung wird der Rastbolzen *w* zum Einrasten der Kupplungshälfte *c* wieder freigegeben. Der Rastbolzen *w* springt durch die Wirkung der Feder in die Kerbe der Kupplungshälfte *c* ein. Die Stellschrauben 1 und Stellmuttern 2 dienen zum Einstellen der Bolzen *m* und *w* sowie zum Regeln der Federkräfte.

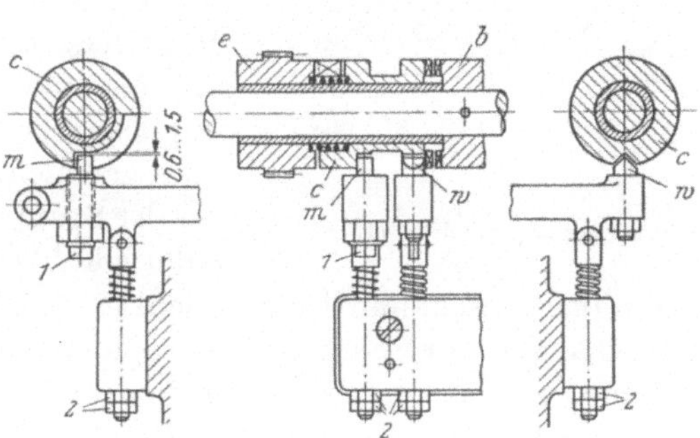

Abb. 140. Schnellschaltkupplung (Index)

Bei einer Drehzahl der Hilfssteuerwelle von $n = 120$ U/min entspricht eine Drehung der Hilfssteuerwelle einer Eingriffsdauer von 0,5 sec, während der das Entspannen, Vorschieben und Wiederspannen der Werkstoffstange erfolgt. Das Übersetzungsverhältnis zwischen den Wellen *a* und *g* muß dabei 1:1 betragen, so daß Welle *g* während einer Umdrehung der Hilfssteuerwelle gleichfalls eine Umdrehung ausführt. Für Automaten mit größerem Stangendurchlaß reichen 0,5 sec für das Werkstoffvorschieben und Spannen nicht aus, denn in diesem Falle müssen nicht nur schwerere Werkstoffstangen vorgeschoben werden, sondern es ist auch eine größere Vorschublänge wegen des größeren Arbeitsbereiches notwendig. Daher ist bei größeren Automaten zwischen der Hilfssteuerwelle *a* und der die Spann- und Vorschubkurve tragenden

Welle *g* eine Zahnräderübersetzung 2:1 eingebaut (Abb. 141), d.h., die Hilfssteuerwelle macht nicht mehr 1, sondern 2 volle Umdrehungen, bis die Welle *g* eine volle Umdrehung ausführt, so daß eine Schnellschaltung erst nach 1 sec beendet ist. Damit der Fangzapfen *m* nicht bereits nach einer vollen Umdrehung der Hilfssteuerwelle wieder in die Aussparung *o* der Kupplungshälfte *c* einfällt, wird er mit Schalthebel *n* von der Welle *g* aus durch den Exzenter *u* besonders gesteuert. Dabei dreht sich der Exzenter *u* während der halben Umdrehung der Welle *g* mit und hält über den Dachbolzen *v* den Schalthebel *n* in der gestrichelten Stellung fest, so daß der Fangzapfen *m* nicht in die Aussparung *o* der Kupplungshälfte *c* einfallen kann. Im Laufe der folgenden zweiten Umdrehung der Hilfssteuerwelle kommt der Exzenter *u* außer Berührung mit dem Dachbolzen *v*, so daß der Fangzapfen *m* in die Einsparung *o* eintreten und daher nach 2 Umdrehungen der Hilfssteuerwelle wieder ausgekuppelt wird.

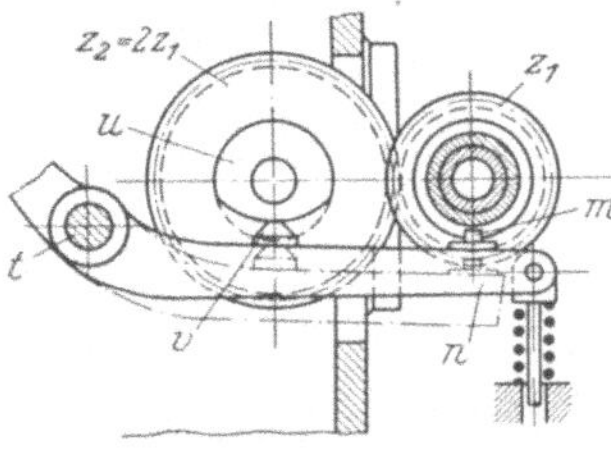

Abb. 141
Schnellschaltung mit Übersetzung 2:1

Da bei den größeren Automatentypen die bewegten Massen beim Umschalten des Revolvers schwer sind, muß in diesen ebenfalls die Schaltzeit der Schnellschaltkupplung auf 1 sec vergrößert werden. Dies geschieht in der gleichen Weise wie bei der Spannung durch Verwendung einer Zahnräderübersetzung 2:1 und Exzenter.

Für das Umschalten der Drehrichtung in Revolverautomaten muß man die Schaltzeit der Schnellschaltkupplung auf $^1/_4$ sec verringern, um eine genaue Umschaltung beim Schneiden von Gewinden mit Schneideisen oder Gewindebohrer zu erhalten. Dies bedeutet, daß bei einer konstanten Drehzahl der Steuerwelle von 120 U/min bereits nach einer halben Umdrehung der Steuerwelle die Schnellschaltkupplung ausschalten muß. Man erreicht dies in einfacher Weise dadurch, daß man auf dem Umfang der Kupplungshälfte *d* (Abb. 139) eine zweite Keilfläche *z* und eine zweite Kerbe *w* um 180° versetzt anbringt. Die Kurven zur Bewegung des Umschalthebels für die Doppelreibungskupplungen auf der Spindel und im Kastenfuß für die unteren Reibungskupplungen sind dabei mit der Kupplungshälfte *c* direkt ohne Zahnräder verbunden. Abb. 142, 143 und 144 zeigen das Schema der Steuerung, Schnellschaltkupplungen und Kurven für die Spannung, den Vorschub der Stange und Reibkegelkupplungen für die Drehzahlen und Drehrichtungen in Revolverautomaten.

Die Seitenschlitten werden nach Abb. 145 von Flachkurven auf der Steuerwelle über Hebel mit Zahnsegmenten und Zahnstangen radial vorgeschoben und mit Federn zurückbewegt. Die Hebelübersetzung ist dabei meist unveränderlich 1:1 oder aber auch bei andern Automaten-

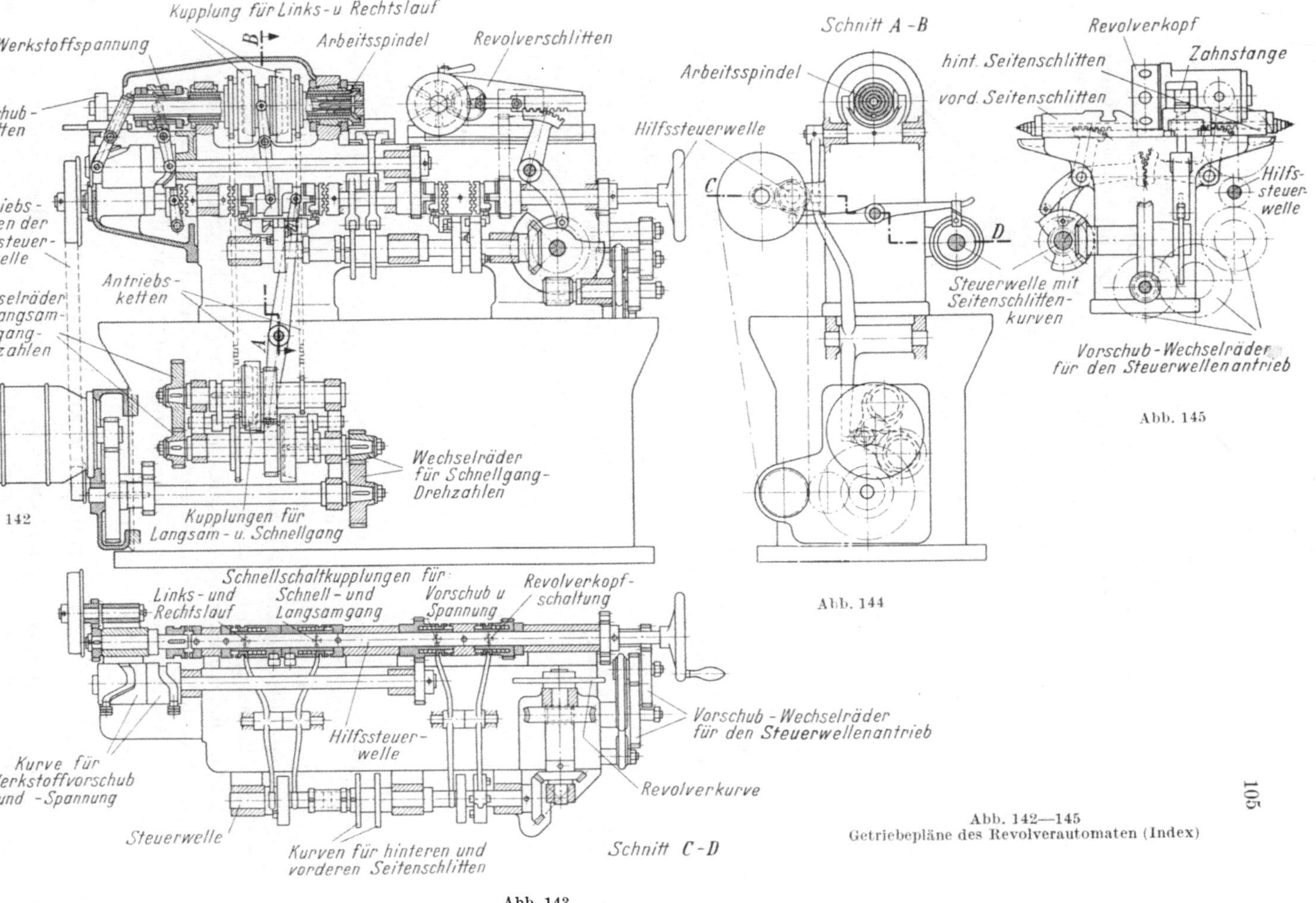

Abb. 142—145
Getriebepläne des Revolverautomaten (Index)

typen verstellbar bis 1:2,5 ausgeführt. Dies ergibt in manchen Fällen den Vorteil, daß man bei ähnlichen Werkstücken mit vorhandenen Kurvenscheiben ohne Neuanfertigung auskommen kann. Bei den Langdrehautomaten ist fast stets eine Verstellung der Hebel bei den vertikalen Seitenschlitten vorgesehen (Abb. 146 und 147), während die zur Bewegung der Wippe vorgesehenen Hebelübersetzungen nicht verstellbar sind

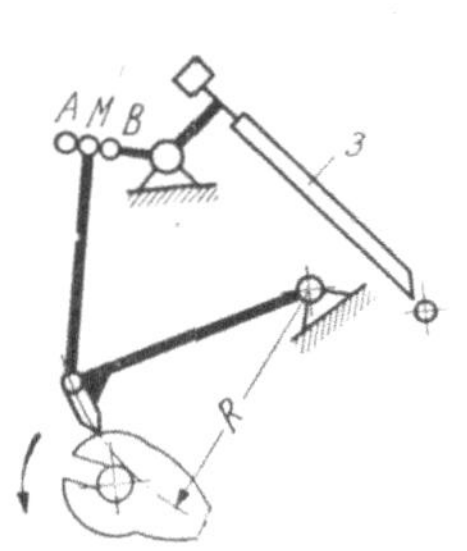

Abb. 146
Hebelübersetzung für Schlitten 3 (Strohm)

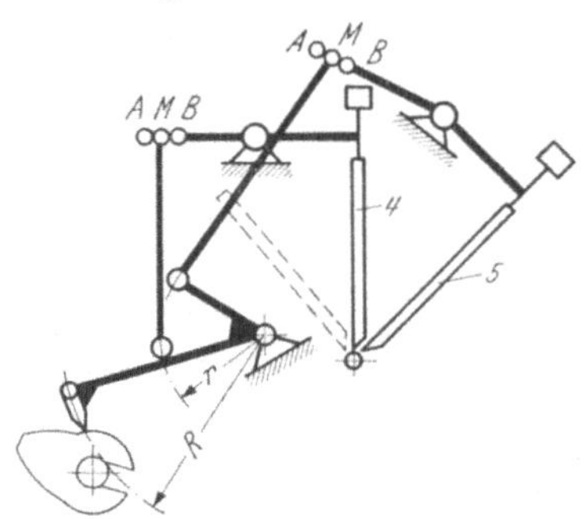

Abb. 147
Hebelübersetzung für Schlitten 4 und 5 (Strohm)

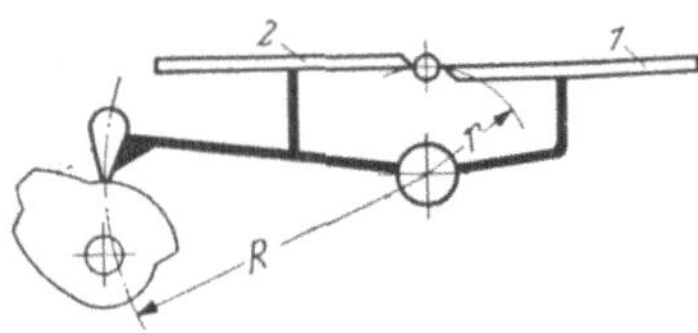

Abb. 148
Hebelübersetzung für Wippe (Strohm)

(Abb. 148). Die Hebel für die Seitenschlitten der Langdrehautomaten werden durch die Kurvenscheiben direkt ohne Zahnsegmente bewegt. Zur genauen Einstellung der Durchmesser sind an den neuzeitlichen Automaten aller Typen Mikrometerschrauben an den Seitenschlitten vorhanden, mit denen man beim Neueinstellen wesentlich an Zeit und Ausschuß spart. Ferner baut man in den Seitenschlitten Anschlagschrauben ein, die den Weg der Seitenschlitten zwangsweise begrenzen und stets genau mit dem höchsten Punkt der Steuerwelle abgestimmt sein müssen.

An den Langdrehautomaten ist ferner eine axiale Verstellung der Seitenschlitten mittels Mikrometerschrauben vorgesehen, um die Werkstücklängen genau einzustellen. An Revolverautomaten und Formautomaten sind die horizontalen Quersupporte axial nicht verstellbar. Jedoch können die Stahlhalter in der Aufspann-T-Nut axial verstellt werden. Die vertikalen bzw. schrägen Seitenschlitten sind meist axial um ein geringes mit Mikrometerschrauben verstellbar.

2. Schaltung der Revolverschlitten

In den Revolverautomaten wird der Revolverschlitten durch ein Malteserkreuz und einen Malteserkreuzbolzen von Loch zu Loch geschaltet, 6mal bei 6 Werkzeuglöchern bzw. 8mal bei 8 Werkzeuglöchern. Der

Malteserkreuzbolzen ist auf einer Scheibe befestigt und diese auf einer Welle. Diese Welle muß bei einer Schaltung einmal herumlaufen. Sie wird mit Kegelrädern von der Hilfswelle durch Einschalten der dafür vorgesehenen Schnellschaltkupplung angetrieben über ein langes im Revolverkopf angebrachtes Zahnrad und ein leerlaufendes Zwischenrad (Abb. 149). Das lange Zahnrad muß dem größten Weg des Revolverschlittens entsprechen. Dieser wird nach Abb. 141 von der Revolverkurve mit Segmenthebel und Zahnstange vorgeschoben und durch eine Feder zurückbewegt. Auf der Welle des Malteserkreuzbolzens ist ein Nocken angefräst, der bei Beginn des Schaltens, bevor der Malteserkreuzbolzen in eine Nut des auf der Revolverachse befestigten Malteserkreuzes eingetreten ist, den Riegelbolzen aus dem Revolverkopf herauszieht über den Übertragungshebel vom Nocken zum Riegelbolzen. Nach fast beendetem Umschalten des Revolverkopfes gibt der Nocken den Riegelbolzen frei, so daß dieser durch die Wirkung einer Feder in die nächste Rast des Revolverkopfes einspringen kann. Die Zahnstange zur Bewegung des Revolverkopfes von der Revolverkurve und dem Segmenthebel ist jedoch mit dem Revolverkopf nicht fest verbunden, sondern es ist ein Kurbelgetriebe eingeschaltet. Die Kurbel ist an der Welle des Malteserkreuzbolzens angebracht, die Kurbelstange an der Zahnstange (Abb. 149). Bei der Drehung der Kurbelwelle wird der Schlitten zurück und vor bewegt, um den doppelten Kurbelradius, weil die Zahnstange festgehalten ist.

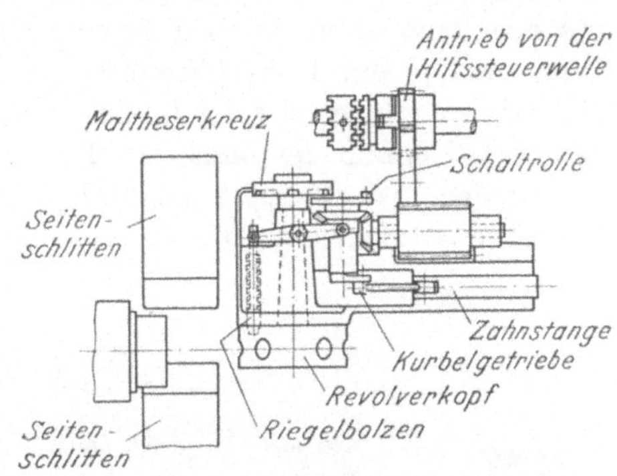

Abb. 149. Zwischenrad am Revolver (Index)

Das Malteserkreuz ergibt ein stoßfreies Umschalten des Revolverkopfes und der Kurbeltrieb eine stoßfreie Hin- und Herbewegung des Revolverschlittens. Diese ist notwendig, um die Längswerkzeuge zum Umschalten genügend weit zurückzuziehen, damit sie nicht an den Seitenschlitten stoßen.

Bei kleinen Automaten ist die Übersetzung der Zahnräder von der Hilfssteuerwelle sowie die Kegelradübersetzung 1:1, so daß mit einer Umdrehung der Hilfssteuerwelle eine Schaltung erfolgt, also bei einer Drehzahl der Steuerwelle von 120 U/min in $^1/_2$ sec.

Bei großen Automaten muß man wegen der größeren bewegten Massen 1 sec zum Umschalten anwenden. Dies geschieht durch eine Kegelradübersetzung 2:1 und einen Exzenter, wie beim Schalten der Spannung und des Vorschubs. Das leer laufende Zwischenrad ist dann nicht mehr beliebig, sondern hat die doppelte Zähnezahl des Zahnrades auf der Steuerwelle und trägt den bereits früher beschriebenen Exzenter zum Überspringen einer Umdrehung der Hilfssteuerwelle.

3. Zweilochschaltung

Bei einfachen Werkstücken werden mitunter nur 3 Werkzeuglöcher im 6fachen bzw. 4 im 8fachen Revolverkopf benötigt. In solchen Fällen kann man je ein Loch überspringen, indem man auf der Scheibe des Malteserkreuzbolzens zwei Bolzen hintereinander anbringt, so daß mit einer Umdrehung der Malteserbolzenwelle 2 Revolverschaltungen erfolgen. Jedoch ist es nicht möglich, nur 1 Loch zu überspringen, wenn z. B. nur 5 Löcher des Revolverkopfes besetzt sind.

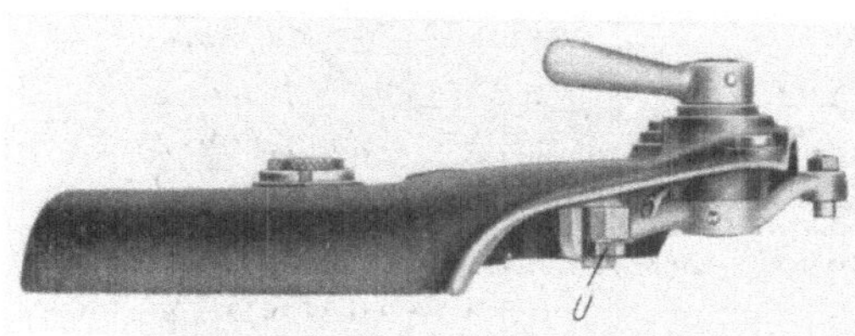

Abb. 150. Deckel des Revolvers

Die Steuerung des Revolverkopf-Verriegelungsbolzens erfolgt durch einen mit 2 Gleitflächen versehenen Umsteckbolzen U (Abb. 150), der bei Einlochschaltung mit seiner niederen Gleitfläche auf der kurzen äußeren Kurve, bei Zweilochschaltung mit seiner höheren Gleitfläche auf der längeren Kurve gleitet. Nach Abheben des Deckels, in dem der Hebel für den Verriegelungsbolzen drehbar angeordnet ist, läßt sich der Umsteckbolzen U umstecken.

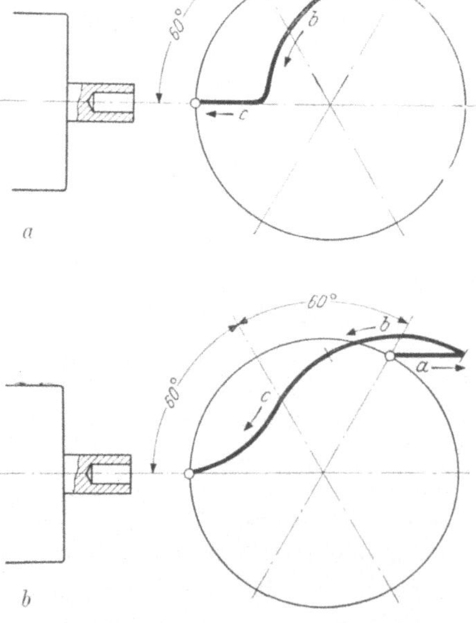

Abb. 151a u. b. Revolverweg bei Zweilochschaltung

Bei der Zweilochschaltung ist gegenüber der Einlochschaltung zu beachten, daß der zweite Malteserkreuzbolzen hinter dem ersten angebracht ist. Daher macht der Kurbeltrieb während des Eingriffs des zweiten Bolzens bereits eine Vorwärtsbewegung, wie aus den Abb. 151a und 151b hervorgeht. Bei dem Entwurf der Kurven muß dies berücksichtigt werden.

III. Revolverschaltung an Langdrehautomaten

In diesen werden entweder 3fache oder 6fache Revolverköpfe verwendet, in denen die Spindeln in einem Lagerbock bzw. in einer Trommel angeordnet und waagrecht durch Kurven auf der Steuerwelle vorgeschoben werden. Die Rückbewegung geschieht durch Federn.

1. Dreifachrevolver, auch dreifacher Schaltapparat genannt

Eine einfache Ausführungsform des dreifachen Revolvers zeigt Abb. 152. Durch Flachkurven auf der Steuerwelle wird der Lagerbock,

Abb. 152. Einfacher Dreispindelapparat (Bechler)

Abb. 153. Dreispindelapparat (Gauthier)

der die 3 Spindeln trägt, in 3 Stellungen eingeschwenkt. Zwei Stellschrauben dienen zur genauen Einstellung der beiden äußersten Spindeln auf Mitte, während die mittlere Spindel entweder durch eine genaue Flachkurve oder einen Riegelbolzen festgestellt wird. Die Spindeln können entweder stillstehen oder auch rotieren, z. B. beim Bohren von kleinen Bohrungen entgegengesetzt zur Drehrichtung der Spindel, angetrieben durch Riemen- oder Zahnräder (Abb. 153), das auch die Schwenk- und Vorschubkurven auf der Steuerwelle zeigt. Das Schema für die Vorschubbewegung der Spindeln von einer Trommelkurve auf der Steuerwelle ist aus Abb. 154 ersichtlich. Diese Einrichtung ist auch zum Gewindeschneiden mit Überholung unter Einschaltung von Kupplung und Bremse. Eine ähnliche Form des Dreispindel-Revolvers zeigt Abb. 155.

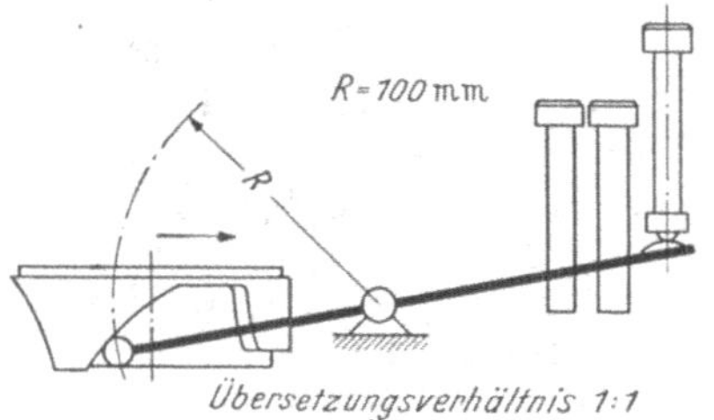

Abb. 154
Vorschubhebel am Bohr- und Gewindeschneidapparat (Strohm)

2. Sechsspindel-Revolver

Bei größeren Langdrehautomaten von etwa 10 mm Stangendurchmesser aufwärts zeigt es sich für kompliziertere Werkstücke als notwendig, noch mehr als 3 horizontale Spindeln vorzusehen. In solchen Fällen wird eine Trommel vorgesehen, in der die 6 Spindeln waagrecht angebracht sind (Abb. 156).

Die Trommel dreht sich auf Gleit- oder Rollenlagern und wird verriegelt und umgeschaltet. Zum Verriegeln dient entweder ein INDEX-

Abb. 155. Dreispindelapparat (Bechler)

Bolzen (Abb. 157), der ähnlich wie bei Revolverautomaten in die Stirnseite der Trommel eintritt, oder ein INDEX-Hebel, der in Rasten am Umfang der Trommel einrastet (Abb. 158).

Abb. 156. Sechsspindel-Trommel (Bechler)

Zur Umschaltung der Trommel dient entweder ein Malteserkreuzgetriebe (Abb. 159), das durch eine Schnellschaltkupplung von Schaltnocken auf der Steuerwelle ähnlich wie beim System Brown & Sharpe betätigt wird, oder es wird eine hydraulische

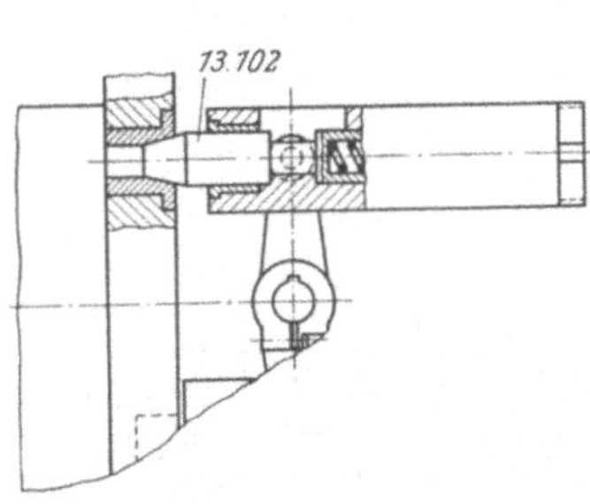

Abb. 157. Verriegelung durch Indexbolzen (Gauthier)

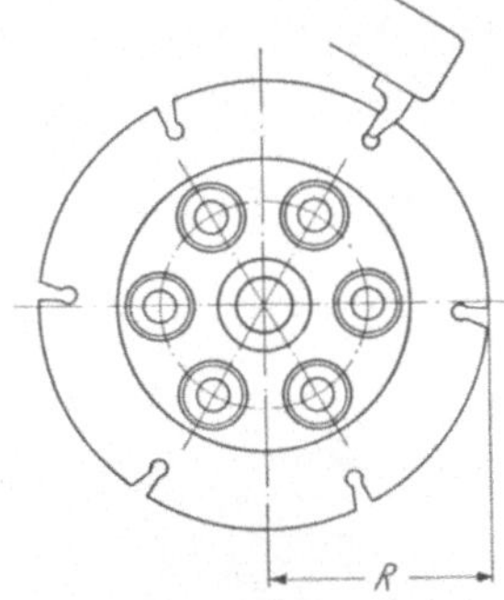

Abb. 158. Verriegelung des Trommelrevolvers (Bechler)

Umschaltung angewendet, indem durch Schaltnocken auf der Steuerwelle ein Preßölventil gesteuert wird, das die Weiterschaltung der Trommel mit Öldruckzylinder und Kolben bewirkt (Abb. 160).

Das Malteserkreuzgetriebe bietet wie bei den Revolverautomaten den Vorteil, daß man nach Wunsch auch die Dreilochschaltung einstellen kann.

Die Spindeln im Trommelrevolver werden durch Kurven auf der Steuerwelle axial vorgeschoben und bewegen sich zurück durch Federzug.

Die Spindeln können entweder durch Zahnräderantrieb von der Mitte angetrieben werden oder auch nach Ausschalten der Zahnräder nicht

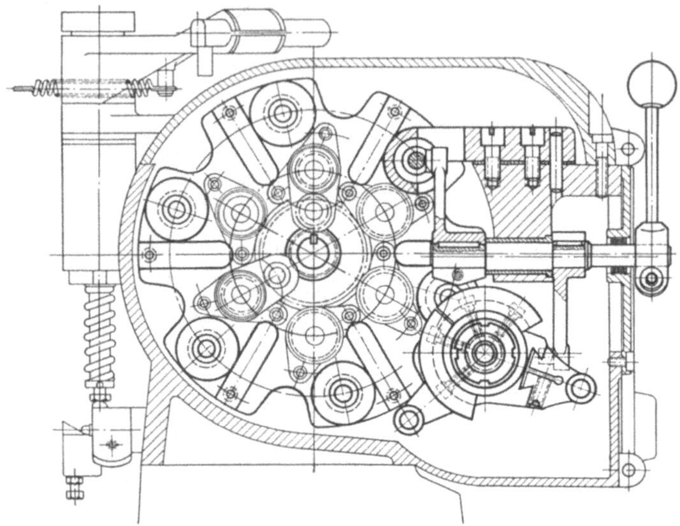

Abb. 159. Malteserkreuzschaltung der Spindeltrommel (Gauthier)

rotierend verwendet werden. Soll dabei Gewinde mit Schneideisen oder Gewindebohrer geschnitten werden, so wird der Antrieb mit 2 Riemengetrieben notwendig, wenn Rechtsgewinde mit Überholung und verzögertem Ablauf oder Linksgewinde mit Unterholung und schnellem

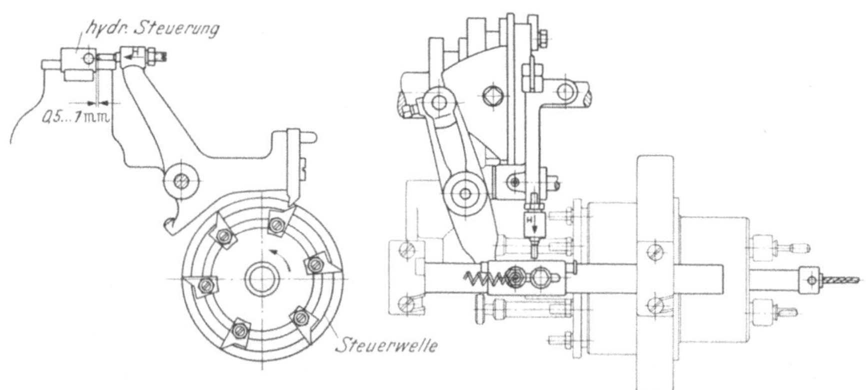

Abb. 160. Hydraulische Schaltung der Trommel (Bechler)

Ablauf geschnitten werden soll (Abb. 161). Die beiden Riementriebe werden durch Kupplungen von Nocken auf der Steuerwelle geschaltet. Um bei Störungen während des Gewindeschneidens, z. B. durch Stumpfwerden der Werkzeuge oder Verstopfung durch Späne sowie Riemenbruch, Beschädigungen des Mechanismus zu verhüten, sind an Langdrehautomaten selbsttätige Sicherungen konstruiert, die den Automaten bei solchen Störungen stillsetzen.

Die einfachste Form dieser Sicherungen ist ein Scherstift aus ungehärtetem Silberstahl, der im Antrieb der Steuerwelle, z. B. am Schneckenrad,

Abb. 161. Trommelrevolver mit 2 Riemenscheiben (Bechler)

eingebaut wird. Um zu verhindern, daß falsche Scherstifte mißbräuchlich eingesetzt werden, die dann ihren Zweck verfehlen, ist es angebracht, für deren genaueste Anfertigung und Vorratshaltung zu sorgen. Abb. 162 zeigt die zweckmäßigste Form eines Scherstiftes, der sich nach dem Abbrechen auch leicht entfernen läßt.

Bei den Langdrehautomaten werden außer den Scherstiften auch noch komplizierte Sicherungen mit Hebelmechanismen angewendet, die jedoch genaue Einstellungen erfordern.

Abb. 162. Scherstift

IV. Eilgang der Steuerwelle

Während man früher an den meisten Automaten die Steuerwelle mit konstanter Drehzahl betrieben hat, führt sich neuerdings immer mehr der Eilgang der Steuerwelle ein, d. h. man läßt die Steuerwelle nicht mehr mit konstanter Drehzahl laufen, sondern sieht die Möglichkeit vor, die Ge-

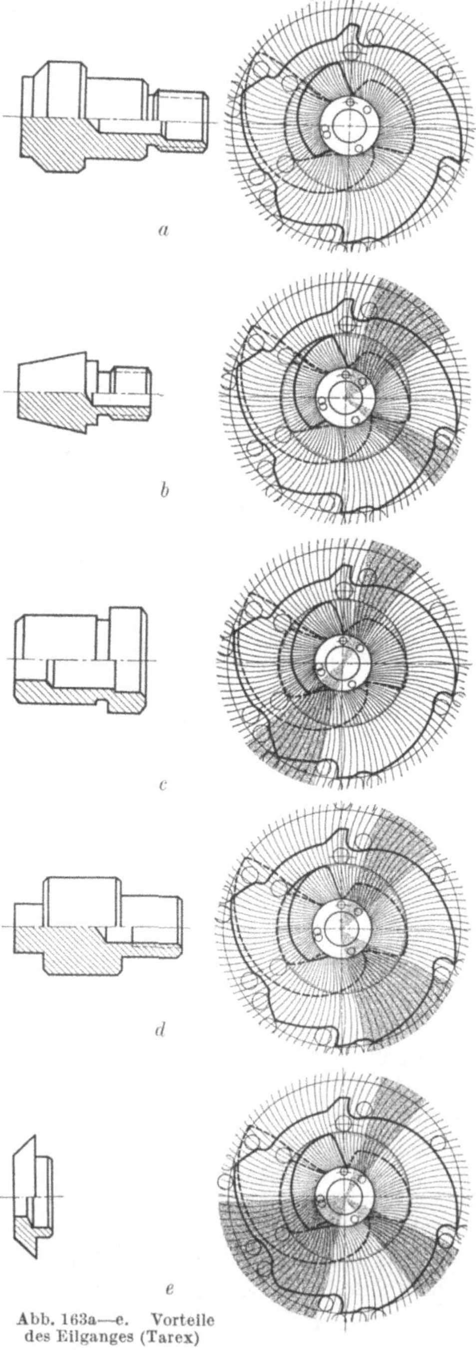

Abb. 163a—e. Vorteile des Eilganges (Tarex)

schwindigkeit der Steuerwelle durch Einschaltung eines Eilganges nach Belieben zu steigern. Der Zweck dieses Eilganges ist Ersparnis an Totzeiten, z. B. für das Spannen und Vorschieben der Stangen und für den Vorlauf und Rücklauf der Werkzeuge. Ferner entsteht bei ähnlichen Werkstücken der Vorteil, daß man mit gleichen Kurven auskommt, indem man z. B. bei kürzeren Werkstükken der gleichen Form die Kurven für längere Werkstücke verwendet und den Zwischenraum für die kürzeren Werkstücke durch den Eilgang schnell überwindet. Aus den Beispielen auf Abb. 163 kann man den Vorteil des Eilganges für Werkstücke mit ähnlichen Arbeitsoperationen erkennen, die ohne Neuanfertigung von Kurven schon in kleinen Serien gefertigt werden können. Man stellt fest, daß die Bohrungen des Werkstücks 1 länger sind als die des Werkstücks 3. Die Revolverkurve wird für die Bohrwege des Werkstücks 1 vorgesehen. Für die übrigen Werkstücke wird somit ein Teil des Weges überflüssig, und der letztere wird durch den Eilgang der Steuerwelle beschleunigt, ebenso die Teile der Revolverkurve, die z. B. bei

Stück 3 überhaupt nicht gebraucht werden und erhält somit entsprechend den dunklen Segmenten eine Beschleunigung und damit Zeitersparnis ohne Kurven, die sich bei kleinen Serien evtl. nicht lohnen.

1. Mechanische Ausführungsarten des Eilganges

Die einfachste Ausführungsart des Eilganges ist bei der Anwendung eines polumschaltbaren Elektromotors für den Antrieb der Steuerwelle. Durch Nocken auf der Steuerwelle wird ein Schaltschütz betätigt, der den Elektromotor auf die doppelte Drehzahl einschaltet und zurückschaltet.

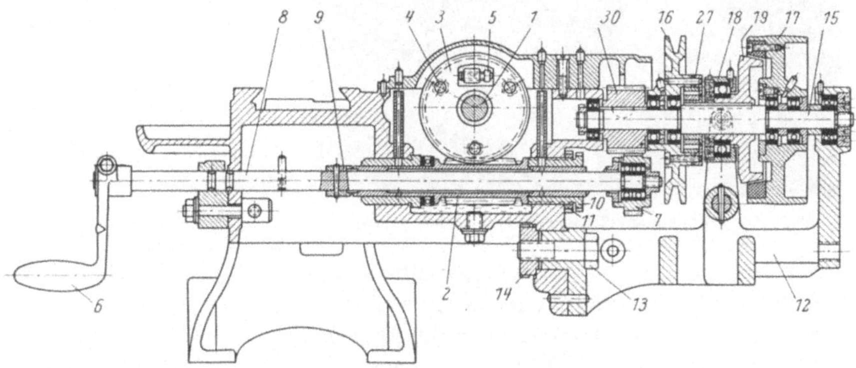

Abb. 164. Eilgang der Steuerwelle (Strohm)

Diese Art des Eilganges (Traub) ergibt keinen konstanten Eilgang, sondern stets die Verdoppelung der jeweiligen Steuerwellendrehzahl, ist jedoch einfach.

Will man den Eilgang konstant halten, was mit Rücksicht auf die gleichbleibende günstigste Geschwindigkeit der Bewegungsmechanismen zweckmäßiger ist, so ist ein Antrieb des Eilganges mit konstanter Dreh-

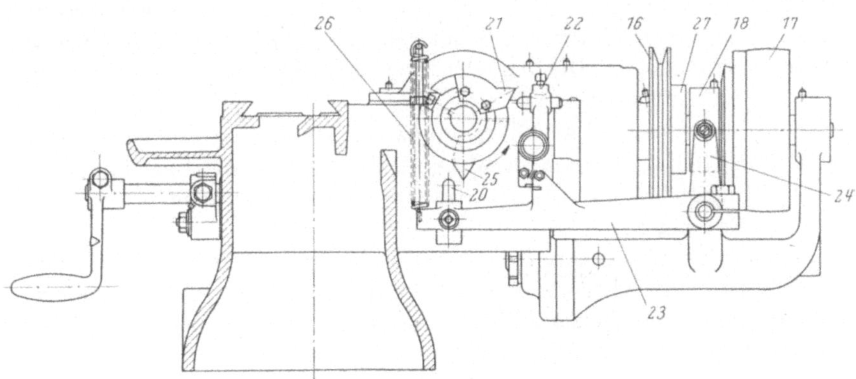

Abb. 165. Eilgang der Steuerwelle (Strohm)

zahl und Kupplungen zum Ein- und Ausschalten erforderlich. Abb. 164 zeigt einen solchen Eilgangsantrieb mit Flachriemen- und Kegelreibkupplung. Die Steuerwelle 1 erhält ihren Antrieb über Schnecke 2. Das Schneckenrad 3 besteht aus 2 Hälften, um einen spielfreien Eingriff zu erzielen. Durch Lösen der Sechskantschrauben 4 kann dies mittels der Kreuzlochschraube 5 erreicht werden.

Abb. 166. Schnellgang-Schaltung durch Nocken (Index)

Der Antrieb der Schnecke 2 erfolgt nach Herausziehen des Handgriffes 6 über Ritzel 7. Um von Hand drehen zu können, muß der Handgriff 6 eingedrückt werden. Hierdurch kommt die auf Kupplungswelle 8 sitzende Klauenkupplung 9 mit Schnecke 2 in Eingriff. Das Axialspiel der Schnecke wird durch die Lagerbüchse 10 und Gegenmutter 11 eingestellt.

Der Eilgangträger 12 ist am Bettkörper mittels Sechskantschraube 13 und Nutmutter 14 angeflanscht und dient als Gegenlager der Eilgangwelle 15, auf welcher das Zahnrad 30 verkeilt ist.

Vom Wechselradgetriebe geschieht der Antrieb mittels Keilriemen auf die Keilriemenscheibe 16, welche lose auf der Eilgangswelle 15 angeordnet ist und einen Freilauf 27 enthält. Über die ebenfalls lose angeordnete Flachriemenscheibe 17 erfolgt der konstante Eilgangtrieb (10 pro min). Mittels der Kupplungsmuffe 18 und Kupplungskonus 19 wird durch den Nocken 21 (Abb. 165) über Sperrhebel 22, Schalthebel 23 und Gabelhebel 24 der Eilgang eingeschaltet. Nach Betätigung des Sperrhebels 22 durch den Nocken 21 wird der Schalthebel 23 freigegeben, die Schneiden gleiten aneinander ab. Die Zugfeder 26 zieht die Kegelkupplung 19 in den Kegel der Riemenscheibe 17.

Das Umschalten auf Arbeitsgang bewirkt der Nocken 25 über den einstellbaren Gleitstift 20 am Schalthebel 23, wodurch die Kegelkupplung außer Eingriff kommt. Die Übertragung des Arbeitsganges übernimmt nun der Freilauf 27.

An Revolverautomaten wird an Stelle der Reibungskupplung für den Schnellgang eine Klauenkupplung für den Eilgang der Steuerwelle eingebaut, die durch Nocken auf der Steuerwelle über Schalthebel beliebig ein- und ausgerückt werden kann, wie Abb. 166 auf der rechten Seite zeigt.

Der Getriebeplan (Abb. 167) gibt über die Anordnung der Getriebemechanismen der INDEX-B-Automaten, die mit Eilgang der Steuerwelle ausgerüstet werden.

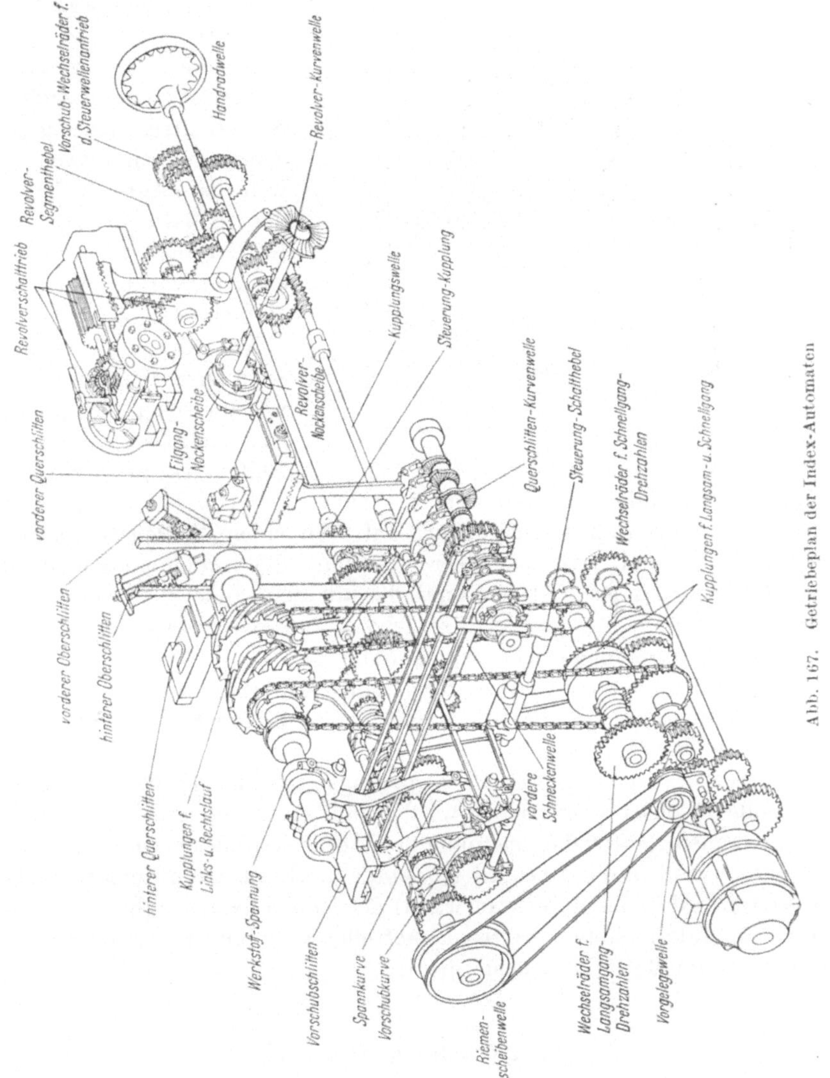

Abb. 167. Getriebeplan der Index-Automaten

Ähnlich im Prinzip mit Klauenkupplung, jedoch vertikal angeordnet, ist das Eilganggetriebe im Tarexautomaten (Abb. 168), dessen Einbau aus dem Getriebeplan (Abb. 169) hervorgeht — Pos. 27.

Abb. 168. Eilganggetriebe der Steuerwelle (Tarex)

An den Revolverautomaten ist keine besondere Sicherheitseinrichtung gegen Störungen notwendig, weil der Antriebsriemen der Hilfssteuerwelle bei Störungen als Sicherheitselement wirkt, indem er einfach herunterfällt.

Neuerdings werden auch an Stelle der obigen mechanischen Kupplungen elektrisch betätigte Reibungskupplungen mit Lamellen in Langdrehautomaten eingebaut, wie Abb. 170 schematisch zeigt. Diese bestehen aus einem auf dem einen Wellenstumpf befestigten Topfmagneten mit einer Wickelung, die von einem Schleifring mit Gleichstrom gespeist wird und die auf dem andern Wellenstumpf axial bewegliche Ankerscheibe anzieht, so daß die Außen- und Innenlamellen zusammengedrückt werden (Abb. 171).

Die Außenlamellen werden durch einen Keilring auf dem Magnetkörper mitgenommen, die Innenlamellen durch eine Keilwelle auf dem rechten Wellenstumpf.

Da diese elektromagnetischen Kupplungen aus Sicherheitsgründen mit 24 Volt Gleichstrom betrieben werden müssen, ist es notwendig, durch einen Transformator die Spannung des Wechselstromes herunterzutransformieren und durch einen Gleichrichter in Gleichstrom umzuwandeln. Dieses erfordert einen Mehraufwand, der jedoch dann tragbar ist, wenn auch an andern Stellen elektromagnetische Kupplungen verwendet werden, z. B. im Gewindeschneidapparat.

2. Hydraulische Steuerung

Die hydraulische Steuerung hat sich bisher bei den Stangenautomaten wegen der hohen Kosten noch nicht einführen können. Sie wird bisher nur am Monforts-Halbautomaten verwendet. Die Schalt- und Vorschubbewegungen werden von Nocken auf einer Steuertrommel eingeleitet und erfolgen durch Zylinder und Kolben. Die Geschwindigkeiten der Spindel

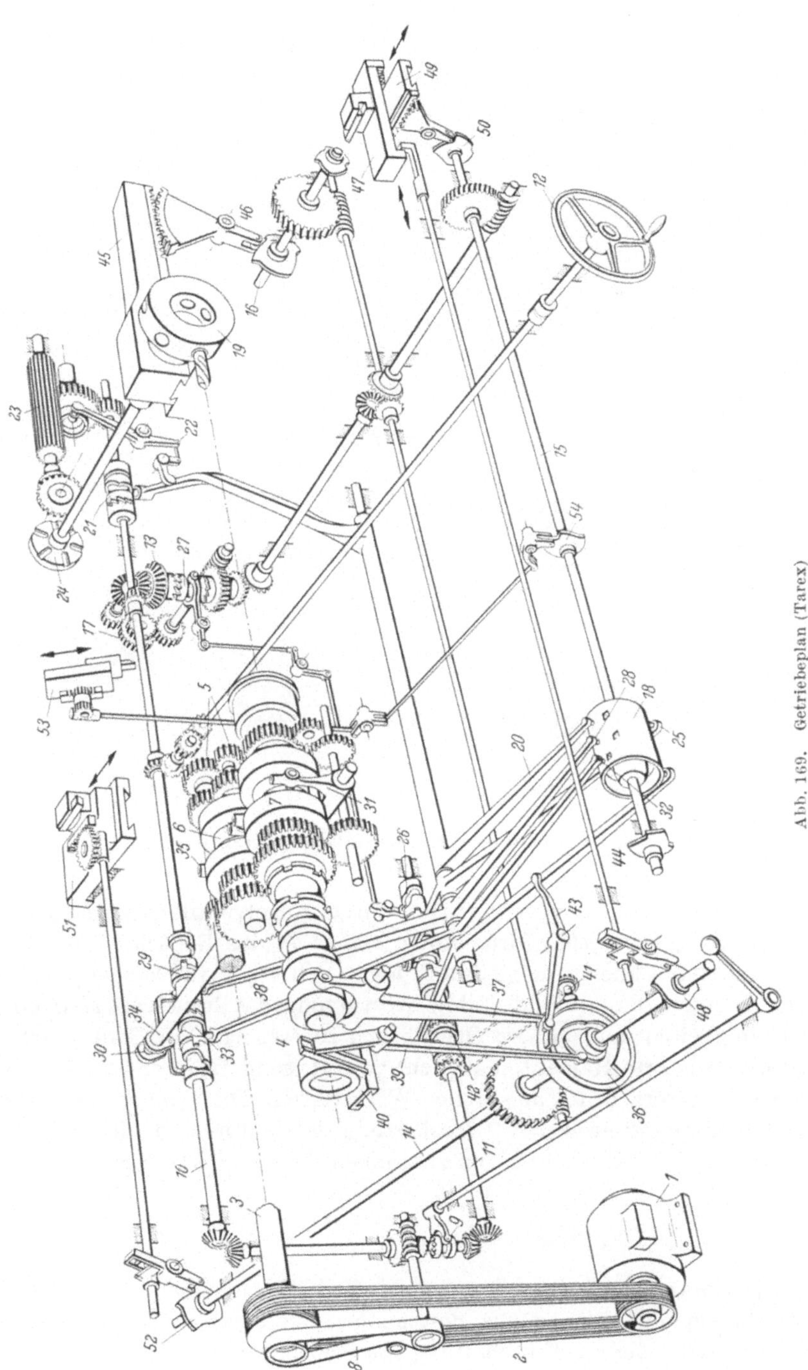

Abb. 169. Getriebeplan (Tarex)

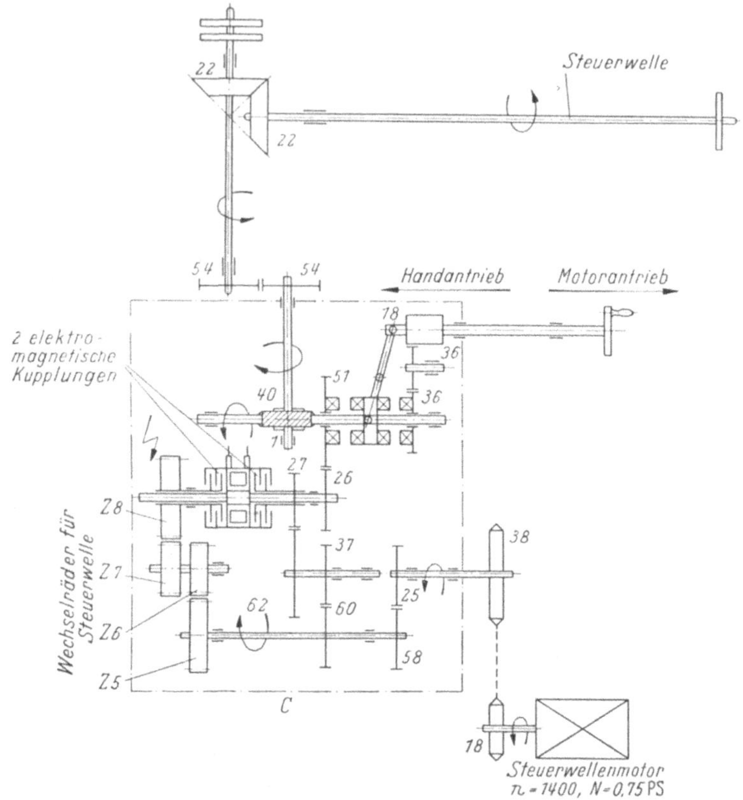

Abb. 170. Getriebeplan für Steuerwelle mit Eilgang (Gauthier)

und der Vorschübe werden dabei durch Regelventile der Hydraulik gesteuert. Kurven sind fortgefallen. Daher ist das Einrichten auf neue Werkstücke schneller möglich und lohnt sich schon für kleinere Serien. Durch starre Bauart und stabile Abstützung des Revolvers sind hohe Genauigkeiten und saubere Oberflächen zu erzielen. Für Stangenarbeit ist der Monforts-Halbautomat nicht gebaut, sondern in erster Linie für größere Futterarbeiten an stabilen Werkstücken. Dies geht schon aus der verhältnismäßig großen Antriebsleistung der Motoren für den Spindelantrieb und die Hydraulik von zusammen 9 bis 18,5 kW hervor.

V. Die Kurven

Die Kurven werden auf der Steuerwelle leicht auswechselbar befestigt und haben die Aufgabe, die Bewegungen der einzelnen Schlitten entweder direkt oder mit Einschaltung von Hebelmechanismen auszuführen

Es werden zwei Arten von Kurven angewendet, und zwar

1. Flachkurven für Bewegungen senkrecht zur Steuerwellenachse und
2. Trommelkurven für Bewegungen parallel zur Wellenachse.

Billiger und bequemer herzustellen sowie leichter auswechselbar sind stets die Flachkurven (auch als Scheibenkurven bezeichnet). Man konstruiert daher die Steuerwellen so, daß man möglichst mit Flachkurven zurechtkommt und verwendet die Trommelkurven in erster Linie für solche Bewegungen, die konstant sind und für die ein Auswechseln beim Umstellen des Automaten auf andere Werkstücke möglichst nicht in Betracht kommt, z. B. für die Bewegung der Spannmuffe, der Kupplungen und ähnliche.

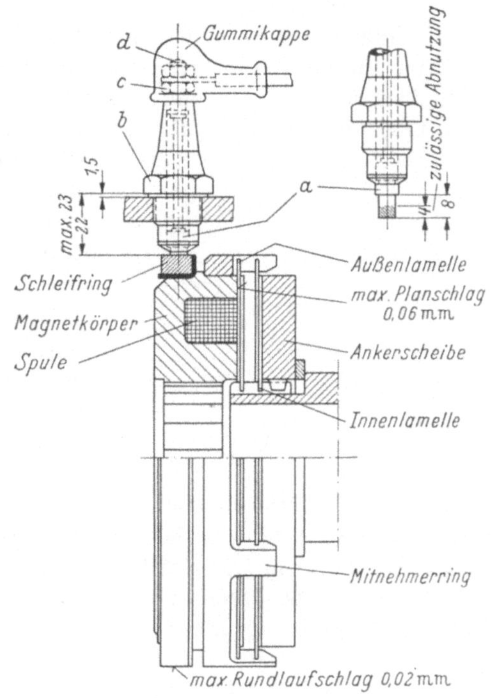

Abb. 171. Elektromagnetische Lamellenkupplung

Flachkurven lassen sich bequem aus Scheiben herstellen, während Trommelkurven aus Ringen oder Segmenten hergestellt und auf einer Trommel angeschraubt oder als Nuten ins volle gefräst werden.

Als Werkstoff für Kurven verwendet man bei leichten Beanspruchungen Gußeisen Ge 18 oder den Mechanite-Guß von höherer Festigkeit als Gußeisen oder Stahl C 15. Sollen mit den Kurven sehr viele Werkstücke gefertigt werden, so empfiehlt es sich, die Kurven aus Stahl im Einsatz zu härten. Am besten eignet sich hierfür Stahl EC 80 oder ECN 35.
Alle Automatenfirmen liefern bearbeitete Kurvenscheiben und Kurvenringe, die bis auf das Einarbeiten der Kurven fertig bearbeitet sind und austauschbar in die Maschine passen.

Jede Kurve zur Bewegung von Werkzeugschlitten besteht aus einem Anstieg zum schnellen Heranbringen des Werkzeugs an das Werkstück, ferner dem Vorschubteil für den Vorschub des Werkzeugs während der Zerspanung und daran anschließend aus dem Abstieg zur schnellen Zurückbewegung des Werkzeugs.

Für die konstanten Bewegungen, z. B. der Spannmuffe, der Kupplungen usw., sind die Kurven gleichmäßig, also ohne Aufstieg und Abstieg.

1. Flachkurven

Der einfachste Fall ist bei einer Flachkurve dann gegeben, wenn ein Schlitten durch die Flachkurve direkt ohne Hebelübersetzung vorgeschoben werden soll und zurück durch eine Feder bewegt wird. Abb. 172 stellt diesen Fall dar, bei dem die Flachkurve F auf der Steuerwelle sich in Richtung des Pfeiles dreht und den Schlitten oder Schieber in Richtung H schiebt. Die Kraft P an dem Daumen 322 zerlegt sich in die horizontale Schubkraft H und den vertikalen Druck auf die Führung V. Je steiler die Flachkurve ist, um so schneller wird der Schlitten in Richtung H vorgeschoben, jedoch um so stärker wird der vertikale Druck V. Man möchte also den Aufstieg von A bis B möglichst steil machen, um an Zeit zu sparen, jedoch ist diesem eine Grenze gesetzt durch das übermäßige Ansteigen des Druckes V und damit der Reibung des Schlittens. Bei übermäßig steilem Aufstieg A bis B wird der Schlitten demnach schwer gleiten. Um den Druck P während des Aufstiegs A bis B gleichmäßig zu erhalten, ist die Aufstiegskurve A bis B eine logarithmische Spirale. Zur Verringerung der Reibung durch die Kraft V läßt man im vorliegenden Beispiel den Schlitten auf Wälzlagern laufen, die durch einen verdrehbaren exzentrischen Lagerbolzen nachgestellt werden können, sogenannte Rollerschlitten.

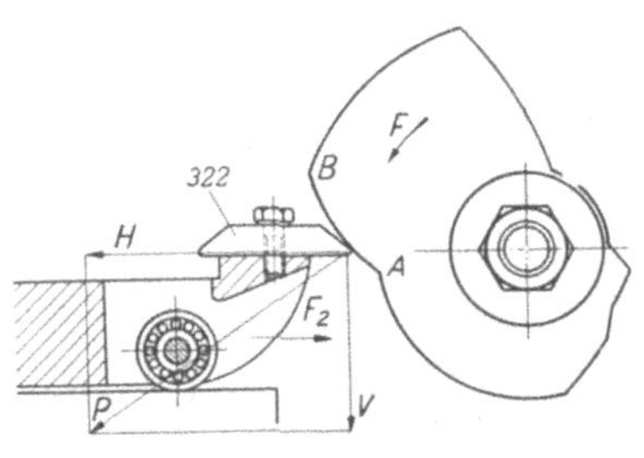

Abb. 172
Flachkurve mit Daumen (Bechler)

Die Kraft P ist abhängig von der Federkraft, mit der der Schlitten entgegengesetzt zur Kraft H an die Kurve gedrückt wird und von der Beschleunigung der zu bewegenden Masse des Schlittens und der sonstigen damit verbundenen Massen, z. B. des Spindelstocks und der Stange bei Langdrehautomaten. Bei größerer Drehzahl der Steuerwelle, also bei kürzerer Stückzeit, wird die Kraft P stärker und kann zu starker Abnutzung des Daumens und der Kurvenscheibe führen. Daher muß sich der Aufstieg A bis B nach der Stückzeit richten und ist bei kurzen Stückzeiten flacher als bei langen entsprechend der größeren Beschleunigung.

Von den Automatenherstellern werden diese Aufstiege daher je nach der Stückzeit vorgeschrieben und durch Schablonen festgelegt, die in den Betriebshandbüchern in natürlicher Größe zum direkten Übertragen auf die Kurvenscheibe enthalten sind, bis zu 4 verschiedene.

Für den Abstieg gilt folgendes: Durch die Rückzugsfeder würde der Abstieg so schnell vor sich gehen, daß starke Stöße auf den Daumen und die Kurvenscheibe entstehen und beide bald beschädigt werden. Daher muß der Abstieg verlangsamt werden durch eine Abstiegskurve, die den Stoß abbremst. Auch diese richtet sich nach der Stückzeit für ein Werkstück und muß bei kurzen Stückzeiten flacher sein als bei langen.

Je flacher die Aufstiegs- und Abstiegskurven genommen werden müssen, um so mehr Winkelgrade auf der Kurvenscheibe werden dafür gebraucht und gehen für den eigentlichen nutzbaren Vorschub verloren.

Verwendet man zur Verminderung der Abnutzung an Stelle der Daumen nach Abb. 172 Rollen nach Abb. 173, so wird dadurch die Lebensdauer der Kurve verbessert und die Reibung vermindert, jedoch entsteht durch den Abrundungsradius, der durch die Rolle notwendig wird, ein Verlust von einigen Graden der Kurvenscheibe.

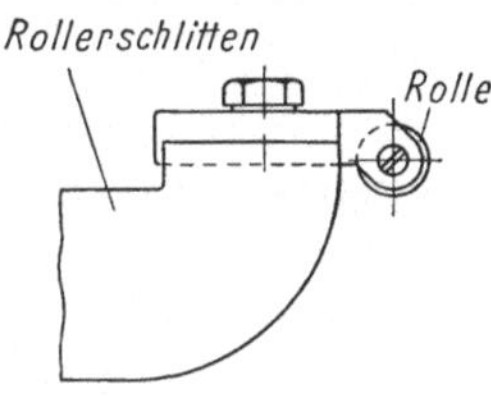

Abb. 173
Rolle an Stelle des Daumens (Bechler)

Die Kurvenscheiben werden entweder in 360°, z. B. bei Langdrehautomaten, eingeteilt oder in 100 Teile bei Revolverautomaten.

Die Reibungs- und Kräfteverhältnisse werden günstiger, wenn man durch einen Hebelmechanismus die Bewegung von der Kurvenscheibe schwingend ableitet.

Dabei muß die Drehrichtung der Steuerwelle, wie Abb. 146 zeigt, stets so gerichtet sein, daß beim Aufstieg der Hebel in gleicher Richtung schwenkt wie die Steuerwelle läuft, um den Druck auf den Drehzapfen des Hebels gering zu halten. Mit solchen Hebelmechanismen können kürzere Auf- und Abstiegszeiten erreicht und damit die Anzahl der Winkelgrade für Aufstieg und Abstieg vermindert werden. Durch Verstellen der Hebelarme können ferner die Wege verändert und dadurch Kurven bei ähnlichen Werkstücken erspart werden.

Durch die Schwingbewegung der Hebel ergibt sich eine Verzerrung der Kurven, die beim Entwurf der Kurven berücksichtigt werden muß.

Die einfachsten Flachkurven sind die Kurven zur Bewegung der Seitenschlitten in Revolverautomaten. In Abb. 145 ist der Bewegungsmechanismus von der Steuerwelle über die Flachkurve, Rollenhebel mit Zahnsegment und Zahnstange am Seitenschlitten zu ersehen.

Der das Seitenwerkzeug tragende Querschlitten wird durch den Aufstieg der Flachkurve (Abb. 174) schnell an das Werkstück herangebracht und dann langsam in das Werkstück hineingeführt, wobei die Späne entstehen. Der Hub h der Vorschubkurve ist etwas

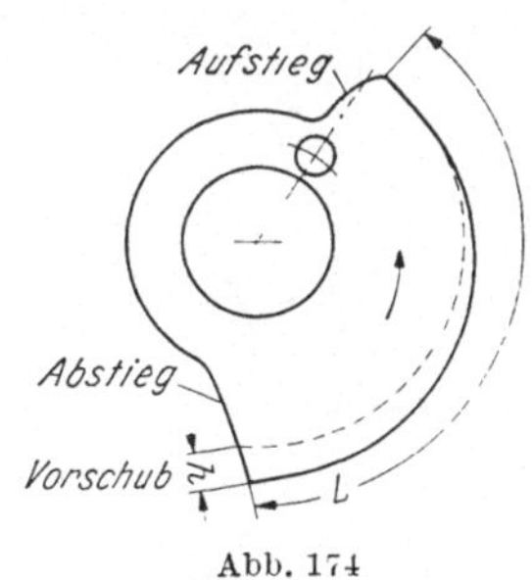

Abb. 174
Flachkurve fur Seitenschlitten

größer als die Eindringtiefe des Seitenwerkzeugs in das Werkstück, weil man einen Anlauf vorsehen muß. Dieser Anlauf genügt jedoch mit 0,1 bis 0,2 mm bei blanken Stangen. Für Futterarbeiten mit geschmiedeten oder gepreßten Formstücken ist, je nach dem Preßgrat und der Preßtoleranz, mehr Anlauf vorzusehen.

Die Bogenlänge L des Vorschubs ist bestimmt durch die Zeit für die Zerspanung. Diese wiederum ergibt sich aus der Drehzahl der Spindel und dem zulässigen Vorschub des Werkzeugs pro Umdrehung. Die Kurvenlänge L ergibt sich aus der Formel

$$L = \frac{n_k \cdot h}{n \cdot s} \cdot 100$$

in Hundertstel der Kurvenscheibe, wenn diese in 100 Teile eingeteilt ist bzw.

$$L = \frac{n_k \cdot h}{n \cdot s} \cdot 360°,$$

wenn die Kurvenscheibe in 360° eingeteilt ist.

Dabei ist n_k die Umdrehungszahl der Kurvenwelle pro min, h der Hub in mm, n die Drehzahl der Arbeitsspindel pro min und s der radiale Vorschub in mm/U.

Bei Angabe der Stückzahl pro min ist n_k dieser gleich. Bei Angabe der Sekunden pro Stück wird $n_k = 60$: sec pro Stück. Bei Angabe der Stückzahl pro Stunde ist

$$n_k = \frac{\text{Stückzahl pro Stunde}}{60}.$$

Die Vorschubkurve muß so konstruiert werden, daß ein gleichmäßiger Vorschub gewährleistet ist. Dabei muß die Rolle am Schwinghebel berücksichtigt werden und die Vorschubkurve so gemacht werden, daß der Mittelpunkt der Rolle die richtige Vorschubbewegung macht. Ferner ist auch die Übersetzung des Rollenhebels und Zahnsegmentes zu berücksichtigen. Dieses wird bei den meisten Revolverautomaten 1 : 1 unverstellbar gemacht, jedoch findet man auch verstellbare Übersetzungen, um bei ähnlichen Werkstücken an Kurven zu sparen.

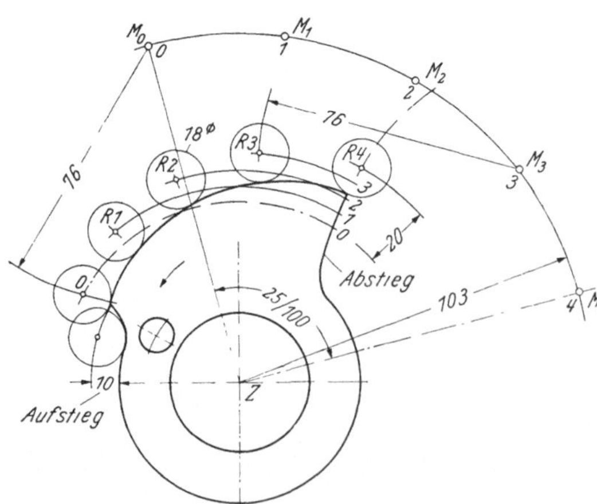

Abb. 175. Konstruktion einer Flachkurve mit Rollenhebel

An einem Beispiel soll die Konstruktion einer

Vorschubkurve mit Rollenhebel und Zahnstangentrieb 1:1 erläutert werden.

Es soll z. B. ein radialer Vorschub von 20 mm auf $^{25}/_{100}$ der Kurvenscheibe gemacht werden. Der Mittelpunkt der Rolle muß sich also auf $^{25}/_{100}$ um 20 mm radial auf der Vorschubkurve bewegen (Abb. 175). Der Aufstieg soll 10 mm betragen, der Rollendurchmesser 18 mm. M ist der Drehpunkt des Rollenhebels. Dieser ist in seiner Lage zur Achse der Steuerwelle durch das Maß 103 mm festgelegt, der Schwenkradius des Rollenhebels ist 76 mm nach Angaben aus dem Betriebshandbuch des Automatenherstellers.

Man legt zuerst den Beginn des Vorschubs im Punkte 0 fest durch den Aufstieg von 10 mm. Dann schlägt man von dem Mittelpunkt der darauf stehenden Rolle einen Kreisbogen mit dem Radius 76. Alsdann schlägt man um den Mittelpunkt der Kurvenscheibe Z, die auf der Steuerwelle sitzt und mit einem Mitnehmerbolzen mitgenommen wird, einen Kreisbogen mit dem Radius 103. Der Schnittpunkt beider Kreisbögen ist M_0. Von diesem aus zeichnet man $^{25}/_{100}$ Teilstriche ein und erhält den Mittelpunkt M_4, bei dem der Vorschub beendet sein soll. Der Bogen M_0 bis M_4 wird in gleiche Teile eingeteilt. Der einfacheren Darstellung halber sind auf Abb. 175 nur 4 gleiche Teile gezeichnet. In die gleiche Teilzahl zerlegt man den Vorschub von 0 bis 4 und zeichnet die konzentrischen Kreise 0 bis 4 ein. Von den Punkten M_1 bis M_4 schlägt man nun Bogen von $76r$ bis zum Schnitt mit diesen konzentrischen Kreisen R_1, R_2, R_3 und R_4 und erhält damit den Weg des Rollenmittelpunktes. Die Kurve ist nun die umhüllende, die die Rollenstellungen 0 bis R 4 berührt. Je mehr Teile man einteilt, um so genauer kann man dann die umhüllende Kurve erhalten. Der Endpunkt der Kurve ist dann gegeben, wenn die Rolle beginnt, am Abstieg herunterzugehen.

Wenn an Stelle der Rollen spitze, feste Daumen, wie z. B. bei Langdrehautomaten, auf der Kurve gleitend verwendet werden, vereinfacht sich die Konstruktion der Kurve, da der Radius der Rolle wegfällt. Die Daumen haben meist einen kleinen Abrundungsradius von 1 mm, der für die Kurve vernachlässigt werden kann.

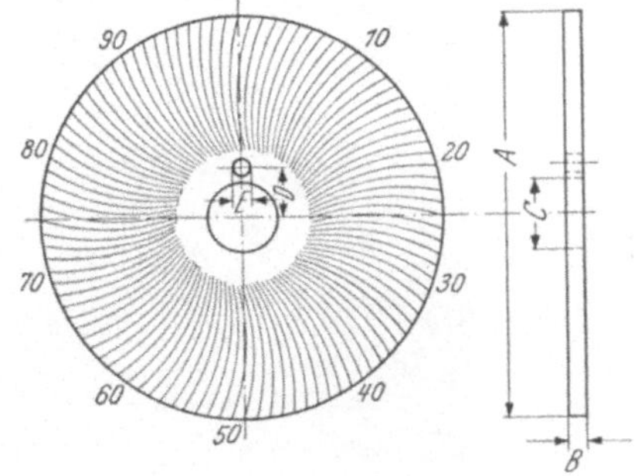

Abb. 176. Kurvenscheibe, vorgearbeitet

Die Kurvenscheiben werden meist von den Herstellerfirmen so geliefert, daß die Teilstriche darin eingekratzt sind, wie Abb. 176 zeigt. Die 100 Teilstriche darin sind bogenförmig entsprechend dem Schwingungsradius des Rollenhebels eingekratzt.

Eine besondere Anwendungsart der Flachkurven zeigen die Abb. 177 und 178 für den Vorschub des Spindelschlittens an Langdrehautomaten. Diese Kurven — bis zu 8 Stück — auf der Steuerwelle verschieben die

Abb. 177. Spindelstockvorschub mit Flachkurven (Bechler)

Abb. 178. 8facher Rollerschlitten (Bechler)

quer laufenden Rollerschlitten (Abb. 179), an denen der Winkelhebel W angelenkt ist. An diesem Winkelhebel W ist eine Druckrolle im Hebelarm 0,85 bis 3:1 verstellbar angebracht (Abb. 179), welche auf die am Spindelschlitten befestigte Stoßplatte drückt und den Spindelschlitten vorschiebt. Mit dieser Einrichtung können Kurven gespart werden, indem für ähnliche Werkstücke vorhandene Kurven verwendet werden können.

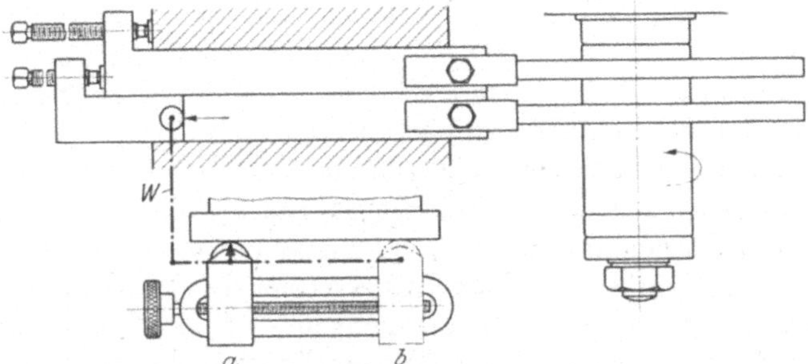

Abb. 179. Spindelstockvorschub mit Rollerschlitten (Bechler)

An allen Langdrehautomaten wird das gleiche Prinzip für die Bewegung des Spindelschlittens angewendet, jedoch ist die Ausführung unterschiedlich.

2. Trommelkurven

Diese werden oft auch Mantelkurven oder Glockenkurven genannt und bestehen aus einem Ring aus Gußeisen oder Stahl, der auf der Steuerwelle befestigt wird.

Auch die Trommelkurven haben einen Aufstieg, Vorschub und Abstieg, wenn sie zur Bewegung von Schlitten verwendet werden, die zur Zer-

Abb. 180. Spindelstockvorschub durch Trommelkurve (Bechler). 2 Trommelkurve, 6 Rolle, 11 Verstellschraube im Spindelstock

spanung gebraucht werden. Solche Trommelkurven, die für gleichmäßige, zwangsläufige Bewegungen gebraucht werden, wie z. B. zur Betätigung der Spannung, des Stangenvorschubs und der Kupplungen an Revolverautomaten, werden in die Trommel eingefräst und sind in der Abwickelung nach Abb. 139 einfache gerade Nuten, in welchen die Kurvenrolle läuft. Der Aufstieg und Abstieg ist dabei meist gleichmäßig nicht mehr als 45 bis 50°, um die seitlichen Drücke auf die Schlittenführung nicht zu hoch zu halten. Bei steileren Winkeln würde wohl an Zeit gespart, jedoch würden die Schlitten zu hart laufen.

Bei Trommelkurven, für solche Schlitten, die durch Federdruck zurückbewegt werden, ist die Rückzugskurve überflüssig, und der Abstieg kann steiler gehalten werden, um eine schnelle Zurückbewegung zu erzielen. Hierbei müssen jedoch Stöße vermieden werden, indem der Abstiegswinkel größer als 0°, meist nicht unter 5 bis 8° gewählt wird.

In der Abwickelung sind die Trommelkurven dann, wenn sie die Schlitten ohne Zwischenschaltung von Hebeln bewegen, gerade Linien. Werden Hebel zwischen den Trommelkurven und den Schlitten verwendet, so entsteht eine Verzerrung durch den Schwingungsradius der

Abb. 181. Spindelstockvorschub mit Trommelkurve und Hebel (Bechler)

Hebel. Abb. 180 zeigt eine Trommelkurve zur direkten Bewegung des Spindelschlittens ohne Hebel an einem Langdrehautomaten. Diese ist dann notwendig, wenn sehr lange Bewegungen des Spindelschlittens bei langen Werkstücken gemacht werden müssen. Abb. 181 stellt eine Trommelkurve in Verbindung mit einem doppelarmigen Hebel für den gleichen Zweck dar, jedoch kann der Verschiebeweg wegen des Schwingungsausschlags des Hebels nicht weit sein. Dagegen entsteht bei Verwendung des Hebels der Vorteil, daß man, wie Abb. 181 zeigt, den Hebelarm verstellen kann, der auf die Druckplatte am Spindelschlitten wirkt. Ferner ist die Reibung des Schlittens in seiner Führung geringer, weil die seitliche Komponente des Vorschubdruckes fortfällt. Daher kann an Stelle der Rolle ein fester Daumen an den Doppelhebel verwendet werden, der auf der Trommelkurve gleitet.

Auf Abb. 182 ist die Abwickelung einer Trommelkurve ohne Hebeleinrichtung mit Rückbewegung durch Federdruck schematisch dargestellt.

Aufstieg und Abstieg werden vom Hersteller des Automaten so festgelegt, daß ein einwandfreier Lauf des Schlittens gewährleistet ist. Sie sind den Betriebshandbüchern zu entnehmen.

Der Vorschubteil ist eine Schräge mit dem Hub h entsprechend dem Arbeitsweg und der abgewickelten Länge L. Diese ist bestimmt durch die Drehzahl der Steuerwelle n_k, die Drehzahl der Arbeitsspindel n und dem zulässigen Vorschub s in mm/U. Zur Berechnung der Länge L kann man die gleiche Formel wie bei Flachkurven anwenden, nämlich

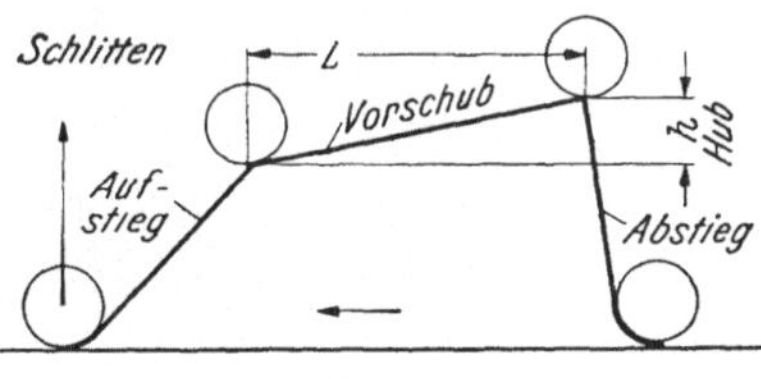

Abb. 182
Abwickelung einer Trommelkurve ohne Hebel

$$L = \frac{n_k \cdot s}{n \cdot h} \cdot 100$$

bei Einteilung in 100 Teile am Umfang bzw.

$$L = \frac{n_k \cdot s}{n \cdot h} \cdot 360$$

bei Einteilung in 360°.

Auf Abb. 183 ist die Abwickelung einer Trommelkurve mit Hebelübersetzung dargestellt.

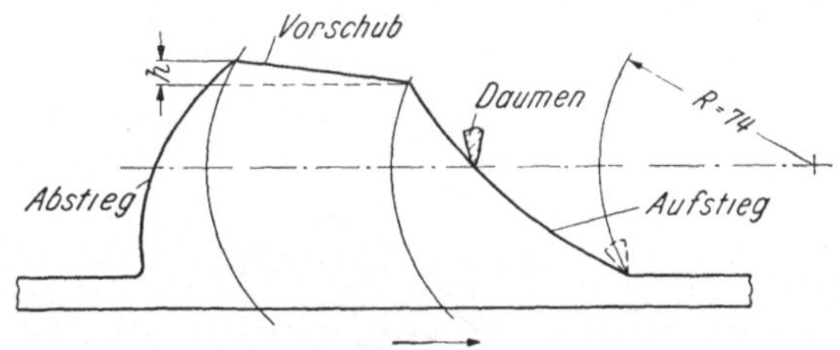

Abb. 183. Abwickelung einer Trommelkurve mit Hebel R = 74 mm

Der Aufstieg und Abstieg sind dabei ebenfalls aus den Betriebshandbüchern zu entnehmen.

Drittes Kapitel

Sondereinrichtungen

I. Schlitzeinrichtungen

Zum Fräsen von Schlitzen auf der Abstichseite, z. B. Schraubenschlitze, wird das abgestochene Werkstück mit einem Greifer gefaßt, kurz bevor der Abstich vollendet ist, und einer seitlich angebrachten Schlitzeinrichtung zugeführt, in der ein Schlitzfräser läuft. Dieser wird von einem Riemen oder einer Kette angetrieben. Bei den Langdrehautomaten wird der Greifer nach Abb. 184 durch eine Flachkurve 6.69 auf der Steuerwelle über die Schubstange 16.36 quer und durch eine

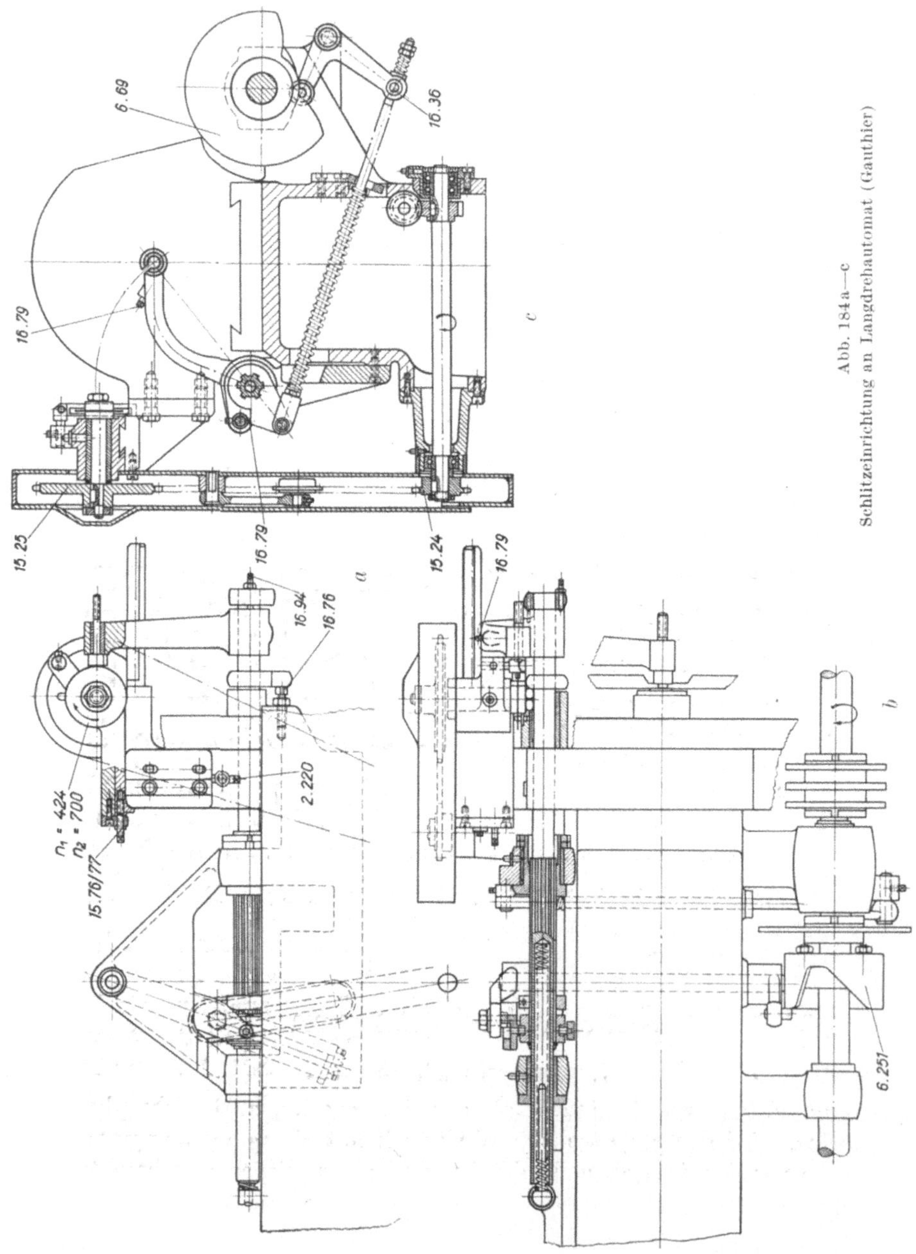

Abb. 184a—c
Schlitzeinrichtung an Langdrehautomat (Gauthier)

Trommelkurve 6.251 längs bewegt. Er kann in eingeschwenkter Stellung vor der Spindelmitte und in ausgeschwenkter Stellung vor der Fräsermitte durch Anschläge 16.79 genau eingestellt werden. Sein Längsweg ist durch Veränderung der Hebelübersetzung an der Schere 16.69 verstellbar, wobei die Feineinstellung durch die Schraube 16.94 vorgenommen wird. Der Weg wird durch die Anschlagschraube 16.79 begrenzt.

Der Schlitzfräser wird durch eine Kette angetrieben. Durch gegenseitiges Vertauschen der beiden Antriebsscheiben 15.24 und 15.25 können die beiden Drehzahlen mit 425 und 700 U/min erreicht werden, je nach dem Werkstoff des Werkstückes. Der Schlitten mit dem Fräser kann durch die Schraube 2.220 in der Höhe und durch Zug- und Druckschrauben 15.76/77 in der Längsrichtung genau eingestellt werden. Beim Zurückfahren des Greifarms nach dem Fräsen wird das Werkstück aus der Aufnahmebüchse des Greifarms ausgestoßen.

Bei den Revolverautomaten ist die Schlitzeinrichtung im Prinzip ähnlich (Abb. 185). Bei diesen ist es auch möglich, in die Stirnseite der Werkstücke Schlitze oder Flächen zu fräsen, indem die Spindel stillgesetzt und im Revolverkopf ein Sägewerkzeug eingespannt wird, das mittels Kegelrädern von der Mitte des Revolvers angetrieben wird.

Abb. 185. Schlitz- und Greifeinrichtung (Index)

Dadurch, daß man nach dem Fräsen noch mit einem Seitenstahl an das Werkstück herangeht, ist es in diesem letzteren Fall möglich, den beim Fräsen des Schlitzes außen entstehenden Grat durch Abdrehen zu beseitigen.

II. Vierkantfräseinrichtung

In Revolverautomaten werden auf der Stirnseite des Werkstücks Vierkante in der Weise angefräst, daß die Spindel festgehalten wird und mit je 2 um 90° versetzten doppelten Kreissägen nach Abb. 307, S. 190, gefräst werden, die im Revolverkopf in Kreissägenhaltern eingespannt sind. Der Antrieb der Kreissägen geschieht mit Kegelrädern aus der Mitte des Revolvers.

Soll ein Vierkant an der Abstichseite des Werkstücks gefräst werden, so muß das abgestochene Werkstück mit einem Greifer mit Zangenspannung einer seitlich angebrachten Fräseinrichtung mit 2 Kreissägen zugeführt werden. Es werden nun zuerst 2 parallele Flächen gefräst durch Vorschieben des Werkstücks im Greifer gegen den Frässpindelstock, der entweder von der Vorgelegewelle oder durch einen Motor angetrieben wird (Abb. 186). Hierauf wird das Werkstück um die Fräslänge plus einem Spielraum zwischen Werkstück und Fräser von 0,5 bis 1 mm zurückbewegt. Dann schwenkt der Frässpindelstock abwärts in seine unterste Stellung, und das Werkstück wird zum zweiten Mal vorgeschoben. Nach beendeter Fräsoperation wird das Werkstück zurückgenommen und die Greiferzange geöffnet, nachdem es aus dem Bereich der Kreissägen ist. Beim weiteren Zurückgehen des Greiferhebels wird das Werkstück aus der Greiferzange ausgestoßen. Während der Greiferhebel abwärts schwenkt und zum Greifen des nächsten Werkstücks vorgeht, schwenkt der Frässpindelstock aufwärts in die oberste Frässtellung. Alle diese Bewegungen werden durch Kurven auf der Steuerwelle und Hebelübertragungen nach Abb. 187 und 188 durchgeführt.

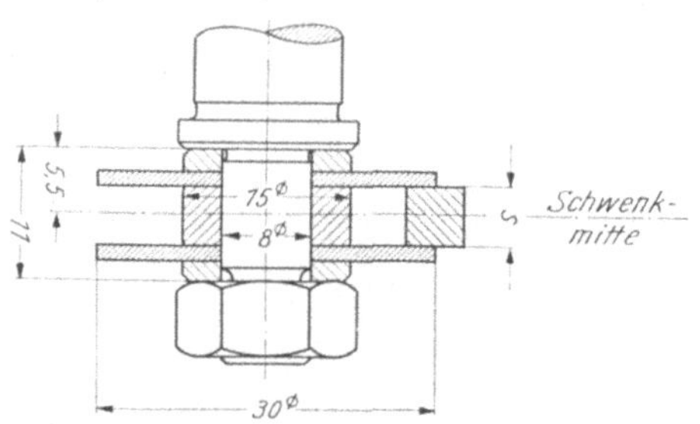

Abb. 186
Prinzip des Vierkantfräsens an Langdrehautomaten

Die Schwenkbewegung des Spindelstocks 96.1 wird durch die Schwenkkurve 96.28 über den Schalthebel 96.3 bewirkt. Das Verbindungsgestänge 96.21-U ist in sich federnd, damit gegen die Vierkantschraube 39 zum genauen Einstellen ein Überdruck erreicht wird. Die Zugfeder 51.17 zieht den Spindelstock gegen die Stellschraube 40. Die Schwenkbewegung selbst wird durch den Zeiger 96.31 über eine Skala am Halter 96.2 kontrolliert. Abb. 189 zeigt den Antrieb der Frässpindel.

Bei Verwendung der Vierkantfräseinrichtung an Langdrehautomaten wird diese an die Stelle eines schrägen Seitenschlittens gesetzt.

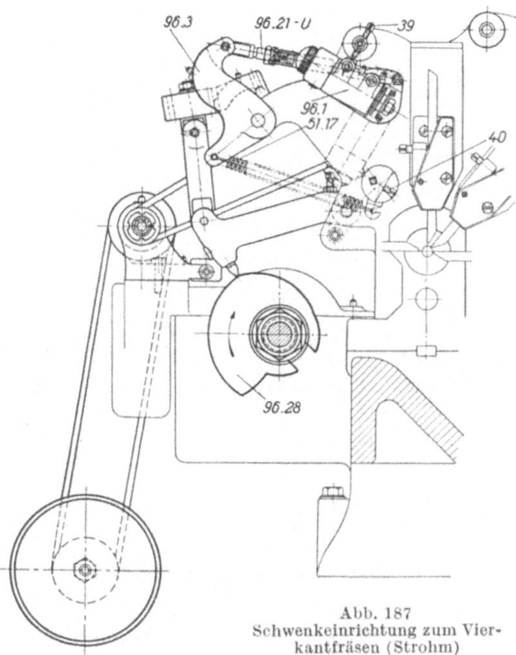

Abb. 187 Schwenkeinrichtung zum Vierkantfräsen (Strohm)

III. Hinterbohreinrichtungen

An Langdrehautomaten und Revolverautomaten wird die Hinterbohreinrichtung an Stelle der Schlitzfräseinrichtung aufgebaut. Man kann damit in Werkstücke nach Abb. 190 auf der Abstichseite Bohrungen oder Senkungen anbringen.

Der Antrieb erfolgt nach Abb. 191 bei einem Langdrehautomaten ebenso wie auf Abb. 184, S. 130, durch einen Kettenantrieb mit einer Übersetzung ins Schnelle auf eine Drehzahl der Bohrspindel von 2400 U/min. Die Einstellung der Einrichtung in der Höhe geschieht durch die Schraube 2.220, und die Längsverstellung wird durch die Zug- und Druckschrauben 18.43/44 vorgenommen.

Der Greifer arbeitet in der gleichen Weise wie bei der Schlitzeinrichtung nach Abb. 184 auch mit der Hinterbohreinrichtung zusammen. An die Stelle der Aufnahmebüchse im Greiferarm kommt eine Spannzange, deren Innenform den

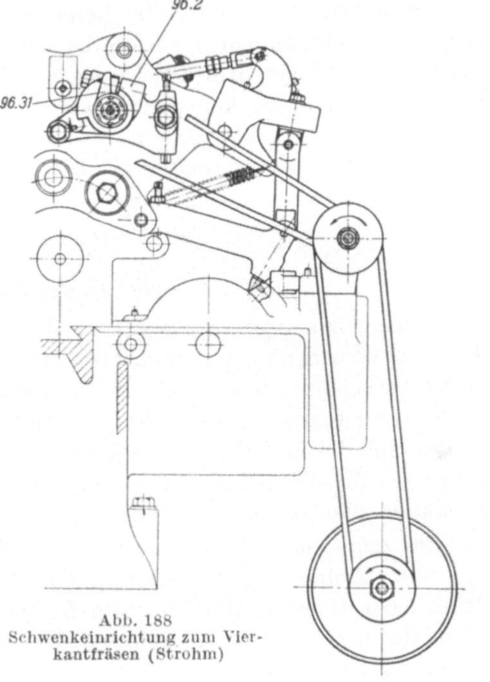

Abb. 188 Schwenkeinrichtung zum Vierkantfräsen (Strohm)

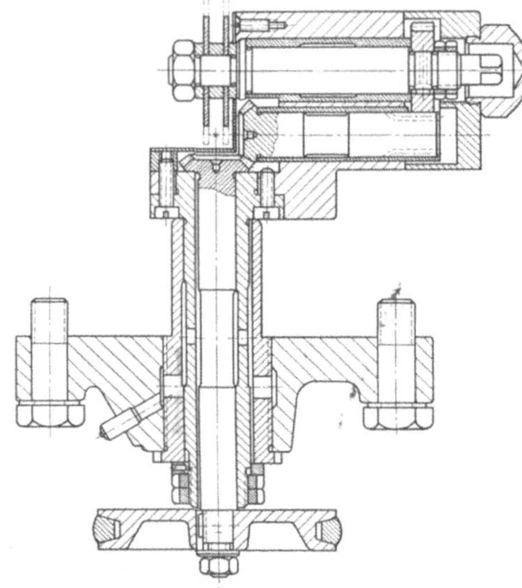

Abb. 189. Vierkantfrässpindel (Strohm)

Durchmessern des jeweiligen Werkstücks angepaßt ist. Diese Spannzange wird beim Vorgehen des Greifers gegen den Bohrer in dem Flanschstück 18.21 gespannt. Die im Vorschubgestänge befindliche Feder 16.49 wird beim Hinterbohren durch ein starres Stück 16.55 ausgewechselt.

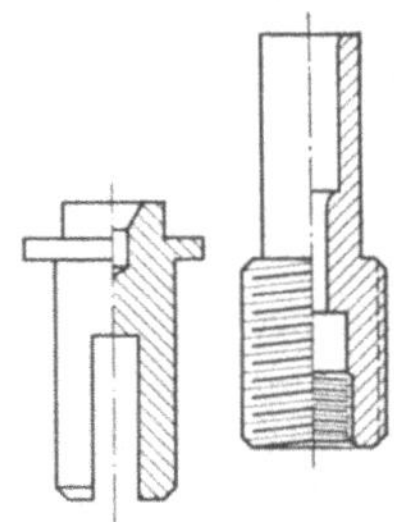

Abb. 190. Hinterbohrwerkstücke

Die Steuerkurve 6.251 für die Längsbewegung kann in den meisten Fällen vom Schlitzapparat verwendet werden. Je nach der Länge des Werkstücks und der Hinterbohrung muß sie jedoch speziell für die Hinterbohreinrichtung konstruiert werden, wenn die Abmessungen der Hinterbohrung stark abweichen.

Auch bei Revolverautomaten wird die Hinterbohreinrichtung an die Stelle der Schlitzeinrichtung angebracht und arbeitet nach dem gleichen Prinzip mit Greifer und Spannzange (Abb. 192).

IV. Querbohreinrichtungen

Diese werden angewendet, wenn in Werkstücke nach Abb. 193 Querbohrungen oder Senkungen angebracht werden müssen. Die abgestochenen Werkstücke werden von einem Greifer mit einer Spannzange gefaßt und der seitlich angebrachten Bohreinrichtung zugeführt. In dieser wird eine Bohrspindel angetrieben und durch Kurven auf der Steuerwelle vorgeschoben. Müssen mehrere auf dem Umfang verteilte Bohrungen angebracht werden, so muß die Spanneinrichtung noch umschaltbar sein. Abb. 194 zeigt eine solche Querbohreinrichtung auf einem Revolverautomaten, Abb. 195 eine solche für Langdrehautomaten. Bei letzterer läßt sich der Bohrspindelstock noch bis zu 15° in der Horizontalebene schräg einstellen, so daß auch schräge Bohrungen nach Abb. 196 gebohrt werden können.

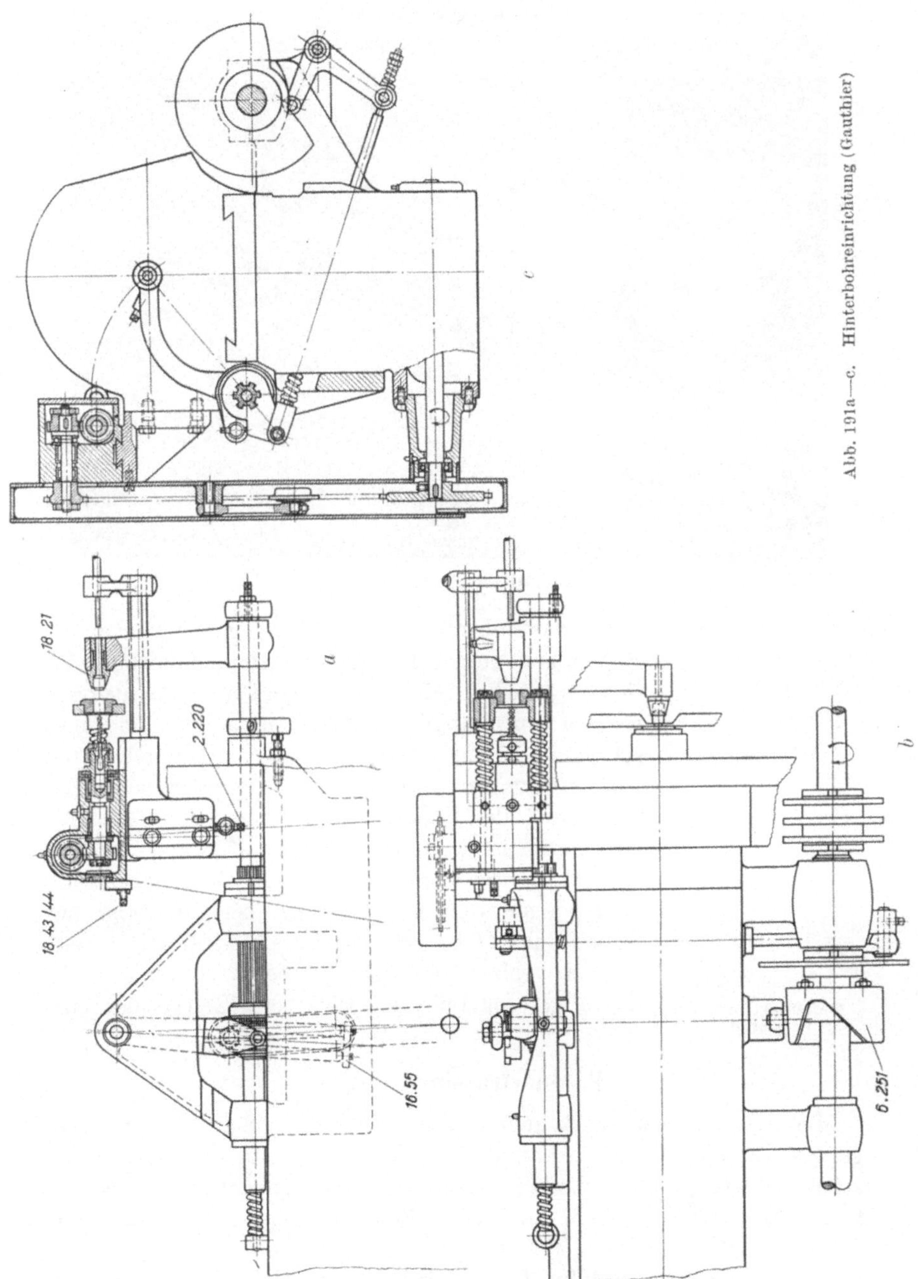

Abb. 191a—c. Hinterbohreinrichtung (Gauthier)

Abb. 192. Hinterbohreinrichtung (Index)

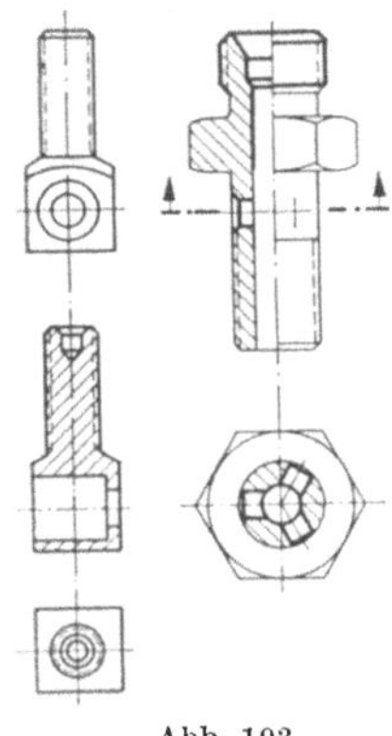

Abb. 193 Werkstücke mit Querbohrung

Für das Bohren von 2 um 180° gegenüberliegenden Bohrungen zugleich dient die Doppelquerbohreinrichtung (Abb. 197). Diese beiden Einrichtungen werden an Langdrehautomaten an Stelle eines schrägen Seitenschlittens eingebaut. Die gebohrten Werkstücke werden durch den Ausstoßer beim Zurückgehen des Greifers ausgestoßen. An Revolverautomaten ist es auch möglich, auf einem der vertikalen Seitenschlitten eine Querbohreinrichtung anzubringen und ein Querloch bei Stillstand der Arbeitsspindel zu bohren. Jedoch ist dies mit Zeitverlust verbunden, während beim Querbohren in das abgestochene Werkstück kein Zeitverlust entsteht.

V. Querfräseinrichtungen

Müssen in ein Werkstück quer Nuten, Kerben oder Schlitze (Abb. 198) gefräst werden, so wird in Langdrehautomaten das abgestochene Werkstück mit der gleichen Greifereinrichtung mit Spannzange, wie bereits früher beschrieben, gefaßt und der Frässpindel zugeführt, in der entweder ein Walzenfräser oder Fingerfräser quer zum Werkstück vorgeschoben wird (Abb. 199). Der Antrieb der Frässpindel und die Bewegungen des Frässpindelstocks sowie des Greifers erfolgen sinngemäß von Kurven auf der Steuerwelle wie bei den oben beschriebenen Einrichtungen.

Abb. 194. Querbohreinrichtung für Revolverautomaten (Index)

Abb. 195. Querbohreinrichtung (Gauthier)

In Revolverautomaten können Querfräsungen durch Anhalten der Spindel und Anbringen einer Fräseinrichtung auf einem der vertikalen oder horizontalen Seitenschlitten gemacht werden. Der Antrieb der Frässpindel geschieht hierbei durch einen besonderen Motor, die Bewegungen durch Kurven auf der Steuerwelle.

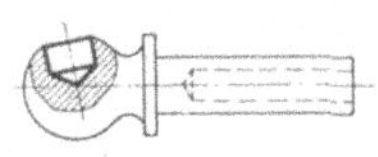

Abb. 196
Schräge Querbohrung

Abb. 197. Doppelquerbohreinrichtung (Gauthier)

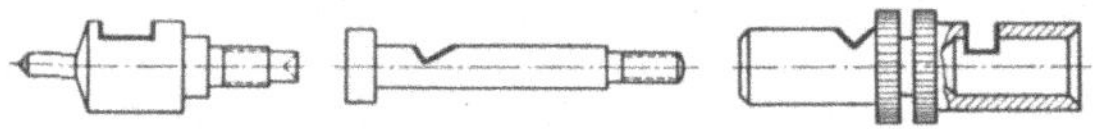

Abb. 198. Querfräsungen an Werkstücken

VI. Lang- und Formdreheinrichtungen

Diese werden zum Drehen von langen, schlankgeformten Werkstücken (Abb. 200) nach einer Kopie oder Schablone verwendet. Die Einrichtung wird auf Revolver- und Steinhäuser-Automaten auf einem der waagrechten Seitenschlitten nach Abb. 201 aufgesetzt. Für die Längsbewegung dient eine Trommelkurve auf der Steuerwelle, für die Querbewegung wird der Seitenschlitten in Verbindung mit einer Kopie verwendet, gegen die der Stahlhalterschlitten durch eine Feder gedrückt wird, oder er wird zwangsläufig in einer geschlossenen Kurve bewegt. Soll die Einrichtung nur zum Langdrehen eingesetzt werden, z. B. zum Längsdrehen zwischen 2 Bunden, so wird die Querbewegung ausgeschaltet. Dadurch erübrigt sich dann die Kopie. Da diese Einrichtung unabhängig vom Revolverschlitten arbeitet, kann das Lang- und Formdrehen während der Revolverkopfarbeiten ausgeführt werden.

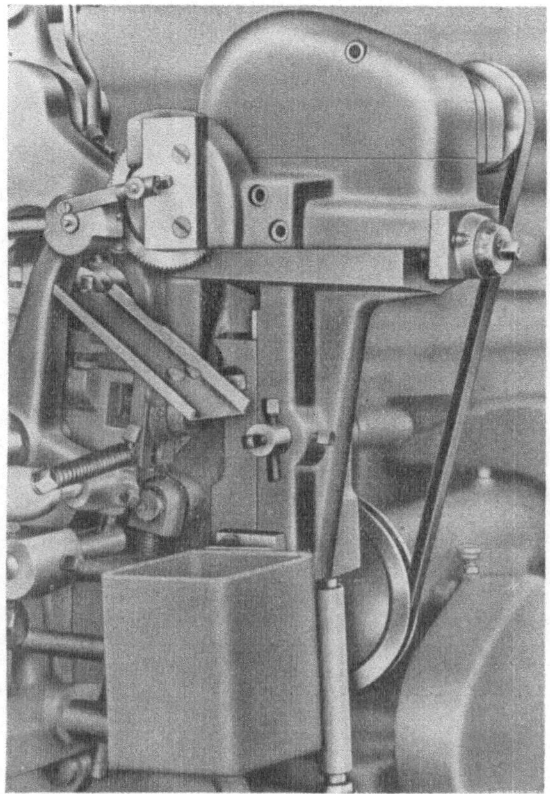

Abb. 199. Querfräsvorrichtung (Gauthier)

Auch auf Langdrehautomaten wird eine Kopiereinrichtung für schlanke Formen oder schlanke Kegel nach Abb. 202 angewendet. Beim Vorschub des Spindelstocks wird die den Drehstahl tragende Wippe durch den am Spindelstock angebrachten Kopierhebel an der Kopierschablone entlanggeführt, die in der Schlittenführung fest angebracht ist. Der Wippenstahl 1 wird dadurch nach der Kopie radial während des Vorschubs des Arbeitsspindelstocks bewegt.

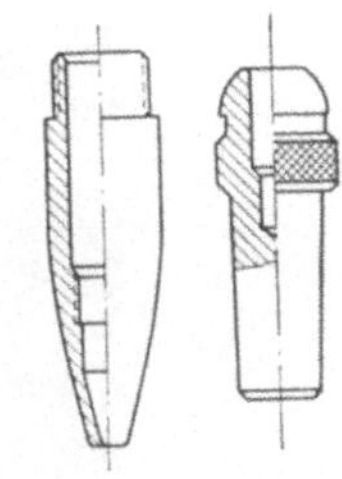

Abb. 200 Formdrehteile zum Langdrehen

VII. Exzenterdreheinrichtung

Mit dieser Einrichtung lassen sich in Revolverautomaten Werkstücke fertigen, bei denen sowohl zentrisch als auch exzentrisch eingestochen, längsgedreht und gebohrt wird (Abb. 203).

Abb. 201. Lang- und Formdreheinrichtung (Index)

Abb. 202. Kegeldreheinrichtung an Langdrehautomaten (Tornos)

Diese Einrichtung (Abb. 204) arbeitet im Zusammenhang mit dem Werkstoffvorschub. Im Werkstoff-Sondervorschubschlitten befindet sich ein Bremskegel, welcher mit der Wendezange über ein Verbindungsrohr gekuppelt ist. Beim Verschieben der Werkstoffstange wird das Verbindungsrohr mit Wendezange durch den Bremskegel stillgesetzt und durch Reversieren der Arbeitsspindel die Lage der Wendezange, d. h. des Werkstücks um 180° verändert. Die Spannzange ist exzentrisch ausgearbeitet und in dieser die geschlitzte Innenzange ebenfalls je um die halbe Exzentrizität.

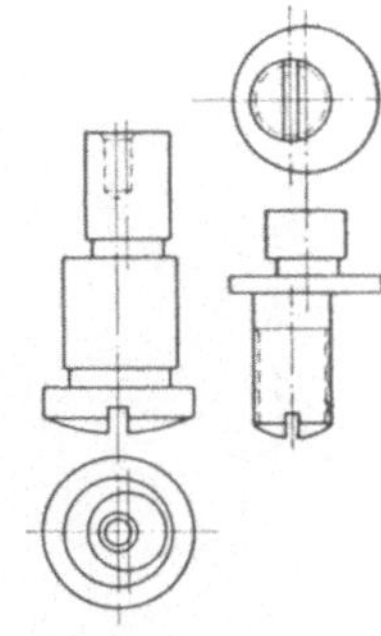

Abb. 203
Exzentrische Werkstücke

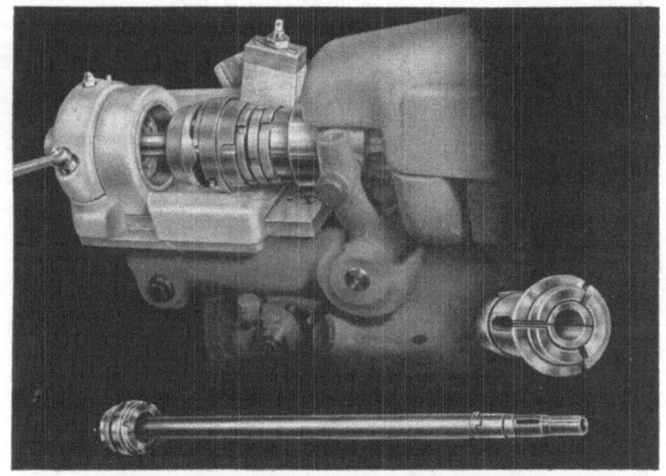

Abb. 204. Exzenterdreheinrichtung (Index)

VIII. Radial-Profil-Dreheinrichtung

Auf Revolverautomaten erlaubt diese Einrichtung die Herstellung von Werkstücken mit elliptischem Querschnitt im Einstechverfahren. Ferner werden damit Gewinde und Schnecken nach Abb. 205 am Anfang und Auslauf während des Gewindestrehlens entgratet.

Die Einrichtung wird auf dem hinteren Seitenschlitten aufgesetzt (Abb. 206) und der Antrieb zwangsläufig durch Zahnräder und Gelenkwelle von der Arbeitsspindel abgeleitet. Durch Nockenscheiben wird die ovale Bewegung des Werkzeughalterschlittens erzeugt.

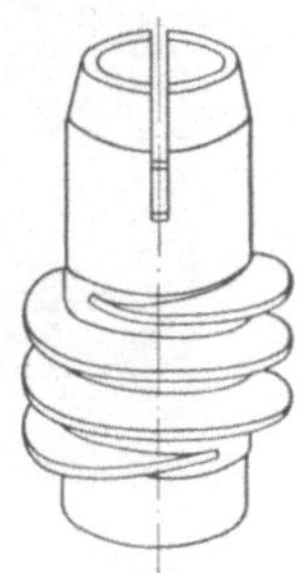

Abb. 205
Entgraten von Auslauf

Abb. 206. Radial-Profil-Dreheinrichtung (Index)

Abb. 207. Butzenlose Abstecheinrichtung (Traub)

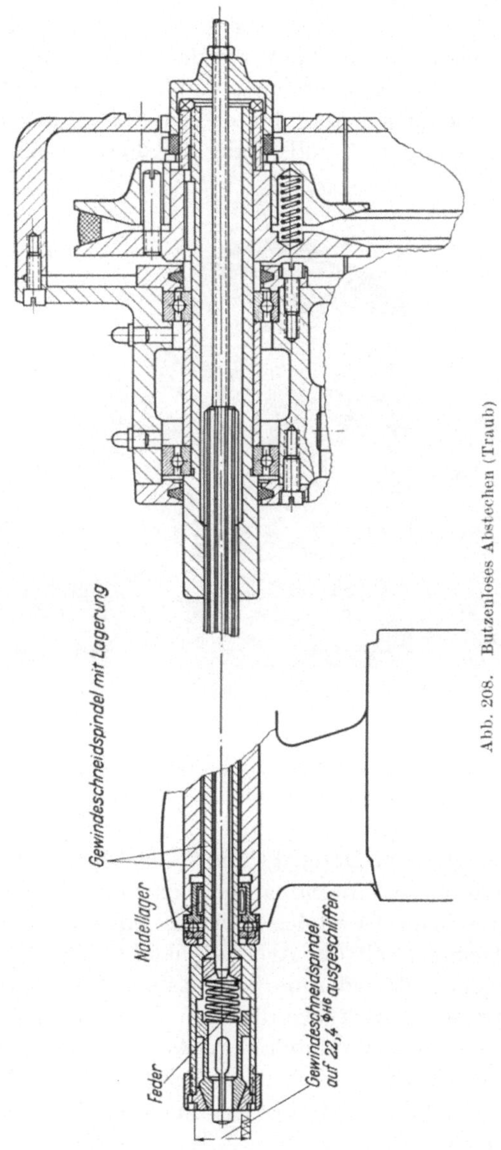

Abb. 208. Butzenloses Abstechen (Traub)

IX. Butzenloses Abstechen

Beim Abstechen entsteht an den Werkstücken durch den Schnittdruck und das Gewicht des Werkstücks ein Ansatz oder Butzen, weil das Werkstück im letzten Augenblick vor dem vollständigen Durchstechen abbricht. Diesen Butzen kann man durch spitziges und schräges Anschleifen wohl ziemlich gering halten, so daß er nur einige Zehntelmillimeter stark ist, jedoch vollständig nur durch Abdrehen vermeiden.

Abb. 209. Butzenloser Abstechautomat (Steinhäuser)

In solchen Fällen, in denen auch nicht der kleinste Butzen zulässig ist, wie Rollen, Nadeln, Bolzen, Stifte u. a., muß das Werkstück in einer Spindel mit einer Zange gespannt werden, die gegenüber der Arbeitsspindel mit der gleichen Drehzahl und im gleichen Drehsinn läuft.

Dieses Verfahren ist anwendbar bei den Formdrehautomaten durch eine Pinole wie beim Gewindeschneiden, jedoch mit synchronischem Antrieb im Gleichlauf mit der Arbeitsspindel (Abb. 207). Durch eine in der Pinole angeordnete federnde Spannzange (Abb. 208) wird während des Abstechens des Werkstücks dieses in die Zange genommen und bis zum völligen Durchstechen durch Federdruck mitgenommen. Nach dem Durchstechen des Butzens wird das Werkstück beim Zurückgehen des Bohrreitstockes mittels eines in der Pinole eingebauten einstellbaren Auswerferdorns aus der Zange ausgestoßen. Für den Antrieb der Pinolenspindel ist ein Motor mit Keilriemenantrieb vorgesehen, der eine in geringen Grenzen verstellbare Stufenscheibe auf der Pinolenspindel antreibt, so daß diese auf gleiche Drehzahl der Arbeitsspindel abgestimmt werden kann.

Da es sich bei diesen Werkstücken meist um einfache Formen handelt, wird auch ein einfacherer Abstechautomat, Steinhäuser Type K, nach dem gleichen Prinzip gebaut (Abb. 209), der mit einer synchron angetriebenen Gegenspindel mit Spannzange und Auswerfer ausgerüstet ist.

X. Sortiereinrichtungen

Um die Werkstücke von den Spänen bereits im Automaten zu trennen, werden Sortiereinrichtungen eingebaut. Bei den Revolverautomaten

Abb. 210. Sortiereinrichtung (Index)

wird kurz vor Beendigung des Abstechens durch einen Nocken auf der Steuerwelle eine Klappe unterhalb des Werkstücks so bewegt, daß das abgestochene Werkstück darauf herunterfällt. Dann geht die Klappe wieder herunter und läßt das abgestochene Werkstück in einen Behälter fallen (Abb. 210).

Bei allen Einrichtungen, die mit einem Greifer arbeiten, z. B. Schlitzeinrichtungen, Hinterbohreinrichtungen usw., bringt man einen Kanal oder eine Rinne an, in die das fertige Werkstück durch den Ausstoßer herunterfällt.

XI. Spänefördereinrichtung

In Revolverdrehbänken wird zum Wegschaffen der Späne ein Förderband aus Maschendraht eingebaut und durch Nocken auf der Steuerwelle ruckweise langsam bewegt. Das Förderband transportiert die Späne über den Rand des Kastenfußes hinaus in einen Spänebehälter (Abb. 211).

Neuerdings werden Revolverautomaten nach frontoffener Bauweise hergestellt, die einen nach vorn offenen Späneraum haben. Bei diesen ist

Abb. 211. Spänefördereinrichtung (Index)

das Entfernen der Späne so einfach und bequem, daß eine besondere Spänefördereinrichtung unnötig wird.

XII. Werkstoff-Einbringeinrichtung

Bei Revolverautomaten mit Zangenvorschub muß die neue Stange durch die Vorschubzange geschoben und der Stangenrest heraus-

Abb. 212. Werkstoff-Einbringeinrichtung (Index)

geschoben werden. Um nun hierbei zu starke Stöße und Beschädigungen zu vermeiden, wird vor dem Spindelende eine besondere Einbringeinrichtung angebracht. In dieser wird die neue Stange durch zwei

Backen festgeklemmt und gleichzeitig mit einem Handhebel mit Übersetzung vorgeschoben, so daß man die Stange mit Gefühl durch die Vorschubzange hindurchschieben kann (Abb. 212). Die Einrichtung ist für runde und eckige Stangen verwendbar.

An Automaten, die ohne Zangenvorschub arbeiten, ist diese Einrichtung nicht notwendig, da die Stangen in diesen leicht von Hand eingeschoben werden können.

XIII. Zähleinrichtung

Durch Anbringen eines Zählers, der mit der Steuerwelle verbunden ist, können die Werkstücke gezählt werden. Dabei ist jedoch zu beachten, daß meist bei Einführen der neuen Stange ein Werkstück verlorengeht, so daß die Zähleinrichtung zuviel Werkstücke anzeigt.

Viertes Kapitel

Die Automatenwerkzeuge

I. Schneidwerkzeuge

1. Werkzeuge zum Außendrehen

Zum Außendrehen von zylindrischen, kegeligen oder geschweiften Schäften werden Drehstähle aus Vierkantstahl verwendet, die man als fertig geschliffene und gehärtete Drehlinge mit quadratischem oder rechteckigem Querschnitt beziehen kann. Sie bestehen entweder aus Schnellstählen oder aus massiven bzw. aufgelöteten Hartmetallen. Als besonders geeignetes Hartmetall wird die Qualität A für Automatenstähle, Einsatzstähle, Automatenalu und Bronze verwendet. Für Ms 58 genügen an Stelle von Hartmetall A die Schnellstähle. Komplizierte Formen der Schneiden sind bei Hartmetall schwierig und kostspielig herzustellen. Der Freiwinkel α, Meißelwinkel β und der Spanwinkel γ sind den Werkstoffen der Schneide und des Werkstücks anzupassen.

Der Freiwinkel α liegt bei Schnellstählen und Hartmetall A für die meisten Werkstoffe bei 8° und kann für Gußeisen und Hartbronze auf 6° herabgesetzt werden, für weiche Alulegierungen, Kupfer und weiche Bronze auf 10 bis 12° vergrößert werden.

Der Spanwinkel γ beträgt 0° bei gut bearbeitbaren, kurzspanenden Werkstoffen, wie Ms 58, Automatenalu, Grauguß u. ä.; für Automatenstahl, Einsatzstahl, Alusil, Silumin hat sich ein Spanwinkel von $\gamma = 15°$ bis 22° bewährt, und für weiche Leichtmetalle, zähes Messing, Tombak,

Kupfer und Duralumin geht man auf 25 bis 30°. Diese Winkel gelten für Schnellstahlschneiden und Hartmetall A. Für andere Hartmetalle sind kleinere Frei- und Spanwinkel zu verwenden, entsprechend der größeren Sprödigkeit der Schneide. Der für die Zerspanung günstigste Spanwinkel muß oft so lange ausprobiert werden, bis man einen brauchbaren Späneabfluß erzielt, der bei den Automaten oft von ausschlaggebender Bedeutung ist. Hierzu gehört auch das Anschleifen von Spanbrechernuten an der Schneide, um kurze gelockte Späne bei zähen Werkstoffen zu erhalten, die sich bequem aus dem Automaten entfernen lassen. Bei pulverigen Spänen, wie Ms 58 und Grauguß, sind solche Spanbrechernuten nicht nötig.

Die verschiedenen auf Automaten verwendeten Werkzeugformen werden wie folgt angewendet:

Langdrehwerkzeuge. Diese werden entweder als Radialmeißel, wie Abb. 213 mit radial liegendem Schaft oder als Tangentialmeißel wie Abb. 214 mit tangential liegendem Schaft ausgeführt. Die Radialstähle werden für kurzspanende Werkstoffe, wie Ms 58, Automatenalu und Grauguß, verwendet sowie auch für zähe und langspanende Werkstoffe für kleinere Dreharbeiten, wie Kantenbrechen, Abrundungen u. a. Der Werkzeugschaft ist dabei auf Werkstückmitte gerichtet, und die Spanfläche ist eine Seitenfläche des quadratischen Schaftes. Die beim Drehen auftretende Hauptschnittkraft wird über diese Fläche auf den Meißelhalter übertragen. Da an dem Radialmeißel meist kein Spanwinkel anzuschleifen ist, gilt er als die einfachste Form des Langdrehmeißels, so daß diese Schneidenform auch ohne besondere Handfertigkeit zugerichtet werden kann. Bei den Langdrehautomaten nach der Schweizer Bauart (Bechler, Tornos, Petermann, Strohm, Gauthier usw.) werden nur Radialstähle verwendet, die entsprechend der Form der Werkstücke und Werkstoffe angeschliffen werden. An den Revolverautomaten und den INDEX-O-Automaten werden sowohl Radial- als auch Tangentialstähle verwendet.

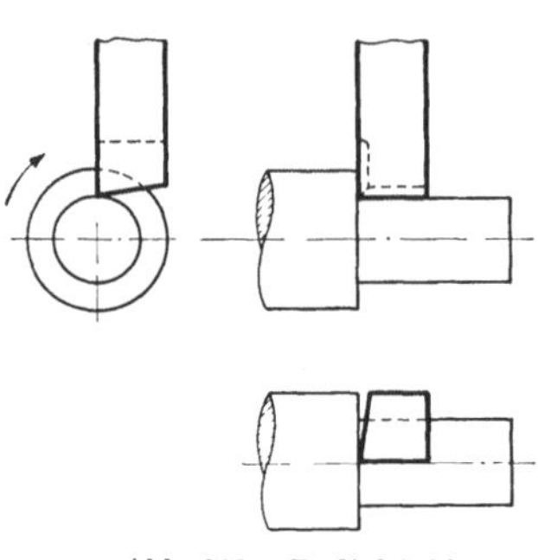

Abb. 213. Radialstahl

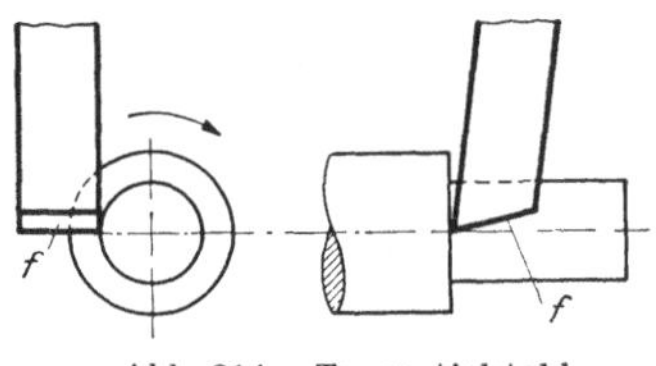

Abb. 214. Tangentialstahl

Zum Zerspanen von langspanenden, zähen Werkstoffen wird zweckmäßig ein Tangentialmeißel mit einer besonderen Schneidenform zur Erzeugung bequemer kurzer Späne angewendet. Wie schon die Bezeichnung sagt, ist er tangential zum Werkstück angeordnet, und zwar schräg in der Vorschubrichtung, so daß durch die Schrägstellung der Freiwinkel α in axialer Richtung entsteht.

Der Tangentialmeißel hat den Vorteil, daß er nur an der Spanfläche nachgeschliffen werden muß. Hierbei braucht man ihn nur in der Höhe wieder nachzustellen, der Durchmesser bleibt dabei unverändert.

Bei langspanenden Werkstoffen muß man durch einen Kerbschliff nach Abb. 215 eine Nebenschneide *a* anschleifen, die erstens zur Erzeugung von gerollten, kurzen Spänen notwendig ist und zweitens die von der Hauptschneide *b* erzeugte Oberfläche nachschneidet und deren Drehbild glättet. Dieses Vor- und Nachschneiden der Drehfläche ist besonders bei Automatenarbeit sehr wichtig, da es hier in den meisten Fällen nicht nur um das Zerspanen schlechthin, sondern in gleichem Maße auch um die saubere Oberfläche geht. Falls es sich zeigt, daß infolge geringer Ungenauigkeiten in den Werkzeugschäften oder Stahlhalter die hintere Kante des Meißels Kratzer verursacht, ist es angebracht, an der Schneide *a* nach Abb. 216 einen kleinen Winkel ε von 1 bis 3° anzuschleifen und eine kleine gerade Fase *f* von 0,5 bis 1 mm stehen zu lassen.

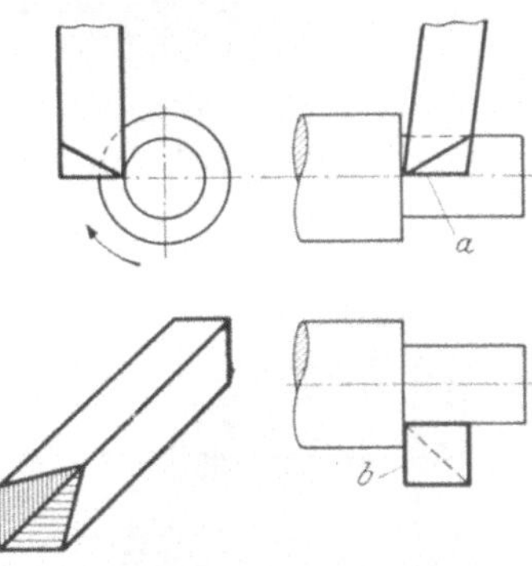

Abb. 215. Kerbschliff

Die Drehstahlhalter werden für beide Stahlarten stets mit einer Bohrung als Durchgang oder für die Aufnahme von Bohrern oder Zentrierbohrern ausgeführt, und zwar nach Abb. 217 für Radialstähle und

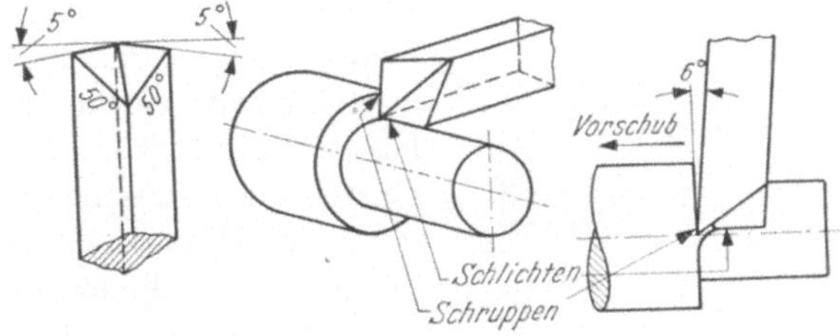

Abb. 216. Drehstahl, schräg

Abb. 218a, b für Tangentialstähle. Bei diesen einfachen Stahlhaltern ist der größte Drehdurchmesser durch die Kröpfung *b* bestimmt.

Die größte Drehlänge ergibt sich dann, wenn keine Bohrer in der Aufnahmebohrung verwendet werden, aus der Länge der Bohrung im Werkzeugschaft.

Da sehr häufig Bohrer und Drehstähle gleichzeitig arbeiten sollen, ist die Ausladung dieser einfachen Stahlhalter oft zu kurz. Man verwendet

Abb. 217. Radialdrehstahlhalter (Index)

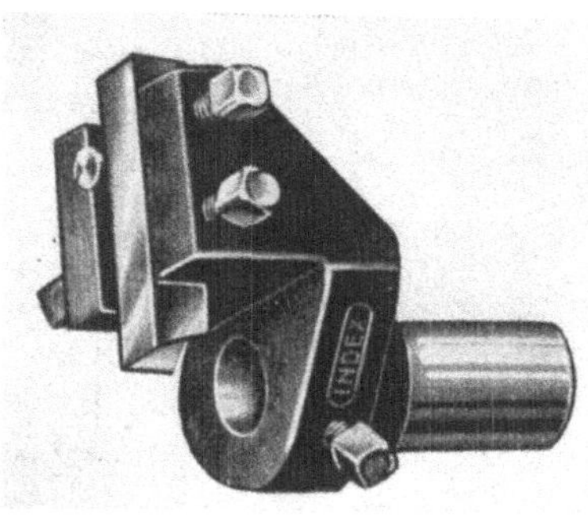

a

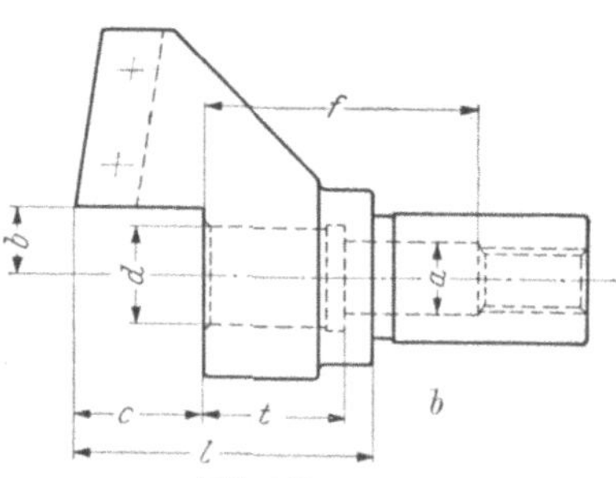

Abb. 218a u. b
Bohrer- und Tangentialdrehstahlhalter (Index)

dann besser die Stahlhalter nach Abb. 219 mit besonderem Drehstahleinsatz, der sich in der Länge verstellen und verdrehen läßt. Diese Drehstahleinsätze können sowohl als Radialstahlhalter als auch als Tangentialstahlhalter angewendet werden. Bei diesen letzteren ergibt sich gleichzeitig der Vorteil, daß man durch Schwenken des Drehstahleinsatzes den Durchmesser des Werkstücks einstellen kann. Für lange Werkstücke wird der Stahlhalter nach Abb. 220a, b auch gekröpft ausgeführt und für solche Werkstücke, an denen 2 verschiedene Durchmesser angedreht werden sollen, doppelseitig nach Abb. 221.

Für größere Durchmesser an den Werkstücken als nach dem Abstand b (Abb. 218) sind die Drehstahlhalter nach Abb. 222a, b, c vorzusehen, bei denen sich das Drehstahlhaltestück in einer Kerbverzahnung auf dem eigentlichen Stahlhalter weit verstellen läßt. Durch die Kerbverzahnung wird stets die genaue Schneidkantenlage und eine feste Verbindung gewährleistet. Eine Schnitthöhen-Feineinstellung durch eine Feinschraube dient zur Einstellung des genauen Werkstückdurchmessers. Die Drehstahlhaltestücke werden als Radialstahlhalter wie auch als Tangentialstahlhalter verwendet. Zum Feinstschlichten sehr hochwertiger zylindrischer Oberflächen dient dann, wenn auch nur geringe Kratzer beim Rückfahren der Schneide unzulässig sind, der Überdrehstahlhalter für Revolverautomaten nach Abb. 223, der dem Stahlhalter Abb. 219 mit Tangentialstahl entspricht, jedoch mit einer geringen Stahlabhebung versehen ist, die beim Anstoßen der vorderen Stellschraube an einen Anschlag auf dem hinteren Seitenschlitten den Drehstahlhalter etwas vom Werkstück durch Federwirkung abhebt. Beim Schalten des Revolvers wird durch einen Anschlagbolzen der Stahlhalter wieder in seine Drehstellung zurückgedrückt und eingerastet.

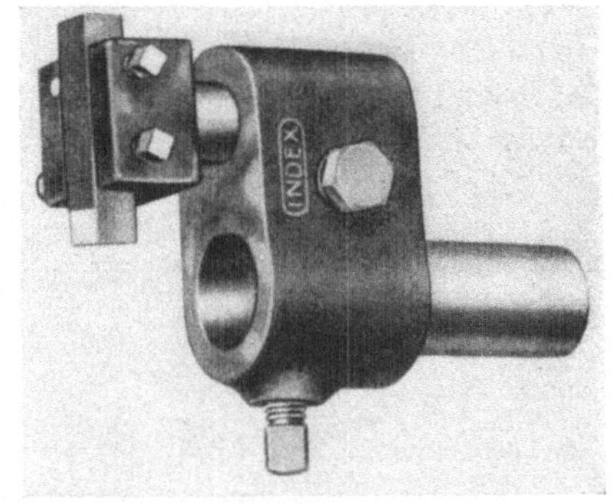

Abb. 219
Bohrer- und Drehstahlhalter (Index)

Sollen lange und dünne Schäfte angedreht werden, so sind Drehstahlhalter mit Gegenführung notwendig nach Abb. 224a, b mit Gleitbacken, die entweder aus gehärtetem Stahl oder mit Hartmetall belegt und einstellbar sind oder nach Abb. 225a, b mit einstellbarer Rollenführung durch zwei gehärtete Rollen. Die Rollenführung hat einen geringeren Einstellbereich als die Backenführung, jedoch haben die Rollen den Vorteil, daß auf weichen Werkstoffen keine Kratzer entstehen können, die bei Gleitbacken möglich sind. Außerdem ist die Reibung bei den Rollen geringer. Bei Sechskant- oder Formstäben muß vorn an der Stange, z. B. durch einen Seitenstahl, der Durchmesser für die Führung angedreht werden, wenn lange dünne Schäfte zu drehen sind, damit die Führung bei Beginn des Schnittes bereits in Wirkung kommt.

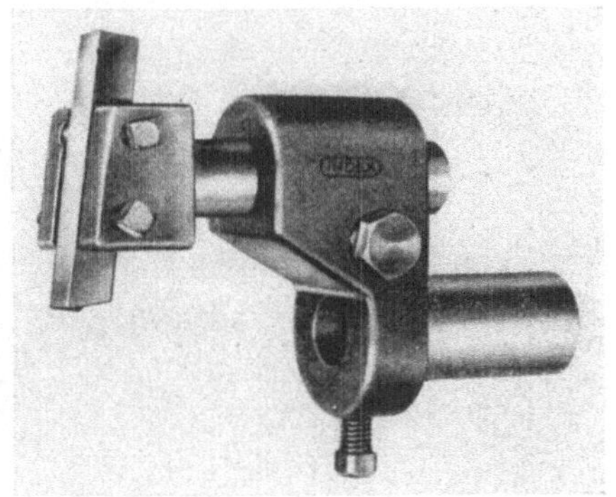
a

b

Abb. 220a u. b. Bohrer- und Drehstahlhalter (Index)

Für runde Stangen, an denen lange, dünne Schäfte oder Ansätze oder Spitzen angedreht werden müssen, wendet man Drehstahlhalter nach Abb. 226a, b mit Büchsenführung an.

Zum Einstechen geringer Einstiche bis etwa 6 mm hinter Ansätzen ist ein Schwingwerkzeughalter zum Außendrehen vorgesehen, bei dem ein Schwingarm vom hinteren Seitenschlitten in das Werkstück

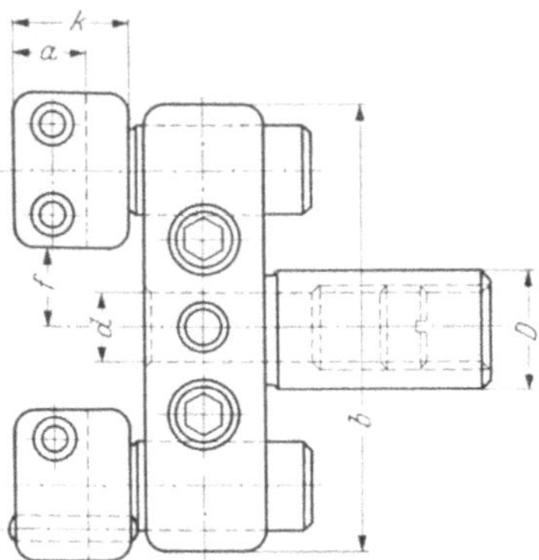

Abb. 221. Doppelseitiger Stahlhalter

a

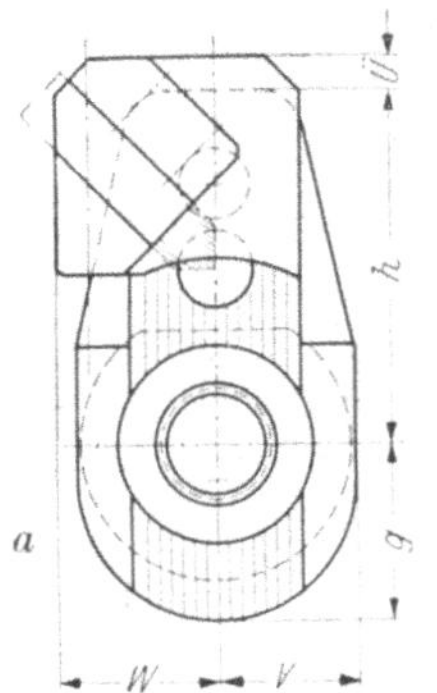

b

Abb. 222a, b. Drehstahlhalter, einstellbar (Index)

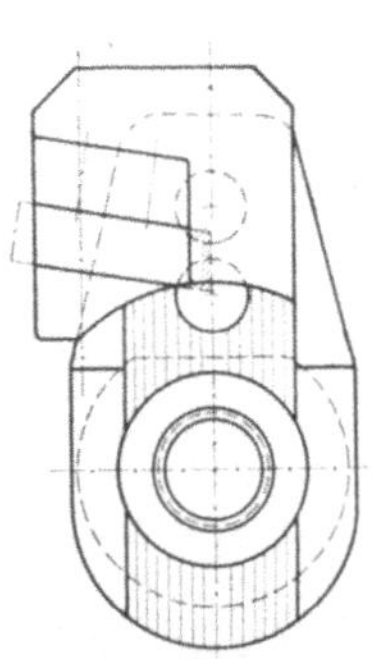

Abb. 222c
Tangential-
Drehstahlhalter, einstellbar

Abb. 223. Überdrehstahlhalter (Index)

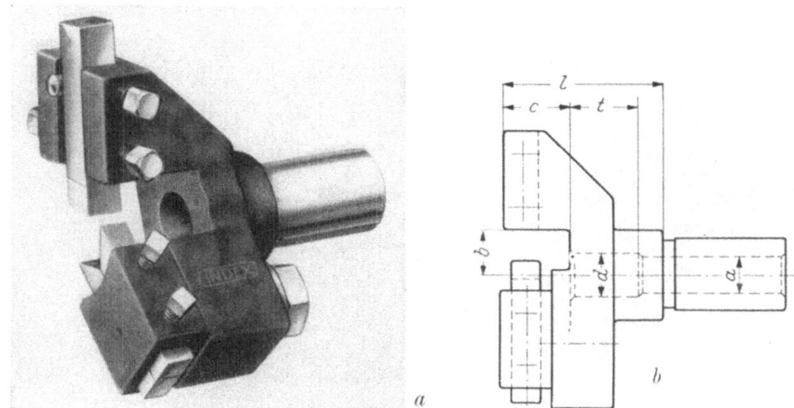

Abb. 224a, b. Radialdrehstahlhalter mit Gleitbacken (Index)

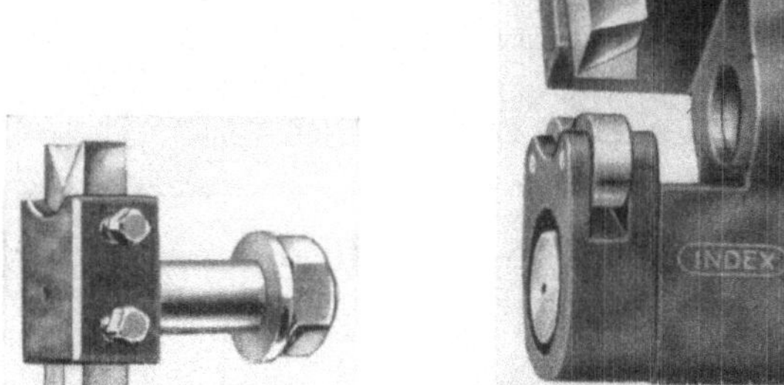

Abb. 225a. Gleitbacken

Abb. 225b
Tangentialstahlhalter mit Rollen (Index)

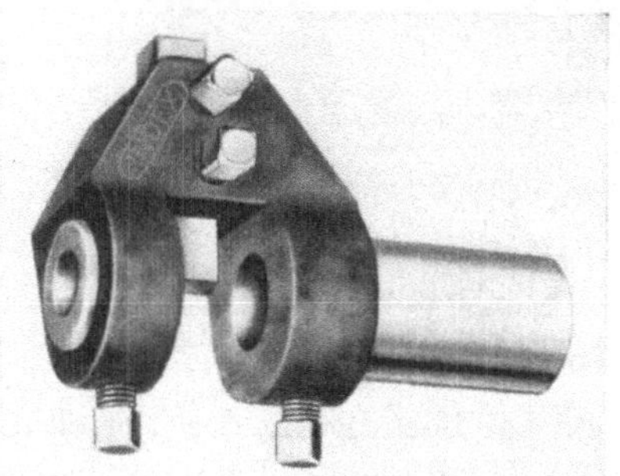

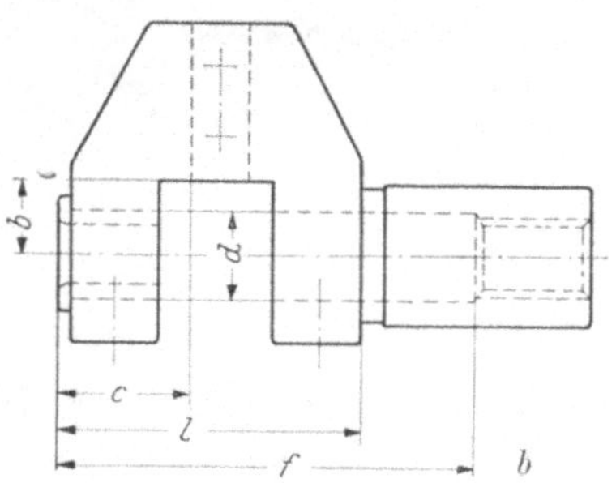

Abb. 226a, b. Radialdrehstahlhalter mit Buchsen (Index)

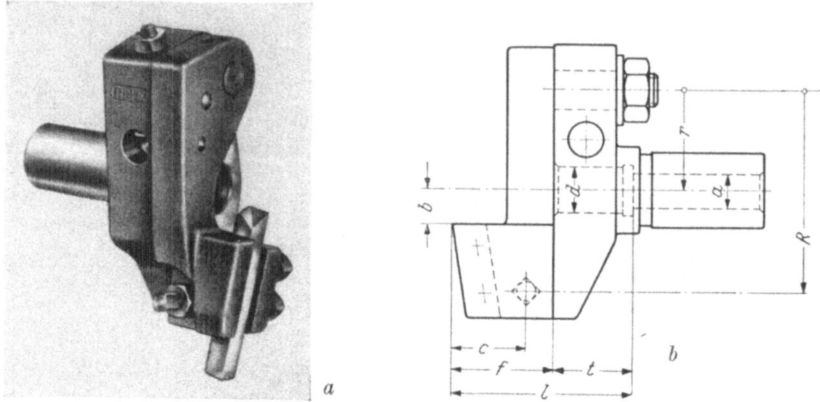

Abb. 227a, b. Schwingwerkzeughalter (Index)

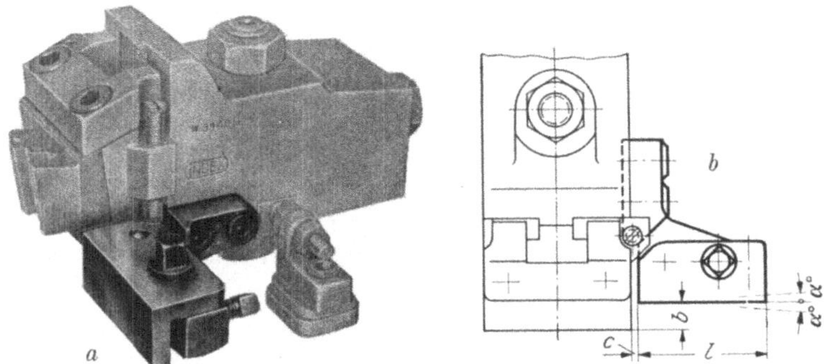

Abb. 228a, b. Führungslineal (Index)

Abb. 229. Langdrehstahlhalter (Index)

hineingedrückt und durch Federdruck bei Beendigung des Vorschubs wieder zurückbewegt wird (Abb. 227a, b). Mit diesem Schwingwerkzeughalter können auch Langdreharbeiten hinter Ansätzen ausgeführt und schlanke Kegel oder Formen gedreht werden, wenn als Führung ein Führungslineal, z. B. nach Abb. 228a, b, am hinteren Seitenschlitten angebracht wird.

Für Messing und leichte Stahlarbeit wird besonders zum Drehen schlanker Kegel bis zu 5°, Ansätzen sowie langen Eindrehungen, für die

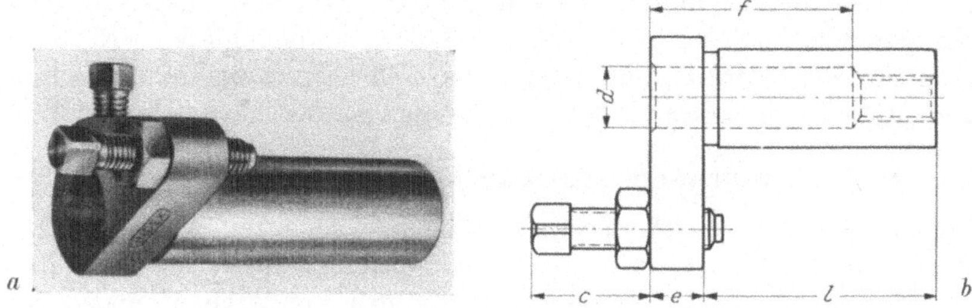

Abb. 230a, b. Mitnehmer für Langdreheinrichtung (Index)

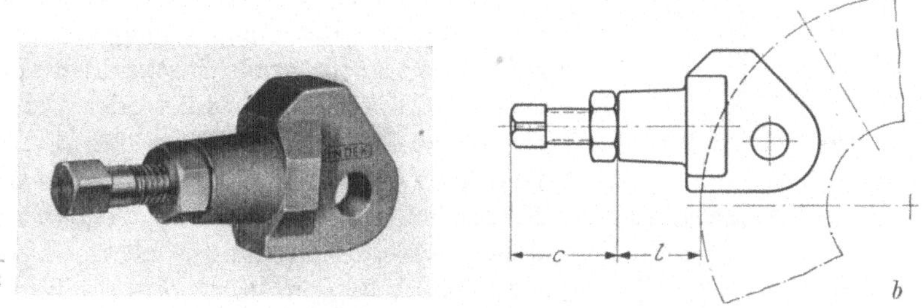

Abb. 231a, b. Mitnehmer für Langdrehstahlhalter (Index)

Abb. 232. Langdreheinrichtung (Index)

ein radiales Stechen mit einem Formstahl des Seitenschlittens nicht möglich ist, ein Langdrehstahlhalter für Revolverautomaten nach Abb. 229 verwendet.

Dieser wird im vorderen Seitenschlitten eingespannt und durch einen im Revolverkopf eingespannten Mitnehmer (Abb. 230a, b oder 231a, b) ohne Werkzeugloch seitlich verschoben. Zur Zurückbewegung dient eine Feder.

Für größere Zerspanungsarbeit ist es zweckmäßiger, eine besondere Langdreh- und Formdreheinrichtung zu verwenden, die gegenüber dem Langdrehstahlhalter den Vorteil hat, daß sie unabhängig vom Revolverkopf gesteuert wird und daher in vielen Fällen das Langdrehen während beliebiger Revolverkopfarbeiten ausgeführt werden kann (Abb. 232).

2. Seitenwerkzeuge zum Formen und Abstechen

Zum Formen von Werkstückprofilen mit mehreren Absätzen, Rundungen und Schrägen werden entweder Flachmeißel oder Formscheibenstähle benützt (Abb. 233 und 234). In den Langdrehautomaten und bei geringen Stückzahlen in Revolverautomaten werden diese Flachformmeißel nach Abb. 233 aus einem Radialstahl herausgearbeitet; für große Stückzahlen sind tangentiale Flachformmeißel oder Formscheibenstähle wegen der größeren Lebensdauer vorzusehen. Hierbei haben die Formscheibenstähle die längste Lebensdauer, etwa 8mal länger als die von Flachformstählen. Außerdem lassen sich die Formscheibenstähle bequemer auf der Drehbank herstellen. In beiden Fällen werden die Formstähle stets an der Spanfläche nachgeschliffen, so daß das Profil nicht geändert wird. Nach dem Nachschleifen ist nur eine Einstellung auf Höhe der Schneide notwendig. Bei allen Formstählen wird die Spitze der Schneide auf Mitte der Spindel eingestellt.

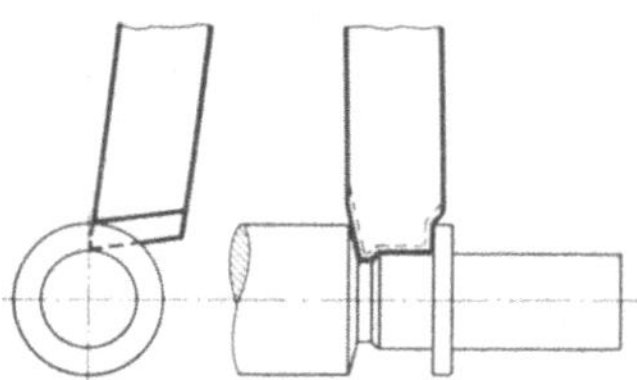

Abb. 233. Flachformstahl

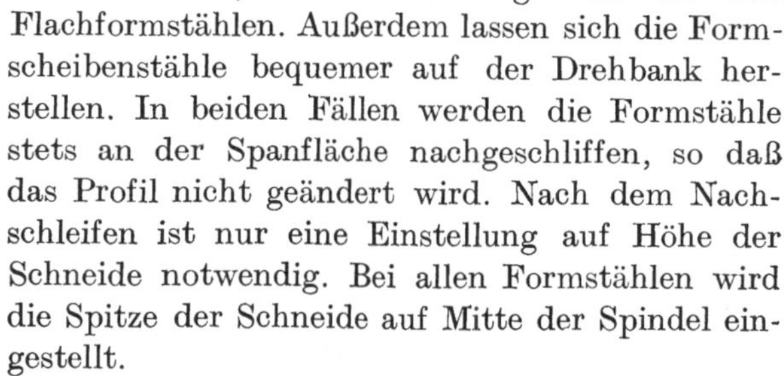

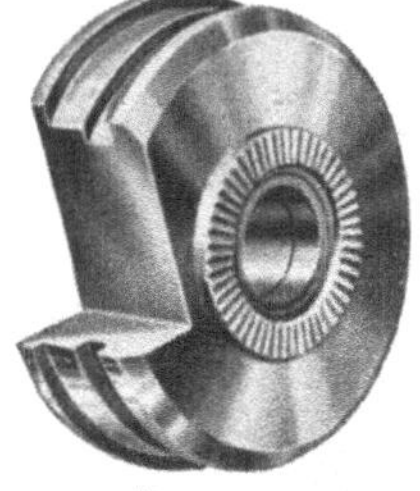

Abb. 234 Formscheibenstahl mit Verzahnung

Die tangentialen Flachformstähle haben gegenüber den Radialformstählen wesentlich bessere Lebensdauer und lassen sich mit den Stahlhaltern (Abb. 235a, b, c) nach dem Scharfschleifen leicht auf Höhe wieder einstellen.

Die Formscheibenstähle nach Abb. 234 sind wegen der Kerbverzahnung teuer und wegen geringer Ungenauigkeiten in der Verzahnung nicht genau genug. Man hat daher die Kerbverzahnung in einen besonderen Zahnring nach Abb. 236 verlegt. Dieser hat einen Mitnehmerzapfen, der in eine Bohrung des Formscheibenstahls paßt (Abb. 237), nach DIN E 4970. Für solche Formscheibenstähle werden Stahlhalter nach Abb. 238 verwendet, bei denen sich das Gegenstück

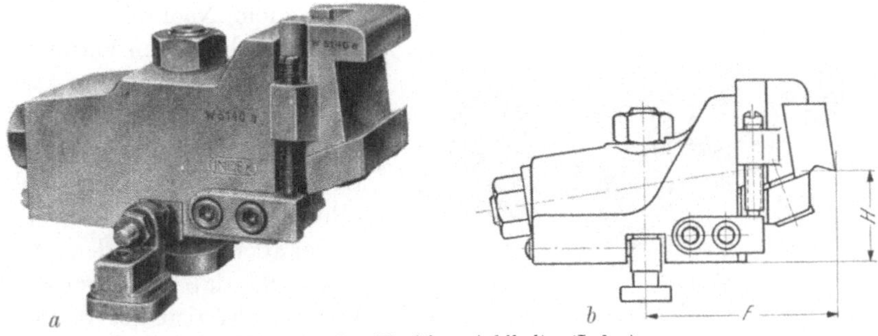

Abb. 235a, b. Flachformstahlhalter (Index)

zum Zahnring mittels einer Schraube ein wenig verstellen läßt, um die Schneide nach dem Schleifen wieder auf Mitte zu stellen. Da der Verstellbereich dieser Schraubenverstellung nur gering ist, muß der Zahnring nach mehreren Nachschliffen in der Verzahnung wieder zurückgestellt werden. Infolge der Ungenauigkeiten in der Kerbverzahnung kann sich dabei die seitliche Lage des Formscheibenstahls verändern. Um dies zu vermeiden, wird z. B. in der Ausführung nach Abb. 239 auf die Kerbverzahnung ganz verzichtet und eine Lochscheibe vorgesehen, die plangeschliffen ist und in deren Stiftlöcher nach Aufbrauch der Feinverstellung der Formscheibenstahl umgesteckt wird. Bringt man am Zahnring außen am Umfang Zähne an, in die die Stellschraube eingreift, so ist ein Umstecken des Formscheibenstahls oder des Zahnrings überhaupt nicht mehr nötig. Vielmehr kann dann der Zahnring um 360° gedreht werden.

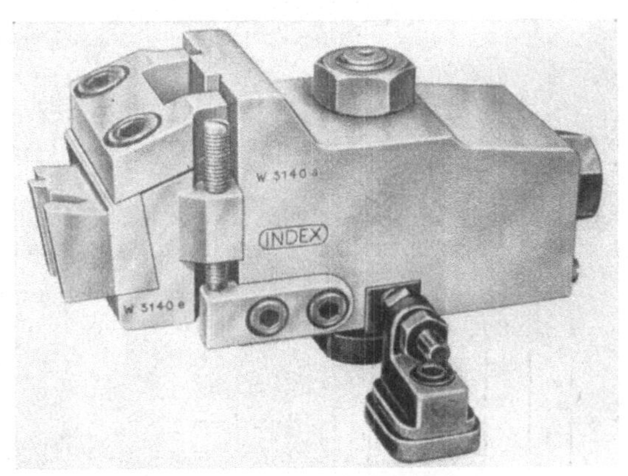

Abb. 235c. Flachstahlhalter (Index)

Abb. 236
Zahnring

Abb. 237
Formscheibenstahl DIN

Für die Flachstähle als Radialstähle dient der Flachstahlhalter (Abb. 240a, b), der gleichzeitig auch als Abstechstahlhalter verwendet werden kann. Die Einstellung auf Höhe

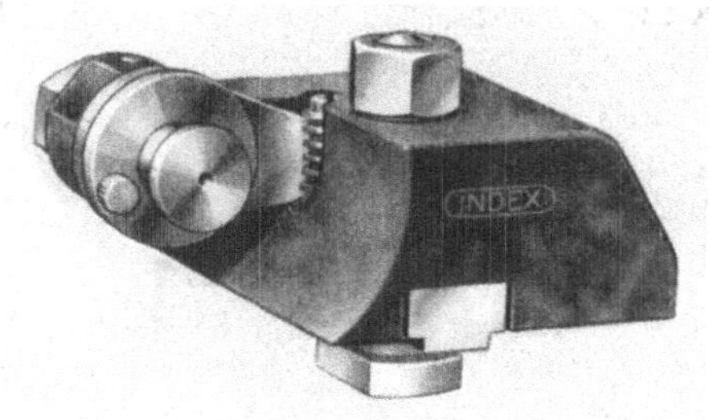

Abb. 238. Halter für Formscheibenstähle (Index)

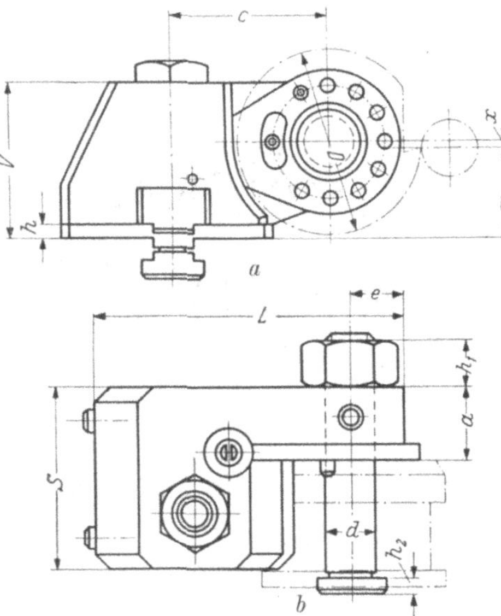

Abb. 239a—b. Halter für Formscheibenstahl (Skoda)

nach dem Nachschleifen geschieht dabei durch Verdrehen des Stahlhaltestücks mit Feineinstellung und gleichzeitiger Abstützung gegen den Schnittdruck durch eine Stellschraube.

Bei allen Formstählen ist zu beachten, daß das Profil des Formstahls, also der Schnitt, senkrecht zur Freifläche bei Flachstählen und der Schnitt durch den Formscheibenstahl eine vom Werkstück abweichende Form haben muß. Es ergibt sich eine Verzerrung dieser Schnitte gegenüber dem Werkstück in der Weise, daß die Profile der Schneiden flacher werden müssen als die Profile der Werkstücke. Zur genauen Herstellung dieser Profile, z. B. auf den optischen Profilschleifmaschinen oder Kopierschleifmaschinen, muß eine Schnittzeichnung in vergrößertem Maßstab angefertigt werden.

Für Flachformstähle ergibt sich nach Abb. 241 folgendes:

Die Profiltiefe x_1 senkrecht zur Freifläche des Formstahls für den Werkstückradius r_1 ist

$$x_1 = y_1 \cdot \sin \beta.$$

β ist der Meißelwinkel, α der Freiwinkel und γ der Spanwinkel.

$$\beta = 90^\circ - (\alpha + \gamma).$$

r_a ist der kleinste Radius des Werkstücks, d. h. auf Abb. 241 ist der Formstahl so eingezeichnet, wie er am

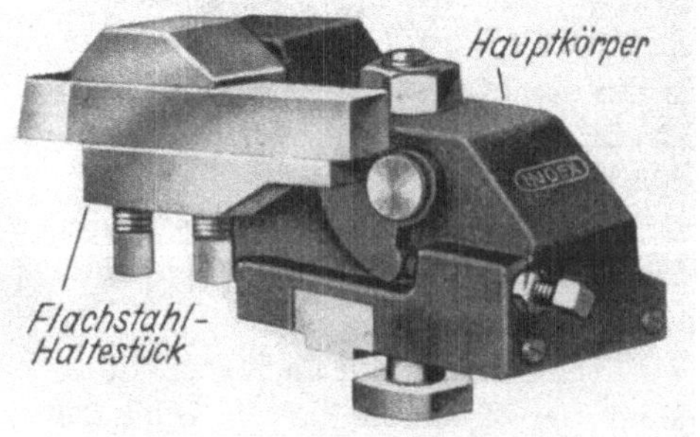

Abb. 240a. Flachstahlhalter (Index)

Ende des Schnittes, z. B. in einem links laufenden Revolverautomaten, steht.

Für y_1 ergibt sich aus Abb. 241 aus

$$r_1^2 = r_a^2 + y_a^2 + y_1^2 - 2 \cdot r_a \cdot y_1 \cos (180^\circ - \gamma),$$

hieraus

$$y_1 = -r_a \cdot \cos \gamma \pm \sqrt{r_1^2 - r_a^2 \sin^2 \gamma}\ .$$

Da das Minusvorzeichen keinen Wert hat, wird

$$x_1 = \sin \beta \cdot (-r_a \cos \gamma + \sqrt{r_1^2 - r_a^2 \sin^2 \gamma})\ ,$$

ebenso für weitere Werkstückradien r_2, r_3 usw.

$$x_2 = \sin \beta\ (-r_a \cdot \cos \gamma + \sqrt{r_2^2 - r_a^2 \sin^2 \gamma})\ .$$

Man sieht hierbei, daß die Profilhöhe x abhängig ist von den Winkeln α und γ der Schneide, ferner vom kleinsten Radius r_a des Werkstücks und von den weiteren Werkstückradien r_1, r_2 usw.

Wegen der beliebigen kleinsten Werkstückradien r_a lassen sich also keine Tabellen oder Diagramme aufstellen, da diese sonst unendlich werden.

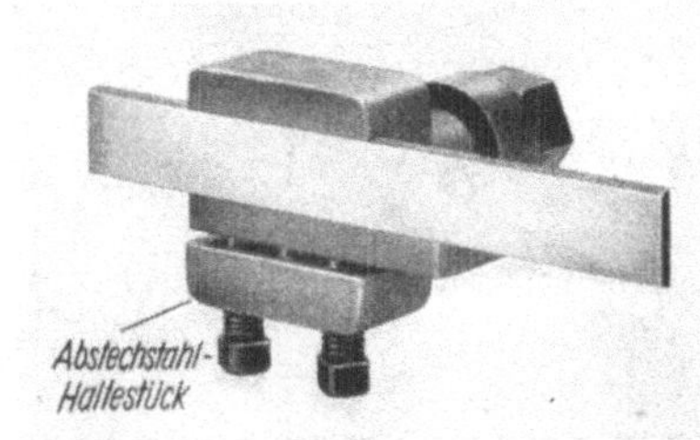

Abb. 240b
Abstechstahleinsatz im Flachstahlhalter (Index)

Für den Fall, daß der Spanwinkel $\gamma = 0$ gewählt wird, z. B. bei Ms 58 und GG, vereinfacht sich die Formel in

$$x_1 = \sin \beta \cdot (r_1 - r_a).$$

Hierbei ist $r_1 - r_a$ die Abstufung des Werkstücks a, daher

$$x_1 = a \cdot \sin \beta\ .$$

Für diesen Fall lassen sich demnach Tabellen oder Diagramme nach den Abstufungen a_1, a_2 usw. sowie den wenigen in Betracht kommenden Winkeln β aufstellen. Für β ist noch

$$\beta = 90^\circ - \alpha\ ,$$

wenn $\gamma = 0$ ist.

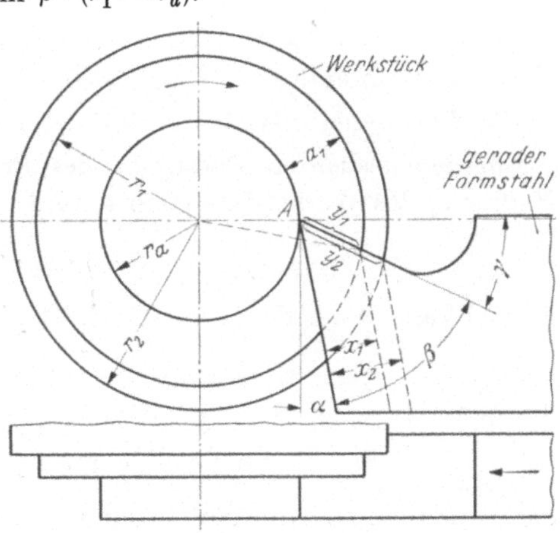

Abb. 241. Profilverzerrung am Flachstahl

Die rechnerische Ermittlung der Profilhöhen x_1, x_2 ist ziemlich umständlich. Wenn eine optische Profilschleifmaschine zur Verfügung steht, kann man beim Spanwinkel $\gamma = 0$ die Profilzeichnung ganz vermeiden, wenn man in der Profilschleifmaschine den Formstahl in Richtung des Freiwinkels α schräg stellt und dadurch in die Spanfläche die gleichen Abstufungen wie im Werkstück anschleift, da in diesem Falle y_1, y_2 usw. $= a_1$, a_2 werden.

Wird jedoch ein Spanwinkel γ größer als 0 gewählt, so ist dieses Profilschleifen nicht mehr möglich. Vielmehr muß der Formstahl in der Profilschleifmaschine senkrecht eingespannt und nach einer Zeichnung geschliffen werden, die einen senkrechten, vergrößerten Schnitt durch den Formstahl darstellt.

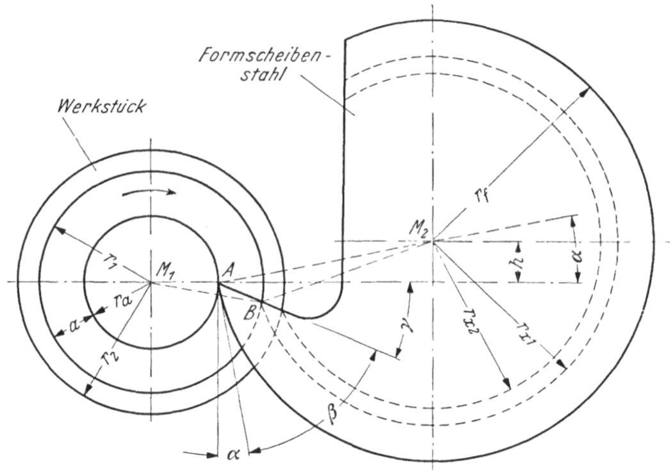

Abb. 242. Profilverzerrung am Formscheibenstahl

Für Formscheibenstähle ergibt sich nach Abb. 242 folgendes:

Für den gesuchten Radius r_{x_1} des Formscheibenstahls, der zu dem Radius r_1 des Werkstücks gehört, wird aus dem Dreieck ABM_2:

$$r_{x_1}{}^2 = r_f{}^2 + y_1{}^2 - 2 \cdot r_f \cdot y_1 \cdot \cos(\alpha + \gamma) ,$$

hierbei kann y aus dem Dreieck ABM_1 bestimmt werden nach:

$$r_1{}^2 = r_a{}^2 + y_1{}^2 - 2\, r_a \cdot y_1 \cdot \cos(180^\circ - \gamma) ,$$

hieraus

$$y_1 = -r_a \cdot \cos\gamma + \sqrt{r_1{}^2 - r_2{}^2 \sin^2\gamma} .$$

Setzt man dieses y_1 in die Gleichung für $r_{x_1}{}^2$ ein, so erkennt man ohne weiteres, daß eine sehr verwickelte Rechnung entsteht, und zwar

$$r_{x_1}{}^2 = r_f{}^2 + r_a{}^2 \cdot \cos^2\gamma + (r_1{}^2 - r_a{}^2 \sin^2\gamma)$$
$$+ 2\,r_a \cdot \cos(180^\circ - \gamma) \cdot r_a \cdot \cos\gamma \cdot - \sqrt{r_1{}^2 - r_a{}^2 \sin^2\gamma}\,.$$

Für den Fall, daß der Spanwinkel $\gamma = 0$ gewählt wird, z. B. bei Ms 58 und GG, vereinfacht sich die Berechnung, indem $y_1 = r_1 - r_a$ wird:

$$r_{x_1} = \sqrt{r_f{}^2 + (r_1 - r_a)^2 - 2 \cdot r_f\,(r_1 - r_a)\cos\alpha}\,.$$

Setzt man für $r_1 - r_a = a$ ein, so entsteht die Gleichung

$$r_{x_1} = \sqrt{r_f{}^2 + a^2 - 2\,r_f \cdot a \cdot \cos\alpha}\,.$$

Für diesen Fall lassen sich also Tabellen oder Diagramme für verschiedene Winkel α, r_f und a aufstellen.

Ist aber der Spanwinkel γ nicht $= 0$, so erkennt man, daß die Verzerrung auch noch abhängig ist vom Spanwinkel γ und von dem kleinsten Werkstückradius r_a.

In der Praxis werden an Stelle der rechnerischen Ermittelung, die sehr umständlich und zeitraubend ist, einfachere und schnellere Verfahren zur Bestimmung der Radien r_{x_1}, r_{x_2} usw. angewendet, und zwar:

Das zeichnerische Verfahren. Man zeichnet die Radien des Werkstücks in vergrößertem Maßstab, z. B. 10:1 oder 20:1 oder 50:1, links auf und hierauf den geraden Formstahl, wie in Abb. 241 bzw. den Formscheibenstahl wie in Abb. 242 in der Stellung am weitesten links bei Beendigung des Schnittes. Die gesuchten Stufen x_1, x_2 usw. der geraden Formstähle und die Radien r_{x_1}, r_{x_2} usw. der Formscheibenstähle ergeben sich aus den Schnittpunkten der Spanfläche γ mit den Radien r_1, r_2 usw. des Werkstücks, wie die Abb. 241 und 242 zeigen.

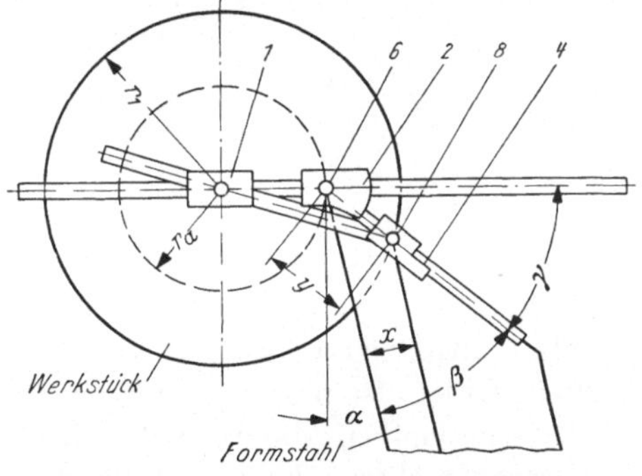

Abb. 243. Rechenschieber für Flachformstähle

Die Maße x_1, x_2 usw. sowie r_{x_1}, r_{x_2} usw. werden aus der Zeichnung abgemessen und eine Schnittzeichnung des Profils angefertigt, in die die verzerrten Maße x_1, x_2 bzw. r_{x_1}, r_{x_2} eingetragen werden.

Die Spanfläche der Formstähle wird dabei parallel eben zur Werkstückachse geschliffen. Man erkennt, daß die Freiwinkel für die Werkstückradien r_1, r_2 usw. größer werden, jedoch ist dies praktisch belanglos, da diese Schneiden ja auch weniger zu leisten haben als die Spitze, die den richtigen Freiwinkel hat. In vielen Fällen genügt die zeichnerische Genauigkeit zur Bestimmung der Verzerrung bis auf $^1/_{10}$ mm.

Höhere Genauigkeit und wesentliche Zeitersparnis durch Wegfallen der Werkstückzeichnung ergibt ein Spezialrechenschieber des Verfassers, der in wenigen Minuten die Verzerrung der geraden und runden Formstähle ergibt (Abb. 243 und 244). Dieser beruht auf der zeichnerischen Darstellung und ersetzt das Abgreifen auf der Zeichnung durch Skalen mit Noniusablesung in 10fachem Maßstab, so daß eine Genauigkeit von $^1/_{100}$ mm erreicht wird.

Auf der linken Skala wird zunächst der kleinste Radius r_a des Werkstücks eingestellt und der Fixpunkt A festgestellt. Bei geraden Formstählen wird nunmehr der Spanwinkel γ eingestellt und festgeklemmt. Auf dem Lineal des Spanwinkels γ ist eine Skala angebracht, auf der man

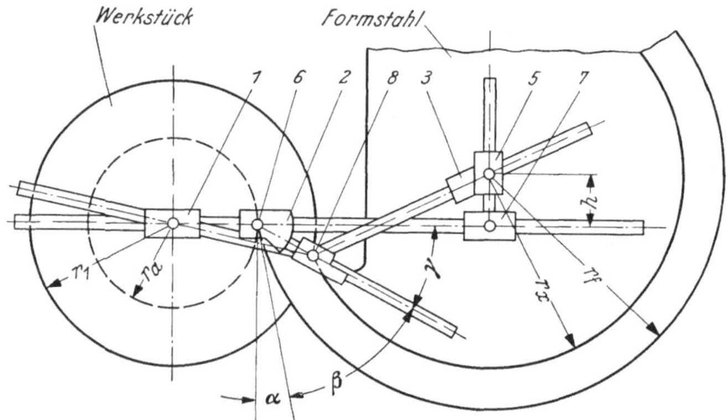

Abb. 244. Rechenschieber für Formscheibenstähle

die Maße y_1, y_2 usw. ablesen kann. Diese muß man mit sin β des Meißelwinkels multiplizieren, um die Stufen x_1, x_2 usw. des Formstahls zu erhalten. Es ist also nur eine einfache Rechnung erforderlich.

Bei Formscheibenstählen ist die Einstellung von r_a und γ die gleiche. Auf der senkrechten Skala wird die Höhe h des Formscheibenstahls eingestellt und festgeklemmt. Dieses Maß h ergibt sich aus

$$h = r_f \cdot \sin \alpha$$

und ist in den verschiedenen Automatentypen entsprechend dem Durchmesser des Formscheibenstahls $= 2 \cdot r_f$ festgelegt. Für die Durchmesser der Formscheibenstähle ist die DIN-Norm 4970 aufgestellt mit 40, 50, 60 und 75 mm. Für diese ergeben sich bei einem Freiwinkel von $\alpha = 8°$ bis $10°$ die Höhen: $h = 3$; 3,5; 4,5; 5,5 mm.

Es sind jedoch bei den einzelnen Automatenherstellern noch andere Durchmesser üblich, z. B. 52 und 68 mm bei INDEX-Automaten. Dementsprechend sind auch die Höhen h anders, und es ist daher notwendig, an jedem Automatentyp diese Höhen h festzustellen und evtl. durch Verwendung von Unterlagen unter die Stahlhalter richtig einzustellen. Schneiden die Formstähle auf der anderen Seite des Werkstücks, also bei Linkslauf der Drehspindel auf dem vorderen Support, so muß entsprechend die Mitte des Formstahls um das Maß h nach unten verlegt werden, um einen Freiwinkel α zu bekommen. Die Einstellung auf dem Rechenschieber wird dadurch nicht beeinflußt, vielmehr ist die Abb. 242 nur umgekehrt.

Nach Einstellung der Höhe h wird auf der rechten Skala der größte Radius des Formscheibenstahls durch Verschieben des senkrechten Lineals eingestellt und festgehalten.

Die weiteren Radien r_1, r_2 usw. des Werkstücks werden nunmehr auf der linken Skala eingestellt und die zugehörigen Radien r_{x_1}, r_{x_2} usw. des Formscheibenstahls auf der rechten Skala abgelesen. Man erkennt auf der Abb. 242, daß, wenn der Punkt B auf dem Spanwinkel γ verschoben wird, links die Radien r_1, r_2 usw. vorhanden sind und sich die gesuchten Radien r_{x_1}, r_{x_2} usw. ganz von selbst ergeben.

Die ganze Ermittlung erfordert nur wenige Minuten, und es entsteht außerdem der Vorteil, daß auch die Nachprüfung durch den Zeichnungskontrolleur schnell und einfach ist. Abb. 245 zeigt einen solchen Rechenschieber.

Die früher übliche Methode, die Form der Formstähle durch Probieren festzustellen, muß als ungenau und zeitraubend verworfen werden, besonders dann, wenn eine Profilschleifmaschine zur Verfügung steht, mit der

Abb. 245. Rechenschieber fur Formstahle

die genau ermittelten Maße der Formstähle auch sehr genau geschliffen werden können.

Die Formstähle werden mit einer Schleifzugabe von 0,2 bis 0,4 mm vorgearbeitet und dann auf genaue Maße fertig geschliffen. Diese Herstellungsweise ist nicht nur mit Rücksicht auf die Genauigkeit, sondern auch wegen der Erhöhung der Schneidenleistung notwendig. Die Formstähle werden in den weitaus meisten Fällen aus Schnellstahl hergestellt.

Dieser hat seine beste Schnittleistung, wenn er bei möglichst hoher Härtetemperatur, 1200° oder mehr, gehärtet und danach auf die von den Lieferern vorgeschriebene Anlaßtemperatur angelassen wird. Die beste Härtetemperatur liegt jedoch so nahe an der Grenze der Verschmorung, daß bei richtiger Härtetemperatur die Oberfläche narbig und rauh wird. Im Salzbad tritt die Narbenbildung nicht so stark auf, jedoch entkohlt die Oberfläche etwas, und es entsteht eine ganz dünne weiche Haut, der man durch stickstoffabgebende Anlaßbäder wieder etwas Stickstoff zuführt und dadurch härtet. Besser ist jedoch das Nachschleifen, wobei die weiche Haut gleichzeitig beseitigt wird.

Ungenügende Leistungen der Formstähle sind meist auf zu niedrige Härtetemperatur zurückzuführen, dann, wenn keine Profilschleifmaschine zur Verfügung steht und man, um die Oberfläche sauber zu erhalten, nicht bis an die beste Härtetemperatur gehen kann. Versuche haben ergeben, daß die Leistung von richtig gehärteten und geschliffenen Schneiden bis zu 4mal höher war als die Leistung von Schneiden, die bei zu niedriger Härtetemperatur gehärtet und nur blank poliert waren. Hartmetalle für Formstähle sind nur zweckmäßig als Flachstähle mit aufgelöteten Plättchen. Die Herstellung von verwickelten Formen ist dabei schwierig, und man beschränkt sich bei metallischen Werkstoffen auf einfache Formen, zumal da bei schwierigen Formen nur an der Spanfläche nachgeschliffen und geläppt werden kann. Für nichtmetallische Werkstoffe, wie Galalith, Bakelit, Hartgummi und Kunststoffe, sind die Hartmetalle von hohem Wert, da diese Werkstoffe die Schnellstähle sehr schnell abnützen.

Wenn an einem Werkstück senkrecht zu seiner Achse eine saubere Planfläche gedreht werden soll, so werden häufig Flachformstähle den Formscheibenstählen vorgezogen. Dies ist jedoch nur bedingt richtig und in den wenigsten Fällen begründet, denn es können auch mit Formscheibenstählen — allerdings nicht übermäßig große — Planflächen sauber gedreht werden. Nur ist dabei folgendes zu beachten:

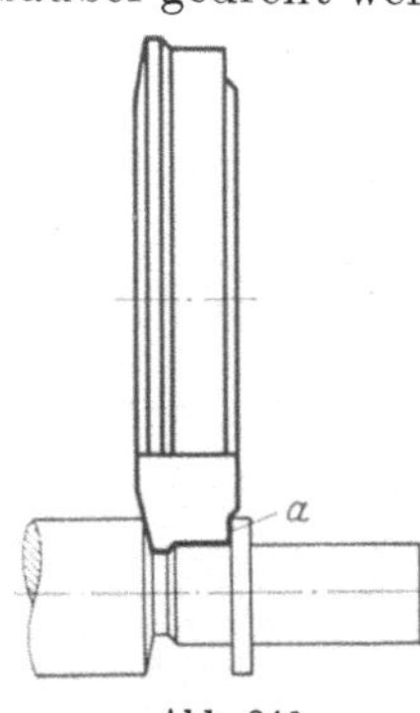

Abb. 246
Formscheibenstahl, gerade

Wie aus Abb. 246 ersichtlich ist, hat die Schneidkante *a* bei der üblichen achsparallelen Stellung des Formscheibenstahls tatsächlich keinen seitlichen Freiwinkel und der Formscheibenstahl drückt und reibt daher an der Seite. Wenn man den Formstahl an der Schneidkante *a* seitlich um 1 bis 2° schräg hintersticht (nach Abb. 247), wird wohl die Reibung vermindert, jedoch noch kein seitlicher Freiwinkel hergestellt.

Um an der Schneidkante *a* (Abb. 246) einen brauchbaren seitlichen Freiwinkel zu bekommen, muß der Formscheibenstahl um etwa 2 bis 4°

schräg gestellt werden, entsprechend der absichtlich übertriebenen Darstellung in Abb. 248. Die Formscheibenstahlhalter (Abb. 249) auf Revolverautomaten und Formautomaten sind aus diesem Grund so ausgebildet, daß die dabei notwendige Schwenkung auf einfache Weise

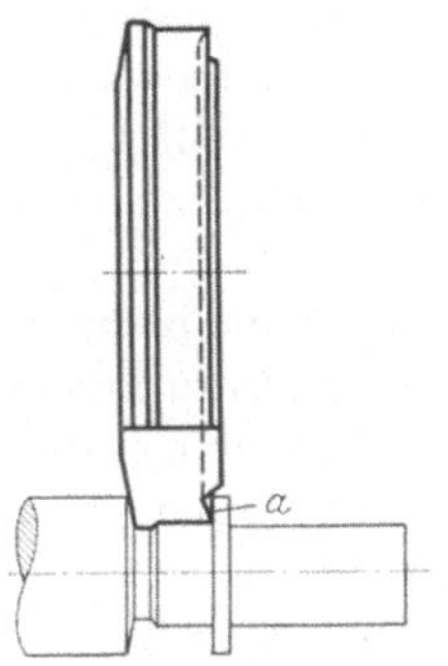

Abb. 247
Formscheibenstahl, seitlich hinterstochen

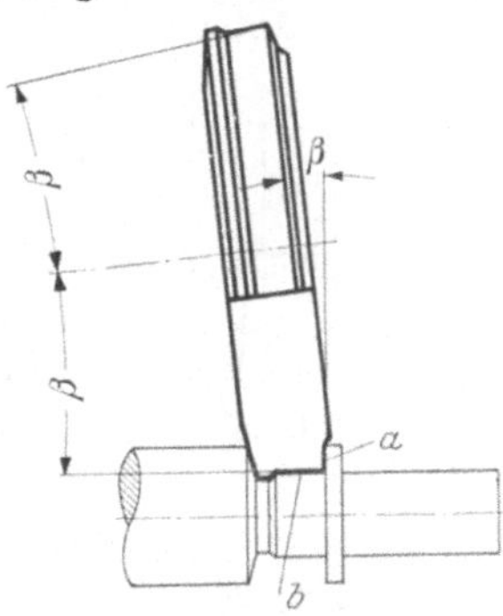

Abb. 248
Formscheibenstahl, schief

durchgeführt und festgeschraubt werden kann. Durch diese Schrägstellung ändert sich jedoch die Profilverzerrung sowohl in den Durchmessern als auch in den Breiten. Diese Profilverzerrung kann man zeichnerisch ermitteln, indem man den Formscheibenstahl in die Zeichenebene zeichnet, wobei das Werkstück um den Winkel β schräg zum Formstahl gezeichnet werden muß, so daß die Durchmesser des Werkstücks als Ellipsen erscheinen. Bei großen Meißelwinkeln β kann man auch den Rechenschieber für Formstähle benutzen, da die Ellipsen der Werkstücksdurchmesser an den Schnitten der Spanfläche nur um ganz geringe Maße von Kreisen abweichen.

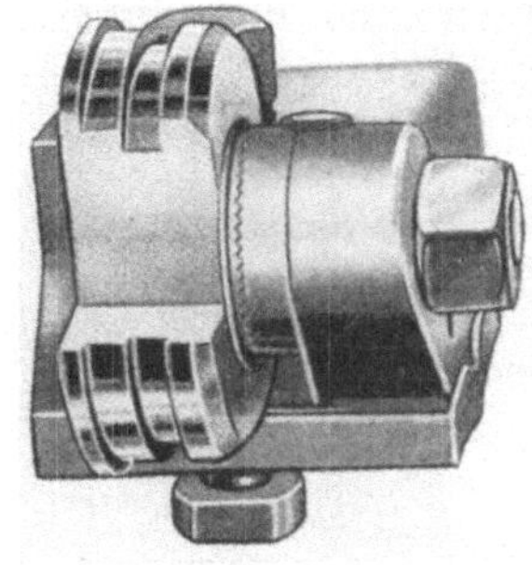
Abb. 249
Formscheibenstahlhalter (Index)

Bei der beschriebenen Schrägstellung des Formstahls zum Drehen von kurzen Planflächen, die sauber gedreht sein müssen, schneidet nur die Spitze der Schneidkante a, so daß sie an der gedrehten Fläche nicht mehr reibt oder nachschneidet. Selbstverständlich können in der gleichen Weise linke Flächen durch entgegengesetztes Schwenken des Formstahlhalters drehen.

Falls durch diese schräge Einstellung die erzielte Oberfläche nicht ausreicht, muß der Formscheibenstahl axial hinterdreht werden, nach Abb. 250, so daß ein seitlicher Freiwinkel von $\beta = 5$ bis $8°$ entsteht. Derartige Formstähle sind jedoch teuer herzustellen und auf den optischen Profilschleifmaschinen nicht nachzuschleifen. Sie müssen ferner nach dem Nachschleifen der Spanfläche seitlich nachgestellt werden, entsprechend der seitlichen Hinterdrehung. Ein Vorteil gegenüber den schräg gestellten Formscheibenstählen ist die Beibehaltung des Profils. Dieses ist das gleiche, wie bei gerade gestellten und kann daher leicht nach den rechnerischen oder zeichnerischen Verfahren bestimmt oder mit dem Rechenschieber für Formstähle bis auf $^1/_{100}$ mm ermittelt werden, ohne daß eine Verzerrung in der Breite stattfindet.

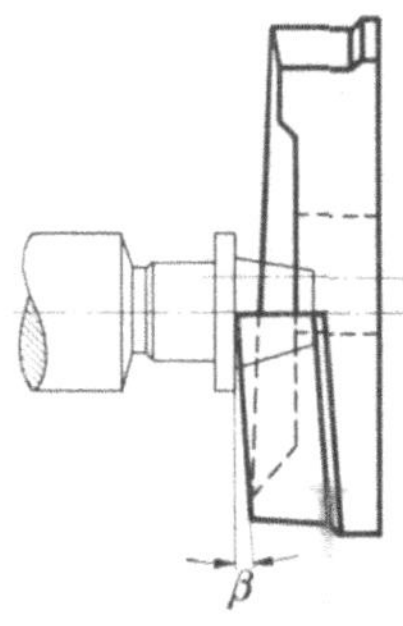

Abb. 250 Formscheibenstahl, axial hinterdreht

Bei sehr tiefen Einstichen und besonders dann, wenn zwei Planflächen nach Abb. 251 zu drehen sind, können Formstähle, in die die Form gerade eingearbeitet ist, nicht mehr verwendet werden. Vielmehr müssen an ihre Stelle Flachformstähle nach Abb. 251 treten, an denen, wie punktiert gezeichnet, seitliche Freiwinkel angeschliffen werden müssen. Beim Nachschleifen dieser Stähle an der Spanfläche ändert sich dabei auch die Breite, so daß durch das Nachschleifen die Stähle nur eine kurze Lebensdauer haben. Bei dem auf Abb. 252a, b dargestellten schwenkbaren

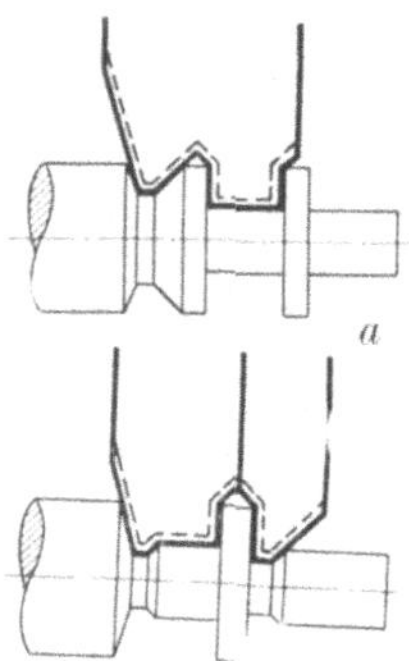

Abb. 251a—b. Seitliche Freiwinkel an Formstählen

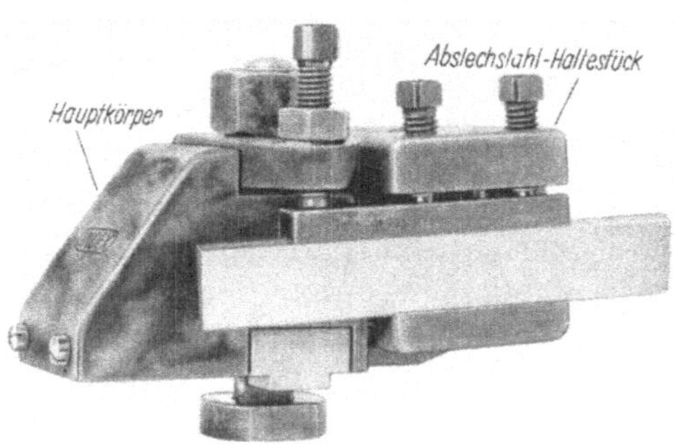

Abb. 252a. Schwenkbarer Stahlhalter, hinten (Index)

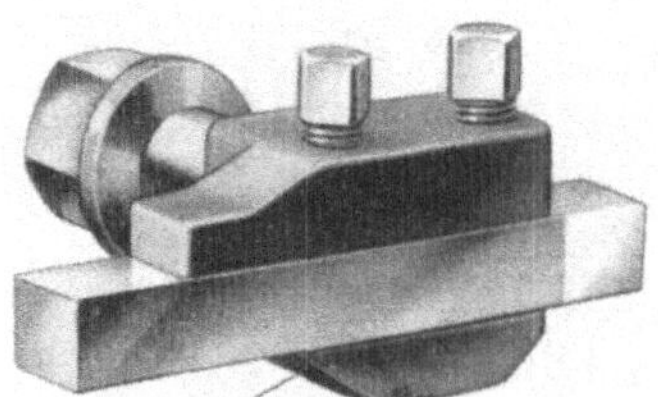

Abb. 252b Haltestück zum schwenkbaren Stahlhalter (Index)

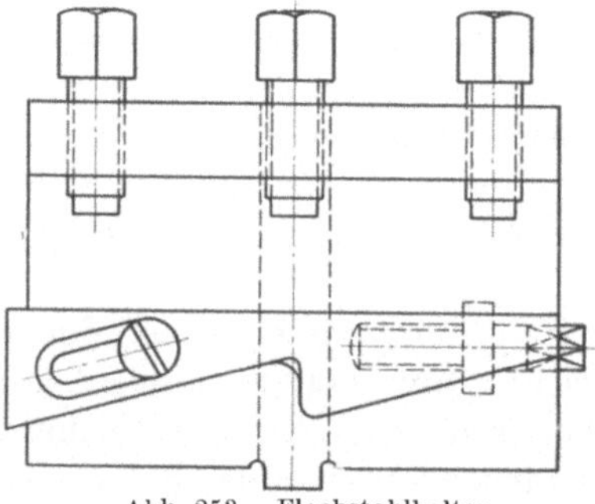
Abb. 253. Flachstahlhalter

Stahlhalter ändert sich ferner beim Nachschleifen und Wiedereinstellen auf Höhe der Schneide der Freiwinkel. Daher erfordert auch das Nachschleifen hierdurch weitere Kunstfertigkeit. Bei den Stahlhaltern mit Keilverstellung nach Abb. 253 ändert sich der Freiwinkel nicht. Die beiden gleichen Arten der Stahlhalter für gerade Formstähle können auch für Abstechstähle nach Abb. 254 verwendet werden. Diese Stähle werden an der Freifläche vorn nachgeschliffen und haben ein trapezförmiges Profil, wodurch auf beiden Seiten kleine Freiwinkel α_1 entstehen. Hierdurch werden die Seitenflächen des Werkstückes sauberer. Will man an den abgestochenen Werkstücken auf der Abstichseite möglichst wenig Grat erzielen, so wird die Freifläche des Abstechstahls etwa um 5 bis 7° schräg angeschliffen nach Abb. 255. Allerdings verlängert sich dadurch das Abstechen um die Schräge des Anschliffs um einige Zehntel mm. An solchen Werkstücken, an denen die Abstichseite ohnehin bearbeitet werden muß, ist der Schrägschliff des Abstechstahls unnötig.

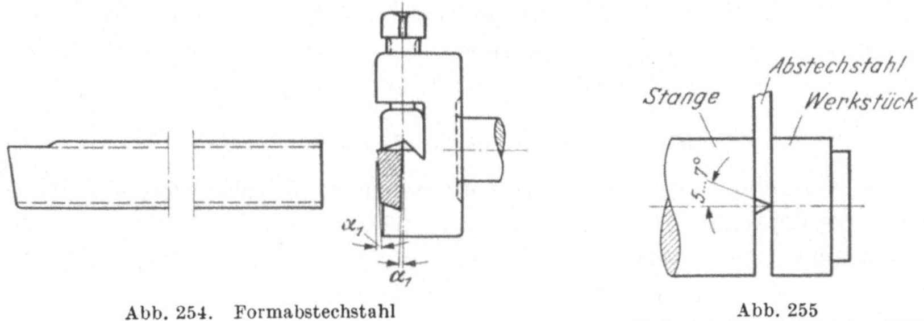

Abb. 254. Formabstechstahl

Abb. 255 Abstechstahl, schräger Anschliff

3. Einstech- und Langdrehwerkzeuge

Soll an einem Werkstück hinter einem Bund ein Ansatz längsgedreht werden, z. B. auf einem Langdrehautomaten durch einen Seitenstahl, der zuerst radial schneiden muß und dann seitlich, oder auf einem Revolverautomaten mit einem Schwingwerkzeug im Revolverkopf (Abb. 227), oder einer besonderen Langdreheinrichtung auf einem Seitenschlitten (Abb. 229), so muß der hierbei verwendete Drehmeißel zuerst eine Einstecharbeit leisten und dann langdrehen. Das Werkzeug muß also als Einstech- und Langdrehwerkzeug geschliffen werden. Bei kurzspanendem Werkstoff, wie Ms 58, Automatenalu oder GG, schleift man Freiwinkel von etwa 8° vorn und seitlich an, der Spanwinkel ist 0°. Für langspanenden Werkstoff dagegen muß ein Spanwinkel γ und ein Hohlkehlenschliff nach Abb. 256 angeschliffen werden. Hierbei wirkt der Hohlkehlenschliff als Spanbrecher.

Für das Nachdrehen sauberer Stirnflächen an Werkstücken nach dem Abstechen dient der Verschiebestahlhalter (Abb. 257) in Revolverautomaten, der von einem Seitenschlitten vorgeschoben und durch eine eingebaute Feder zurückgedrückt wird. Man kann diesen Verschiebewerkzeughalter auch zum Drehen von Außen- und Innenkegeln ver-

Abb. 256. Hohlkehlenschliff

Abb. 257. Verschiebestahlhalter

wenden, wenn man beim Längsgang des Revolverkopfes durch ein Führungslineal am Seitenschlitten die Verschiebung seitlich bewirkt. Ferner dient der Verschiebewerkzeughalter auch zum Eindrehen von Nuten auf der Stirnseite und innen. Das angeschraubte Kopfstück kann für die Aufnahme von mehreren Drehwerkzeugen ausgebildet werden.

4. Schneidwerkzeuge für Innenbearbeitung

Für einfache Bohrarbeiten in kurzspanenden Werkstoffen wie Ms 58 und Automatenalu, für die der Spanwinkel $\gamma = 0$ ist, genügen meist Flachbohrer, auch Spitzbohrer genannt, nach Abb. 258 für einfache Formen der Bohrung oder nach Abb. 259 für verwickeltere Formen. Der Spitzenwinkel beträgt in der Regel 116 bis 120°, der Hinterschliff in

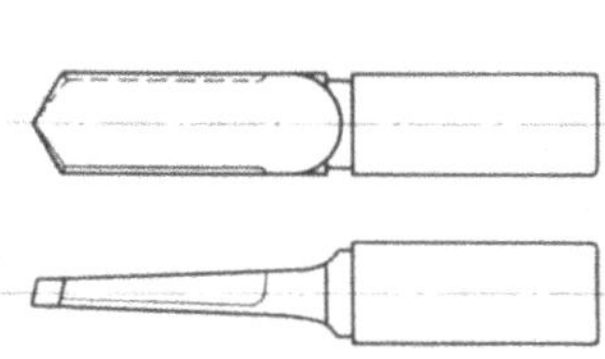

Abb. 258. Flachbohrer

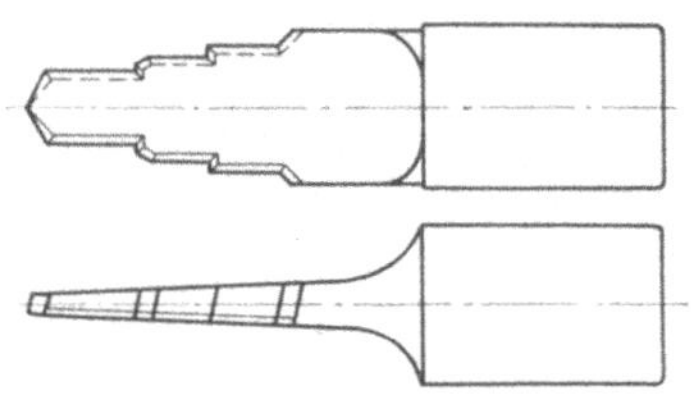

Abb. 259. Flachformbohrer

der Bohrrichtung 3 bis 5°, ebenso der Hinterschliff radial, wobei man zweckmäßig eine Fase im Durchmesser von 0,1 bis 0,3 mm stehen läßt. Zu großer Hinterschliff hat vorzeitige Abnützung der Schneide und oftmals ein Rattern des Bohrers zur Folge, zu kleiner Hinterschliff erhöht die Reibung und Vorschubkraft.

Diese Flachbohrer werden an den Freiflächen der Schneiden vorn nachgeschliffen. Hierbei ist darauf zu achten, daß die Querschneide genau auf Mitte liegt und die übrigen Stufenschneiden gleich lang sind; andernfalls verläuft der Bohrer. Unzweckmäßig ist es, an den Schneiden Hohlkehlen anzuschleifen. Wenn der Werkstoff derartige Schneidenformen verlangt, so ist der Flachbohrer nicht mehr am Platze, vielmehr ist ein spiralgenutetes Bohrwerkzeug zur Erzeugung eines Spanwinkels und zur Späneabfuhr zu verwenden.

Sollen an einem Werkstück abgestufte Bohrungen oder Senkungen hergestellt werden, so können einfache Bohrer verwendet werden, welche die einzelnen Bohrungsdurchmesser aufeinanderfolgend bohren, wenn z. B. genügend Löcher im Revolverkopf für die einzelnen Bohrer zur Verfügung stehen. Oft ist es jedoch leistungsmäßig günstiger, Formbohrer nach Abb. 259 als Flachbohrer zu verwenden. Derartige Flachbohrer sind anwendbar für kurzspanende Werkstoffe, für langspanende müssen die Formbohrer nach Abb. 260 mit Spiralnuten versehen werden. Das Nachschleifen ist schwieriger besonders dann, wenn die Längenmaße der einzelnen Abstufungen in engen Grenzen gehalten sein müssen. Daher ist es zweckmäßig, die Formbohrer axial mit einem Winkel von etwa 10 bis 12° zu hinterdrehen und nur die Spanfläche nachzuschleifen. Mit Rücksicht auf das umständliche Nachschleifen werden Formbohrer vorwiegend zum Nachsenken und Fertigsenken bereits entsprechend vorgearbeiteter Bohrungen benützt. In solchen Fällen erfolgt nur eine geringe Spanabnahme, wodurch eine lange Standzeit derartiger Werkzeuge gewährleistet ist.

Abb. 260. Spiralgenuteter Formbohrer

Spiralbohrer sind am günstigsten für langspanende Werkstoffe, da für solche Werkstoffe durch die Spiralnut gleichzeitig ein guter Spanwinkel und Ableitkanal für die Späne gegeben ist. Ein weiterer Vorteil des Spiralbohrers ist der, daß die Späne aus der fertigen Bohrung herausgezogen werden, wenn der Bohrer rasch aus der Bohrung herausgezogen wird, was beim Flachbohrer nicht der Fall ist. Während man die Flachbohrer meist dem Werkstück anpaßt und selbst herstellt, werden schon seit Jahren kürzere Ausführungen von Spiralbohrern mit Linksdrall für linkslaufende Automaten von den Spiralbohrerfabriken auf den Markt gebracht. Ebenso bekommt man auch Spiralbohrer für tiefe Bohrungen und zähe Werkstoffe, bei denen die Spannuten zur besseren Späneabfuhr poliert sind. Die Schneidrichtung, also ob rechts- oder linksschneidend, ist bei der Bestellung stets vorzuschreiben. Bis 10 mm ∅ gibt es auch handelsübliche Spiralbohrer zum Bohren von kurzspanenden Werkstoffen, wie Ms 58 und Automatenalu, mit einem Spanwinkel von 10 bis 12° und weiterer Spannut zur Aufnahme der Späne. Die normalen Spiralbohrer werden für die Bearbeitung von Stahl mit einem Spanwinkel von 30° versehen. Zum Einspannen der Bohrer, Reibahlen, Senker usw. mit rundem Schaft werden einfache Bohrerhalter zum Einspannen in die Revolverlöcher nach Abb. 261 normal und Abb. 262a, b in kürzerer Ausführung für tiefere Bohrungen verwendet. Dabei braucht man für solche

Abb. 261
Bohrerhalter, normal (Index)

Werkzeuge, deren Schaftdurchmesser kleiner ist als die Bohrung des Bohrerhalters, Spannbüchsen und Druckstücke nach Abb. 263a, b, deren Außendurchmesser in die Bohrerhalter paßt und deren Bohrung dem Schaftdurchmesser des Werkzeuges entspricht. Schwache Bohrer unter 5 bis 6 mm spannt man zweckmäßiger mit Zangenspannung in einen Bohrerhalter nach Abb. 264 ein. Erweist es sich als notwendig, das Werkzeug zur Spindelachse genau einzustellen, so kann man die einstellbaren Bohrerhalter nach Abb. 265a, b

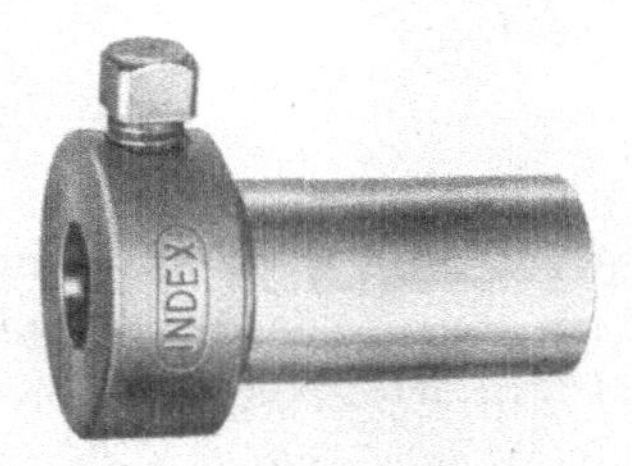

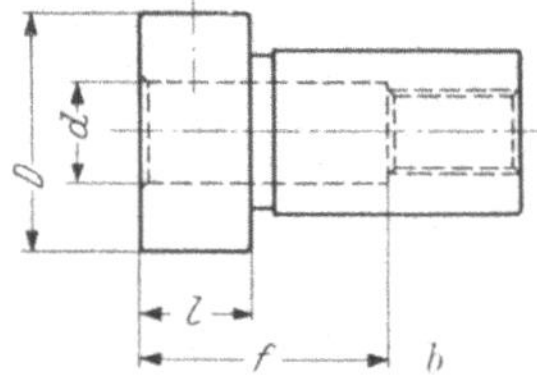

Abb. 262a, b. Bohrerhalter, kurz (Index)

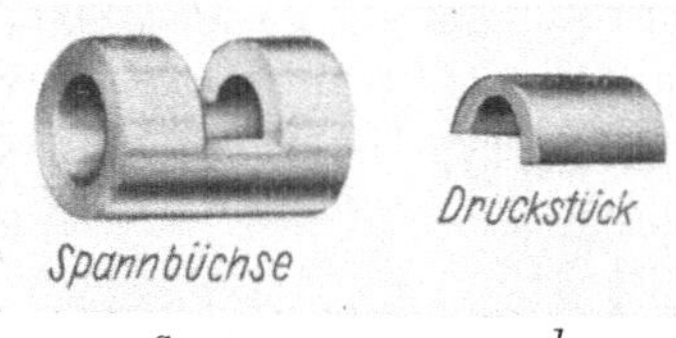

Abb. 263a, b.
Spannbüchse mit Druckstück (Index)

anwenden, die sich um ein geringes nach rechts und links, oben und unten verstellen lassen, da die Durchgangslöcher für die Sechskantschrauben etwas größer gebohrt sind.

Diese einstellbaren Bohrerhalter können auch mit einem Drehstahlhalter für radiale oder tangentiale Drehstähle nach Abb. 266a, b versehen werden. In allen diesen Bohrstahlhaltern ist im Schaft ein Schraubstift vorgesehen, der den Bohrerdruck aufnimmt und zum Einstellen der genauen Bohrtiefe dient. Will man beim Reiben von Bohrungen Vorweite

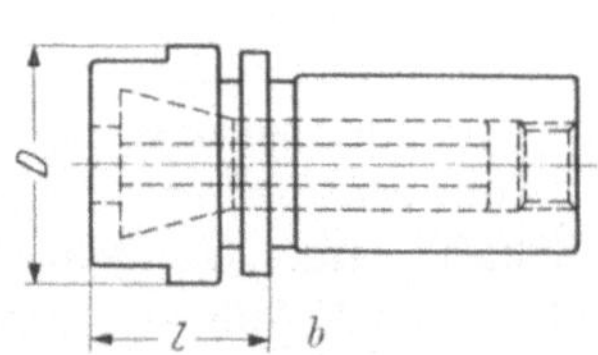

Abb. 264a, b. Bohrerhalter mit Spannzange (Index)

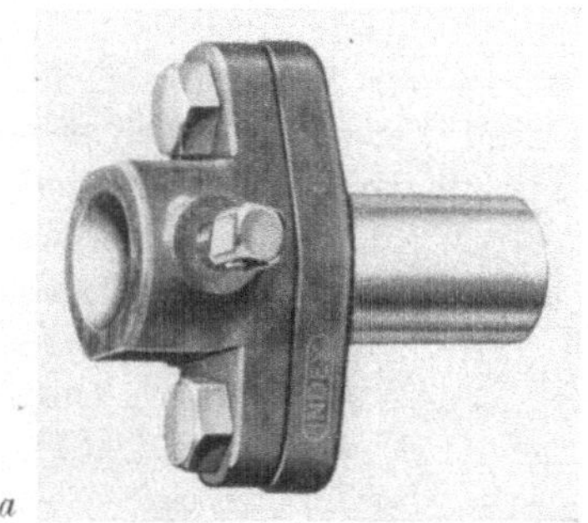

a

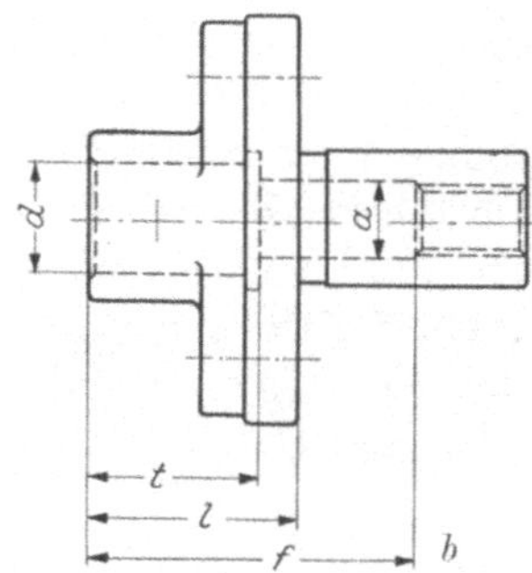

b

Abb. 265a, b. Bohrerhalter, einstellbar (Index)

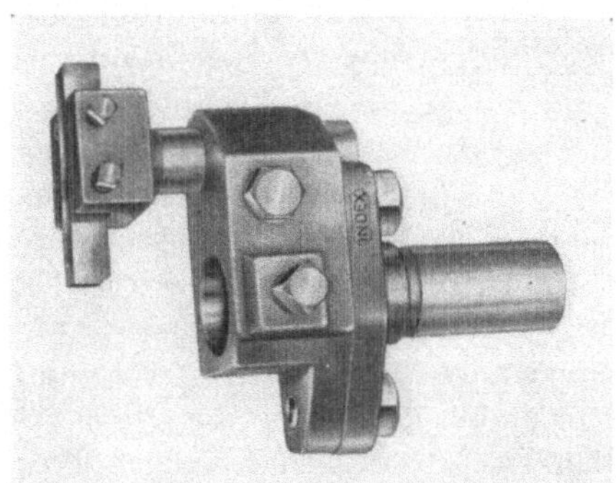

a

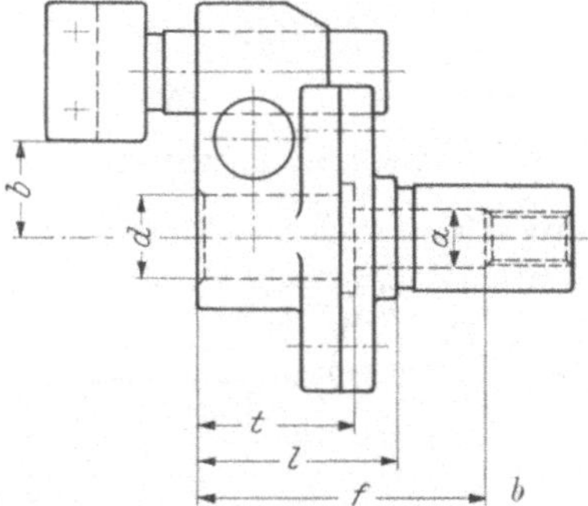

b

Abb. 266a, b. Bohrerhalter, einstellbar mit Drehstahl (Index)

der Bohrung vermeiden, so ist es zweckmäßig, die Reibahle pendeln zu lassen, damit sie ohne Zwang in die Bohrung hineingeht. Hierzu dient der pendelnde Reibahlenhalter (Abb. 267), der um einige Zehntelmillimeter pendeln kann.

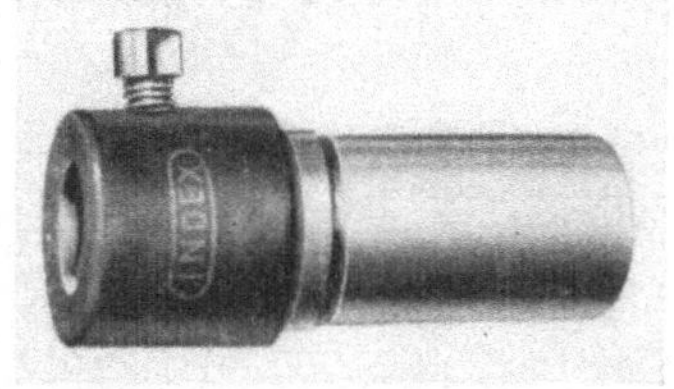

Abb. 267
Reibahlenhalter, pendelnd (Index)

Mit den mehrschneidigen, hinterdrehten Formbohrern oder Formsenkern nach Abb. 260 kann man nur eine Form mit unveränderlichen Durchmessern herstellen, die denen des Werkzeugs entsprechen. Wenn sich die Durchmesser des Werkzeugs abgenützt haben, ist die Genauigkeit nicht mehr gewährleistet. Bei der Verwendung von Einschneidern dagegen ist es ohne weiteres möglich, die Durchmesser des Werkstücks in bestimmten Grenzen zu verändern, sobald diese Einschneider in radial verstellbaren Stahlhaltern gespannt sind. Derartige einschneidige Senker können allerdings nicht ins volle arbeiten. Daher muß jede herzustellende Bohrung, je nach Form verlangter

Maßhaltigkeit und Oberflächengüte, entsprechend vorgebohrt werden. Verschiedene Formen solcher hinterdrehter Senker, von denen Abb. 268a—d einige zeigt, gleichen in ihrer Verwendung den Formscheibenstählen. Sie werden wie diese nur an der Spanfläche nachgeschliffen, behalten so bis zuletzt ihre richtige Schneidenform und erzeugen daher richtige Abmessungen. Diese Senker werden je nach der Zerspanungsarbeit nur axial oder axial und radial hinterdreht. Die letztere Ausführung ist die gebräuchlichste.

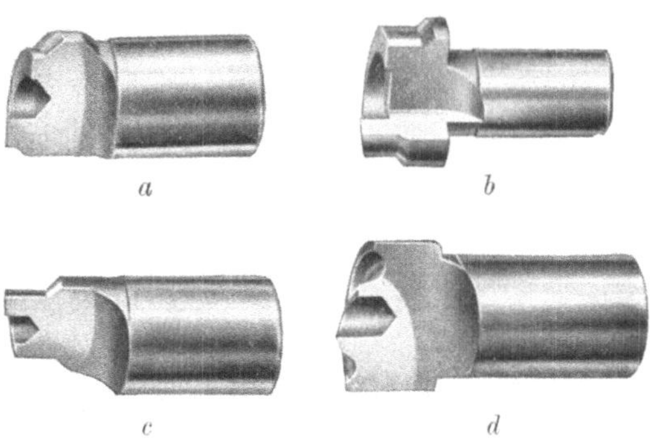

Abb. 268a—d. Hinterdrehte Senker

Bei dem auf Abb. 269 gezeigten Formsenker, mit dem an der Stirnfläche des Werkstücks eine Rille eingestochen werden soll, genügt es, die entsprechend der Rille geformte Stirnfläche des Formsenkers nur axial zu hinterdrehen. Das Maß der Hinterdrehung errechnet sich dabei aus dem in Punkt a erforderlichen axialen Freiwinkel von etwa 8° für Stahl und dem im gleichen Punkt gemessenen Durchmesser d des Werkzeugs von 20 mm gemäß der Formel $h = d \cdot \pi \cdot \mathrm{tg} \cdot \alpha =$ 9 mm auf dem Umfang. Dieser Wert kann auch aus dem Schaubild 270 entnommen werden. Geht man auf der unteren Skala des Schaubildes von 20 mm ∅ senkrecht bis zum Schnittpunkt des Strahles von $\alpha = 8°$, der den erforderlichen Freiwinkel darstellt, und von da waagrecht

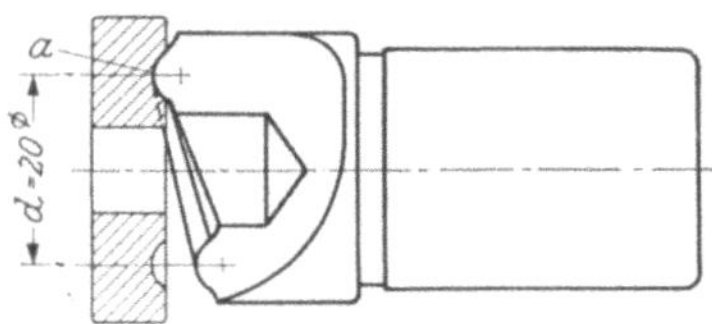

Abb. 269. Stirnschneidende Formsenker

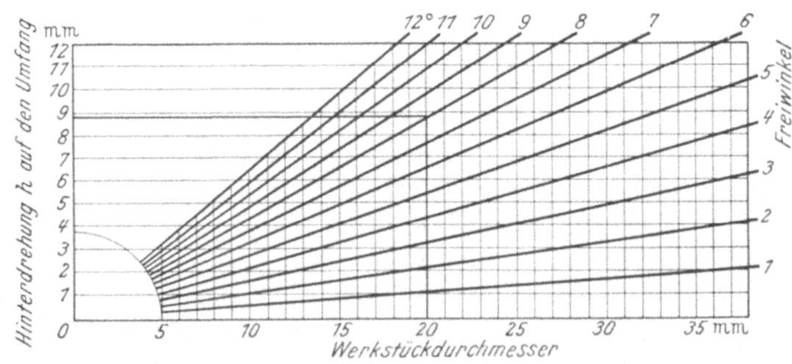

Abb. 270. Hubberechnung beim Hinterdrehen (Schwendenwein)

nach links, so kann man auf der senkrechten Skala das jeweilige Maß der Hinterdrehung auf den ganzen Umfang ablesen, also im vorliegenden Beispiel 9 mm. Der Senker wird demnach auf einer Hinterdrehbank mit dem Hubnocken 9 mm axial hinterdreht. Hierbei ist zu beachten, daß an den Hinterdrehbänken nicht beliebige Hinterdrehmaße ausgeführt werden können, sondern nur solche, für die Hinterdrehnocken vorhanden sind. Diese sind im allgemeinen in Abstufungen von 1 mm vorhanden und müssen an der betreffenden Hinterdrehbank festgestellt werden.

Soll dagegen der Formsenker nach Abb. 271 hergestellt werden, mit dem die gezeigte Innenform fertig zu bearbeiten ist, so genügt axiales Hinterdrehen allein nicht, da damit bei axialem Vorschub nur an den planen oder kegeligen Stirnflächen gute Schnittverhältnisse erzielt werden, nicht aber auch an den Mantelflächen des Formsenkers. An diesen Stellen würde der Formsenker drücken, weil ein Freiwinkel fehlt.

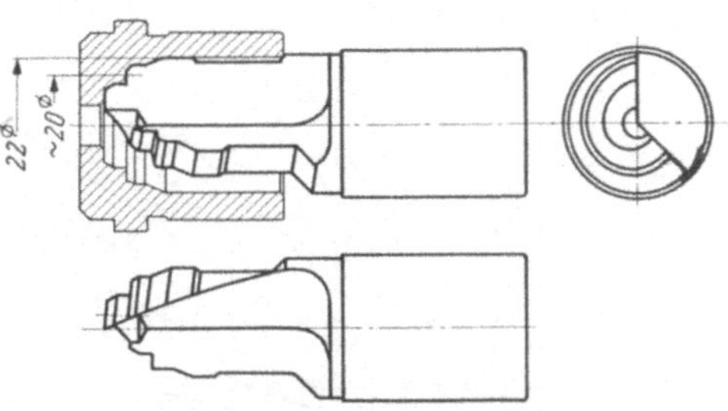

Abb. 271. Formsenker, radial und axial hinterdreht

Soweit es sich um die Verarbeitung von kurzspanenden, spröden Werkstoffen handelt, die keinen Spanwinkel erfordern und daher mit ebenen Spanflächen ausgeführt werden können, würde es genügen, die Mitte des Formstahls gegenüber dem Werkstück wie bei Formscheibenstählen zu erhöhen, um einen Freiwinkel zu erhalten. Sobald jedoch zähe Werkstoffe wie Stahl, Duraluminium u. dgl. zu bearbeiten sind, die spiralnutige Schneidwerkzeuge erfordern, kommt das Überhöhen zur Erzielung eines Freiwinkels an den Mantelflächen nicht in Frage, sondern in diesem Fall muß der Formsenker zusätzlich auch noch radial hinterdreht werden. Aus der resultierenden axialen und radialen Hinterdrehung entsteht der schräg hinterdrehte Formsenker, welcher sowohl in seiner axialen Vorschubrichtung, wie auch an seinem Mantel richtige Schnittverhältnisse ergibt.

Um das schräge Hinterdrehen des Formsenkers auf der Hinterdrehbank zu erreichen, wird der den Hinterdrehstahl tragende Schlitten nicht mehr senkrecht zur Werkstückachse bewegt, sondern der Schlitten wird um einen bestimmten Winkel φ zu ihr schräg gestellt und in dieser Stellung mit dem Hubnocken bewegt, der der Hinterdrehung auf den ganzen Umfang entspricht. Die Größe des Winkels φ, um den der Querschlitten schräg zu stellen ist und den dabei anzuwendenden Hubnocken entnimmt man am einfachsten aus den Schaubildern 270 und 272 auf folgende Weise:

Angenommen, es soll Duralumin bearbeitet werden, so wird als Freiwinkel für die Stirnfläche etwa 8° und für die Mantelfläche etwa 5° gewählt. Wird für die Stirnfläche ein mittlerer Durchmesser von etwa

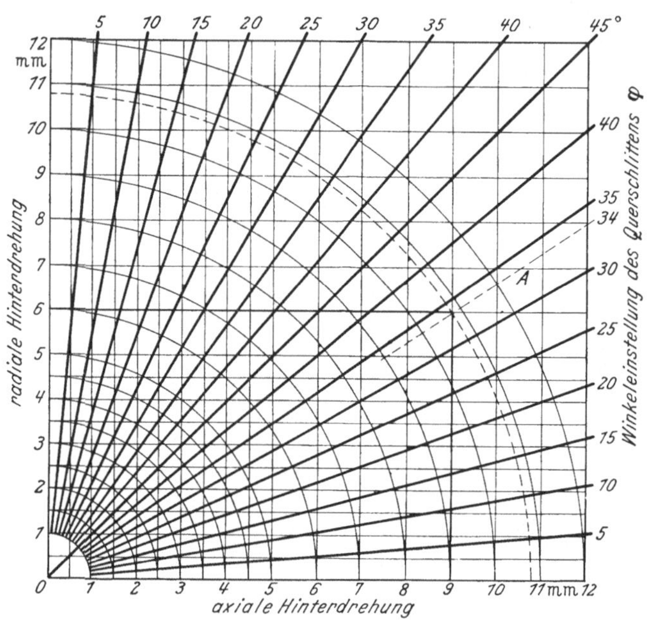

Abb. 272. Winkeleinstellung beim Hinterdrehen (Schwendenwein)

20 mm zugrunde gelegt, so ergibt dieser nach der obenbeschriebenen Ablesung aus Abb. 270 eine axiale Hinterdrehung von 9 mm, während die radiale Hinterdrehung für den Durchmesser von 22 mm bei 5° Hinterdrehung rund 6 mm ist. Also ist die axiale Hinterdrehung 9 mm, die radiale 6 mm auszuführen. Geht man nun auf der unteren Skala des Schaubildes 272 bei 9 mm axialer Hinterdrehung senkrecht hoch bis zum Schnittpunkt mit der radialen Hinterdrehung von 6 mm, die auf der linken senkrechten Skala aufgetragen sind, und verbindet man diesen Schnittpunkt mit dem Nullpunkt, so entspricht dieser Strahl etwa 34°, welcher Wert bei der Schrägstellung des Querschlittens in der Hinterdrehbank einzustellen ist (gestrichelte Linie). Der Hub des Querschlittens beim Schräghinterdrehen des Werkzeugs entspricht der Hypotenuse des rechtwinkligen Dreiecks, dessen Katheten die axiale und radiale Hinterdrehung bilden, also die Strecke O ÷ A. Bei der Winkelstellung im vorliegenden Fall von 34° ergibt sich ein Hubnocken von rund 11 mm, der durch die Kreise entweder auf der unteren oder linken Skala abgelesen werden kann. Auf Grund dieser Feststellung wird der Senker axial mit

9 mm und radial mit 6 mm hinterdreht, wobei der Querschlitten der Hinterdrehbank auf 34° eingestellt und ein Hubnocken von 11 mm verwendet werden muß. Dabei ist allgemein zu beachten, daß die größte Hinterdrehung stets in der Vorschubrichtung des Formsenkers liegt.

Da der Formsenker (Abb. 271) spiralnutig ist, muß man zu seiner genauen Herstellung eine besondere Lehre anfertigen (Abb. 273). Diese ist ein aufgeschlitzter Ring mit einer Innenform, die genau der Form des fertigen Werkstücks entspricht und derartig aufgesägt ist, daß die Meßkante a der Lehre mit der spiraligen Schneide des fertigen Senkers übereinstimmt.

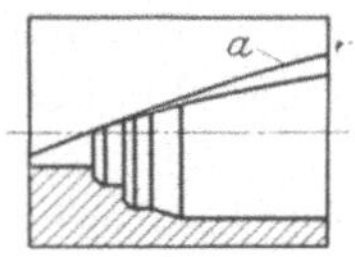

Abb. 273
Lehrring für Formsenker

Auf der Hinterdrehbank können derartige Formsenker auch nach dem Härten geschliffen werden. Hierzu wird auf der Hinterdrehbank an Stelle des Drehstahls eine Schleifeinrichtung gesetzt, deren Schleifscheibe jeweils nach der zu hinterschleifenden Form zugerichtet werden muß.

Sollen an einem Werkstück Innengewinde hinterstochen oder ähnliche Hinterdrehungen in Bohrungen ausgeführt werden, so verwendet man hierfür im Revolverkopf von Revolverautomaten für geringe Einstechtiefen einen Schwingwerkzeughalter nach Abb. 227, für tiefe Einstiche und größere Planflächen einen Verschiebewerkzeughalter nach Abb. 257. Das Kopfstück, das den Einstechstahl trägt, wird von einem Seitenschlitten radial vorgeschoben und durch eine Feder zurückbewegt.

Soweit es sich um Einstecharbeiten in Bohrungen bis etwa 30 mm handelt, werden die Einstechwerkzeuge als kleine Formscheibenstähle mit rundem Schaft ausgeführt, die in der Bohrung des Kopfstücks festgespannt werden. Je nach der Art der Innenform müssen diese radial oder axial und radial schneidend sein. Wenn z. B. ein Gewindefreistück nach Abb. 274 gedreht werden soll, der beiderseitig von geneigten Kegelflächen von 15° oder mehr begrenzt ist, so genügt es, wenn der Einstechstahl nur radial ohne Hinterdrehung schneidet, da dann genügende seitliche Freiwinkel vorhanden sind. Um in diesem Fall an der Schneidstelle richtige Schnittverhältnisse zu erhalten, gibt es zwei Möglichkeiten:

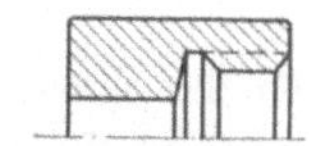
Abb. 274
Gewindefreistich

1. Man legt in der gleichen Weise wie beim Bearbeiten der Außenform mit dem Formscheibenstahl die Mitte des Einstechstahls höher als die Werkstückmitte, so daß an der Schneidenspitze ein Freiwinkel α von 8 bis 10° entsteht, wie Abb. 275 zeigt. Die Überhöhung h ergibt sich dabei zu etwa $^1/_{12}$ des Einstechstahldurchmessers. Da gewöhnlich die Achse der Aufnahmebohrung im Kopfstück des Werkzeughalters

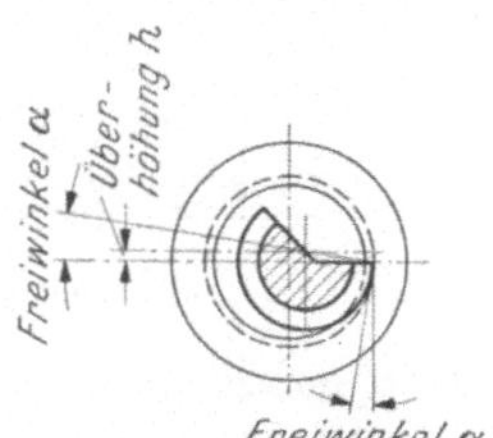

Abb. 275
Überhöhter Einstechstahl

mit der Werkstückachse zusammenfällt, müßte die Schneidenform des Einstechwerkzeugs exzentrisch zum runden Schaft entsprechend der Überhöhung angedreht werden. Um diese zeitraubende und unbequeme Arbeit zu vermeiden, bedient man sich:

a) außermittig ausgebohrter Aufnahmebüchsen nach Abb. 276, wodurch das Einstechwerkzeug selbst vollkommen mittig bleibt und auf jeder Rundschleifmaschine rund geschliffen werden kann;

b) der besonderen Schwingwerkzeughalter nach Abb. 277a, b, bei denen das Kopfstück oben in einer exzentrischen Büchse gelagert ist, um damit die jeweils erforderliche Überhöhung des Einstechwerkzeugs anzustellen. Auf der Rändelbüchse ist eine Einstellskala angebracht, nach der die gewünschte Überhöhung h ohne weiteres eingestellt werden kann. Dadurch erübrigt sich in diesem Falle die Verwendung besonderer außermittiger Aufnahmebuchsen. Für

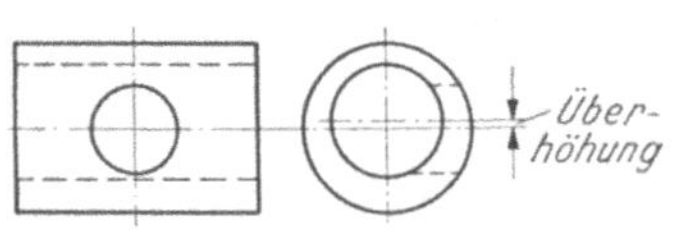

Abb. 276
Außermittige Aufnahmebüchse

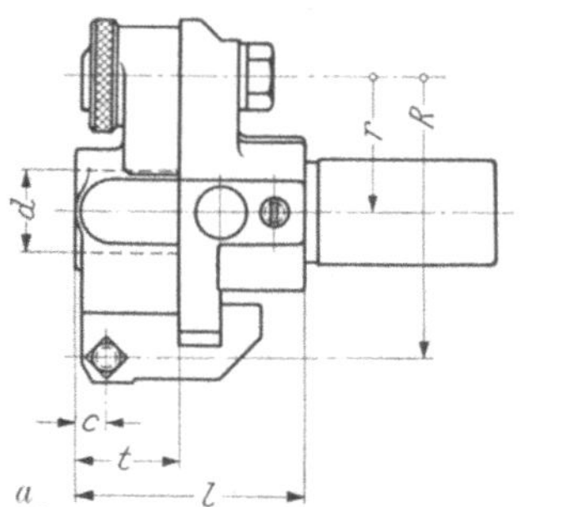

Abb. 277a, b. Schwingwerkzeughalter (Index)

solche Schaftdurchmesser der Formstähle, die kleiner sind als die Aufnahmebohrung des Kopfstückes, werden dann die normalen konzentrischen Spannbüchsen erforderlich.

2. Falls die außermittige Verstellungsmöglichkeit, die bis 2 mm möglich ist, nicht mehr ausreicht oder die Verwendung außermittiger Aufnahmebuchsen nach Abb. 276 mit Rücksicht auf die Größe des Ein-

Abb. 278a, b. Einstechwerkzeug, radial hinterdreht

stechwerkzeugs und die Starrheit der Werkzeugaufnahme nicht mehr zulässig ist, wird die Schneidenform des Einstechwerkzeugs radial hinterdreht (nach Abb. 278a, b). Zur Ermittlung der Hinterdrehung, die einen

Freiwinkel α von etwa 8° haben soll, dient das Schaubild 271. Diese radial hinterdrehten Einstechwerkzeuge werden konzentrisch im Kopfstück eingespannt und immer an der Spanfläche nachgeschliffen, so daß die Schneidenform bis zuletzt unverändert erhalten bleibt wie beim Formscheibenstahl.

Sind mit den Einstechstählen auch saubere Planflächen in der Bohrung nachzudrehen, so muß in axialer Richtung ein Freiwinkel α_1 nach Abb. 279 vorgesehen werden. Soll z. B. an einem Werkstück der Boden

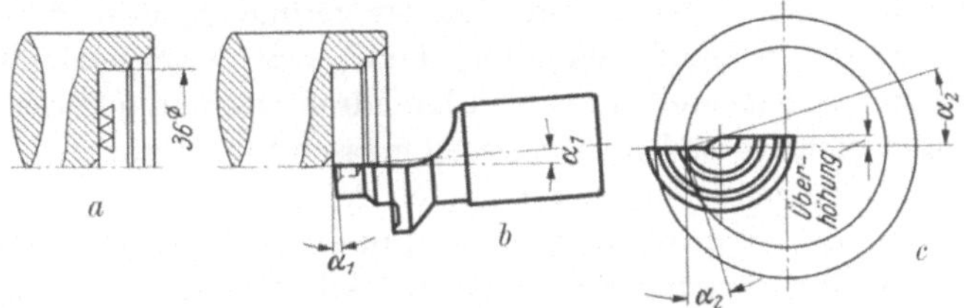

Abb. 279a—c. Plandrehen mit schräg gestelltem Einstechstahl

plangedreht und gleichzeitig in der Bohrung 36 mm ∅ die Kante gebrochen sowie auf Länge gedreht werden, so bedient man sich eines rundgeschliffenen Formstahls, der um den Winkel α_1 schräg und um die Überhöhung h höher gestellt werden muß, um radial einen brauchbaren Freiwinkel α_2 zu erhalten. Um dies zu erreichen, muß ein besonderes Kopfstück angefertigt werden, das die schräge Bohrung und Überhöhung h enthält und an dem Werkzeughalter angeschraubt wird. Der axiale Freiwinkel α_1 darf nicht zu groß gewählt werden, weil sonst die axiale Formverzerrung durch die Schrägstellung zu groß wird, besonders bei tiefen Bohrungen. Der radiale Freiwinkel α_2 kann normal zu 8 bis 10° gewählt werden.

5. Gewindewerkzeuge

a) Außengewinde. Zur Herstellung von Außengewinden stehen folgende Verfahren zur Verfügung: Gewinde schneiden mit Schneideisen oder selbstöffnendem Schneidkopf, Gewinde strehlen mit einer besonderen am Automaten angebauten Strehleinrichtung und schließlich das Gewinde rollen oder walzen.

Auf den Langdrehautomaten ist es nur möglich, das Gewinde mit Schneideisen oder Schneidköpfen zu schneiden. Auf den Revolverautomaten lassen sich alle 4 Arten der Gewindeherstellung anwenden. Die Formautomaten werden bisher noch nicht mit Gewindestrehleinrichtungen versehen, können jedoch mit Schneideisen, Schneidköpfen und Gewinderollen betrieben werden.

Schneideisen. Für die meisten Fälle werden normale Schneideisen nach DIN 223 verwendet, die in Schneideisenhaltern eingespannt werden. Für Langdrehautomaten und INDEX-0-Automaten dagegen müssen oft

Sonderschneideisen mit kleineren Abmessungen wegen der beschränkten Raumverhältnisse verwendet werden. Sind die Gewinde etwas schwächer zu schneiden, z. B. für solche Werkstücke, an denen galvanische Auflagen zum Rostschutz aufgebracht werden, so lassen sich die Schneideisen nach DIN 223 nach dem Aufschlitzen schwächer einstellen. Jedoch ist dabei zu beachten, daß dann die Mitte nicht mehr ganz genau mit der Achse des Werkstücks übereinstimmt und daher konzentrisch nachgestellt werden muß, um zu erreichen, daß alle Schneiden richtig schneiden. Bei schwachen Gewinden genügt das geringe Spiel in den beweglichen Teilen der Schneideisenhalter, damit sich die Schneideisen von selbst konzentrisch einstellen. An den Langdrehautomaten lassen sich die Schneideisen nicht verstellen. An diesen müssen für schwächere Gewinde besondere engere Schneideisen verwendet werden.

Bei den Schneideisen ist zu beachten, daß der Anschnitt mindestens das $1^1/_2$fache der Steigung sein muß. Bei schwieriger zu zerspanenden Werkstoffen muß der Anschnitt noch etwas länger sein, etwa das 2- bis $2^1/_2$fache der Steigung. Bei Werkstücken mit Bund kann also das Gewinde nicht bis zum Bund ausgeschnitten werden. Durch Eindrehen eines Einstichs am Bund bis auf den Kerndurchmesser des Gewindes kann man den Bund zur Anlage bringen. Dieser Einstich soll eine Breite von etwa $2 \times$ Steigung haben, bei schwieriger zu bearbeitendem Werkstoff noch mehr, entsprechend dem längeren Anschnitt. Bei solchen Werkstoffen ist es außerdem zweckmäßig, das Gewinde vor- und nachzuschneiden, wenn an dem Gewinde hohe Genauigkeit und Oberflächen-

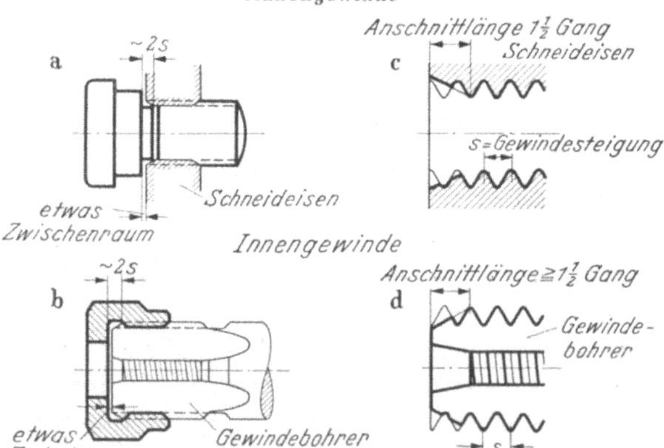

Abb. 280a—d. Breite der Einstiche für Gewinde

güte verlangt wird. Die Einstiche am Bund sind nicht nur für die Schneideisen, sondern auch für die Gewindeschneidköpfe, Strehler und auch Gewindebohrer für Innengewinde notwendig. Abb. 280 zeigt die richtigen Einstiche für normale Fälle.

Die Schneideisenhalter für Langdrehautomaten sind nicht ausziehbar, weil die Gewindespindel axial beweglich ist, bei Revolverautomaten dagegen müssen die Stahlhalter ausziehbar sein, damit sich das Schneideisen nach dem Andrücken durch die Vorschubkurve des Revolverschlittens von selbst auf das Werkstück aufzieht. Einen solchen ausziehbaren Schneideisenhalter für Revolverautomaten zeigt Abb. 281. Bei diesem für Rechts- und Linksgewinde verwendbaren Schneideisenhalter ist das Kopfstück, das das Schneideisen trägt, in axialer Richtung ausziehbar und wird durch eine im Inneren des Schaftes angebrachte Feder zurückgezogen. Muß das Gewinde bei schwierig zu bearbeitendem Werkstoff vor- und nachgeschnitten werden, so ist zum Nachschneiden ein besonderer ausziehbarer Schneideisenhalter nach Abb. 282a, b erforderlich. Dieser hat ein beiderseits federndes Kopfstück, damit der vorgeschnittene Gewindegang richtig

Abb. 281
Schneideisenhalter, ausziehbar (Index)

a

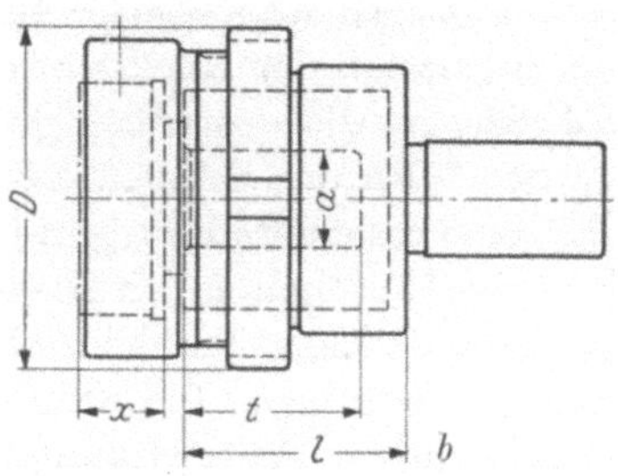

Abb. 282a, b. Schneideisenhalter, beiderseits pendelnd (Index)

getroffen wird. Für besonders kurze Gewinde und solche, die eine genaue Länge, z. B. bis an einen Bund, haben müssen, braucht man in Revolverautomaten die ausziehbaren, überlaufenden Schneideisenhalter nach Abb. 283, in denen der Auslauf durch Stellmuttern unabhängig von der Genauigkeit des Umschaltens der Drehrichtung genau eingestellt werden kann. Bei Umkehrung der Drehrichtung wird ähnlich wie bei einem Gesperre der Kopf des Halters zwangsläufig festgehalten, und das Schneideisen läuft hierdurch zurück. Für Rechts- und Linksgewinde sind verschiedene Halter erforderlich mit entgegengesetzter Sperre.

Abb. 283. Schneideisenhalter (Index)

Das kegelige Gewinde 1:16 für Whitworth-Rohrgewinde nach DIN 2999 läßt sich mit kegelig ausgearbeiteten Schneideisen ohne Schwierigkeit schneiden. Die Schneideisen selbst werden in diesen Haltern mittels der Schneideisenkappen nach Abb. 284a, b festgespannt, in denen sie durch die Halte- und Stellschrauben festgehalten, ausgerichtet und auf Durchmesser eingestellt werden können. Die Ausführung *a* ist dabei die normale, während die Ausführung *b* für größere Durchmesser der Schneideisen in Anwendung kommt, die nicht mehr von rechts eingeführt werden können. Als Werkstoff für die Schneideisen wird für saubere Gewinde meist ein Ölhärterstahl verwendet, weil bei Verwendung von Schnellstahl bei zähen Werkstoffen durch die Bildung des Schneidenansatzes rauhe Gewinde entstehen. Für kurzspanende Werkstoffe, bei denen sich kein Schneidenansatz bildet, sind auch Schneideisen aus Schnellstahl brauchbar, die gegenüber ölhärtenden Schneideisen eine größere Lebensdauer haben.

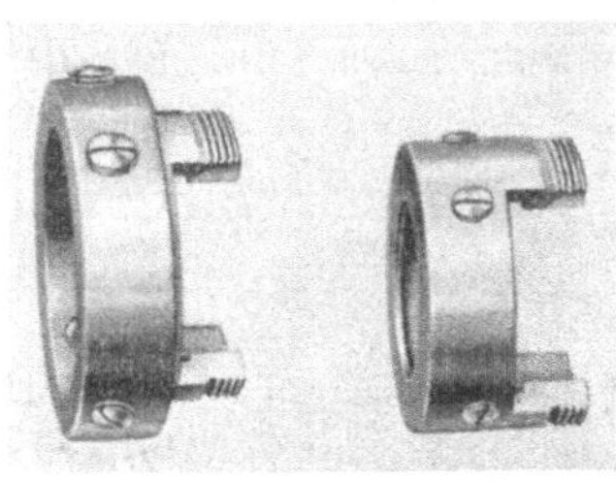

a *b*
Abb. 284a, b
Schneideisenkappen (Index)

Selbstöffnende Schneidköpfe. Ihr Vorteil besteht gegenüber den Schneideisen darin, daß der Rücklauf fortfällt und hierdurch Zeit gespart wird. Nachteilig ist die wesentlich größere Baulänge und die Notwendigkeit, zum Schließen der Schneidbacken nach dem Aufspringen und Zurückziehen eine besondere Bewegung von einem Seitenschlitten aus zu machen oder beim Umschalten des Revolverkopfes an einem im Automaten fest angebrachten Leitstück den Schalthebel für das Schließen des Schneidkopfes zu betätigen. Die Schneidbacken müssen leicht beweglich sein, damit sie durch Federwirkung auch sicher aufspringen, und es können durch feine Späne Störungen dabei auftreten. Außerdem leidet die Genauigkeit. Da die Schneidbacken meist aus Schnellstahl bestehen, werden die Gewinde bei zähen Werkstoffen wegen des Schneidenansatzes oft nicht sauber.

Abb. 285. Selbstöffnender Gewindeschneidkopf mit Radialschneiden

Die selbstöffnenden Gewindeschneidköpfe werden entweder mit Radialschneidbacken nach Abb. 285 oder für längere Lebensdauer mit Tangentialschneidbacken nach Abbildung 286 oder für längste Lebensdauer mit Formscheibenstählen nach Abb. 287 versehen. In allen Fällen müssen die Schneiden mit besonderen Vorrichtungen gleichmäßig geschliffen und eingestellt werden. Die Radialschneiden lassen sich leicht auswechseln und für verschiedene Gewinde verwenden. Die Tangential- und Formscheibenstähle sind für größte Stückzahlen vorteilhaft. Alle Schneidbacken sind im Durchmesser fein einstellbar. Zur Auslösung der Backen bei Beendigung des Schnittes dient entweder ein Anschlag wie auf Abb. 287 oder der Kopf wird wie bei den Schneideisenhaltern axial gezogen und gibt die Sperre frei, so daß die Schneidbacken durch Federwirkung aufspringen.

Abb. 286
Selbstöffnender Gewindeschneidkopf mit Tangentialschneiden

Gewindestrehlen. Zum Strehlen von Außengewinden werden Formscheibenstähle nach Abb. 288a—c benutzt, die in den Außengewinde-Strehlerhaltern nach Abb. 289a—c, befestigt werden. Diese Strehlerhalter sind nach oben und unten fein in der Höhe verstellbar, um bei Rechts- oder Linksgewinde jeweils die Überhöhung h zur Erzeugung eines Freiwinkels von 8° einstellen zu können. Das Profil des Formscheibenstahls muß entsprechend dem Frei- und Spanwinkel gegenüber der gewünschten Gewindeform verzerrt sein und läßt sich mit dem Rechenschieber für Formscheibenstähle genau bestimmen.

Abb. 287. Gewindeschneidkopf mit Formscheibenstahlen

Gewinderollen. Das Aufrollen oder Aufwalzen von Gewinden ist nur für Außengewinde möglich und hat gegenüber den spangebenden Verfahren folgende Vorteile:

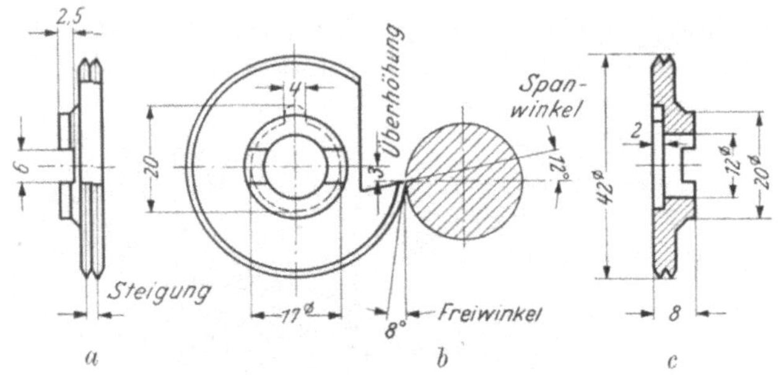

Abb. 288a—c. Außengewindestrehler

1. Verdichtung der Gewindegänge und hierdurch Verbesserung der Festigkeit.
2. Glatte Oberfläche.
3. Längere Lebensdauer der Rollwerkzeuge.
4. Bei Kurzgewinden Zeitersparnis.
5. Gewinde bis an einen Bund ohne Einstich ist möglich.

Abb. 289a
Strehlerhalter (Index)

Das Gewinderollen kommt jedoch nur für solche Werkstoffe in Betracht, die walzbar sind, also nicht für kurzspanende Werkstoffe, wie Ms 58, GG und Automatenalu.

Es gibt folgende drei Möglichkeiten, das Gewinde einzuwalzen:

1. Mit einer Gewinderolle, die auf einem Seitenschlitten befestigt ist und in das Werkstück durch eine Seitenschlittenkurve hineingedrückt wird (Abb. 290). Hierbei treten hohe Drücke auf die Kurven und Spindellager auf, so daß dieses Verfahren mit einer Rolle nur für kurze und feine Gewinde an stabilen Werkstücken benutzt werden kann.

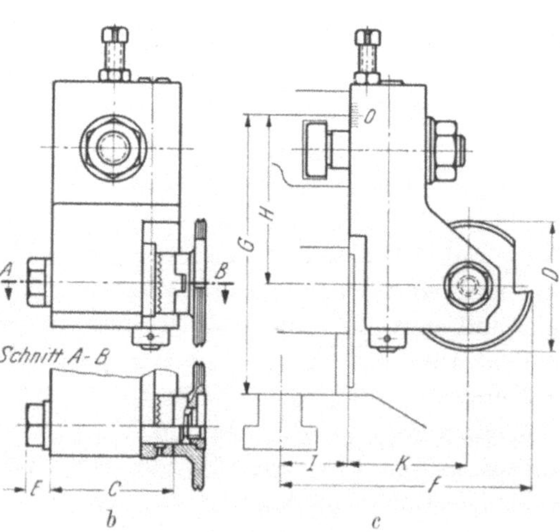

Abb. 289b, c. Strehlerhalter (Index)

2. Gewinderollen mit zwei Rollen übereinander nach Abb. 291, die ebenfalls auf einem Seitenschlitten befestigt und durch eine Kurve quer über das Werkstück bewegt werden. Hierbei ist der Druck auf die Kurve und die Spindel nicht mehr groß, da die beiden Rollen nur über das Werkstück geschoben werden. Die beiden Rollen sind durch Zahnräder zwangsläufig miteinander laufend gekuppelt, weil sie gegenseitig um einen halben Gang versetzt sein müssen. Mit solchen Gewinderollwerkzeugen lassen sich auch stärkere Steigungen und größere Längen von Spitzgewinden rollen.

Abb. 290
Gewinderollen mit 1 Rolle (Burdick)

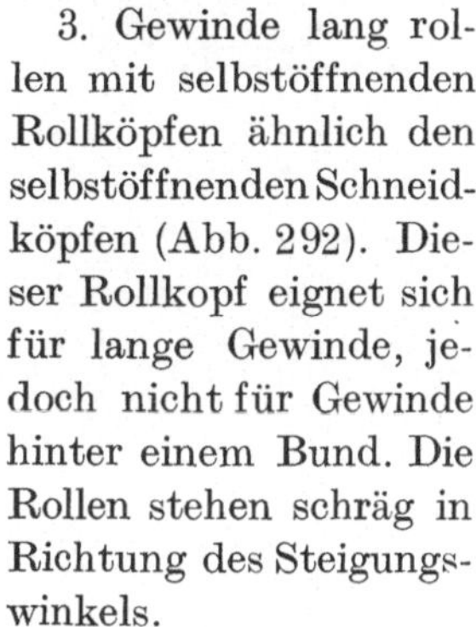

3. Gewinde lang rollen mit selbstöffnenden Rollköpfen ähnlich den selbstöffnenden Schneidköpfen (Abb. 292). Dieser Rollkopf eignet sich für lange Gewinde, jedoch nicht für Gewinde hinter einem Bund. Die Rollen stehen schräg in Richtung des Steigungswinkels.

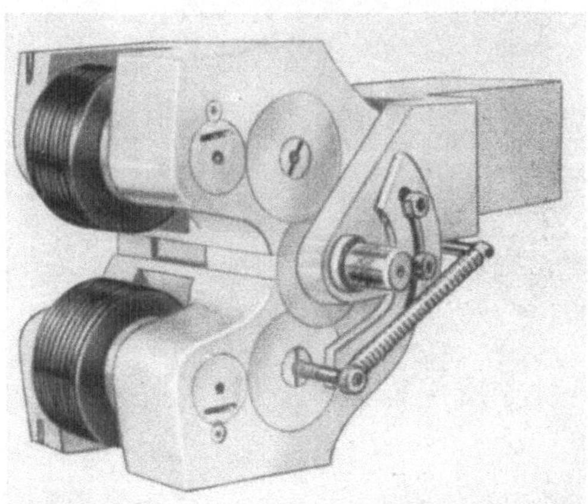

Abb. 291. Gewinderollen mit 2 Rollen (Landis)

Beim Gewinderollen ist zu beachten, daß außen der Durchmesser größer wird und daher der Gewindeschaft kleiner gedreht werden muß. Diese Verringerung ist je nach dem Werkstoff des Werkstücks verschieden und muß für jeden Werkstoff passend ausprobiert werden. Die Gewinderollen 1 und 2 müssen bei Rechtsgewinde Linksdrall haben und bei Linksgewinde umgekehrt Rechtsdrall. Außerdem muß der Durchmesser der Rollen mit dem Durchmesser des Gewindes abgestimmt werden, z. B. bei doppeltem Durchmesser der Rollen gegenüber dem Werkstück muß das Gewinde der Rolle zweigängig sein, beim dreifachen dreigängig usw. Daher sind die Gewinderollen mit hoher Genauigkeit anzufertigen. In Deutschland hat das Gewinderollen noch nicht die Bedeutung erlangt wie in den USA, wo es bereits mehrere Spezialfirmen gibt, die sich mit der Herstellung der Gewinderollen und -halter befassen.

Abb. 292. Gewinderollkopf (Wagner)

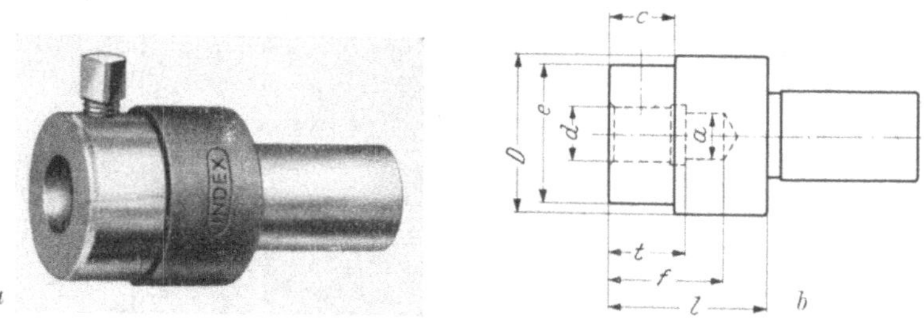

Abb. 293a, b. Gewindebohrerhalter, ausziehbar (Index)

b) Innengewinde. Zur Herstellung kleiner Innengewinde kommen in Langdreh- und Revolverautomaten die Gewindebohrer in Anwendung, für größere Durchmesser kommt in Revolverautomaten auch das Strehlen bei genauem Rundlauf und selbsttätige Schneidköpfe für größere Durchmesser nach Art der selbstöffnenden Gewindeschneidköpfe nur umgekehrt in Betracht. Bei diesen letzteren springen die Backen nach Beendigung des Schnittes nach innen.

Die Gewindebohrerhalter für Revolverautomaten werden nach Abb. 293a, b ausziehbar hergestellt. Zum Nachschneiden von Gewinden braucht man ausziehbare Gewindebohrerhalter nach Abb. 294, die beiderseits federnd sind, damit sich der Gewindebohrer in das vorgeschnittene Gewinde hineinfindet. Das Vor- und Nachschneiden des Gewindes ist bei zähen Werkstoffen notwendig, wenn hohe Anforderungen an die Güte des Gewindes gestellt werden.

Abb. 294. Gewindebohrerhalter, ausziehbar, federnd (Index)

Für besonders kurze Gewinde sind die überlaufenden Gewindebohrerhalter nach Abb. 295a, b mit überlaufender Kupplungseinrichtung zweckmäßig. Diese entsprechen den überlaufenden Schneideisenhaltern und erfordern für Rechts- und Linksgewinde verschiedene Ausführungen. Kleine Gewindebohrer spannt man in einen Gewindebohrerhalter (Abbildung 296) mit Zangenspannung ein, in dem sich die Länge mit einer Stellschraube von hinten einstellen läßt.

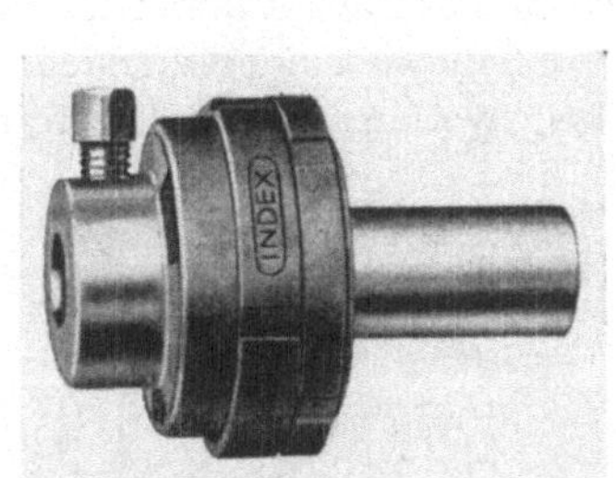

a

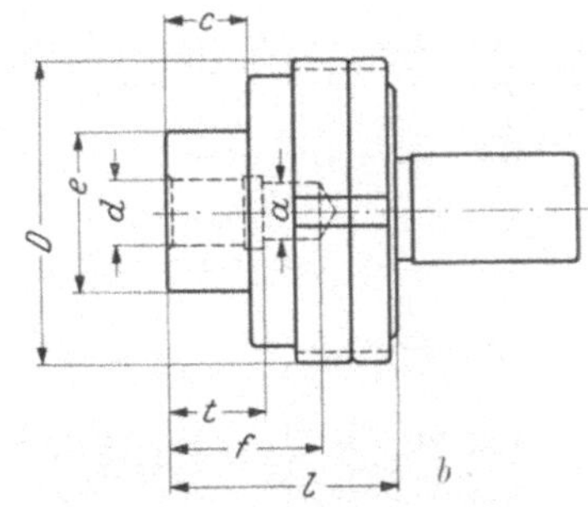

b

Abb. 295a, b. Gewindebohrerhalter, überlaufend (Index)

Abb. 296. Gewindebohrerhalter mit Zange (Index)

Zum Strehlen von Innengewinden dienen die Innengewindestrehler nach Abb. 297 für Gewinde bis 22 mm ∅, für größere Durchmesser die aufsteckbaren Strehler nach Abb. 298. Bei diesen Strehlern ist, wie bei Formscheibenstählen, die Verzerrung des Profils und die Überhöhung h zu beachten. Daher

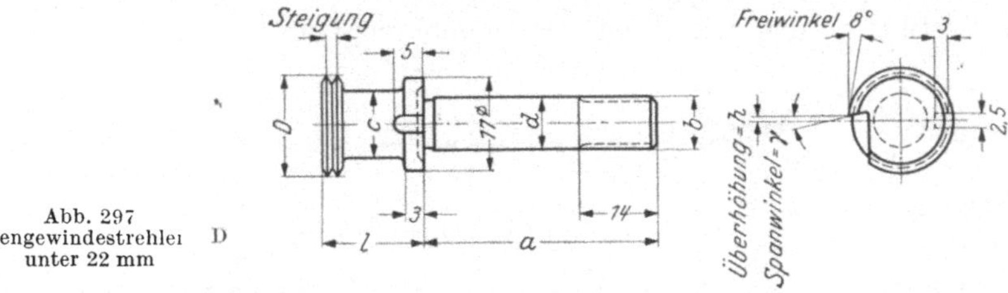

Abb. 297 Innengewindestrehler unter 22 mm

sind für das Strehlen die verstellbaren Innengewindestrehlerhalter (Abb. 299a, b) zu verwenden, in denen sich der Strehler verdrehen und auf Überhöhung durch eine Stellschraube einstellen läßt.

In Automaten für die Herstellung von Muttern werden die Gewinde mit Schlangengewindebohrern nach Abb. 300 in besonderen rotierenden Gewin-

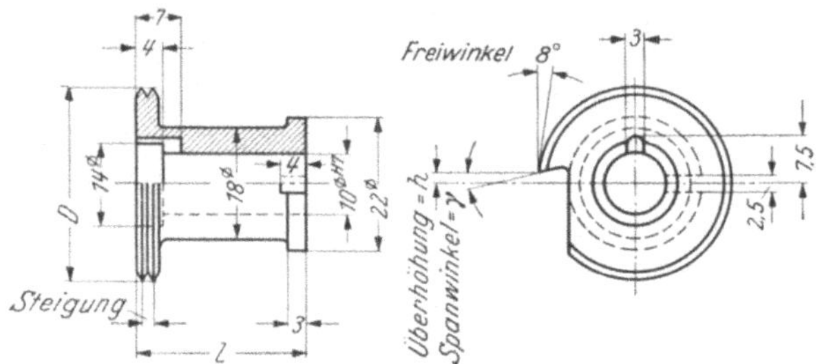

Abb. 298. Innengewindestrehler D über 22 mm

deschneideinrichtungen angewendet. Diese haben einen schlangenförmig ausgearbeiteten Kanal, durch den die Muttern beim Gewindeschneiden von selbst hindurchgeschoben und am Ende ausgeworfen werden. Der Kanal

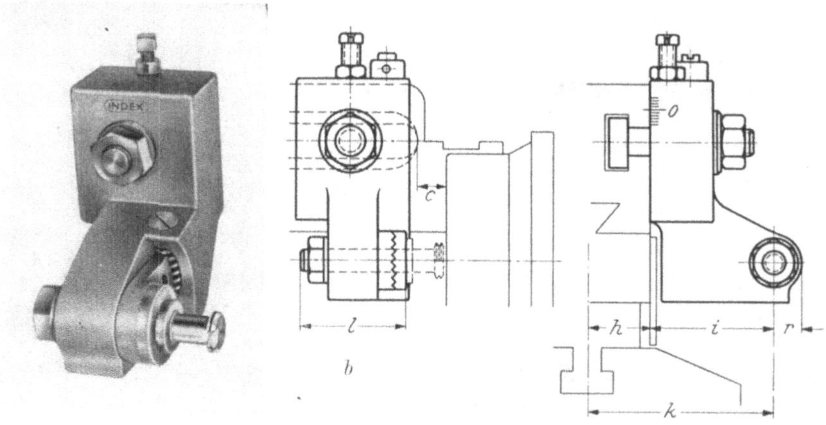

a b

Abb. 299a, b. Innengewindestrehlerhalter (Index)

muß vor Beginn der Arbeit mit Muttern auf dem Schlangengewindebohrer vollgefüllt werden, damit der Gewindebohrer seine richtige Lage erhält.

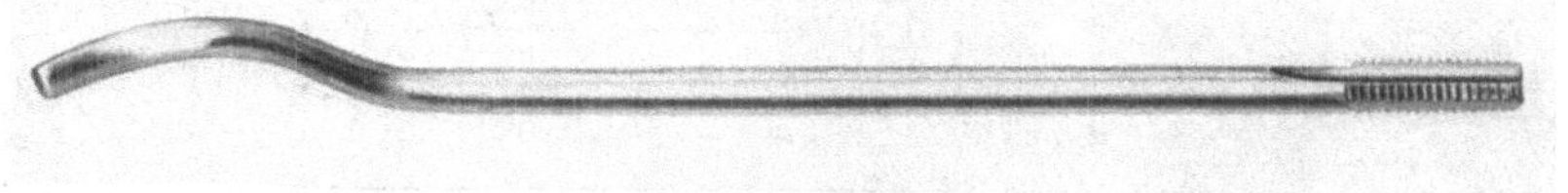

Abb. 300. Schlangengewindebohrer

Bei allen Gewindeschneidarbeiten ist zu beachten, daß schwer bearbeitbare Werkstücke oft zu Schwierigkeiten durch Werkzeugbruch führen, weil die Werkzeuge zum Gewindeschneiden alle zwangsläufig arbeiten und der Zeitverbrauch z. B. beim Vor- und Nachschneiden groß wird.

Daher zieht man es vor, bei schwer bearbeitbaren Werkstücken das Gewinde auf besonderen Gewindeschneid-, Fräs- oder Gewindewalzmaschinen herzustellen. Bei den Gewindeschneidmaschinen kann man durch Anwendung von Sicherheitskupplungen den Werkzeugbruch leichter vermeiden.

6. Rändelwerkzeuge

Bei diesen muß man zwei Arten unterscheiden, und zwar Quer- und Längsrändeln. Die Rändelung ist entweder gerade oder als Kreuzrändelung auszuführen. Diese letztere Form der Rändelung wird auch oft als Kordierung bezeichnet. Das Rändeln ist ein Walzvorgang, bei dem die Rändelräder die Rändelung in das Werkstück einrollen, indem sie in das Werkstück hineingedrückt oder beim Längsrändeln aufgedrückt werden. Hierbei wird der Durchmesser des Werkstücks ähnlich wie beim Gewinderollen aufgeworfen und größer. Kurzspanende Werkstoffe lassen sich nur mit feiner Rändelung versehen, weil sie sich schlecht verformen. Der Durchmesser der Rändelräder muß mit der Teilung und dem Werkstückdurchmesser harmonieren, ähnlich wie Zahnräder ineinanderlaufen müssen. Daher muß man oft den richtigen Werkstückdurchmesser bei gegebener Teilung und gegebenen Rändelrädchen durch Probieren ermitteln oder umgekehrt die Rändelräder dem Werkstück anpassen.

Beim Querrändeln können die Rändelrädchen in Rändelhaltern auf den Seitenschlitten angebracht und diese durch Kurven gegen das Werkstück gedrückt werden. Diese Rändelhalter werden nach Abb. 301 entweder im Formscheibenstahlhalter bei Revolverautomaten oder im Flachstahlhalter nach Abb. 302 eingespannt. Bei Langdrehautomaten geschieht das Einspannen des Rändelhalters in ähnlicher Weise in einem Seitenschlitten.

Abb. 301
Rändelhalter (Index)

Abb. 302
Rändelhalter, hinten (Index)

Vom Seitenschlitten aus lassen sich in den Revolverautomaten nur Rändelungen von der Breite des Rändelrädchens herstellen, in Langdrehautomaten kann man längere Rändelungen durch Vorschieben der Werkstoffstange machen.

Sollen auf Revolverautomaten längere Rändelungen als die Breite des Rändelrädchens hergestellt werden, so dienen dazu entweder die Schwingwerkzeughalter nach Abb. 303 für feine Rändelungen oder die Rändelhalter mit 2 Rändelrädern nach Abb. 304, die sich auch für gröbere Rändelungen eignen.

Abb. 303
Schwingwerkzeughalter mit Rändel (Index)

Diese beiden Rändelhalter werden im Revolverkopf eingespannt und durch eine Vorschubkurve der Revolverkurve verschoben. Die Schwingwerkzeughalter (Abb. 303) müssen dabei durch einen Andrückwinkel oder ein Führungslineal vom Seitenschlitten her angedrückt werden. Die eigentlichen Lagerstücke der doppelten Rändelräder sind auf den Durchmesser des Werkstücks einstellbar und schwenkbar auf jeden beliebigen Winkel angeordnet, so daß sich mit geraden Rändelrädern auch rechtwinklige oder rautenförmige Kreuzrändelungen herstellen lassen.

Abb. 304. Doppelter Rändelhalter (Index)

Die Genauigkeit und Sauberkeit der Rändelrädchen ist von entscheidendem Einfluß auf die zu erzeugende Rändelung. Daher sollten bei hohen Anforderungen geschliffene, genau rund laufende Rändelräder verwendet werden.

7. Sonderwerkzeuge

Besonders für Revolverautomaten sind eine Anzahl von Sonderwerkzeugen entwickelt worden, entsprechend dem großen Arbeitsbereich dieser Automaten. Bei kleinen Bohrungen ist die Spindeldrehzahl zur Erzeugung ausreichender Schnittgeschwindigkeiten zu gering. Um diese zu erreichen, dienen die Schnellbohrspindeln, die durch einen Kegelradantrieb entgegengesetzt zur Drehrichtung der Spindel angetrieben werden und hierdurch die Schnittgeschwindigkeit vergrößern (Abb. 305a, b). Diese Drehstahlhalter können auch mit einem Drehstahleinsatz (Abb. 306a, b) ausgeführt werden, um beim Bohren gleichzeitig zu drehen.

Besonders genaue Kegel für Dichtzwecke können mit Kegelsenkern nicht sauber genug ausgeführt werden und müssen daher nach dem Senken geschlichtet werden. Hierzu dient der Kegeldrehstahlhalter (Abb. 307) für Innen- und Außenkegel. Durch einen Seitenschlitten wird

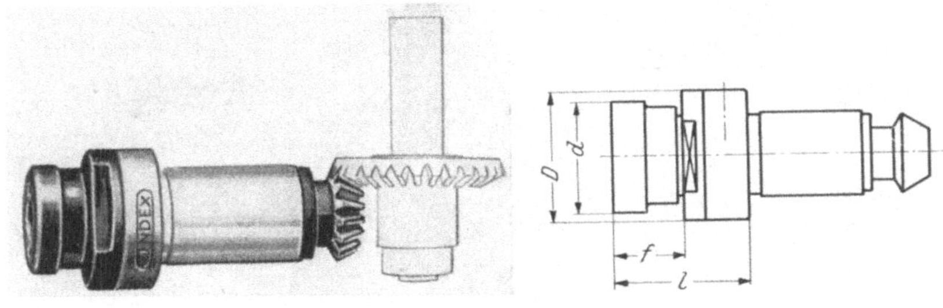

a Abb. 305a, b. Schnellbohrspindel (Index) b

auf die Stellschraube gedrückt und hierdurch mit einer Hebelübertragung der Drehstahl bewegt. Der Kegelwinkel ist nicht verstellbar.

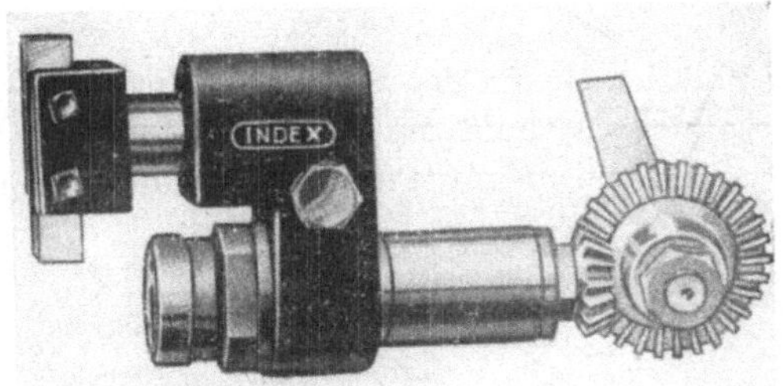

Abb. 306a
Schnellbohrspindel mit Drehstahl (Index)

Zum Bohren exzentrischer Bohrungen oder Anfräsen von exzentrischen Zapfen mittels Hohlfräsern dient die verstellbare Bohrspindel (Abb. 308), bei der sich die Exzentrizität verstellen läßt. In diesem Fall muß die Spindel stillgesetzt werden.

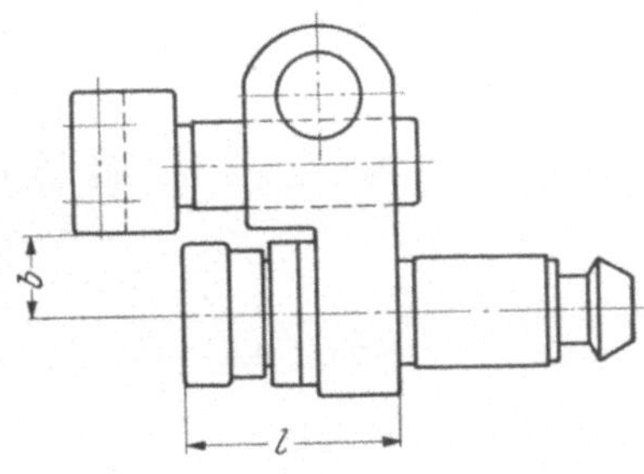

Abb. 306b
Schnellbohrspindel mit Drehstahl (Index)

Zum Feindrehen von kugeligen Innen- und Außenflächen nach dem Vordrehen mit Formstählen dient der Kugeldrehstahlhalter (Abb. 309). Bei diesem wird der eigentliche Drehstahlhalter von einem Seitenschlitten aus mittels Zahnstange und Zahnrad gedreht und nach Beendigung des Drehens durch eine Feder zurückbewegt.

Schlitze oder Flächen vorn in das Werkstück bei stillstehender Spindel erzeugen die Kreissägen-Werkzeughalter im Revolverkopf (Abb. 310), die durch die Kegelräder der Schnellbohreinrichtung angetrieben werden. Um die Drehzahl dem Durchmesser der Sägen anzupassen, ist in diesem Werkzeughalter eine Untersetzung durch Kegel- und Zahnräder eingebaut.

Diese Kreissägen erzeugen einen im Grund abgerundeten Schlitz entsprechend dem Durchmesser der Kreissägen.

Abb. 307. Kegeldrehstahlhalter 60° (Index)

Soll der Grund des Schlitzes jedoch gerade sein, so ist dieses bei stillgesetzter Spindel mit den Gattersägen-Werkzeughaltern (Abb. 311) möglich, die ebenfalls im Revolverkopf festgespannt werden und in denen

Abb. 308. Schnellbohrspindel für exzentrische Bohrungen (Index)

die Säge durch den Antrieb von der Schnellbohrspindel eine hin- und hergehende Bewegung ausführen.

Mit den beschriebenen Werkzeugen und Werkzeughaltern sind noch nicht alle Möglichkeiten erschöpft, vielmehr sind noch weitere Entwicklungen zu erwarten, besonders bei den Revolverautomaten, die ja infolge ihrer Bauart als Universalautomaten anzusehen sind, z. B. das Fräsen von Dreikanten und Mehrkanten durch Festhalten und Schalten der Drehspindel in verschiedenen Stellungen, Bohren von Querlöchern,

Abb. 309. Kugeldrehstahlhalter (Index)

Fräsen von Querflächen usw. Diese verschiedenen Fälle richten sich nach dem Werkstück und müssen von Fall zu Fall auf Wirtschaftlichkeit über-

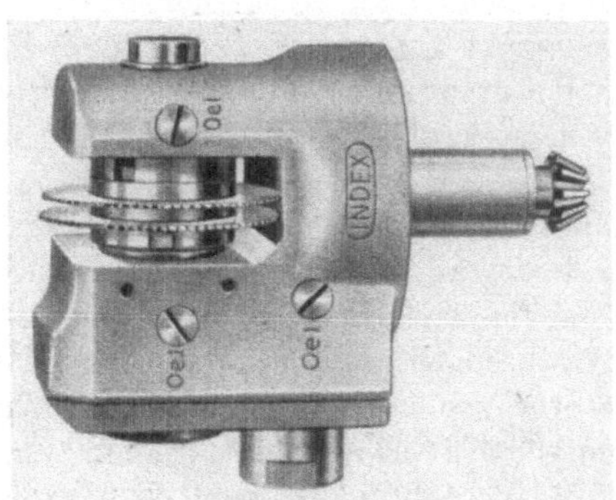

Abb. 310. Kreissägenhalter (Index)

Abb. 311. Gattersägehalter (Index)

prüft werden, d.h., es ist zu untersuchen, ob zweite Operationen auf anderen Maschinen wirtschaftlicher sind.

Fünftes Kapitel

Einrichtung und Betrieb der Automaten

I. Allgemeines

1. Stückzahl

Es ist zunächst zu untersuchen, ob die verlangte Stückzahl ausreichend ist, um die Herstellung auf einem Automaten zu rechtfertigen. Hierbei ist jedoch auch noch die voraussichtliche Stückzeit zu berücksichtigen. Man kann als ungefähre Norm annehmen, daß bei Werkstücken mit langer Stückzeit (etwa 15 Minuten und darüber) schon Stückzahlen von 300 bis 400 genügen, dagegen bei Werkstücken mit kürzerer Stückzeit Stückzahlen von mehreren Tausend in Frage kommen.

Im allgemeinen soll der Automat mindestens eine Woche auf ein Werkstück eingerichtet sein, andernfalls ist die Bearbeitung auf einer Revolverbank vorzuziehen.

Bei oft regelmäßig wiederkehrenden Werkstücken, bei denen der Automat nur umgestellt wird, weil bereits Werkzeuge und Kurven vorhanden sind, oder bei ähnlichen Werkstücken, die ohne Neuanfertigung von Kurven oder Werkzeugen angefertigt werden können, wird es sich auch für geringere Stückzahlen lohnen, einen Automaten einzurichten. Als Faustregel kann gelten: Ein Automat ist dann wirtschaftlich, wenn die Stückzahl so hoch ist, daß die Laufzeit des Automaten mindestens das Fünffache der Einrichtezeit ist.

2. Ist der Werkstoff für Automatenbetrieb geeignet?

Das Stangenmaterial ist dann geeignet, wenn die Toleranzen der Abmessungen so eng gehalten werden, daß die Spannzangen richtig spannen können. Gezogene, geschliffene und geschälte Stangen kann man mit den für Zangen zulässigen Toleranzen bekommen, gewalzte Stangen werden jedoch bisher in Automaten mit Zangenspannung nicht verwendet, weil die Toleranzen zu groß sind. Außerdem zerstört die Walzhaut die Schneiden, so daß man die Walzhaut abdrehen muß und hierdurch Zeit- und Materialverlust bekommt. Hierdurch wird die Ersparnis an Werkstoffkosten wieder aufgehoben.

Weiche Werkstoffe, wie Kupfer, Elektrolyteisen, Nickel und Weichaluminium, ergeben oft Schwierigkeiten, weil die entstehenden Späne kleben und in den Spann- und Vorschubzangen das Material ebenfalls festklebt. Durch Verwendung von Hartmetalleinlagen in den Zangen und Hartmetallschneiden kann man mitunter etwas Abhilfe schaffen und wenigstens die Zerstörung durch festklebenden Werkstoff vermeiden.

Mit anderen Worten: nur solcher Werkstoff, welcher auch bei der Bearbeitung auf der gewöhnlichen Drehbank keine erhöhte Aufmerksamkeit des Arbeiters erfordert, eignet sich zur Automatenbearbeitung.

3. Kann das Werkstück auf dem Automaten ganz oder annähernd ganz bearbeitet werden?

Am besten ist es natürlich, wenn das Werkstück fertig, ohne Notwendigkeit einer weiteren Operation, auf einer zweiten Maschine, aus dem Automaten fällt.

Insbesondere bei kleinen Werkstücken ist zu untersuchen, ob der Transport und die Bearbeitung auf einer zweiten Maschine die Herstellung so verteuert, daß die Herstellung etwa auf einer Revolverbank rationeller wird.

4. Wirtschaftlichkeitsberechnung

Ausschlaggebend dafür, ob ein Automat gegenüber einer anderen Maschine, z. B. einer Revolverbank, wirtschaftlicher ist, sollte eine Wirtschaftlichkeitsberechnung sein. In dieser müssen gegenübergestellt werden: die Lohnkosten und die Unkostenzuschläge beider Maschinen. Die Lohnkosten der Revolverbank sind stets höher als die des Automaten, weil ein Arbeiter mehrere Automaten bedient, jedoch sind die Unkostenzuschläge des Automaten beträchtlich höher, weil sie höhere Amortisations- und Einrichtungskosten usw. enthalten. Wenn man das Einrichten usw. im Akkord ausführen läßt, so sind die Einrichtungskosten in der Wirtschaftlichkeitsberechnung ebenfalls zu berücksichtigen.

Oft ist es jedoch falsch, sich auf die Wirtschaftlichkeitsberechnung allein zu verlassen, weil es sich in vielen Fällen, besonders bei neuen

Erzeugnissen, zeigt, daß die angenommenen Stückzahlen durch Vergrößerung des Absatzes überholt werden. Die Berechnung soll nur ein Hilfsmittel, jedoch nicht allein maßgebend sein.

II. Arbeitsplan

Die Grundlagen für die Aufstellung eines Arbeitsplans sind die Werkstückzeichnung und der zur Herstellung vorhandene Automat.

Die Werkstückzeichnung muß nicht nur die Abmessungen des Werkstücks angeben, sondern auch die Toleranzen und die verlangte Oberflächengüte. In leider noch vielen Fällen vermißt man in den Werkstückzeichnungen Angaben über Kantenbrechen, Abrundungen, Senkungen und sonstige scheinbaren Nebensächlichkeiten, die jedoch unbedingt bei der Anfertigung der Werkzeuge und Kurven berücksichtigt werden müssen und oft zu Rückfragen oder Unklarheiten führen.

Die Werkstückzeichnungen sollten daher von solchen Fachkräften angefertigt werden, die mit den Automaten vertraut sind.

Zur Beurteilung des bestgeeigneten Automaten für ein Werkstück sind maßgebend:

Zahl der notwendigen Operationen,
Länge und Durchmesser des Werkstücks sowie Menge des zu zerspanenden Materials.

Für einfache Teile mit wenigen Operationen kommen die Formdrehautomaten in Betracht, für lange Werkstücke die Langdrehautomaten und für komplizierte Werkstücke die Revolverautomaten. Jedoch ist eine scharfe Abgrenzung der Arbeitsbereiche nicht möglich, und meist muß man sich dem vorhandenen Maschinenpark anpassen und kann höchstens bei Neuanschaffung von Automaten sich je nach dem Werkstück für einen bestimmten Automatentyp entscheiden.

Bei der Aufstellung eines Arbeitsplanes geht man nach folgenden Grundsätzen vor:

1. Festlegung der minutlichen Drehzahl der Arbeitsspindel.
2. Aufstellen der Arbeitsfolge.
3. Bestimmung der Arbeitswege.
4. Wahl der anzuwendenden Vorschübe bezogen auf eine Umdrehung der Arbeitsspindel.
5. Berechnen der für jeden Arbeitsweg erforderlichen Spindelumdrehungen.
6. Errechnen der Hauptzeit.
7. Festlegen der Nebenzeiten.
8. Errechnen der Stückzeit.

1. Drehzahl der Arbeitsspindel

Diese ist bestimmt durch den Werkstoff, das Werkzeug und die Standzeit.

Für Schneiden aus Schnellstahl und eine als normal geltende Standzeit der Werkzeugschneide von 8 Stunden errechnet sich aus der Schnittgeschwindigkeit v in m/min und dem Außendurchmesser des Werkstoffs d in mm die minutliche Drehzahl zu

$$n = \frac{v \cdot 1000}{d \cdot \pi}.$$

Die für verschiedene Werkstoffe zulässigen Schnittgeschwindigkeiten sind bei allen Automatentypen ziemlich gleich nach Tabelle 2 zu

Tabelle 2. *Schnittgeschwindigkeiten m/min für Schnellstähle beim Drehen auf Langdrehautomaten*

Werkstoff	Schnittgeschwindigkeit in m/min
Automatenstahl StAz	65 ÷ 85
Triebstahl 40 ÷ 50 kg/mm Festigkeit	45 ÷ 55
Triebstahl 50 ÷ 60 kg/mm Festigkeit	35 ÷ 45
Triebstahl 60 ÷ 70 kg/mm Festigkeit	25 ÷ 35
Silberstahl	20 ÷ 25
Rostfreier Stahl	15 ÷ 30
Nickel	30 ÷ 40
Monelmetall	30 ÷ 40
Neusilber	40 ÷ 70
Messing Ms 58	150 ÷ 180
Bronze	70 ÷ 80
Automatenaluminium	200 ÷ 250
Kupfer	55 ÷ 65
Hartgummi (nur mit Hartmetall)	150 ÷ 200
Galalith	200 ÷ 250
Elektron	250 ÷ 300
Zelluloid	200 ÷ 250

wählen. Sie gelten für Schnellstähle bei reichlicher Kühlung mit Schneidöl. Für Hartmetalle werden bei metallischen Werkstoffen, mit Ausnahme von Ms 58, 2- bis 3mal höhere Schnittgeschwindigkeiten vorgesehen, für nichtmetallische Werkstoffe die gleichen. Zeigt es sich bei kleinen Durchmessern, daß höhere Umdrehungszahlen herauskommen, so darf man nicht über die höchste zulässige Drehzahl hinausgehen, und muß sich mit geringeren Schnittgeschwindigkeiten begnügen.

Die unteren Werte der Schnittgeschwindigkeiten gelten für große Spantiefen, die oberen für geringe Spantiefen. Ist man sich nicht darüber klar, ob es sich um große oder geringe Spantiefen handelt, so wählt man mittlere Werte der Schnittgeschwindigkeiten.

Für das Bohren sind wegen der schlechteren Kühlung der Schneiden niedrigere Schnittgeschwindigkeiten zweckmäßig, ebenso für das Gewindeschneiden. Im letzteren Fall sind die Schneiden sehr viel kleiner, und es ist auch noch die Reibung in den Zahnflanken zu beachten, wenn man das Gewinde mit Schneideisen oder Gewindebohrern schneidet. Da die Bohrer fast immer kleinere Durchmesser haben, ist die Schnittgeschwindigkeit bei gleichbleibender Drehzahl der Arbeitsspindel von selbst niedriger, so daß man nicht auf niedrigere Drehzahlen beim Bohren umschalten muß.

Beim Gewindeschneiden ist jedoch die Verwendung niederer Schnittgeschwindigkeiten unbedingt notwendig, um die Schneideisen bzw. Gewindebohrer nicht zu schnell zu zerstören.

Als Faustregel kann gelten:

Bei Messing und Automatenalu wird zum Gewindeschneiden die Drehzahl auf $^1/_2$ bis $^1/_{2,5}$ herabgesetzt,
bei Automatenstahl auf $^1/_5$,
bei Einsatz- und Vergütungsstahl auf $^1/_{10}$.

Beim Gewindeschneiden mit Überholen, z. B. auf Langdreh- und INDEX-ON-Automaten, wird das Verhältnis der Arbeitsspindeldrehzahl zur Gewindespindeldrehzahl entsprechend

1:1,4 bis 1,5 bei Messing,
1:1,2 bei Automatenstahl,
1:1,1 bei Einsatz- und Vergütungsstahl.

In Formdrehautomaten mit Unterholung bei Rechtslauf ist dieses Verhältnis umgekehrt.

Beim Gewinderollen und Strehlen braucht man die Schnittgeschwindigkeiten meist nicht zu verringern.

2. Arbeitsfolge

Bei allen Automaten beginnt die Arbeitsfolge mit dem Vorschieben und Spannen und endet mit dem Abstechen.

Bei Werkstücken mit Bohrung ist als zweite Arbeitsoperation das Anbohren mit einem kurzen Spiralbohrer, Anbohrer genannt, vorzusehen. Dabei kann gleichzeitig mit einem Drehstahlhalter ein Ansatz überdreht werden. Zentrierbohrer nach DIN 333 sind nicht zweckmäßig, weil mit diesen meist Zeitverluste entstehen.

Bei den weiteren Arbeitsfolgen ist folgendes zu beachten:

Während der Bohrarbeiten und während des Längsdrehens zum Schruppen können gleichzeitig Seitenstähle von den Seitenschlitten her arbeiten, um Zeit zu sparen. Wenn jedoch beim Längsdrehen geschlichtet wird, um bessere Oberflächen oder höhere Genauigkeiten zu erzielen, dürfen Seitenstähle nicht gleichzeitig arbeiten.

Auf Revolverautomaten können während des Gewindeschneidens keine anderen Werkzeuge arbeiten, jedoch auf den Langdrehautomaten, Formdrehautomaten und INDEX-O-Automaten können auch während des Gewindeschneidens Seitenstähle arbeiten, da bei diesen Automaten die Drehrichtung und Drehzahl der Spindel konstant bleibt, während bei den Revolverautomaten die Spindel umgeschaltet werden muß. Eine Ausnahme bildet allerdings der Revolverautomat INDEX OR.

Die Schlitzeinrichtung und sonstige Einrichtungen, bei denen das Werkstück nach dem Abstechen gefaßt und dem Werkzeug zugeführt wird, arbeiten während der Herstellung des Werkstücks, so daß die Stückzeit dadurch meist nicht beeinflußt wird.

Die Ausarbeitung der Arbeitsfolge erfordert genaue Kenntnisse der Maschine, der verschiedenen Werkzeuge, Werkzeughalter, Zusatz- und Sondereinrichtungen sowie praktische Erfahrungen. Daher braucht man Fachkräfte, die besonders geschult sein müssen. Zur Schulung dieser Fachkräfte und zur Vermittelung von Erfahrungen werden von einigen Automatenherstellern laufend Druckschriften mit Beispielen herausgegeben.

3. Bestimmung der Arbeitswege

Diese ergeben sich aus der Werkstückzeichnung und dem Werkzeug. Hierbei ist beim Bohren die Länge der Bohrerspitze zu berücksichtigen und sowohl beim Längsdrehen als auch beim Einstechen ein Anlauf zuzugeben. Dieser Anlauf soll nur wenige Zehntelmillimeter betragen, um zu große Zeitverluste zu vermeiden. Beim Abstechen ist außerdem noch ein Überlauf vorzusehen, um den Butzen an der Stange sicher abzudrehen.

4. Wahl der anzuwendenden Vorschübe pro Umdrehung

Diese sind bestimmt durch die Antriebsleistung der Arbeitsspindel, den Werkstoff des Werkstücks und Werkzeugs, die verlangte Oberflächengüte, den Spanquerschnitt und die Stabilität der Maschine und ihrer Bewegungselemente.

Daher sind die zulässigen Vorschübe für die verschiedenen Automatentypen von den Herstellern in Tabellen festgelegt, die in den Betriebshandbüchern enthalten sind. Tabelle 3 zeigt Richtwerte für INDEX-Revolverautomaten, Tabelle 4 für Traub-Automaten. Diese weichen nur wenig voneinander ab. Die unteren Werte sind für bessere Oberflächengüte gedacht, die oberen für Schrupparbeiten.

Bei den Langdrehautomaten sind die Vorschübe infolge der Bauart des Automaten, der Werkzeuge und Bewegungsmechanismen sowie der Anforderungen an Oberflächengüte im allgemeinen geringer. Als Beispiel sind für das Drehen von Automatenstahl und Messing die Tabellen 5

Tabelle 3. *Schnittgeschwindigkeiten und Vorschübe für Schnellstahl auf Revolverautomaten (Index)*

Werkstoff	Leicht-metall	Messing Ms 58	Autom.-stahl	Bau-, Einsatz- und Vergütungsstahl Festigkeit in kg/mm² bis 50	bis 70	bis 85	bis 100
Schnittgeschwindigkeiten in m/min							
Drehen und Abstechen	150—200	120—150	60—70	35—42	26—32	20—24	15—20
Bohren	80—120	70—120	40—50	30—35	20—26	16—20	12—15
Gewindeschneiden	30—50	30—60	6—9	5—7	4—6	2—4	1—3
Vorschübe für Drehen in mm							
Längsdrehen	0,15—0,3	0,15—0,25	0,12 —0,16	0,11 —0,16	0,1 —0,14	0,08 —0,11	0,08—0,1
Formdrehen	0,02—0,05	0,02—0,05	0,015—0,04	0,015—0,035	0,013—0,035	0,01 —0,03	0,01—0,025
Abstechen mit Vorstechen .	0,07—0,12	0,1 —0,18	0,06 —0,1	0,05 —0,08	0,04 —0,07	0,035—0,05	0,03—0,045
Abstechen ohne Vorstechen	0,04—0,08	0,05—0,1	0,035—0,05	0,03 —0,045	0,025—0,04	0,02 —0,035	0,02—0,03
Vorschübe für Bohren und Anbohren in mm							
Bohrer ∅ 2— 4	0,06—0,12	0,08—0,12	0,05—0,09	0,05—0,08	0,04—0,07	0,03—0,05	0,03—0,05
4— 8	0,1 —0,16	0,1 —0,16	0,06—0,11	0,06—0,09	0,05—0,08	0,04—0,06	0,04—0,06
8—14	0,12—0,18	0,12—0,18	0,09—0,12	0,08—0,1	0,06—0,09	0,05—0,07	0,05—0,07
14—20	0,14—0,2	0,14—0,2	0,09—0,14	0,09—0,12	0,08—0,11	0,06—0,09	0,06—0,09
Anbohren	0,16—0,22	0,16—0,22	0,14—0,17	0,12—0,15	0,1 —0,13	0,08—0,1	0,08—0,1

Tabelle 4. *Schnittgeschwindigkeiten und Vorschübe auf Formdrehautomaten (Traub)* **2002**

bei Verwendung von Schnellstahlwerkzeugen

Werkstoff	Leichtmetall	Messing	Automatenstahl	Bau-, Einsatz- und Vergütungsstahl Festigkeit in kg/mm²			
				bis 50	bis 70	bis 85	bis 100
Schnittgeschwindigkeit in m/min bei einer Standzeit der Werkzeuge von ca. 8 Stunden bei Verwendung guter Kühlmittel							
Drehen, Abstechen	120-180	80-160	45-65	32-40	25-32	18-25	12-18
Bohren	60-80	50-80	30-45	22-30	15-20	10-15	9-12
Gewindeschneiden..	30-50	20-50	8-10	6-8	4-6	2-4	1-3
Vorschübe für Drehen in mm/Umdrehung							
Langdrehen	0,12-0,18	0,12-0,18	0,06-0,15	0,05-0,12	0,05-0,01	0,04-0,08	0,03-0,06
Formdrehen	0,02-0,05	0,02-0,05	0,015-0,04	0,015-0,035	0,01-0,03	0,008-0,025	0,008-0,02
Abstechen mit Vorstechen	0,04-0,12	0,06-0,12	0,03-0,1	0,03-0,08	0,02-0,05	0,01-0,04	0,01-0,03
Abstechen ohne Vorstechen ...	0,04-0,08	0,05-0,08	0,01-0,04	0,01-0,04	0,008-0,03	0,008-0,02	0,008-0,02
Vorschübe für Bohren und Anbohren in mm/Umdrehung							
Bohren ⌀ 2-4	0,04-0,08	0,04-0,08	0,02-0,05	0,02-0,04	0,02-0,04	0,01-0,03	0,008-0,02
Bohren ⌀ 4-8	0,08-0,12	0,08-0,12	0,04-0,1	0,03-0,08	0,03-0,08	0,02-0,05	0,02-0,05
,, ⌀ über 8	bis 0,12	bis 0,12	bis 0,1	bis 0,08	bis 0,06	bis 0,05	bis 0,05
Anbohren, Zentrieren	0,08-0,15	0,08-0,15	0,05-0,1	0,04-0,08	0,04-0,08	0,03-0,06	0,03-0,06

Die Vorschübe sind im wesentlichen von der Länge, dem Durchmesser und der verlangten Genauigkeit des Werkstückes abhängig.

Tabelle 5. *Vorschübe zum Langdrehen und Abstechen für Automatenstahl*

Spantiefe	Vorschub in mm/Umdrehung					
	Langdrehen			Abstechen		
	fein	mittel	grob	fein	mittel	grob
Für enge Toleranzen und hohe Oberflächengüte → 1 mm	0,02÷0,03	0,03÷0,04	0,06	0,008÷0,012	0,012÷0,016	0,025
bis 2 mm	0,06	0,07	0,095	Vorschübe für Bohren siehe Tabelle 6		
bis 3 mm	0,04	0,055	0,075			
bis 4 mm	0,035	0,05	0,065	Einstechen		
bis 5 mm	0,03	0,04	0,06	fein	mittel	grob
bis 6 mm	0,026	0,035	0,05	0,012÷0,016	0,025	0,032

Tabelle 7. *Vorschübe zum Langdrehen und Abstechen für Leichtmetall*

Für Aluminium Tabellenwerte mit 0,9 ÷ 1 multiplizieren
für Elektron Tabellenwerte mit 1 ÷ 1,2 multiplizieren
für Bronze Tabellenwerte mit 0,5 multiplizieren

Spantiefe	Vorschub in mm/Umdrehung					
	Langdrehen			Abstechen		
Für enge Toleranzen und hohe Oberflächengüte	fein	mittel	grob	fein	mittel	grob
→ 1 mm	0,05	0,1	0,15 ÷ 0,2	0,02 ÷ 0,03	0,03 ÷ 0,05	0,05 ÷ 0,1
bis 2 mm	0,1	0,15	0,2	Vorschübe für Bohren siehe Tabelle 6		
bis 3 mm	0,09	0,12	0,15			
bis 4 mm	0,08	0,1	0,13	Einstechen		
bis 5 mm	0,07	0,09	0,11	fein	mittel	grob
bis 6 mm	0,06	0,08	0,1	0,03 ÷ 0,05	0,05 ÷ 0,1	0,12

Für die Wahl von *Vorschüben* für weitere Bearbeitungsfälle gelten folgende Regeln:

Rändeln radial (einstechen) Stahl — 3 ÷ 4mal weniger als Abstechen

Rändeln radial (einstechen) Messing — 2 ÷ 3mal weniger als Abstechen

Rändeln achsial (Spindelstockvorschub) Stahl — 3mal weniger als Drehvorschub

Messing — 1,5 ÷ 2mal weniger als Drehvorschub

Zentrieren etwa so groß wie Einstechvorschub

Aufrollen von Gewinden — 4 ÷ 8mal weniger als Einstechen

und 7 (STROHM) angegeben, für das Bohren die Tabelle 6 (STROHM). Für weitere Werkstoffe sind sie den Betriebshandbüchern zu entnehmen. Alle Tabellen gelten für Werkzeuge aus Schnellstahl. Für Hartmetalle sind bisher noch keine Tabellen vorhanden. Bei diesen dürften sich die Vorschübe wohl nicht wesentlich ändern, dagegen können die Schnittgeschwindigkeiten höher sein. Besonders bei Baustählen ergeben sich beträchtliche Vorteile durch höhere Schnittgeschwindigkeiten.

5. Berechnen der für jeden Arbeitsweg erforderlichen Spindelumdrehungen

Bezeichnet man den Arbeitsweg mit L in mm, den Vorschub pro Umdrehung mit s in mm/U und die Zahl der für jeden Arbeitsweg erforderlichen Spindelumdrehungen mit Z, so ergibt sich

$$Z = \frac{L}{s}.$$

Beim Gewindeschneiden und Bohren mit Schnellbohrspindel ist eine Umrechnung erforderlich.

Tabelle 6. *Bohrervorschübe für Leichtmetall und Bronze*

Messing Bohrervorschübe in mm/U
Für Aluminium Werte mit 0,9 ÷ 1 multiplizieren
Für Elektron Werte mit 1 ÷ 1,2 multiplizieren
Für Bronze Werte mit 0,5 multiplizieren

Bohrer-∅ → in mm	1	1,5	2	2,5	3	3,5	4	4,5	5	5,5	6	7	8	9	10 und mehr
1. Bohrung 3—4 mal Bohrer-∅	0,025 ÷ 0,065	0,03 ÷ 0,08	0,045 ÷ 0,11	0,06 ÷ 0,15	0,07 ÷ 0,18	0,07 ÷ 0,18	0,07 ÷ 0,18	0,075 ÷ 0,17	0,075 ÷ 0,17	0,075 ÷ 0,17	0,08 ÷ 0,17	0,08 ÷ 0,17	0,08 ÷ 0,17	0,08 ÷ 0,17	0,08 ÷ 0,17
2. Bohrung weitere 2 mal Bohrer-∅	0,022 ÷ 0,057	0,026 ÷ 0,07	0,037 ÷ 0,092	0,05 ÷ 0,125	0,059 ÷ 0,15	0,059 ÷ 0,15	0,059 ÷ 0,15	0,06 ÷ 0,14	0,06 ÷ 0,14	0,06 ÷ 0,14	0,06 ÷ 0,14	0,06 ÷ 0,14	0,06 ÷ 0,14	0,06 ÷ 0,14	0,06 ÷ 0,14
3. Bohrung weitere 1 mal Bohrer-∅	0,019 ÷ 0,049	0,022 ÷ 0,06	0,029 ÷ 0,074	0,04 ÷ 0,10	0,047 ÷ 0,12	0,047 ÷ 0,12	0,047 ÷ 0,12	0,048 ÷ 0,11	0,047 ÷ 0,10	0,047 ÷ 0,10	0,045 ÷ 0,10	0,045 ÷ 0,10	0,045 ÷ 0,10	0,045 ÷ 0,11	0,045 ÷ 0,11
4. Bohrung weit. 0,5 mal Bohrer-∅	0,016 ÷ 0,040	0,019 ÷ 0,05	0,022 ÷ 0,055	0,03 ÷ 0,075	0,035 ÷ 0,09	0,035 ÷ 0,09	0,035 ÷ 0,09	0,035 ÷ 0,08	0,035 ÷ 0,07	0,035 ÷ 0,07	0,03 ÷ 0,065	0,03 ÷ 0,065	0,03 ÷ 0,065	0,03 ÷ 0,07	0,03 ÷ 0,07

a) Gewindeschneiden. Da beim Gewindeschneiden mit niedrigerer Schnittgeschwindigkeit gearbeitet werden muß, wird die Umdrehungszahl Z_a auf die eigentliche Umdrehungszahl n der Arbeitsspindel umgerechnet höher als die Gangzahl des Gewindes. Diese ergibt sich aus der zu schneidenden Gewindelänge dividiert durch die Steigung des Gewindes. Bei Messing muß man demnach die Gangzahl mit 2 bis 2,5, bei Automatenstahl mit 5 und bei härteren Stählen mit 10 multiplizieren, um die Zahl Z_a zu erhalten.

Bei selbstöffnenden Schneidköpfen ist für den Rücklauf keine Berechnung erforderlich, dagegen müssen beim Schneiden von Gewinden Schneideisen und Gewindebohrer, auch noch die Drehzahlen Z_r für den Rücklauf berechnet werden. Wird der Rücklauf mit der gleichen Drehzahl n der Arbeitsspindel wie beim Drehen ausgeführt, so ist die Zahl Z_r gleich der Anzahl der Gewindegänge, z. B. bei Revolverautomaten auf Messing oder Automatenstahl. Muß man aber bei härteren Werkstoffen, wie bereits früher beschrieben, den Ablauf des Gewindewerkzeugs langsamer ausführen, so muß die Gangzahl Z_r noch mit einem Faktor multipliziert werden, der dem langsameren Ablauf entspricht.

Wenn also z. B. in einem Revolverautomaten die Drehzahl n der Arbeitsspindel links $= 1000$ pro min ist und beim Schneiden von Rechtsgewinde auf hartem Stahl auf die Drehzahl rechts $^1/_{10}$ gleich 100 heruntergeschaltet wird, beträgt die Zahl Z_a auf die Spindeldrehzahl umgerechnet $10 \times$ Anzahl der Gänge. Wird nun beim Ablauf des Gewindewerkzeugs nicht auf die Drehzahl $n = 1000$ links geschaltet, sondern zur Vermeidung von Beschädigungen nur auf die Drehzahl $n = 500$ links, so ist die Zahl $Z_r = 2 \times$ Gangzahl des Gewindestücks.

Die Gesamtdrehzahl für Gewindeschneiden und Ablauf Z ist gleich $Z_a + Z_r$.

b) Schnellbohren mit Schnellbohrspindel. Die Schnellbohrspindel dreht sich in entgegengesetzter Richtung zur Arbeitsspindel. Die für den Bohrer gültige Drehzahl ist somit die Summe der Drehzahlen der Arbeitsspindel n und der Schnellbohrspindel n_s. Für den Bohrer ergibt sich hieraus die tatsächliche Drehzahl $n_t = n + n_s$.

Beträgt nun der Vorschub des Bohrers pro Umdrehung s mm/U, so erhöht sich auf die Drehzahl n der Arbeitsspindel umgerechnet der rechnerische Vorschub nach

$$s_r = \frac{n + n_s}{n} \cdot s\,.$$

Dieser rechnerische Vorschub muß der Berechnung der Anzahl der Umdrehungen der Arbeitsspindel Z für die Bohrtiefe L zugrunde gelegt werden nach

$$Z = \frac{L}{s_r}\,.$$

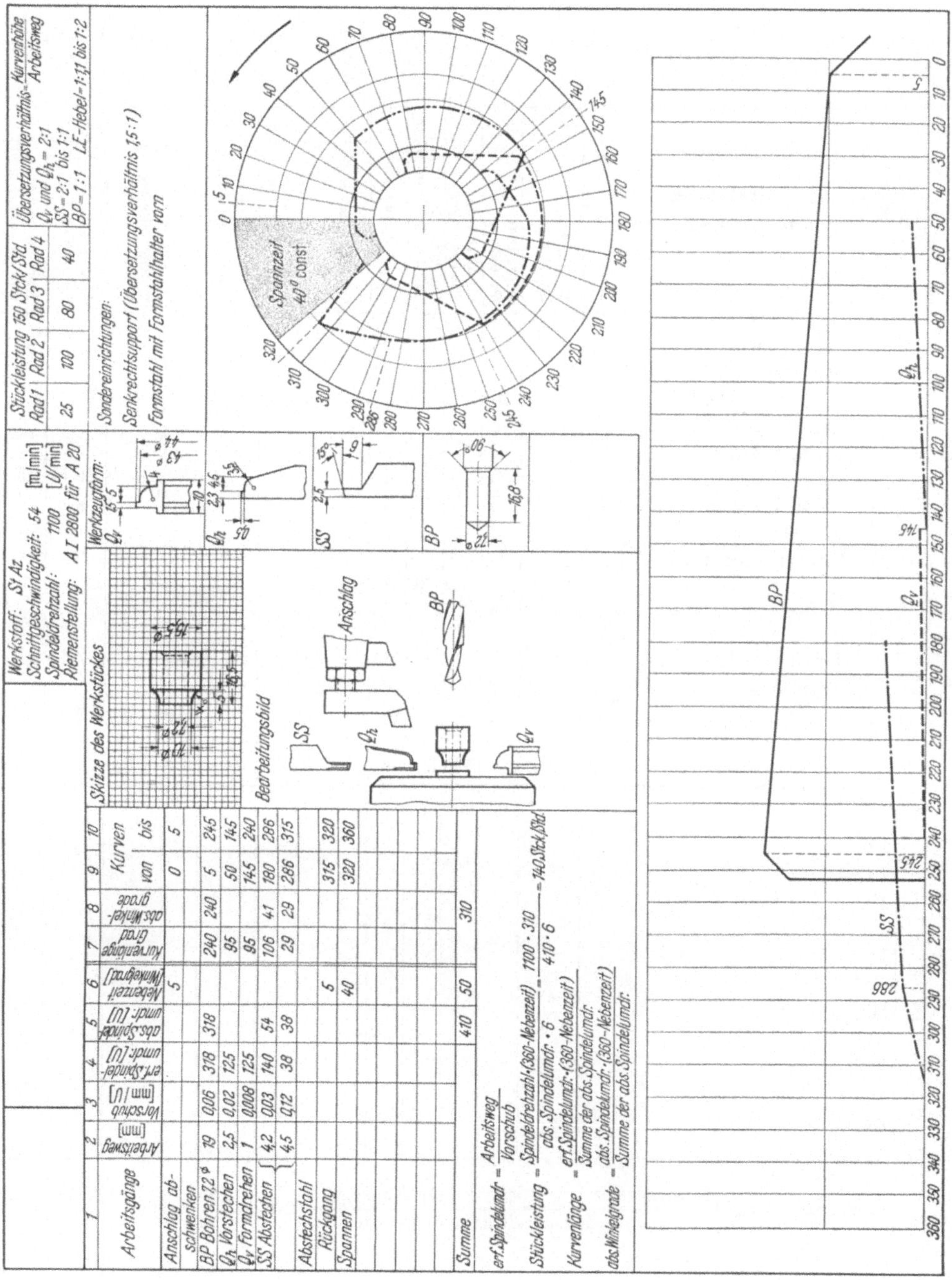

Werkstoff: St Az
Schnittgeschwindigkeit: 54 [m/min]
Spindeldrehzahl: 1100 [U/min]
Riemenstellung: A I 2800 für A 20

Stückleistung 150 Stck/Std.			
Rad 1	Rad 2	Rad 3	Rad 4
25	100	80	40

Übersetzungsverhältnis = $\frac{\text{Kurvenhöhe}}{\text{Arbeitsweg}}$
Q_v und Q_h = 2:1
SS = 2:1 bis 1:1
BP = 1:1 LE-Hebel = 1:1,1 bis 1:2

1	2	3	4	5	6	7	8	9	10
Arbeitsgänge	Arbeitsweg [mm]	Vorschub [mm/U]	erf. Spindel-umdr. [U]	abs. Spindel-umdr. [U]	Nebenzeit [Winkelgrad]	Kurvenlänge Grad	abs. Winkel-grade	Kurven von	Kurven bis
Anschlag abschwenken					5			0	5
BP Bohren 7,2 ⌀	19	0,06	318	318		240	240	5	245
Q_h Vorstechen	2,5	0,02	125			95		50	145
Q_v Formdrehen	1	0,008	125			95		145	240
SS Abstechen	4,2	0,03	140	54		106	41	180	286
	4,5	0,12	38	38		29	29	286	315
Abstechstahl Rückgang					5			315	320
Spannen					40			320	360
Summe				410	50	310			

erf. Spindelumdr. = $\frac{\text{Arbeitsweg}}{\text{Vorschub}}$

Stückleistung = $\frac{\text{Spindeldrehzahl} \cdot (360 - \text{Nebenzeit})}{\text{abs. Spindelumdr.} \cdot 6} = \frac{1100 \cdot 310}{410 \cdot 6} = 140$ Stck/Std.

Kurvenlänge = $\frac{\text{erf. Spindelumdr.} \cdot (360 - \text{Nebenzeit})}{\text{Summe der abs. Spindelumdr.}}$

abs. Winkelgrade = $\frac{\text{abs. Spindelumdr.} \cdot (360 - \text{Nebenzeit})}{\text{Summe der abs. Spindelumdr.}}$

Skizze des Werkstückes

Bearbeitungsbild: SS, Q_h, Anschlag, BP, Q_v

Werkzeugform: Q_v, Q_h, SS, BP

Sondereinrichtungen:
Senkrechtsupport (Übersetzungsverhältnis 1,5:1)
Formstahl mit Formstahlhalter vorn

Spannzeit 40° const

Abb. 312. Berechnungsblatt für Formdrehautomaten (Traub)

Benennung und Nr.: **Ansatzbolzen**	Werkstoff .... St Az Schnittgeschwindigkeit ... 70 m/min Arbeitsspindel .... 4500 U/min Gewinde .... Übersetzungsverhältnis ....

Arbeitsgang	Erklärung und Ausrechnung	Vorschub s mm/Umd	unproduktive Grade	produktive Umdrehungen	Umrechnung der produktiv. Umdr. in Grade	Gesamt-Gradzahl	Spindelstock: wirkliche Bewegung in mm	Spindelstock: Übersetzung 1:1, 3:1 in mm	Spindelstock: Kurvenstand vom Außen ∅ aus in mm	Wippe: Stand in Grad	Wippe: wirkliche Bewegung in mm	Wippe: Übersetzung 3:1 in mm	Wippe: Kurvenstand vom mittl. r = 45 in mm
1	Zange öffnen		10			10		großt. r = 90 kleinst. r = 20				großt. r = 62,5 kleinst. r = 26,5	
2	Spindelstock zurück, 10 + 1,1 = 11,1		10			20	— 11,1		78,9				
3	Zange schließen		15			35							
4	Stahl 2 zurück 2,5 + 0,5 + 0,5 = 3,5 ...		8			43				43	— 3,5	10,5	45,0
5	Stahl 1 vor 0,5 + 1 = 1,5		5			48				48	— 1,5	4,5	40,5
6	Pause		3			51							
7	Langdrehen Stahl 1 3∅ 0,2 + 8 = 8,2	0,04		205	120	171	+ 8,2		87,1				
8	Pause		3			174							
9	Stahl 1 zurück 1 + 0,5 = 1,5		7			181				181	+ 1,5	4,5	45,0
10	Spindelstock vor 2,9 ...		3			184	+ 2,9		90,0				
11	Stahl 2 vor 0,5		2			186				186	+ 0,5	1,5	46,5
12	Abstechen Stahl 2 5∅ 2,5 + 0,5 = 3	0,01		300	174	360				360	+ 3,0	9,0	55,5
13	Total		66	505	294								
14													
15													
16													
17													
18													
19													
20													
21													
22													
23													
24													

$$\text{Gesamtdrehzahl} \frac{\text{Summe der produktiven Drehzahlen}}{\text{Summe der produktiven Grade}} \cdot 360^\circ = \frac{505}{294} \cdot 360^\circ = \boxed{\sim 618\,\text{U}}$$

Abb. 314. Berechnungsblatt

Skizze:

3⌀ 10 5⌀ 8 2

2 3 4 5 1

Stahlanordnung:

Stahl 3				Stahl 4				Stahl 5				Bohr- u. Gew.-Apparat			
Stand in Grad	wirkliche Bewegung in mm	Übersetzung 1:1 in mm	Kurvenstand vom Außen ⌀ aus in mm	Stand in Grad	wirkliche Bewegung in mm	Übersetzung 2:1 in mm	Kurvenstand vom Außen ⌀ aus in mm	Stand in Grad	wirkliche Bewegung in mm	Übersetzung 2:1 in mm	Kurvenstand vom Außen ⌀ aus in mm	Stand in Grad	Bewegung in mm	Stand in mm	Arbeitsgang
	größt. r = 62,5 kleinst. r = 35				größt. r = 62,5 kleinst. r = 35				größt. r = 62,5 kleinst. r = 35						1
															2
															3
															4
															5
															6
															7
															8
															9
															10
															11
															12
															13
															14
															15
															16
															17
															18
															19
															20
															21
															22
															23
															24

Anordnung der Werkzeuge am Bohrapparat:

max 105 mm
min. 50 mm
I
II
III
40 mm
max. 85
min. 30

Größte Bohrtiefe 40 mm

Größte Gewindelänge 35 mm

2
1,1
22°
0,2
1

$$\frac{\text{U/min der Arbeitsspindel}}{\text{Umdrehungen}} = \frac{4500}{618} = \boxed{7{,}3 \text{ Stck/min}}$$

für Langdrehautomaten (Strohm)

An einem Beispiel soll dies erläutert werden. Beträgt z. B. die Spindeldrehzahl $n = 1500$, die Drehzahl der Schnellbohrspindel 1600 und der Vorschub des Bohrers soll mit 0,11 pro Umdrehung zulässig sein, so ist

$$s_r = \frac{1500 + 1600}{1500} \cdot 0{,}11 = 2{,}068 \cdot 0{,}11 = 0{,}23\,\text{mm}$$

pro Umdrehung der Arbeitsspindel. Bei einem angenommenen Bohrerweg von $L = 25{,}5$ mm ergibt sich also

$$Z = \frac{25{,}5}{0{,}23} = 110 \text{ Umdrehungen.}$$

Alle diese Arbeitsfolgen und Berechnungen trägt man zweckmäßig in ein Berechnungsblatt nach Abb. 312, z. B. für Formdrehautomaten, Abb. 313 für Revolverautomaten oder Abb. 314 für Langdrehautomaten in den ersten Spalten ein. Diese Vordrucke sind bei den Automatenherstellern erhältlich und werden gleichzeitig zur Berechnung der Stückzeiten und Festlegung der Kurven verwendet.

6. Errechnen der Hauptzeit

Die Hauptzeit t_h — auch produktive Zeit genannt — ergibt sich aus der Zahl der Umdrehungen Z, die für eine Arbeitsoperation benötigt werden, und der minutlichen Umdrehungszahl n der Arbeitsspindel zu

$$t_h = \frac{Z}{n} \text{ in Minuten}$$

oder

$$t_h = \frac{Z \cdot 60}{n} \text{ in sec.}$$

Die gesamte Hauptzeit für ein Werkstück erhält man durch Addieren der einzelnen Teilzeiten, die für die Teiloperationen notwendig sind. Dabei sind jedoch diejenigen Operationen wegzulassen, die mit anderen zusammenfallen, z. B. beim Einstechen gleichzeitig während des Bohrens bzw. Langdrehens. Dauern jedoch die Einstecharbeiten länger, so sind umgekehrt die dabei gleichzeitig gemachten Lang- oder Bohrarbeiten unberücksichtigt zu lassen. Auch diese Überlegungen werden in den Vordrucken entsprechend festgehalten, z. B. in dem Vordruck Abb. 313 in Spalte h.

7. Festlegen der Nebenzeiten

Bei den Revolverautomaten sind die Nebenzeiten konstant für folgende Fälle: Schalten des Werkstoffvorschubes, Schalten des Revolverkopfes, Umschalten der Drehrichtung und Drehzahl der Arbeitsspindel.

Diese sind deshalb konstant, weil sie von der mit konstanter Drehzahl laufenden Hilfssteuerwelle abgeleitet werden.

Sie betragen z. B. an den INDEX-Automaten der B-Type 1 sec für Vorschub und Spannen und je 1 sec für eine Revolverschaltung. Diese letzteren kann man fast immer außer acht lassen, da die Kupplungen während des Umschaltens des Revolvers gleichzeitig geschaltet werden können.

Nicht konstant sind die Nebenzeiten für den Aufstieg und Abstieg der Kurven. Vielmehr sind diese abhängig von der Höhe des Aufstiegs und Abstiegs und außerdem von der Drehzahl der Steuerwelle. Man kann diese Nebenzeiten aus Tabellen in den Betriebshandbüchern der Hersteller entnehmen, in denen sie je nach der Stückzeit für ein Werkstück angegeben sind, jedoch nicht in Sekunden, sondern in Teilen der Kurven, und zwar bei Einteilung der Kurven in hundert Teile in Hundertstel (Revolverautomaten) bzw. in Graden bei Einteilung in 360° (Lang- und Formdrehautomaten).

Man geht bei Revolverautomaten so vor, daß man zunächst die gesamte Hauptzeit wie vorbeschrieben berechnet, auf diese die konstanten Nebenzeiten schlägt und damit eine angenäherte Stückzeit ohne die veränderlichen Nebenzeiten erhält. Für diese angenäherten Stückzeiten findet man z. B. in der Tabelle 8 die Hundertstel in den Spalten 6 bis 10 für die Nebenzeiten, die dann die konstanten und veränderlichen Nebenzeiten für die einzelnen Stückzeiten der Spalte 1 zusammen enthalten. Dabei ist zu bemerken, daß die Spalten 8 und 10 dann gelten, wenn die Auf- und Abstiege klein sind, die Spalte 7 gilt für lange Aufstiege. Man sieht aus den Spalten 8 bis 10, daß bei kurzen Stückzeiten die Werte gleich sind, dagegen bei längeren Stückzeiten verschieden, je nach der Länge des Auf- und Abstiegs. Dies ist durch die niedrigere Drehzahl der Steuerwelle bedingt, bei der dann der Aufstieg und Abstieg langsamer vor sich geht und dadurch eine längere Nebenzeit entsteht.

Die Tabelle 8 erlaubt gleichzeitig in den letzten Spalten 11 bis 24 die Bestimmung der Stückzeit, wenn die Umdrehungszahl der Arbeitsspindel n und die Gesamtstückzahl Z der Umdrehungen für ein Werkstück gegeben sind, z. B. bei einer Umdrehungszahl $n = 1500$ und einer wie beschrieben errechneten Gesamtdrehzahl von 600 Umdrehungen für ein Werkstück ergibt sich die Stückzeit in der ersten Spalte zu 24 sec. Ergibt es sich bei der Berechnung, daß Zwischenwerte herauskommen, so geht man auf die nächsthöheren Stückzeiten hinauf, da nur die in der ersten Spalte angegebenen Stückzeiten durch die in den Spalten 2 bis 5 angegebenen Wechselräder im Antrieb der Steuerwelle möglich sind.

An einem Beispiel nach Abb. 313 soll der Berechnungsgang der endgültigen Stückzeit für ein fertiges Werkstück gezeigt werden. Hat man die Gesamtzahl Z der für ein Werkstück erforderlichen Umdrehungen der Arbeitsspindel unter Weglassung der mit den Revolverwerkzeugen gleichzeitigen Seitenoperationen berechnet und in die Spalte h ein-

Tabelle 8. *Stückzeiten bei Index-Automaten*

Stückzeiten mit den jeweiligen Arbeitsspindelumdrehungen und Schaltwerte für die Kurvenberechnung

Stückzeit in Sekunden	Wechselräder				Schaltwerte in $^1/_{100}$					Umdrehungen der Arbeitsspindel in	Umdrehungen der Arbeitsspindel je Stückzahl													
	auf Antriebswelle	auf Scheren-bolzen		auf Schneckenwelle	INDEX						Maschinenbauart													
					24 36 52	24, 36		52			36, 52		24, 36, 52									24 36	24	
		vorn	hinten		Werkstoffvorschub	1. Revolverkopf-schaltung	f. jede weitere Revolverkopfschltg.	1. Revolverkopf-schaltung	f. jede weitere Revolverkopfschltg.	1 sek	2	2,5	3,2	4	5	6,2	8	10	12,5	16	20	25	31,5	40
										1 min	120	150	190	240	300	375	480	600	750	960	1200	1500	1900	2400
8	75	40	60	30	13	9	9	13	13								64	80	100	128	160	200	253	320
9	75	60	80	30	12	8	8	12	12								72	90	113	144	180	225	285	360
10	70	35	60	40	11	7	7	11	11								80	100	125	160	200	250	317	400
11	75	50	65	35	10	6	6	10	10							69	88	110	138	176	220	275	348	440
12	70	35	75	60	9	6	6	9	9							75	96	120	150	192	240	300	380	480
13	75	65	80	40	8	5,5	5,5	8	8							81	104	130	163	208	260	325	412	520
14	60	75	80	30	8	5	5	8	8						70	87	112	140	175	224	280	350	443	560
15	75	60	80	50	7	4,5	4,5	7	7						75	94	120	150	188	240	300	375	475	600
16	75	25	50	80	7	4,5	4,5	7	7						80	100	128	160	200	256	320	400	507	640
17	75	60	70	50	6	4	4	6	6					68	85	106	136	170	213	272	340	425	538	680
18	70	35	50	60	6	4	4	6	6					72	90	112	144	180	225	288	360	450	570	720
20	75	25	40	80	5	4	4	5	5					80	100	125	160	200	250	320	400	500	633	800
22	50	60	65	40	5	3	4	5	5				70	88	110	138	176	220	275	352	440	550	697	880
24	75	30	40	80	5	3	4	5	5				76	96	120	150	192	240	300	384	480	600	760	960
26	50	65	60	40	4	3	4	4	4,5				82	104	130	163	208	260	325	416	520	650	820	1040
28	50	40	65	75	4	2,5	3,5	4	4,5			70	89	112	140	175	224	280	350	448	560	700	887	1120

30	70	35	40	80	4	2,5	3,5	4	4,5			75	95	120	150	188	240	300	375	480	600	750	950	1200
32	75	40	35	70	3,5	2,5	3,5	3,5	4			80	101	128	160	200	256	320	400	512	640	800	1013	1280
34	70	40	30	60	3	2	3	3	4		68	85	108	136	170	212	272	340	425	544	680	850	1077	1360
36	50	30	40	80	3	2	3	3	4		72	90	114	144	180	225	288	360	450	576	720	900	1140	1440
38	75	60	50	80	3	2	3	3	4		76	95	120	152	190	238	304	380	475	608	760	950	1203	1520
40	60	40	35	70	2,5	2	3	2,5	4		80	100	127	160	200	250	320	400	500	640	800	1000	1267	1600
44	50	80	65	60	2,5	1,5	3	2,5	3,5		88	110	139	176	220	275	352	440	550	704	880	1100	1393	1760
48	75	60	40	80	2,5	1,5	3	2,5	3,5		96	120	152	192	240	300	384	480	600	768	960	1200	1520	1920
52	75	65	40	80	2	1,5	3	2	3,5		104	130	165	208	260	325	416	520	650	832	1040	1300	1647	2080
56	75	70	40	80	2	1,5	3	2	3,5		112	140	177	224	280	350	448	560	700	896	1120	1400	1772	2240
60	50	80	60	75	2	1,5	3	2	3		120	150	190	240	300	375	480	600	750	960	1200	1500	1900	2400
65	40	80	60	65	2	1,5	3	2	3		130	163	206	260	325	406	520	650	813	1040	1300	1625	2058	2600
70	40	80	60	70	1,5	1	3	1,5	3		140	175	222	280	350	438	560	700	875	1120	1400	1750	2217	2800
75	40	80	60	75	1,5	1	3	1,5	3		150	188	237	300	375	468	600	750	938	1200	1500	1875	2375	3000
80	40	65	50	80	1,5	1	2,5	1,5	3		160	200	253	320	400	500	640	800	1000	1280	1600	2000	2532	3200
90	40	60	35	70	1,5	1	3,5	1,5	3		180	225	285	360	450	562	720	900	1125	1440	1800	2250	2850	3600
100	30	75	60	80	1	1	2,5	1	3		200	250	317	400	500	625	800	1000	1250	1600	2000	2500	3166	4000
110	40	65	30	70	1	1	2,5	1	3		220	275	348	440	550	688	880	1100	1375	1660	2200	2750	3483	4400
120	35	70	40	80	1	1	2,5	1	3		240	300	380	480	600	750	960	1200	1500	1920	2400	3000	3800	4800
135	30	60	35	80	1	1	2,5	1	3		270	338	427	540	675	845	1080	1350	1688	2160	2700	3375	4275	5400
150	30	75	40	80	1	1	2,5	1	2,5		300	375	475	600	750	938	1200	1500	1875	2400	3000	3750	4750	6000
165	25	70	40	80	1	1	2,5	1	2,5		330	413	522	660	825	1032	1320	1650	2063	2640	3300	4125	5225	6600
180	25	75	40	80	1	1	2,5	1	2,5		360	450	570	720	900	1125	1440	1800	2250	2880	3600	4500	5700	7200
200	20	65	40	80	1	1	2,5	1	2,5		400	500	634	800	1000	1250	1600	2000	2500	3200	4000	5000	6333	8000
220	20	80	40	75	1	1	2,5	1	2,5		440	550	697	880	1100	1375	1760	2200	2750	3520	4400	5500	6967	8800
240	35	70	20	80	1	1	2,5	1	2,5		480	600	760	960	1200	1500	1920	2400	3000	3840	4800	6000	7600	9600
270	25	75	27	80	1	1	2,5	1	2,5		540	675	855	1080	1350	1688	2160	2700	3375	4320	5400	6750	8550	10800
300	30	75	20	80	1	1	2,5	1	2,5		600	750	950	1200	1500	1875	2400	3000	3750	4800	6000	7500	9500	12000
330	27	75	20	80	1	1	2,5	1	2,5		660	825	1050	1320	1650	2062	2640	3300	4125	5280	6600	8250	10450	13200
360	25	75	20	80	1	1	2,5	1	2,5		720	900	1140	1440	1800	2250	2880	3600	4500	5760	7200	9000	11400	14400

▲———▲ Die Werte dieser Spalten sind anzuwenden, wenn die Kurvenrolle des Revolverschlittens beim Schalten von einer höher gelegenen auf eine tiefer gelegene Kurve aufsitzt, wie es hauptsächlich bei längeren Werkstücken vielfach der Fall ist. Schließt sich jedoch die nächstfolgende Kurve an die vorhergehende ohne Absatz an, so genügen für die Schaltung des Revolverkopfes die Werte der vorhergehenden Spalten.

getragen, so ergibt sich unten die Gesamtzahl $Z = 319$ Umdrehungen. Die eigentliche Zerspanungszeit ist dann $\frac{319}{1500}$ min bei der Drehzahl der Arbeitsspindel von 1500/min. Es ergeben sich 0,212 min oder

$$0{,}212 \cdot 60 = 13 \text{ sec.}$$

Hierauf schlägt man überschlägig die Nebenzeiten für Spannen und Revolverschalten bei einem 6fachen Revolver, je nach dem Automatentyp, im vorliegenden Fall 7 sec, und erhält

$$13 + 7 = \sim 20 \text{ sec.}$$

Da jedoch diese Zahl die veränderlichen Nebenzeiten noch nicht enthält, wird die endgültige Stückzeit etwas höher liegen.

Die Tabelle 8 ermöglicht es nun schon, die Hundertstel für die Nebenzeiten zu bestimmen aus Spalte 6, 7 und 8 für den in Anwendung kommenden Automaten 24.

Diese Hundertstel setzt man in den Vordruck Abb. 313, Seite 214 in Spalte *i* ein. Für die Greifeinrichtung werden die Hundertstel dem Betriebshandbuch entnommen.

Die Werte für die Hundertstel der Nebenzeiten werden in Spalte *i* zusammengezählt und ergeben 42.

Für die Zerspanungsarbeiten, also für die gesamte Hauptzeit, stehen dann $100 - 42 = {}^{58}/_{100}$ zur Verfügung.

Man braucht also für ein Werkstück

$$\frac{319 \cdot 100}{58} = 550 \text{ Umdrehungen}$$

der Arbeitsspindel.

Die Stückzeit ist demnach

$$\frac{60 \cdot 550}{1000} = 22 \text{ sec.}$$

Im vorliegenden Beispiel ist man also ziemlich nahe an die roh geschätzte Stückzeit herangekommen. Zeigen sich jedoch größere Unterschiede, so war die rohe Schätzung falsch, und die Berechnung muß wiederholt werden, bis die Schätzung mit der wirklichen Stückzeit übereinstimmt.

Diese Differenzen treten bei langen Stückzeiten weniger auf, dagegen eher bei kurzen, weil der Anteil der Nebenzeiten bei diesen prozentual höher ist, wie aus den Spalten 6 bis 10 der Tabelle 8 hervorgeht.

Bei den Formdrehautomaten ist die Berechnung der Stückzeit im Prinzip die gleiche, jedoch einfacher, weil die Nebenzeiten nur im Ein- und Ausschwenken des Anschlags und im Spannen bestehen. Für das Spannen werden einheitlich 40°, für das Ein- und Ausschwenken des Anschlags je 5° angenommen, bei Einteilung der Kurven in 360°.

Demnach stehen 310° der Kurven für die Zerspanungsoperationen zur Verfügung (Abb. 312). Läuft nun die Arbeitsspindel mit $n = 1100$ Umdrehungen und ist die Gesamtzahl Z der Umdrehungen zur Zerspanung $Z = 410$, so ist die Stückleistung in der Stunde

$$= \frac{\text{Spindeldrehzahl } n_x \cdot (360 - \text{Nebenzeit})}{\text{Zahl der Spindelumdrehungen } Z \cdot 6} = \frac{1100 \cdot 310}{410 \cdot 6} = 140 \text{ Stück}$$

pro Stunde oder für 1 Stück in $\frac{3600}{140} = 26$ sec.

Die Berechnung des Gewindeschneidens muß die zu schneidende Gangzahl und den beschleunigten Ablauf gleich der doppelten Drehzahl der Gewindespindel für Rechtsgewinde berücksichtigen, da an den Traub-Automaten der Ablauf durch Umschalten des Antriebsmotors für die Gewindespindel auf die doppelte Drehzahl bewirkt wird.

Bei den Langdrehautomaten werden die Hauptzeiten wie bisher aus der Drehzahl der Arbeitsspindel, dem Werkzeugweg und dem Vorschub pro Umdrehung berechnet. Die Nebenzeiten bestehen aus der Rückwärtsbewegung des Spindelstocks, dem Spannen, Aufstieg und Abstieg der Werkzeuge, den Ruhepausen zwischen den einzelnen Operationen sowie den Leerbewegungen der Zusatzeinrichtungen.

Überschlägig kann man annehmen, daß die Aufstiege so ausgeführt werden, daß auf 1 mm Aufstieg 1° der Kurvenscheibe bei einer Einteilung in 360° entfallen. Beim Abstieg kommt auf 1 mm Abstieg nur 0,5°. Will man jedoch genauer rechnen, so muß man die Umdrehungszahl der Steuerwelle berücksichtigen und die Aufstiege und Abstiege entsprechend der Tabelle 9 einsetzen. Hierbei ist auch noch die Übersetzung der Bewegungsmechanismen zu berücksichtigen. Diese kann man aus den Betriebshandbüchern entnehmen. Sie sind aus den Bildern 317 bis 320 ersichtlich, also bei den Wippenstählen 1 und 2 ist das Übersetzungsverhältnis unveränderlich gleich 3:1, beim Stahl 3 ergibt sich 1:1 veränderlich zwischen 1,17:1 bis 0,82:1; bei den Stählen 4 und 5 ist das Übersetzungsverhältnis 2:1, veränderlich von 2,3:1 bis 1,8:1.

Bei der überschlägigen Ermittelung der Nebenzeiten läßt man die veränderlichen Übersetzungen zunächst beiseite.

Tabelle 9. *Aufstiege und Abstiege an Langdrehautomaten (Strohm)*

Steuerwellendrehzahl pro min	Aufstiege	Abstiege
bis 8	1 mm pro 1°	1 mm pro 0,5°
8 bis 15	1 mm pro 1,2°	1 mm pro 1°
15 bis 20	1 mm pro 1,5°	1 mm pro 2°
über 20	1 mm pro 2°	1 mm pro 3°

Tabelle 10. *Breite der Abstechstähle an Langdrehautomaten*

Materialdurchmesser in mm . .	0,5	0,6	0,8	1,0	2,0	3	4	5	6	7	8	10	12	14	16	18	20
Abstechstahlbreite in mm	0,45	0,5	0,6	0,7	0,8	1	1	1,1	1,2	1,5	1,6	1,8	1,8	1,9	2	2,2	2,5

1. Beispiel. Der Spindelstock soll um 10 mm vorgeschoben werden ohne Spanleistung, die Leistung ist vorher grob geschätzt unter 5 Stück pro min. Übersetzung 1:1. Der Aufstieg der Kurve ist $10 \times 1 = 10$ mm. Der Kurvenwinkel ist 1° pro mm, also 10°.

2. Beispiel. Der Wippenstahl 1 ist um 3 mm gegen die Spindelmitte zu bewegen. Leistung geschätzt etwa 15 bis 20 pro min. Das Übersetzungsverhältnis ist 3:1. Der Kurvenaufstieg ist $3 \times 3 = 9$ mm, der Abstieg ebenfalls 9 mm.

Daher Kurvenwinkel für Aufstieg $9 \times 1{,}5 = 13{,}5°$, Kurvenabstieg $9 \times 2 = 18°$.

Ferner ist zu beachten: Das Lösen der Spannzange erfordert immer 10°, Spannzange schließen 15°, Pausen 2 bis 3°, Verrundungen unten am Kurvenabstieg 2 bis 5° (richtet sich nach der Steuerwellendrehzahl). Nach jedem Gang, also nach jedem Abstieg und vor jedem Aufstieg ist eine Pause von 2 bis 3° einzulegen, und zwar bei Stückzahlen bis 10 Stück pro min 2° und 3° bei über 10 Stück pro min.

Für das Einschwenken des dreifachen Revolvers, des sechsfachen Revolvers sowie für das Vorholen und Zurückziehen der Bohrspindeln sind die Nebenzeiten je nach der Steuerwellendrehzahl und der Länge den Betriebshandbüchern der Hersteller zu entnehmen.

Beim Vorschub des Spindelschlittens in Langdrehautomaten ist ferner noch die Breite des Abstechstahls zu beachten, weil der Vorschub um diese Breite länger sein muß. Tabelle 10 zeigt die bei Langdrehautomaten üblichen Breiten des Abstechstahls für verschiedene Stangendurchmesser.

Auch bei den Langdrehautomaten trägt man zweckmäßig die Arbeitsgänge und Nebenzeiten in einen Vordruck nach Abb. 314 ein, und zwar nicht in Sekunden, sondern in Graden bei 360°-Einteilung der Kurven.

8. Die endgültige Gesamtarbeitszeit

Die endgültige Gesamtstückzeit t_{st} für ein Werkstück ist die Summe von Haupt- und Nebenzeiten, also

$$t_{st} = t_h + t_n .$$

Man könnte nun alle Hauptzeiten und alle Nebenzeiten in Sekunden ausrechnen und diese addieren, um die endgültige Stückzeit t_{st} zu bekommen. Da jedoch die Nebenzeiten in den Betriebshandbüchern nicht in Sekunden, sondern in Hundertstel der Kurven bei Revolverautomaten bzw. in Graden bei Lang- und Formdrehautomaten angegeben werden, würde eine umständliche Berechnung wegen der nicht konstanten Nebenzeiten notwendig sein.

Man kommt einfacher zum Ziel, wenn man die Zahl der Hundertstel bzw. der Grade der Nebenzeiten einfach addiert. Diese Zahl sei bei hundert Teilen mit Z_{n100} und bei 360 Graden mit Z_{n360} bezeichnet.

Für die Zerspanung, also für die Hauptzeit t_h, stehen demnach folgende Teile der Kurve zur Verfügung

$$100 - Z_{n100} \text{ bei hundert Teilen}$$

und

$$360 - Z_{n360} \text{ bei Einteilung in 360 Grade.}$$

Die Stückzeit t_{st} in Sekunden ist dann

$$t_{st} = \frac{Z \cdot 100 \cdot 60}{(100 - Z_{n100})\, n} \text{ für hundert Teile}$$

und

$$t_{st} = \frac{Z \cdot 360 \cdot 60}{(360 - Z_{n360}) \cdot n} \text{ für 360 Teile.}$$

Z ist dabei, wie oben errechnet, die Gesamtzahl der produktiven Umdrehungen für ein Werkstück, n die minutliche Drehzahl der Arbeitsspindel.

1. Beispiel. An einem Revolverautomat mit hundert Teilen der Kurven ist die Spindeldrehzahl $n = 1500$, die Zahl der produktiven Umdrehungen $Z = 319$ (Spalte h in Abb. 313), die Zahl der Hundertstel für die Nebenzeiten

$$Z_{n100} = 42 \text{ (Spalte } i\text{),}$$

so ist

$$t_{st} = \frac{319 \cdot 100 \cdot 60}{(100 - 42) \cdot 1500} = 22 \text{ sec.}$$

2. Beispiel. Auf einem Langdrehautomaten sei die Drehzahl der Arbeitsspindel $n = 4250$, die Zahl der produktiven Umdrehungen $Z = 323$, die Zahl der Grade für Nebenzeiten $Z_{n360} = 79$, so ergibt sich

$$t_h = \frac{323 \cdot 360 \cdot 60}{(360 - 79) \cdot 4250} = 5{,}85 \text{ sec,}$$

oder abgerundet $\sim$ 6 sec oder 10 Stück in der Minute.

III. Konstruktion und Anfertigung der Kurven

Die Konstruktion der Kurven zerfällt in folgende Teile:

1. Einteilung,
2. Lage der Kurven.

1. Einteilung

Die Einteilung der Nebenzeiten ist zunächst einfach gegeben durch Ablesen der Hundertstel bzw. der Grade. Für die einzelnen Hauptzeiten müssen jedoch die Teile bzw. Grade noch berechnet werden. Für die

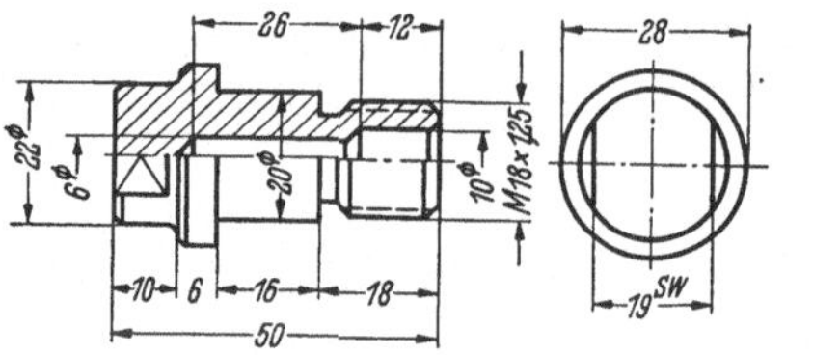

Berechnungsblatt
INDEX 24

Werkstoff: Messing Ms 58, 28

Drehzahlen der Arbeitsspindel/min	Drehen	1500
	Gewindeschneiden	750
Schnitt-Geschwindigkeit m/min	Drehen	132
	Gewindeschneiden	42,5

Werkzeugfolge	Arbeitsfolge	Arbeitsweg mm	Vorschub bei 1 Umdrehung mm	Umdrehungen für den Arbeitsgang	$^1/_{100}$ des Kurvenumfanges für: Anzahl	Kurvenaufzeichnen von	Kurvenaufzeichnen bis	Werte für Stückzeitberechnung: Hauptzeit in Umdrehungen	Nebenzeit in $^1/_{100}$	und Kurvenaufzeichnen von	und Kurvenaufzeichnen bis
	a	b	c	d	e	f	g	h	i	k	l
Revolverkopf	1 | Werkstoff anschlagen								5	0	5
	Schalten des Revolverkopfes								3	5	8
	2 | Überdrehen Gew.-ø und Bohren 10 ø	17	0,133	128	23	—	—	128	—	8	31
	Schalten des Revolverkopfes								3	31	34
	3 | Innen- und Außenkante brechen	1,5	0,14	11	2	—	—	11	—	34	36
	Schalten des Revolverkopfes								4	36	40
	4 | Gewindeschneiden auf	16 Gg.	—	32	6	—	—	32	—	40	46
	Gewindeschneiden ab	16 Gg.	—	16	3	—	—	16	—	46	49
	Schalten des Revolverkopfes								4	49	53
	5 | Bohren 6 ø mit Schnellbohrspindel. n = 1600	25,5	(0,11) 0,23	110	20	—	—	110	—	53	73
	Schalten des R.-K. (½ Schaltung)				4	73	77		2	73	75
	6 | Unbesetzt					77	96				
	Schalten des R.-K. (½ Schaltung)				4	96	0		2	98	0
Greifarm	Abwärtsschwingen (½ Abwärts)				6	72	78		3	75	78
	Stillstand					—	—		1	78	79
	Vorgang beim Greifen					—	—		6	79	85
	Stillstand während des Abstechens					85	89		—	—	—
	Stillstand nach dem Abstechen					—	—		1	89	90
	Aufwärts während dem Rückgang				2	90	92		—	—	—
	Rückgang des Greifarmes*					—	—		3	90	93
	Aufwärtsschwingen zum Fräsen				10	92	2		5	93	98
	Stillstand				1	2	3				
	Vorgang zum Fräsen				3	3	6				
	Flächen fräsen	11				6	64				
	Rückgang beim Auswerfen				7	64	71				
	Stillstand vor dem Abwärtsschwingen				1	71	72				
	Vorgang während dem Abwärtsschwingen*				3	73	76				
Seitenschlitten	Vorderer: Formen 28—16 ø	6	0,04	150	27	7	34				
	Hinterer: Formen 28—20 ø	4	0,04	100	18	55	73				
	Dritter: Abstechen 28—3 ø	12,5	0,065	192	35	50	85				
	Dritter: Abstechen 3— auf Mitte	1,5	0,065	22	4	—	—	22		85	89
	Dritter: Abstechen über Mitte	1	0,1	10	2	89	91				
Zugabe nach dem Abstechen											
								319	42		

Umdrehungen für 1 Werkstück: $\frac{319 \cdot 100}{58} = 550$ Umdr.

Stückzeit: $\frac{60 \cdot 550}{1500} = 22$ sek

* Nur bei Anwendung des dritten Seitenschlittens erforderlich

Abb. 313. Berechnungsblatt für Revolverautomaten (Index)

Gesamthauptzeit stehen die Teilstriche $100 - Z_{n\,100}$ der Hunderterteilung bzw. $360 - Z_{n\,360}$ der Gradteilung zur Verfügung. Die Teilhauptzeiten für die einzelnen Arbeitsgänge werden nun einfach proportional zu den Umdrehungen für diese darauf verteilt.

Man rechnet zunächst die Gesamtzahl Z_{ges} der Umdrehungen für ein Werkstück, also einschließlich der Nebenzeiten, aus nach

$$Z_{\text{ges}} = \frac{Z \cdot 100}{100 - Z_{n\,100}} \quad \text{für hundert Teile}$$

bzw.

$$Z_{\text{ges}} = \frac{Z \cdot 360}{360 - Z_{n\,360}} \quad \text{für 360 Teile}$$

und erhält dann die Zahl z der Teile für jede einzelne Arbeitsoperation z = Zahl der Umdrehungen für die Einzeloperation.

$$z = \frac{\text{Zahl der Umdrehungen für die Einzeloperation}}{Z_{\text{ges}}\ \text{Gesamtzahl der Umdrehungen}} .$$

1. Beispiel für hundert Teile.

Das Drehen eines Schaftes erfordert 128 Umdrehungen, die Zahl der gesamten produktiven Umdrehungen für ein Werkstück Z sei 319, für Nebenzeiten sind 42 Teilstriche vorzusehen.

Hieraus

$$Z_{\text{ges}} = \frac{319 \cdot 100}{100 - 42} = 550$$

daraus

$$z = \frac{128}{550} = 23 \text{ Teilstriche für das Drehen des Schaftes}$$

2. Beispiel. Das Drehen eines Schaftes auf einem Langdrehautomaten erfordert 133 Umdrehungen, die Gesamtzahl Z aller produktiven Operationen sei 323, für Nebenzeiten sind insgesamt 79 Grade vorzusehen.

Demnach

$$Z_{\text{ges}} = \frac{323 \cdot 360}{360 - 79} = 415 \text{ Umdrehungen,}$$

hieraus

$$z = \frac{133}{415} = 0{,}321$$

oder in Graden ausgedrückt $= 0{,}321 \cdot 360 = 116°$.

(Für die Nebenzeiten der Zusatzeinrichtungen findet man die Angaben in den Betriebshandbüchern.)

Die so gefundenen Hundertstel bzw. Grade trägt man in die Vordrucke ein, z. B. in Abb. 313, Spalte k und l und hat somit die Einteilung der Kurvenstücke. Nach Abb. 315 nimmt man diese Einteilung bei Langdrehautomaten mit Hilfe eines Anreißapparates vor, nach Abb. 316 beginnend mit dem Strahl 0. Hierzu wird eine Schablone (Abb. 317 und 318) verwendet, die sowohl die Teilungsstriche als auch die Auf- und Abstiege enthält. Diese gelten für Flach-

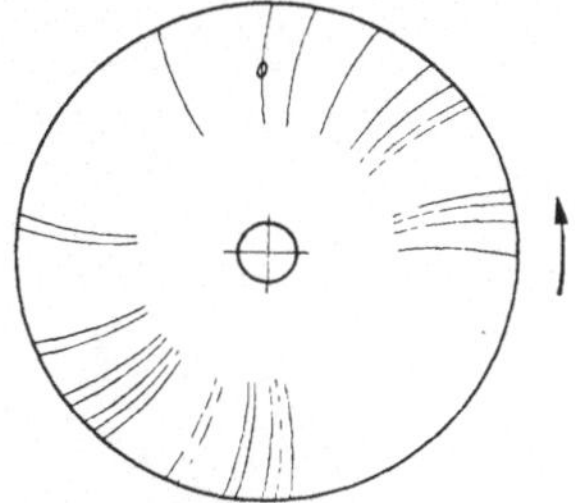

Abb. 315
Einteilung der Kurvenscheibe

kurven zum Bewegen des Spindelschlittens. Für die Wippenkurven gilt Abb. 319 und für Seitenschlitten Abb. 320.

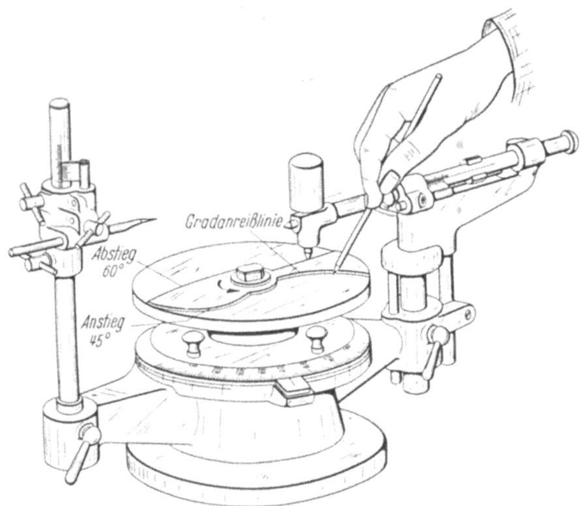

Abb. 316. Anreißapparat (Strohm)

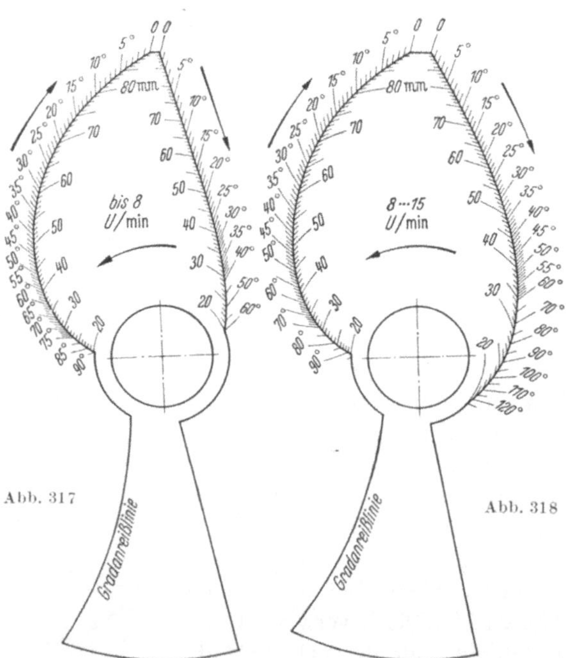

Abb. 317 u. 318. Schablonen zum Anreißen von Spindelstockkurven (Strohm)

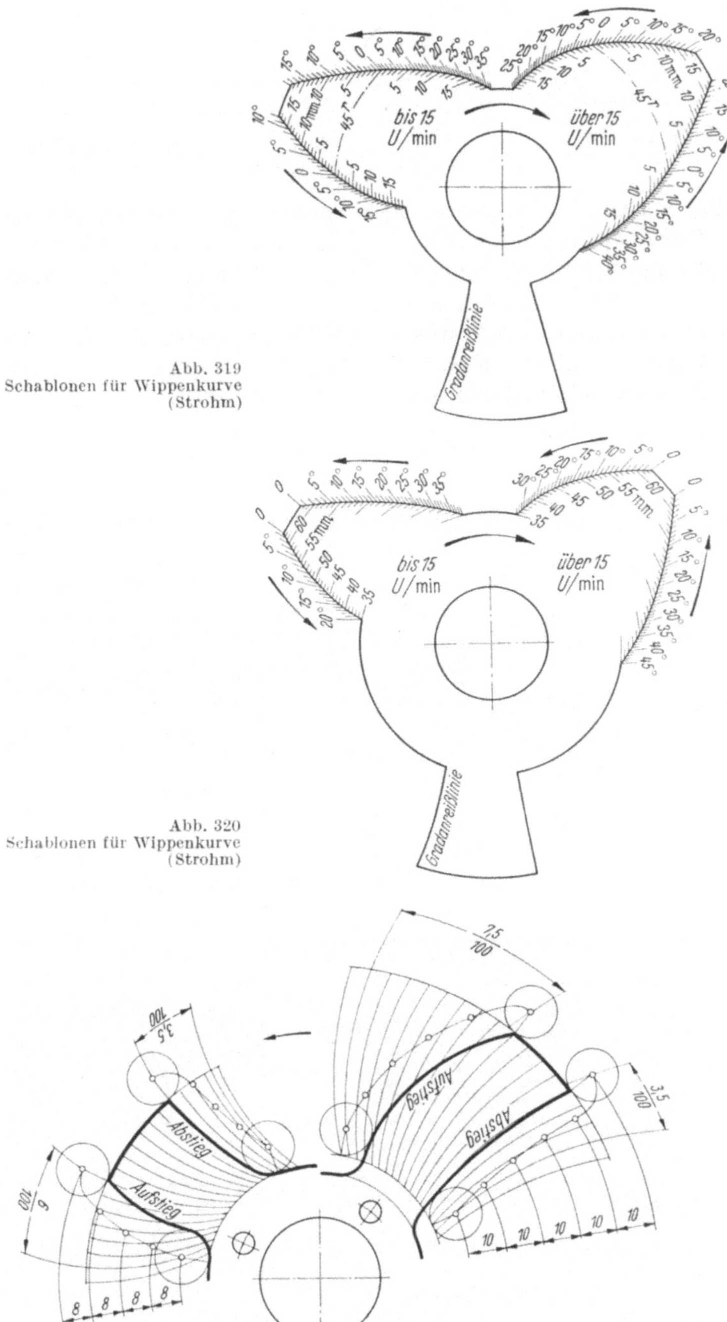

Abb. 319
Schablonen für Wippenkurve
(Strohm)

Abb. 320
Schablonen für Wippenkurve
(Strohm)

Abb. 321. Auf- und Abstiegsschablonen für Revolverautomaten (INDEX)

Für Revolverautomaten bekommt man von den Herstellern Kurvenscheiben, in die die Einteilung in 100 Teile eingekratzt ist. Daher brauchen die Schablonen nur noch die Auf- und Abstiege zu enthalten (Abb. 321).

2. Lage der Kurven

Bei den Lang- und Formdrehautomaten legt man den höchsten Punkt der Kurve auf Strahl 0 einfach auf den Außendurchmesser der Kurvenscheibe und trägt den maximalen Weg des Schlitten nach innen ein, z. B. nach Abb. 322 = 29,8 mm, und von hier aus zeichnet man die Aufstiege, Vorschübe und Abstiege nach der Einteilung ein und konstruiert die Vorschubkurven wie auf Abb. 322 links angegeben ist. Man erhält somit einen Anriß der Kurven nach Abb. 323.

Dieser Anriß wird nun ausgebohrt nach Abb. 324 durch Anwendung eines Doppelkörners mit 2 Spitzen, die gleich dem Lochdurchmesser plus etwa 0,2 bis 0,3 mm für

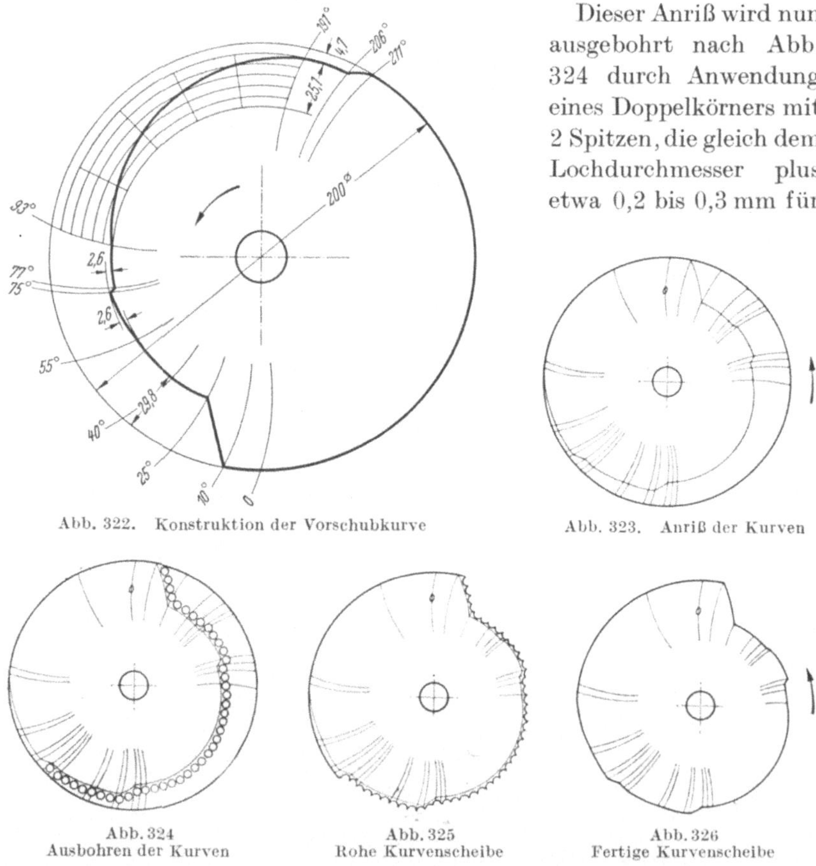

Abb. 322. Konstruktion der Vorschubkurve

Abb. 323. Anriß der Kurven

Abb. 324 Ausbohren der Kurven

Abb. 325 Rohe Kurvenscheibe

Abb. 326 Fertige Kurvenscheibe

den Zwischenraum voneinander entfernt sind. Man erhält damit die rohe Kurvenscheibe nach Abb. 325. Diese rohe Kurvenscheibe wird dann fertiggefeilt (Abb. 326). Fallen in größeren Automatendrehereien viel Kurven an, so lohnt sich die Beschaffung einer Kurvenstoßmaschine nach Abb. 327, mit der das Feilen vermieden wird. In dieser lassen sich die

Abb. 327. Kurvenstoßmaschine für Flachkurven (Bechler)

Abb. 328. Kurvenstoßmaschine für Trommelkurven (Bechler)

Vorschubkurven durch schräge Einstellung eines Führungslineals genau stoßen. Auch Trommelkurven können nach Abb. 328 gestoßen werden. Die Form des Stoßstahls muß dem Daumen, der auf der Kurve läuft, entsprechen. Auch Kurvenfräsmaschinen sind nach dem gleichen Prinzip auf dem Markt, jedoch können beim Fräsen die kleinen Radien der Daumen (1 mm) nicht mehr scharf ausgefräst werden, sondern müssen von Hand ausgefeilt werden.

Neuerdings kann man mit dem Conturia-Fräsautomaten (Abb. 329) Kurven völlig selbsttätig nach einer Zeichnung herstellen. In dieser wird

Abb. 329. Conturia-Fräsautomat (Sicomatic)

auf dem Rundtisch links eine Kopie der Zeichnung auf Isolierfolie aufgelegt und rechts unter der Arbeitsspindel das Werkstück aufgespannt. Auf der Isolierfolie, die besonders präpariert ist, wird die Umrißlinie von der Zeichnung kopiert, so daß sie metallisch elektrisch leitend ist. Ein elektrischer Fühler, der gleichzeitig mit dem Arbeitsschlitten bewegt wird, tastet diese Kopie ab und überträgt somit die Kopie auf das Werkstück. Dabei kann entweder eine Frässpindel oder ein Stoßsupport oder eine Schleifspindel benutzt werden. Durch Storchschnabelübersetzung des Fühlers können vergrößerte Kopien und damit hohe Genauigkeiten des Werkstücks erreicht werden.

Für Revolverautomaten ist zum Fräsen der Kurven eine Sonderfräsmaschine entwickelt worden, und zwar sowohl für Flachkurven als auch für Trommelkurven nach Abb. 330 und 331.

Abb. 330. Fräsmaschine für Flachkurven (Index)

Die besondere Eigenart dieser Maschine besteht darin, daß der Fräser beim Fräsen, während die zu bearbeitende Kurve eine Drehbewegung ausführt, in der gleichen Weise bogenförmig bewegt wird, wie die Rolle des Segmenthebelarmes, die sich beim Arbeiten des Automaten auf der Kurve bewegt.

Diese Gleichartigkeit der Bewegung von Fräser bzw. Rolle bewirken, daß die mit der Kurvenfräseinrichtung hergestellten Kurvensteigungen ein Höchstmaß an Genauigkeit ergeben.

Abb. 331. Fräsmaschine für Trommelkurven (Index)

Zur Erreichung der bogenförmigen Fräserbahn ist der Fräskopf, welcher den Fräser trägt, schwingend angeordnet. Bewegt wird derselbe mit einer verstellbaren Verbindungsstange vom Antrieb über einen Schieber. An diesem Schieber ist ein Gleitstein angebracht, der durch eine Gewindespindel einstellbar ist. Der Gleitstein bewegt sich in der Nut eines schrägstellbaren Lineals, das auf einem Schlitten angeordnet ist. Durch die Schrägstellung des Lineals wird bei einem bestimmten Schlittenweg die erforderliche Bewegung des Fräsers und damit auch die verlangte Kurvensteigung erreicht. Der Längsweg des Schlittens sowie die notwendige

Drehbewegung der Kurve wird durch Aufstecken von Wechselrädern auf der Vorderseite der Maschine erreicht.

Durch einfache Umstellung lassen sich mit der Einrichtung sowohl Scheibenkurven (Abb. 330) als auch Mantelkurven (Abb. 331) fräsen.

Zur genauen Prüfung dient eine Lehre mit Meßuhr und Mikrometer nach Abb. 332.

Bei Kurvenscheiben aus Stahl kann man das Ausbohren der Kurven dann sparen, wenn man diese mit einem selbsttätig laufenden Schneidbrenner ausbrennt, der von Hand am Rande der Kurve entlanggeführt wird.

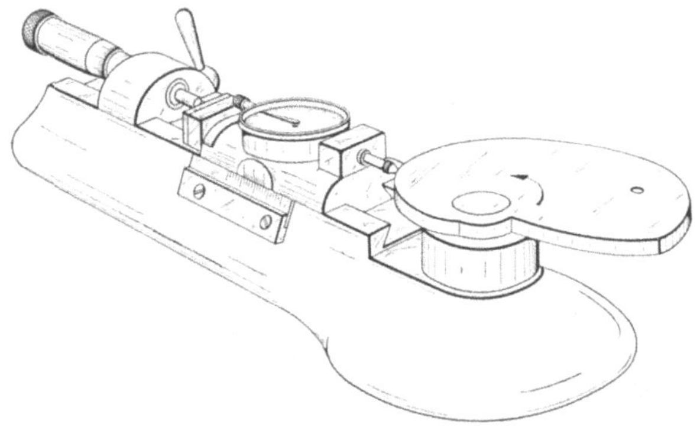

Abb. 332. Kurvenmeßgerät (Strohm)

Die Kurven für die Seitenschlitten 3,4 und 5 an Langdrehautomaten sind nach Abb. 333 mit einem Schlitz zum Aufstecken auf die Steuerwelle versehen. Sie werden auf einen kurzen Einpaß auf der Steuerwelle im Durchmesser zentriert (Abb. 334) und lassen sich leicht von der

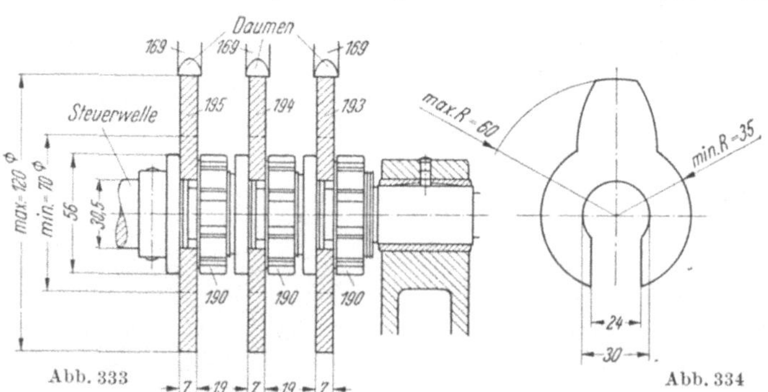

Abb. 333 Abb. 334

Abb. 333 u. 334. Befestigung von Flachkurven (Bechler)

Steuerwelle herunternehmen, wenn man die Muttern 190 um einige Gänge löst. Über dem Schlitz müssen die Hebel zur Bewegung der Schlitten gegen eine Anschlagschraube abgestützt werden.

In den Formdrehautomaten (TRAUB) werden die Flachkurven für die Seitenschlitten an einen Flansch der Steuerwelle mit Kopfschrauben von der Seite her befestigt (Abb. 335). Auch bei

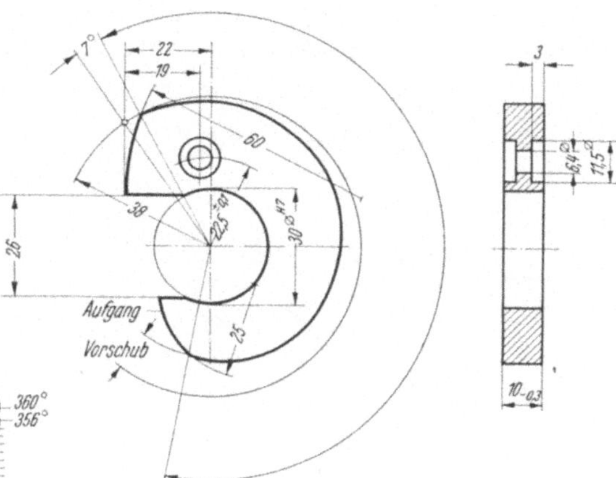

Abb. 335. Befestigung von Flachkurven (Traub)

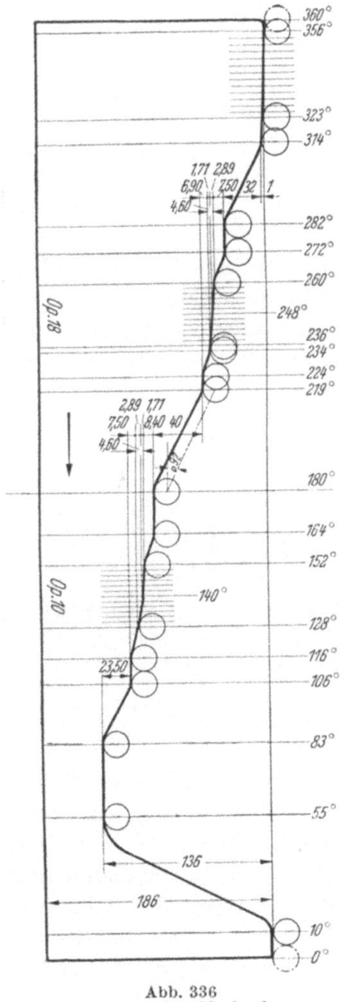

diesen ist eine Abstützung über dem Schlitz notwendig.

Trommelkurven werden in der Abwickelung entworfen. Diese ist in der abgewickelten Länge ebenfalls bei Langdrehautomaten in 360° eingeteilt und die Einteilung nach Haupt- und Nebenzeiten die gleiche wie bei Flachkurven. Man geht ebenfalls vom Ende der Trommel bei 0° aus und geht auf den maximalen Schlittenweg herunter, z. B. 136 mm in Abb. 336, und von dort aus beginnen die einzelnen Abschnitte für die Haupt- und Nebenzeiten, Aufstiege und Abstiege. Die Abrundungen entsprechen dem Radius der Rolle. Ist die Rolle am Schlitten direkt befestigt, wie in Abb. 180, so sind die Einteilungen der Abwickelung einfache gerade Linien. Die Aufstiege und Abstiege sind in der Abwickelung gerade schräge Linien nach Abb. 337. Wird jedoch die Bewegung durch einen Doppelhebel nach Abb. 181 übertragen, so sind die Teillinien Kreisbögen nach Abb. 338 mit dem Radius des Hebels. Die Aufstiege und Abstiege sind dann nach Abb. 183, Seite 129, zu machen.

Abb. 336
Entwicklung der Glockenkurve

Die Lage der Kurven bei Revolverautomaten ist bestimmt durch die Abmessungen des Werkstücks und der Werkzeughalter. Man kann bei

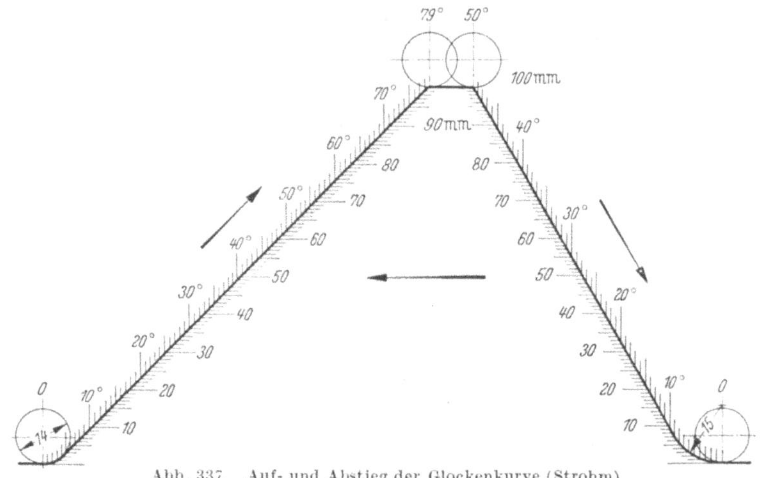

Abb. 337. Auf- und Abstieg der Glockenkurve (Strohm)

diesen Automaten nicht vom Außendurchmesser der Kurvenscheiben ausgehen, sondern muß obige Gesichtspunkte berücksichtigen.

Zu diesem Zweck zeichnet man für die einzelnen Operationen die Stellung der Werkzeuge in der Endstellung nach beendigtem Schnitt auf,

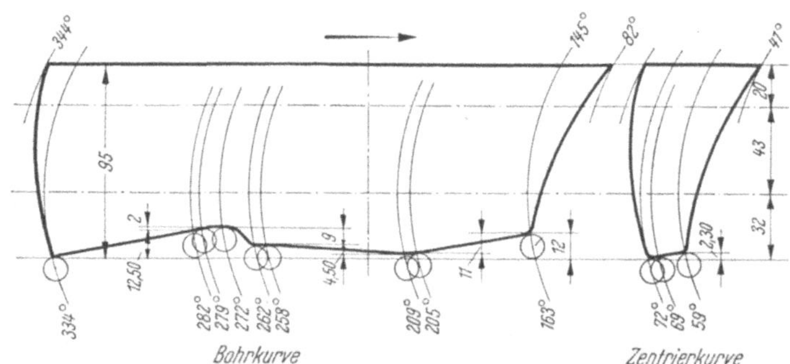

Abb. 338. Kurven des Zweispindelapparates

wie Beispiel 339 für das Werkstück 340 zeigt. Dabei ist links das Werkstück in der Arbeitsspindel gezeichnet und rechts für die einzelnen Arbeitsoperationen der Revolverkopf in seinen Stellungen am weitesten links. Diese ergeben sich aus den Abmessungen der Werkzeughalter und Werkzeuge und können aus den Werkzeugkatalogen der Hersteller entnommen werden (siehe IV. Kapitel). Die Wege und Verstellungen der Seitenschlitten und des Revolverkopfes können aus dem Schaubild 341 entnommen werden.

Berechnungsbeispiel

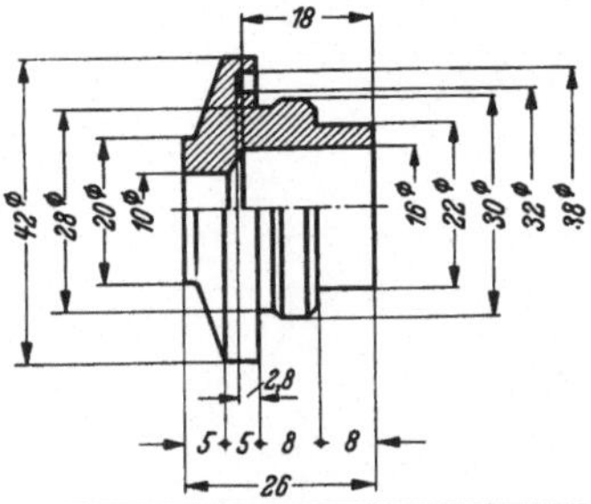

Berechnungsblatt

INDEX 52

Werkstoff: St.Az. (Automatenstahl) 42 ⌀

Drehzahlen der Arbeitsspindel/min	Drehen	Langsamgang	480
		Schnellgang	1200
Schnittgeschwindigkeit m/min	Drehen	Langsamgang	63,5
		Schnellgang	83

Werkzeugfolge		Arbeitsfolge		Arbeitsweg mm	Vorschub bei einer Umdrehung mm	Umdrehungen für den Arbeitsgang	$^1/_{100}$ des Kurvenumfanges für: Anzahl	Kurvenaufzeichnen von	Kurvenaufzeichnen bis	Werte für Stückzeitberechnung: Hauptzeit in Umdrehg.	Nebenzeit in $^1/_{100}$	und Kurvenaufzeichnen von	bis
		a		b	c	d	e	f	g	h	i	k	l
Revolverkopf	1	Werkstoff anschlagen	n = 480								2	0	2
		Schalten des Revolverkopfes....									2	2	4
	2	Zentrieren		4	0,15	27	6	—	—	27	—	4	10
		Schalten des Revolverkopfes....									3	10	13
	3	Bohren 16 ⌀		18	0,104	173	36	—	—	173	—	13	49
		Schalten des Revolverkopfes....									3	49	52
	4	Rille einstechen...........		2,5	0,045	56	11,5	—	—	56	—	52	63,5
		Stillstand		0,5	0,025	20	4	—	—	20	—	63,5	67,5
											1	67,5	68,5
		Schalten des Revolverkopfes....									3	68,5	71,5
	5	Schlichten 22 ⌀	n = 1200	8	(0,12) 0,31	26	5,5	—	—	26	—	71,5	77
		Rückgang.................		8	(0,36) 0,9	9	2	—	—	9	—	77	79
		Schalten des Revolverkopfes....									3	79	82
	6	Bohren 10 ⌀		10	(0,1) 0,25	39	8	—	—	39	—	82	90
		Schalten des Revolverkopfes....					3						
Seitenschlitten		Vorderer: Formen	42—34 ⌀.........	4	0,045	89	18,5	3	21,5				
			34—22,3 ⌀	5,9	0,04	146	30,5	21,5	52				
		Hinterer: Formen	42—32 ⌀.........	5	0,043	116	24	11	35				
			32—19 ⌀.........	6,5	0,04	163	34	35	69				
		Dritter: Abstechen n = 1200	20—14 ⌀.......	3	(0,032) 0,08	37	8	82	90				
			14—10 ⌀.......	2	(0,032) 0,08	25	5	—	—	25	—	90	95
			über Bohrung..	1	(0,045) 0,112	9	2	—	—	9	—	95	97
Zugabe nach dem Abstechen											3	97	100
										384	20		

Umdrehungen für 1 Werkstück: $\frac{384 \cdot 100}{80} = 480$

Stuckzeit: $\frac{60 \cdot 480}{480} = 60$ sek

Abb. 340. Beispiel (Index)

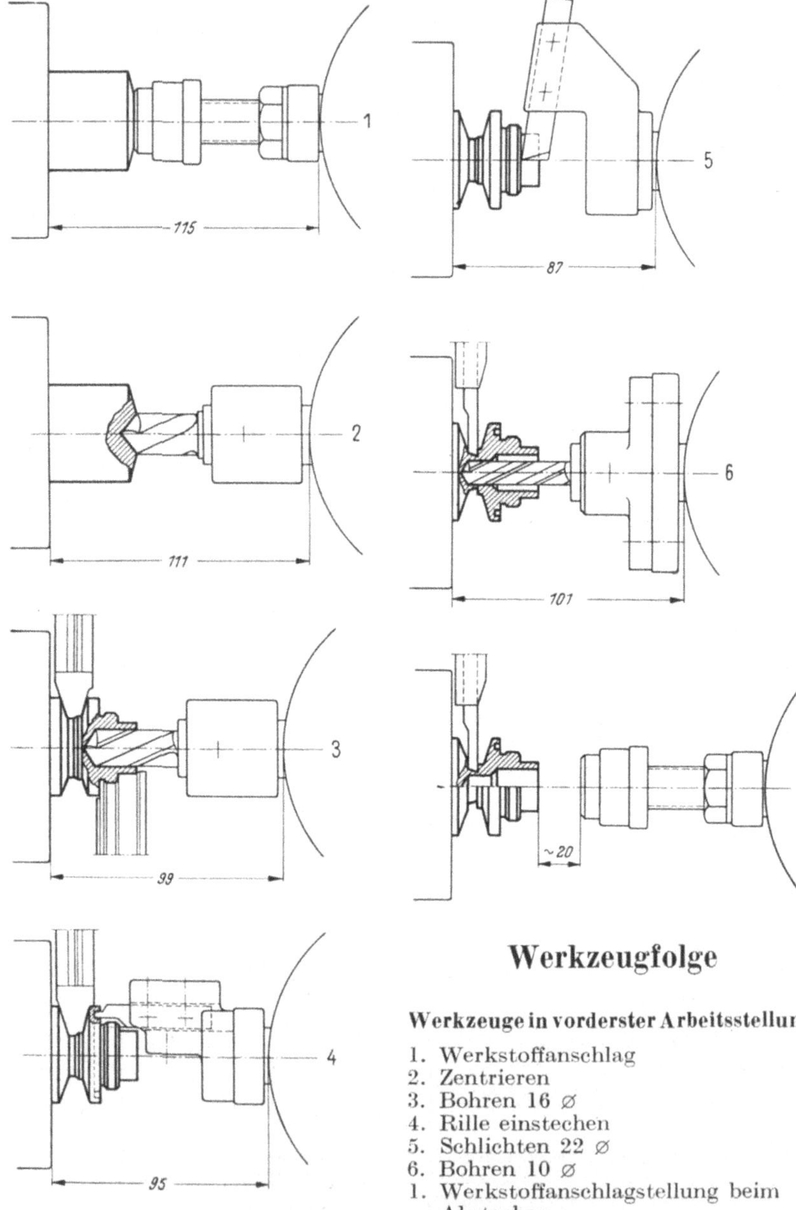

Abb. 339. Werkzeugplan für Revolverautomat (Index)

Im vorliegenden Beispiel ist der kürzeste Abstand bei Operation 5 des Revolverkopfes gleich 87 mm. In diesem Punkt steht die Rolle des Segmenthebels, der den Revolverschlitten bewegt, auf dem größten Durchmesser der Kurvenscheibe bei Strahl 77 (Abb. 342). Dies ist also der Endpunkt des Kurventeils, der den Ansatz 22 mm ∅ abgedreht hat. Der Anfang dieses Kurventeils liegt nach Abb. 340, Spalte *k*, beim Strahl 71,5 um 8 mm tiefer nach Spalte *b*. Es läßt sich also das Kurvenstück von 71,5 bis 77 als umhüllende Kurve der Rollenstellungen wie früher beschrieben konstruieren.

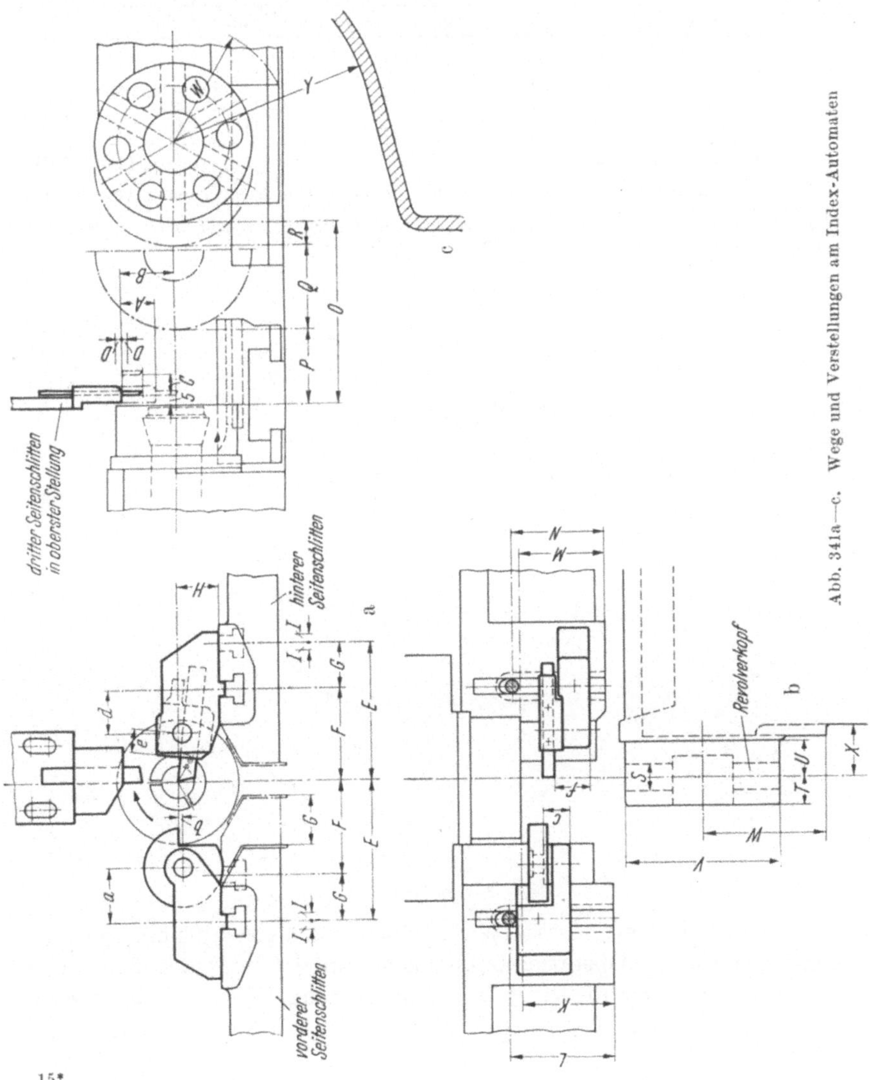

Abb. 341a—c. Wege und Verstellungen am Index-Automaten

INDEX		Stahlhalter						Dritter Seitenschlitten			
		a	b	c	d	e	f	A	B	C	D*
12,18,25	mm	39	4	25	34	16	33	26	41	8	4
24,36	mm	47	5	31,3	38	20	44	30	50	10	4
52	mm	47	5	31,3	38	20	44	30	59	6	4

INDEX		Vorderer und hinterer Seitenschlitten								
		E	F	G	H	I	K	L	M	N
12,18,25	mm	97	65	32	30	3	63	66	57	64
24,36	mm	121	81	40	36	3	87	93	73	79
52	mm	129	89	40	36	3	83	93	69	79

INDEX		Revolverkopf										
		O	P	Q	R	S	T	U	V	W	X	Y
12,18,25	mm	120	50	50	20	19,05	18	28	100	84	38	150
24,36,52	mm	180	64	80	36	25,4	24	36 (32)**	140	108	52 (46)**	192

* Wenn Rolle auf größtem Kurvenradius, so ist die Verstellung nach unten nur in beschränktem Maße möglich.

** Bei Maschinen Index 24 mit Fabr.-Nr. ab 26630, 30870 bei INDEX 36 und 40310 bei INDEX 52 gelten die größeren Werte, für Maschinen mit niederer Fabr.-Nr. die kleineren.

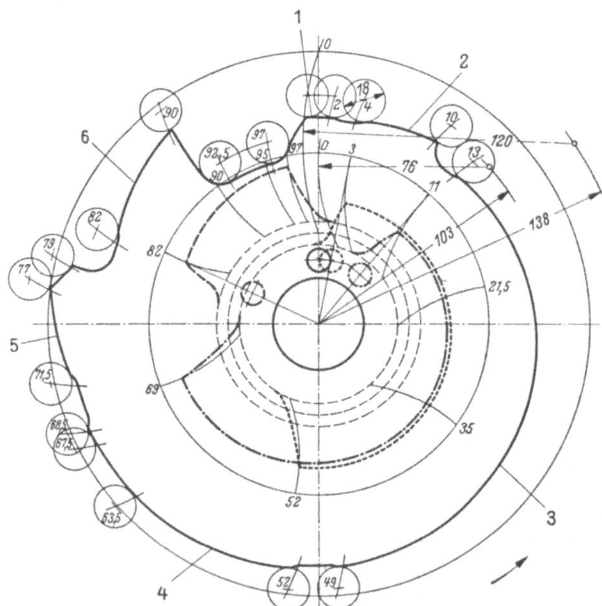

Abb. 342. Kurven für Beispiel Nr. 354

Der nächstgrößere Abstand ist bei Operation 4 gleich 95 mm, also um 8 mm niedriger als Operation 6. Demnach muß der Endpunkt 68,5 dieser Operation um 8 mm niedriger liegen. Der Anfang der Vorschubkurve für Operation 4 liegt nach Spalte *k* bei Strahl 52 um 3 mm niedriger, also muß die Steigerung von Strahl 52 bis 68,5 3 mm betragen. Wie aus Abb. 342 hervorgeht, ist diese Steigung nicht gleichmäßig, sondern 3fach unterteilt, und zwar von 52 bis 63,5 mit 2,5 mm Steigung, von

Abb. 343. Kurvenblock (Index)

63,5 bis 67,5 mit 0,5 mm Steigung und von 67,5 bis 68,5 ohne Steigung. Dieses hat den Zweck, den Einstich ratterfrei und sauber zu bekommen.

In gleicher Weise legt man die weiteren Endpunkte der Revolverkurve fest, z. B. muß der Endpunkt der Kurve 3 um 99 — 87 = 12 mm niedriger liegen als der Endpunkt der Kurve 5, und der Endpunkt der Kurve 2 um 111 — 87 = 24 mm niedriger gegenüber dem Endpunkt von Kurventeil 5. Die Anfangspunkte der Kurventeile ergeben sich immer aus der Einteilung nach Spalte *k* und *l* und ihr Abfall nach unten aus den Arbeitswegen nach Spalte *b*.

Kurz vor Beendigung des Abstechens von Strahl 92,5 bis 97 ist ein weiteres Zurückfahren des Revolverschlittens um 20 mm vorgesehen. Dies hat den Zweck, daß das abgestochene Werkstück leicht herabfallen kann, ohne an dem Anschlag anzustoßen.

Die Zugabe von 3 Teilstrichen nach dem Abstechen ist eine Sicherheitszugabe, die auch zum Aufstieg für den Anschlag benutzt werden kann.

Die Verbindung zwischen den einzelnen Vorschubkurvenstücken, z. B. zwischen den Kurven 2 und 3 von Teilstrich 10 bis 13, wird nur um etwa 1 mm tiefer als der Anfang von Kurve 3 gelegt, um zu große Vertiefungen in der Kurve zu vermeiden. Die Rück- und Vorbewegung des Revolverschlittens durch die Kurve während des Umschaltens braucht man meist nicht zu beachten, ausgenommen dann, wenn sehr tiefe Bohrungen zu bohren sind. In solchen Fällen genügt die Bewegung des Revolverschlittens durch den Kurbeltrieb nicht, vielmehr muß man den Revolverschlitten noch weiter zurückfahren lassen, indem man die Revolverkurve tiefer legt.

Das Stück der Kurve von 0 bis 2 für den Anschlag hat keine Steigung. Man legt es auf die annähernd gleiche Höhe wie den Anfangspunkt 4 des ersten Kurvenstücks. Dies ist meist ohne Schwierigkeit möglich, da die Anschläge sich in weitem Maße verstellen lassen.

Für die Seitenschlitten ergeben sich die Einteilungen nach den Spalten *f* und *g* und aus den Arbeitswegen nach Spalte *b* die Steigungen der Kurven.

Die Kurven für den Revolverschlitten und die Seitenschlitten werden zweckmäßig zusammen auf ein Blatt (Abb. 342) gezeichnet, um die gegenseitige richtige Lage vom Nullpunkt aus gleichzeitig festzuhalten. Die Kurven für die Seitenschlitten lassen sich in den Revolverautomaten noch durch eine Stirnsverzahnung mit 100 Zähnen verstellen. An neueren Revolverautomaten ist es auch möglich, den ganzen Kurvensatz für die Seitenschlitten nach Abb. 343 in einem Kurvenblock zusammenzuspannen. Durch Herausschrauben einer Steckachse kann der Kurvenblock leicht aus der Steuerwelle herausgenommen werden, um ihn bei späterer Wiederkehr des gleichen Werkstücks wieder schnell einsetzen zu können. Auf Abb. 343 ist auch die verstellbare Stirnverzahnung der Seitenschlittenkurven erkennbar.

3. Fingerzeige zum Einrichten

a) Die Arbeitspläne, Kurvenzeichnungen und Einstellungen des Automaten sind auf pausfähigen Vordrucken festzuhalten und Kopien davon zum Einrichten bereitzustellen. Vordrucke hierzu sind bei den Automatenherstellern erhältlich.

b) Alle Kurven sollen durch Einschlagen von Bezeichnungen gekennzeichnet werden. Am zweckmäßigsten ist es, die Zeichnungsnummer des Werkstücks einzuschlagen.

c) Alle Kurven und Sonderwerkzeuge sind nach Gebrauch übersichtlich aufzubewahren, damit man sie bei Wiederbenutzung schnell findet.

d) Zur schnelleren Einstellung behält man einen Stangenrest, an dem ein noch nicht vollständig abgestochenes Werkstück hängt und bewahrt dieses mit den Kurven auf. Bei Werkstücken mit Bohrungen ist es zweckmäßig, das Werkstück aufzusägen, um auch die Bohrwerkzeuge richtig einzustellen.

e) Durch Drehen der Kurvenwelle von Hand überzeugt man sich von der richtigen Einstellung der Werkzeuge; dies ist bei den Gewindeschneidwerkzeugen jedoch nicht möglich, diese dürfen nur durch Ausprobieren während des Laufes eingestellt werden.

f) Die Seitenstähle müssen nach dem Ausprobieren durch die Anschlagschrauben so festgestellt werden, daß der Übertragungshebel bei erreichter Tiefe auf Spannung steht, jedoch nur so, daß er nicht zu stark unter Spannung steht und zerbrechen kann. Andernfalls würde der Formstahl in der

Zeit von dem Verlassen der Vorschubkurve bis zur Abstiegskurve auf der gedrehten Fläche schaben, Kratzer verursachen und stumpf werden.

g) Alle Änderungen, die sich im Laufe der Arbeit an den Arbeitsplänen, Kurven und Werkzeugen ergeben, müssen dem Konstruktionsbüro gemeldet werden, damit dort die entsprechenden Pläne usw. berichtigt und die Erfahrungen gesammelt werden.

IV. Beispiele

1. Beispiel 344a, b zeigt die Berechnung und Konstruktion der Kurven für eine Zylinderkopfschraube M 6×12 auf einem Formdrehautomaten (Traub).

Abb. 344a. 1. Beispiel: Kurzschraube auf Traub-Automat

Die auf dem Leistungsblatt verwendeten Abkürzungen sind auf Tab. 11 erläutert.

Kurze Schrauben, bei denen die Schaftlänge etwa bis 2,5mal dem Schaftdurchmesser ist, können auf allen Automaten mit konstanter Drehzahl und Drehrichtung in der Weise hergestellt werden, daß der Schaft mit einem breiten Seitenstahl gedreht wird, während gleichzeitig an dem davorliegenden Schaft das Gewinde mit Überholung bzw. Unterholung geschnitten wird. Danach wird die Schraube abgestochen und die Stange vorgeschoben. Mit Revolverautomaten, bei denen das Gewinde durch Umschalten der Drehrichtung und der Drehzahl geschnitten wird, ist dieses Verfahren nicht möglich.

Längere Schäfte müssen nach *Beispiel 2* (Abb. 345a, b) mit einem Langdrehstahl gedreht werden, weil bei einem zu breiten Seitenstahl der

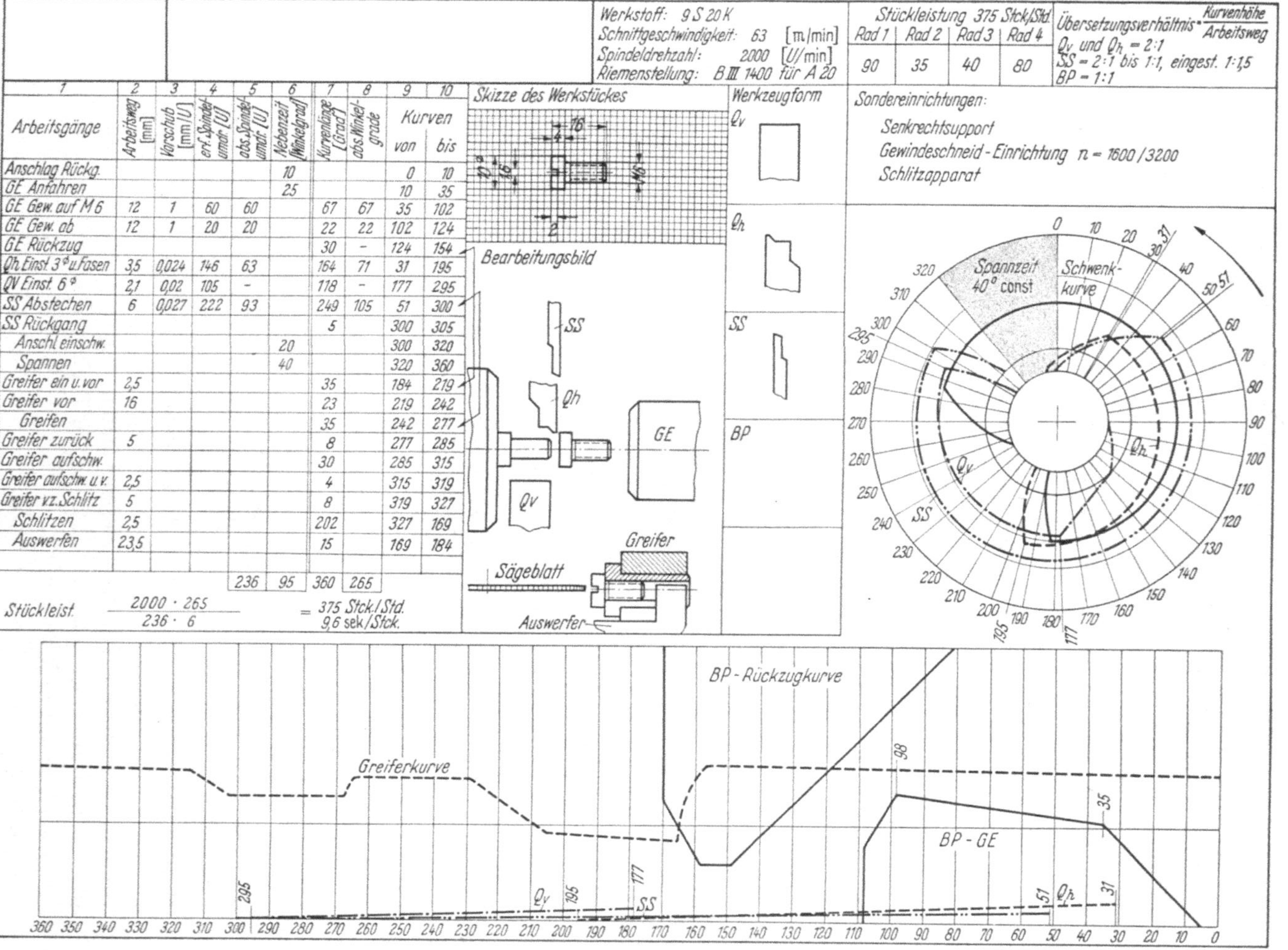

1	2	3	4	5	6	7	8	9	10
Arbeitsgänge	Arbeitsweg [mm]	Vorschub [mm/U]	erf. Spindelumdr. [U]	abs. Spindelumdr. [U]	Nebenzeit [Winkelgrad]	Kurvenlänge [Grad]	abs. Winkelgrade	Kurven von	Kurven bis
Anschlag Rückg.					10			0	10
GE Anfahren					25			10	35
GE Gew. auf M 6	12	1	60	60		67	67	35	102
GE Gew. ab	12	1	20	20		22	22	102	124
GE Rückzug						30	–	124	154
Qh Einst. 3° u. Fasen	3,5	0,024	146	63		164	71	31	195
QV Einst. 6°	2,1	0,02	105	–		118	–	177	295
SS Abstechen	6	0,027	222	93		249	105	51	300
SS Rückgang						5		300	305
Anschl. einschw.					20			300	320
Spannen					40			320	360
Greifer ein u. vor	2,5					35		184	219
Greifer vor	16					23		219	242
Greifen						35		242	277
Greifer zurück	5					8		277	285
Greifer aufschw.						30		285	315
Greifer aufschw. u. v.	2,5					4		315	319
Greifer vz. Schlitz	5					8		319	327
Schlitzen	2,5					202		327	169
Auswerfen	23,5					15		169	184
				236	95	360	265		

Stückleist. $\frac{2000 \cdot 265}{236 \cdot 6}$ = 375 Stck./Std. = 9,6 sek/Stck.

Abb. 344b. *1. Beispiel:* Kurzschraube auf Traub-Automat

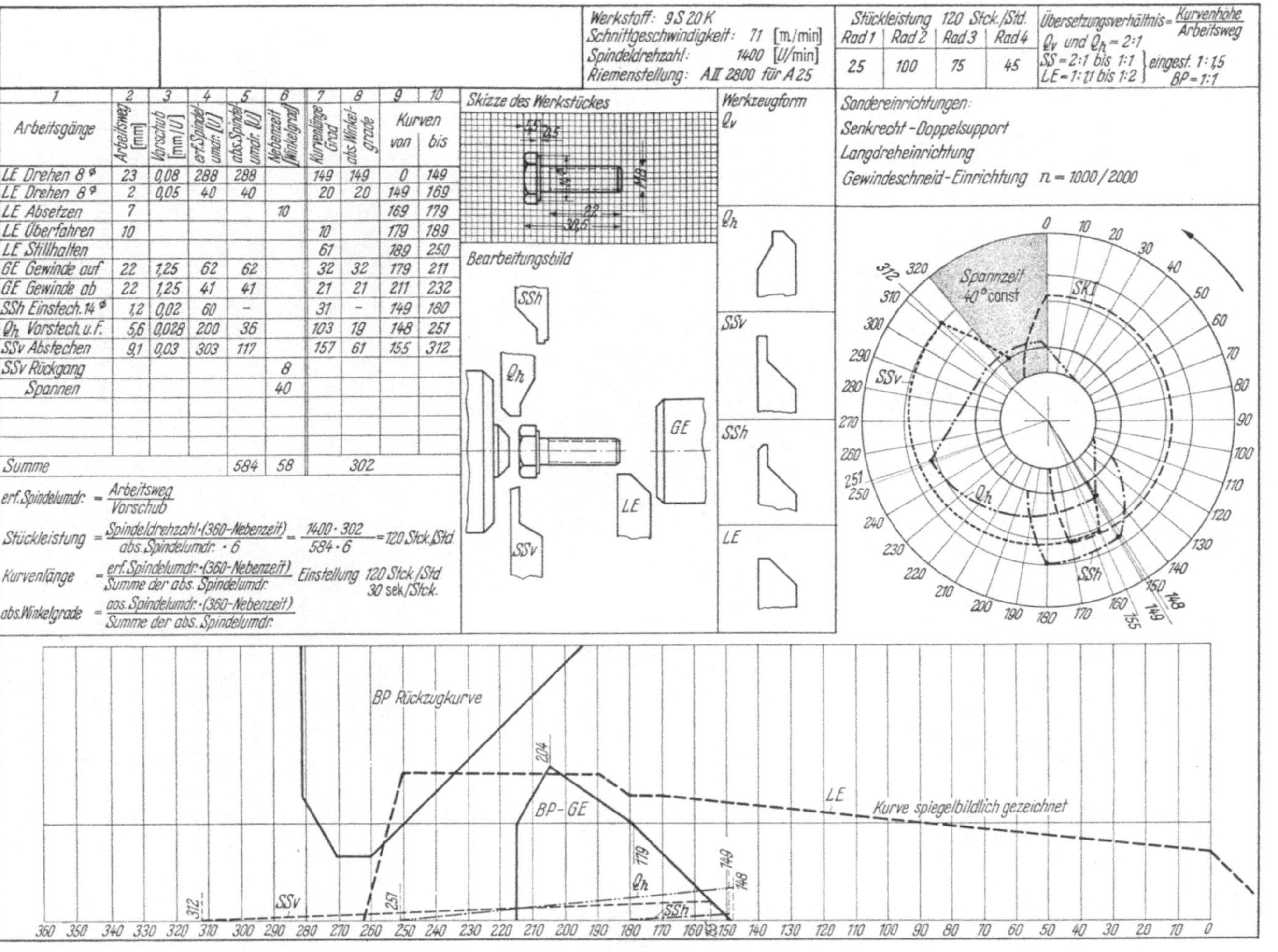

1 Arbeitsgänge	2 Arbeitsweg [mm]	3 Vorschub [mm/U]	4 erf. Spindelumdr. [U]	5 abs. Spindelumdr. [U]	6 Nebenzeit [Winkelgrad]	7 Kurvenlänge Grad	8 abs. Winkelgrade	9 Kurven von	10 Kurven bis
LE Drehen 8⌀	23	0,08	288	288		149	149	0	149
LE Drehen 8⌀	2	0,05	40	40		20	20	149	169
LE Absetzen	7				10			169	179
LE Überfahren	10					10		179	189
LE Stillhalten						61		189	250
GE Gewinde auf	22	1,25	62	62		32	32	179	211
GE Gewinde ab	22	1,25	41	41		21	21	211	232
SSh Einstech. 14⌀	1,2	0,02	60	–		31	–	149	180
Qh Vorstech. u. F.	5,6	0,028	200	36		103	19	148	251
SSv Abstechen	9,1	0,03	303	117		157	61	155	312
SSv Rückgang					8				
Spannen					40				
Summe				584	58		302		

erf. Spindelumdr. = $\frac{\text{Arbeitsweg}}{\text{Vorschub}}$

Stückleistung = $\frac{\text{Spindeldrehzahl}\cdot(360-\text{Nebenzeit})}{\text{abs. Spindelumdr.}\cdot 6} = \frac{1400\cdot 302}{584\cdot 6} = 120$ Stck./Std.

Kurvenlänge = $\frac{\text{erf. Spindelumdr.}\cdot(360-\text{Nebenzeit})}{\text{Summe der abs. Spindelumdr.}}$ Einstellung 120 Stck./Std. 30 sek/Stck.

abs. Winkelgrade = $\frac{\text{abs. Spindelumdr.}\cdot(360-\text{Nebenzeit})}{\text{Summe der abs. Spindelumdr.}}$

Abb. 345a. 2. *Beispiel:* Langschraube auf Traub-Automat

Schaft durch den Schnittdruck sich wegbiegt. Das Gewinde kann erst nach dem Drehen des Schaftes geschnitten werden, also mehr Zeitverbrauch.

Tab. 11. *Abkürzungen für Arbeitsplan (Traub)*

Abkürzungen für die einzelnen Einrichtungen bzw. Werkzeuge und deren Kurven bei der Ausarbeitung von Kurvenblättern:

Qv	Quersupport vorn	BP	Bohrpinole (Bohrkurve) auch bei Anwendung der Gewindeschneideinrichtung
Qh	Quersupport hinten	LE	Langdreheinrichtung
SS	Senkrechtsupport	SK	Stillhaltekurven für LE
SDS	Senkrechtdoppelsupport	DB	Doppelbohreinrichtung
SSv	Senkrechtsupport vorn bei Verwendung des SDS	DSK	Doppelbohrstillhaltekurve
SSh	Senkrechtsupport hinten bei Verwendung des SDS	ZE	Zentriereinrichtung
GSE	Gewindeschneideinrichtung	ZAE	Zentrieranschlageinrichtung

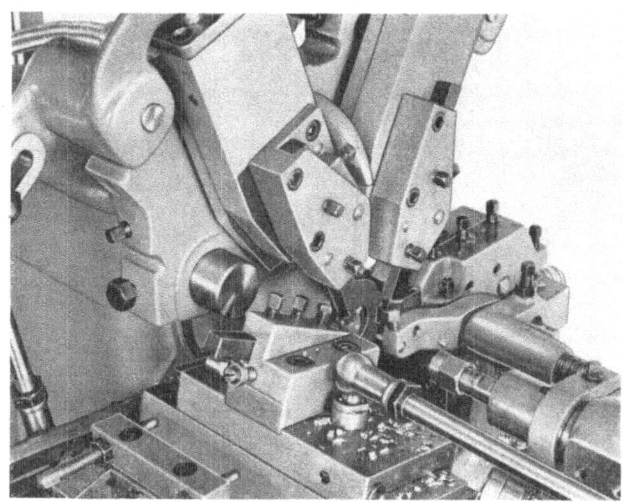

Abb. 345b. 2. Beispiel: Langschraube auf Traub-Automat

Im *3. Beispiel* (Abb. 346a bis e) wird ein Werkstück mit Gewinde und Bohrung auf einem Langdrehautomaten mit zweifachem Bohrsupport gezeigt. Zum Zentrieren vor dem Bohren wird ein spitz angeschliffener Seitenstahl verwendet.

Im *4. Beispiel* (Abb. 347a bis e) wird eine für Langdrehautomaten typische Welle mit spitzen Enden behandelt. Es ist zu beachten, daß der Spitzendrehstahl sehr genau auf Mitte eingestellt werden muß, um keine zu großen Butzen an der einen Spitze zu erhalten, die am Werkstück links ist. Ferner müssen die Flachkurven sehr genau gearbeitet sein, da von ihrer Genauigkeit die Maße des Werkstücks abhängen.

3. Beispiel: Messinghülse auf Langdrehautomat (Strohm)

Messinghülse (mit durchgehender Bohrung und Außengewinde)

1. Werkstoff: Messing MS 58

2. Oberflächengüte:

Langdrehen mittel — Zentrieren mittel
Einstechen mittel — Bohren grob
Abstechen mittel

Abb. 346a

3. Vorschübe:

Langdrehen 0,12 — Zentrieren 0,05
Einstechen 0,05 — Bohren 0,15
Abstechen 0,04

4. Übersetzungen:

Spindelstock 1:1 — Stahl 4 und 5 2:1
Stahl 1 und 2 3:1 — Gewindeschneiden 1:1,4 (Überholungsverhältnis)
Stahl 3 1:1

5. Schnittgeschwindigkeit: 140 m/min

6. Spindeldrehzahl: 4500 U/min

7. Verteilung der Arbeitsgänge auf die Werkzeuge:

Stahl 1 Langdrehen 8 ⌀ × 20 mm lang und Einstechen
Stahl 2 Abstechen 10 ⌀ und Anschlag
Stahl 3 Anfasen 45° vorn
Stahl 4 Zentrieren
Stahl 5 Anfasen 45° hinten
Spindel Nr. 1 Gewindeschneiden M 8 × 0,75
Spindel Nr. 2 Bohren 4 ⌀

8. Geschätzte Stückzahl: Unter 8 Stück/min

9. Werkzeugformen:

Stahl 3 Anfasstahl 45°
Stahl 2 Abstechstahl 1,8 mm breit, 22° angeschrägt
Stahl 1 Normaler Langdrehstahl 1,4 breit 45° angeschrägt
Stahl 4 Zentrierstahl
Stahl 5 Anfasstahl 45°

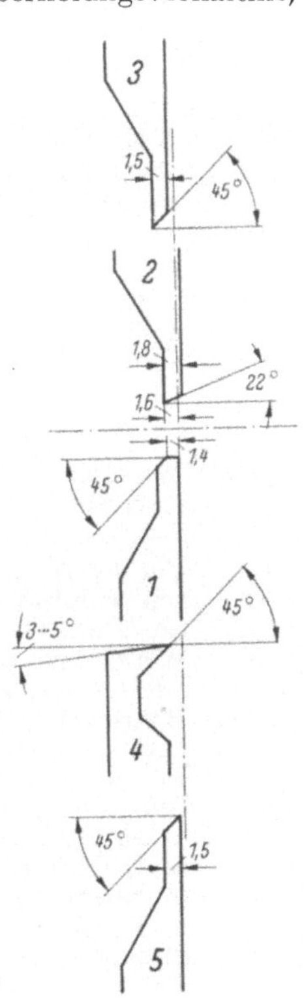

Abb. 346b

10. Aufgliederung der Arbeitsgänge:

1. Zange öffnen
2. Spindelstock zurück
3. Zange schließen
4. Abstechstahl 2 zurück (in Ruhestellung)
   Eingang Stahl 4
5. Spindelstock vor um 1 mm
   Anmerkung: Diesen Sicherheitsvorschub von 1 mm nimmt man deshalb, damit es dann gar nicht vorkommen kann, daß die Planfläche

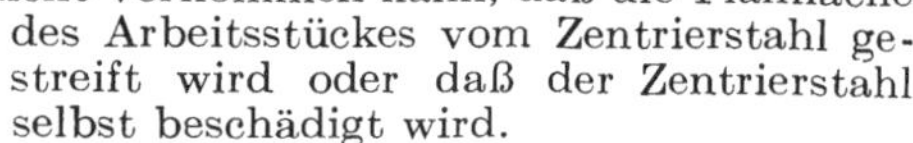

des Arbeitsstückes vom Zentrierstahl gestreift wird oder daß der Zentrierstahl selbst beschädigt wird.

6. Zentrieren Stahl 4
7. Pause
8. Spindelstock zurück
9. Ausgang Stahl 4 (in Ruhestellung)
10. Bohrer vor; Eingang Stahl 1 und Stahl 3
11. Bohren 4 ∅ 16 tief, Langdrehen Stahl 1 und Anfasen Stahl 3
    Anmerkung: Bohren und Langdrehen werden gleichzeitig begonnen und beendet. Da der Bohrvorgang wegen der erforderlichen Entleerungen erheblich längere Zeit benötigt als das Langdrehen des Zylinders 8 ∅ × 20,2 mit dem Einstich auf 7 ∅ × 1,4, so ist für die Berechnung als Hauptzeit der Bohrvorgang anzusetzen. Der Langdrehvorschub wird aus den verfügbaren Umdrehungen rückläufig berechnet. Die Annahme, daß der Bohrvorgang länger dauert als das Langdrehen, war dann richtig, wenn der Langdrehvorschub nicht über die zulässigen Grenzen hinausgeht. Die Auslegung der Bohrkurve ist genau auf den gleichmäßig verlaufenden Spindelstockvorschub abzustimmen. Während der Entleerungszeiten geht das Langdrehen weiter. Es ist der Vorschub zu ermitteln, der während des Leerens entstanden ist. Der Bohrkurvenanstieg nach diesem Leeren ist dann um den zwischenzeitlich erfolgten Spindelvorschub zu reduzieren.

Abb. 346c

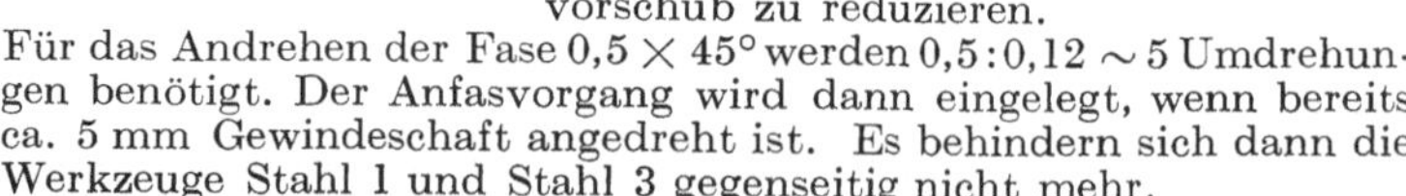

Für das Andrehen der Fase 0,5 × 45° werden 0,5 : 0,12 ∼ 5 Umdrehungen benötigt. Der Anfasvorgang wird dann eingelegt, wenn bereits ca. 5 mm Gewindeschaft angedreht ist. Es behindern sich dann die Werkzeuge Stahl 1 und Stahl 3 gegenseitig nicht mehr.

12. Leeren und wieder vor
13. Bohren 4 ∅ 7 tief
14. Leeren und wieder vor
15. Bohren 4 ∅ 3 tief
    Anmerkung: Während die Arbeitsgänge 11 bis einschließlich 15 ablaufen, werden folgende Vorgänge eingelegt:
    a) Langdrehen Stahl 1 8 ∅ × 20,2 und Anfasen Stahl 3
    b) Einstechen Stahl 1 auf 7 ∅
    c) Pause
    d) Stahl 1 zurück
16. Bohrer zurück
17. Gewindeschneidapparat schwenken

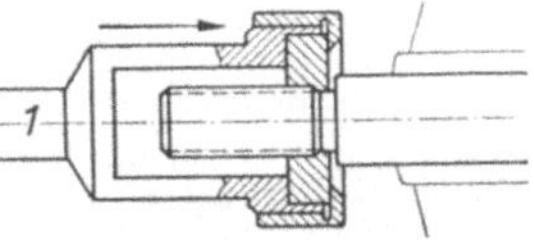

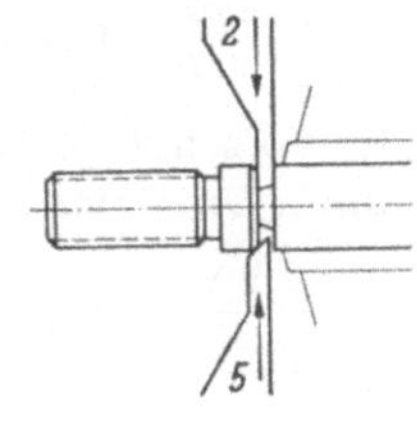

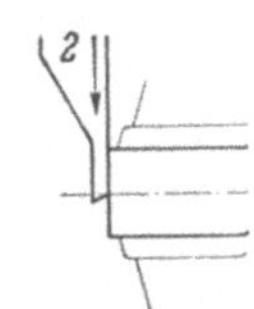

Abb. 346d

18. Gewindespindel vor
    Anmerkung: Während Arbeitsgänge 16 bis einschließlich 18 ablaufen, wird der Spindelstock um 5,6 mm vorgeschoben.
19. Gewindeschneiden M 8 × 0,75

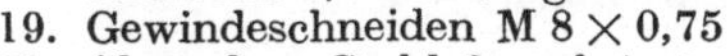

20. Abstechen Stahl 2 auf 4 ⌀ und Anfasen Stahl 5
21. Durchstechen Stahl 2 und Stahl 5 zurück

Leistungsermittlung:

1. Erforderliche Gesamtdrehzahl:
   $\frac{\text{Summe der produktiven Drehzahl}}{\text{Summe der produktiven Grade}} \times 360 = \frac{476}{202} \times 360 =$ *850 Umdrehungen*
2. Anzahl der minutlich hergestellten Teile:
   $\frac{\text{Drehzahl der Arbeitsspindel}}{\text{Gesamtdrehzahl}} = \frac{4500}{850} =$ *5,3 Stück pro min*
3. Erforderliche Zeit für 1 Stück in Sekunden:
   $\frac{60}{5,3} =$ *11,3 sec*

Bei der Berechnung der Bohrkurve ist zu beachten:

Für die Totgrade, die zum Leeren des Bohrers nötig sind und die aus dem Diagramm Seite 241 entnommen werden, müssen die zugehörigen Spindeldrehzahlen ermittelt werden, sofern während des Leerens gleichzeitig ein Spindelstockvorschub erfolgt. Die Spindelumdrehungen beim erstmaligen Entleeren für 15° betragen, hergeleitet aus der Beziehung:

$$\frac{\text{Produktive Umdrehungen}}{\text{Produktive Grade}} \times \text{Grade für Entleerbewegung} = \frac{476}{202} \times 15 = \textit{36 Umdrehungen}$$

Die Spindelumdrehungen beim zweiten Entleeren für 18° betragen, hergeleitet aus der Beziehung:

$$\frac{476}{202} \times 18 = \textit{43 Umdrehungen}$$

Diese Umdrehungen sind im Kurvenplan in Klammern eingesetzt, weil sie für die übrige Berechnung nicht gezählt werden.

Für das Langdrehen 8⌀ × 20,2 lang ergeben sich 100° aus folgender Berechnung:

Von 98° bis 216° werden folgende Arbeitsgänge eingeschaltet:

a) Langdrehen Stahl 1
b) Einstechen Stahl 1
c) Pause
d) Stahl 1 zurück

Als bekannte Größen werden eingesetzt:

b) Einstechen Stahl 1 0,5 tief; 0,05 Vorschub: $\frac{0,5}{0,05} = 10$ Umdrehungen,

das entspricht $\frac{202}{476} \times 10 \sim$ *5 Grade*

c) Pause *3 Grade*

d) Stahl 1 zurück (nach Diagramm Seite 18) *10 Grade*

Zusammen: *18 Grade*

Es verbleiben demnach für den Arbeitsgang a) *Langdrehen:*

$118° - 18° = \mathit{100°}$

die Spindelumdrehungen während 100° betragen:

$$\frac{476}{202} \times 100 \sim \mathit{238\ Umdrehungen}$$

der Vorschub pro Umdrehung errechnet sich aus Drehteillänge 20,2 geteilt durch Umdrehungen:

$$\frac{20{,}2}{238} = \mathit{0{,}085\ mm/Umdrehung.}$$

Dieser Drehvorschub ist nach Tabelle 6, S. 201 zulässig.

Nunmehr kann die Bohrkurvenform auf folgende Weise festgelegt werden:

1. Bohren 16 tief

Während die 1. Bohrung 16 tief gebohrt wird, schiebt sich der Spindelstock vor um

$0{,}085 \times 90 = 7{,}65$ mm.

Den Unterschied von 16—7,65 = *8,35 mm* muß die Bohrkurve aufholen.

2. Leeren und wieder vor

Während des ersten Leerens, das 15° beansprucht, erfolgen 36 Spindeldrehungen. Der Spindelstockvorschub beträgt:

$0{,}085 \times 36 = \mathit{3{,}06\ mm.}$

Um diesen Betrag von 3,06 mm darf der Bohrer nach dem Leeren weniger weit vorgeschoben werden.

3. Bohren 7 tief

70 Umdrehungen stehen zur Verfügung, der Spindelstock wird geschoben um

$0{,}085 \times 70 = 5{,}95$ mm.

Den Unterschied von 7—5,95 = *1,05 mm* hat wieder die Bohrkurve aufzuholen.

4. Leeren und wieder vor

Während des zweiten Leerens, das 18° beansprucht, erfolgen 43 Spindelumdrehungen. Der Spindelstockvorschub beträgt:

$0{,}085 \times 43 = \mathit{3{,}66\ mm.}$

Um diesen Betrag von 3,66 mm darf der Bohrer nach dem Leeren weniger weit vorgeholt werden.

5. Bohren 3 tief

Der Spindelstock hat seinen Vorschub beendet. Der Bohrer muß von der Bohrkurve her den ganzen Vorschub von 3 mm erhalten.

Nach Beendigung kann der Bohrer schnell zurückfallen.

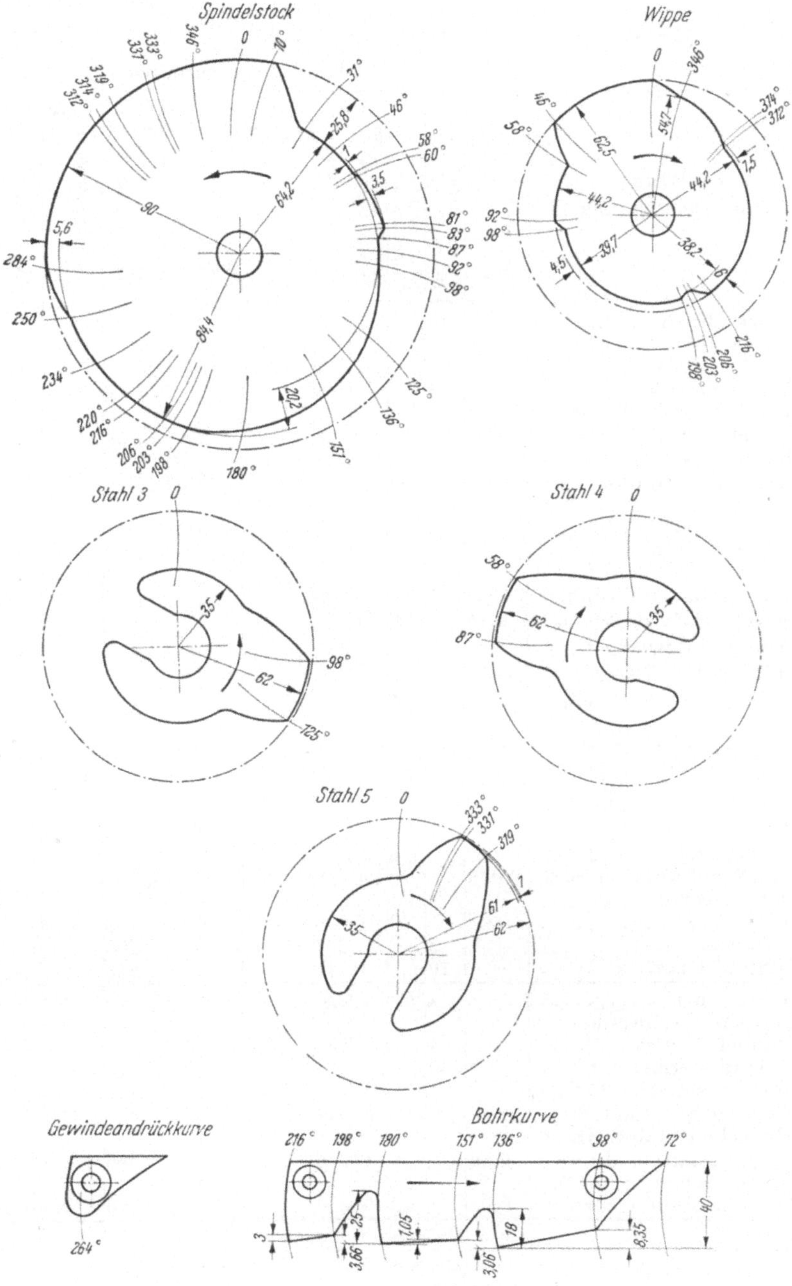

Abb. 346e. *3. Beispiel:* Kurven

Zusammenstellung

Benennung und Nr.: **Messinghülse**	Werkstoff . . . . MS 58 Schnittgeschwindigkeit . . . 140 m/min Arbeitsspindel . . . . 4500 U/min Gewinde . . . . 6300 U/min Übersetzungsverhältnis . . . . 1 : 1,4

Arbeitsgang	Erklärung und Ausrechnung	Vorschub s mm/U	unproduktive Grade	produktive Umdrehungen	Umrechnung der produktiv. Umdr. in Grade	Gesamt-Gradzahl	Spindelstock: wirkliche Bewegung in mm	Spindelstock: Übersetzung 1:1, 3:1 in mm	Spindelstock: Kurvenstand vom Außen ø aus in mm	Wippe: Stand in Grad	Wippe: wirkliche Bewegung in mm	Wippe: Übersetzung 3:1 in mm	Wippe: Kurvenstand vom mittl. r = 45 in mm
1	Zange öffnen		10			10			größt. r = 90 kleinst. r = 20				größt. r = 62,5 kleinst. r = 26,5
2	Spindelstock zurück, 24 + 1,8 = 25,8		21			31	− 25,8		64,2				
3	Zange schließen		15			46				46			62,5
4	Ausgang Stahl 2 und Eingang Stahl 4		12			58				58			44,2
5	Spindelstock vor		2			60	+ 1,0		65,2				
6	Zentrieren Stahl 4	0,05		50	21	81	+ 2,5		67,7				
7	Pause		2			83							
8	Spindelstock zurück . . .		4			87	− 3,5		64,2				
9	Ausgang Stahl 4		5			92				92			
10	Bohrspindel vor, Eingang Stahl 1 und Stahl 3		6			98				98	− 1,5	− 4,5	39,7
11	Bohren, 4 ø, 16 tief	0,18		90	38	136							
12	Leeren und wieder vor . .		15	(36)		151							
13	Bohren, 4 ø, 7 tief	0,1		70	29	180							
14	Leeren und wieder vor . .		18	(43)		198							
15	Bohren, 4 ø, 3 tief	0,07		43	18	216							
	Während Arbeitsgänge 11 bis einschl. 15 ablaufen, werden folgende Vorgänge eingelegt					98							
	a) Langdrehen, St. 1,8 ø × 20,2 und Anfasen St. 3	0,085		238	100	198	+ 20,2		84,4	198			
	b) Einstechen Stahl 1 auf 7 ø	0,05		10	5	203				203	− 0,5	− 1,5	38,2
	c) Pause		3			206				206			
	d) Stahl 1 zurück		10			216				216	+ 2,0	+ 6,0	44,2
16	Bohrer zurück		4			220							
17	Gew.-App. schwenken, Spindelstock vor 5,6 . . .		14			234	+ 5,6		90,0				
18	Gewindespindel vor		30			264				312			
19	Gewindeschneid. 27 Gg. Eingang St. 2 und St. 5			120	50	314				314	+ 0,5	+ 1,5	45,7
20	Abstechen, Stahl 2, 3 mm und Anfasen, Stahl 5 . .	0,04		75	32	346				346	+ 3,0	+ 9,0	54,7
21	Durchstechen, Stahl 2, 2,6 mm, Stahl 5 zurück	0,08		33	14	360				360	+ 2,6	+ 7,8	62,5
30	Total		158	476	202								

Gesamtdrehzahl $\dfrac{\text{Summe der produktiven Drehzahlen}}{\text{Summe der produktiven Grade}} \times 360° \quad \dfrac{476}{202} \times 360°$ 850 U

und Ausrechnung

Skizze:

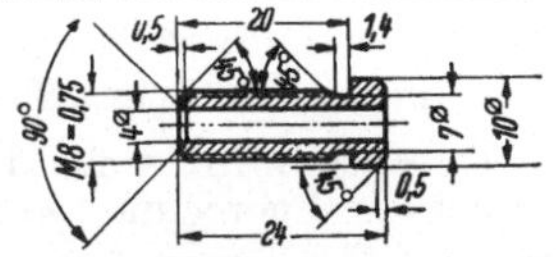

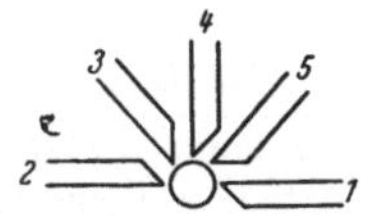

Stahl 3				Stahl 4				Stahl 5				Bohr- u. Gew.-Apparat			
Stand in Grad	wirkliche Bewegung in mm	Übersetzung 1:1 in mm	Kurvenstand vom Außen⌀ aus in mm	Stand in Grad	wirkliche Bewegung in mm	Übersetzung 2:1 in mm	Kurvenstand vom Außen⌀ aus in mm	Stand in Grad	wirkliche Bewegung in mm	Übersetzung 2:1 in mm	Kurvenstand vom Außen⌀ aus in mm	Stand in Grad	Bewegung in mm	Stand in mm	Arbeitsgang
			größt. r = 62,5 kleinst. r = 35				größt. r = 62,5 kleinst. r = 35				größt. r = 62,5 kleinst. r = 35				1
															2
												20	schwenken		3
												40	auf Spin. II		4
				58			62,0								5
															6
															7
															8
				von 87	an	auf	35,0					72			9
98			62,0									98	31,65	31,65	10
												136	+ 8,35	40	11
												151	— 18,0 + 14,94	36,94	12
												180	+ 1,05	37,99	13
												198	— 24,0 + 20,35	34,34	14
												216	+ 3,0	37,34	15
von 125	an	auf	35,0												
												220		0	16
															17
												234	schwenken		18
												264	+ 20	20	19
								319			61,0				20
								331	0,5	1,0	62,0				21
								von 333	an	auf	35,0				
															30

U/min der Arbeitsspindel / Umdrehungen: 4500 / 850 — 5,30 Stck/min

Stahlanordnung:

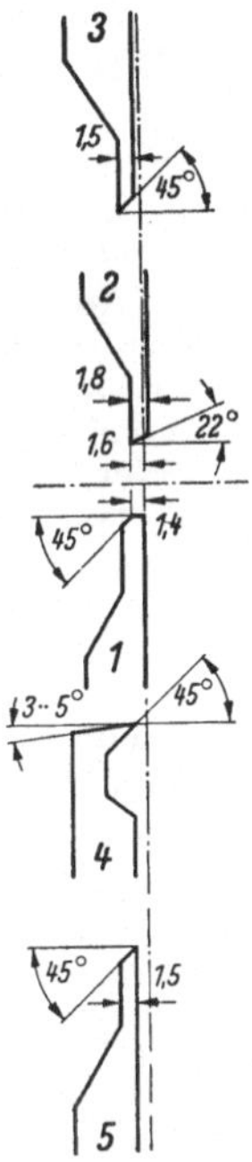

Anordnung der Werkzeuge am Bohrapparat:

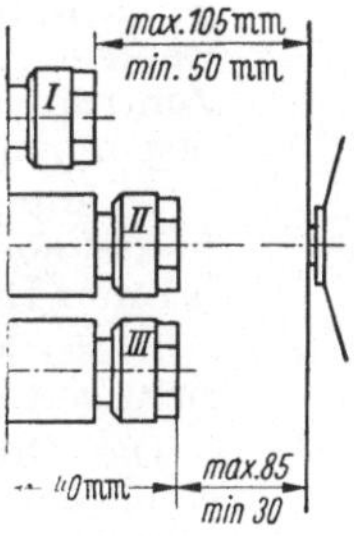

Größte Bohrtiefe 40 mm
Gr. Gewindelänge 35 mm

4. Beispiel

Herstellung eines an beiden Enden mit Spitzen versehenen Triebes

Die Herstellung einer Spitze ist eine Operation für sich, die näherer Erläuterung bedarf, bevor das ganze Beispiel durchgerechnet werden kann.

Herstellung der Spitzen

Es wird die Spitze abgedreht durch kombiniertes Vorwärtsschieben des Spindelstockes und Einstechen des Werkzeuges.

Am Anfang der Operation liegt der Abstechstahl auf dem Zapfendurchmesser an der Stelle, wo die Spitze beginnen soll.

Durch Vorschieben des Spindelstockes um die Spitzenhöhe H und Einstechen des Werkzeuges um den halben Zapfendurchmesser R erzeugt die Werkzeugspitze die hintere Spitze des eben abzustechenden Teiles.

Die Vorderkante I (Schneidkante) des Werkzeuges erzeugt dann gleichzeitig die vordere Spitze des folgenden Arbeitsstückes. Der Winkel dieser Vorderkante muß somit übereinstimmen mit demjenigen der zu bildenden Spitze.

Die Hinterkante II des Abstechstahles darf während der Abstechoperation nicht an das Material andrücken. Es muß daher ein Winkel von etwa 5° bestehen zwischen der Werkzeughinterkante II und der Spitze des Stückes.

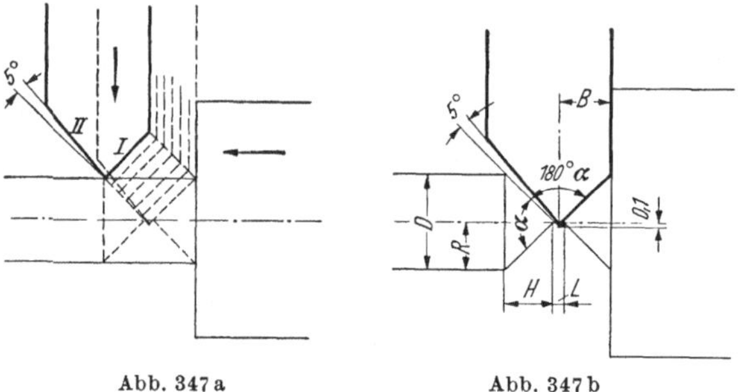

Abb. 347a Abb. 347b

Bei Abstechen der Spitze braucht der Abstechstahl nicht, wie früher gesehen, um 0,5 mm über die Materialmitte hinauszugehen. Es genügt hier, wenn er um 0,1 bis 0,15 mm, je nach dem Zapfendurchmesser, über das Zentrum hinausgeht (0,1 mm bei Zapfen deren Durchmesser unter 3 mm liegt).

Es entspricht der Materialverlust L somit nicht der ganzen Abstechstahlbreite, sondern nur der Länge, die die Grundlinie ist in einem Dreieck von 0,1 mm Höhe und dessen Spitzenwinkel $= 180—a$ beträgt.

Dieser Materialverlust ist dann jeweils der Stücklänge zuzuzählen, um den richtigen Spindelstock-Rücklauf für den Materialnachschub zu erhalten.

Die Breite B des Abstechstahles, von seiner Spitze aus nach vorne gemessen, muß natürlich mindestens so groß sein, wie die Länge der vorderen Spitze des kommenden Stückes, damit eben diese ganze Länge bearbeitet wird.

Es ist ferner zu verhindern, daß der Abstechstahl während der Abstechoperation in das volle Material hineinkommt. Dazu muß also der Stahl, der den hinteren Zapfen des abzustechenden Teiles abdreht, so weit auf Zapfendurchmesser vordrehen, daß die Länge der beiden Spitzen inbegriffen ist. Er hat somit zu drehen: Zapfenlänge + hintere Spitze des abzustechenden Teiles + Materialverlust + Spitzenlänge des kommenden Stückes.

Die Spitzenhöhe ist selbstverständlich bei gegebenem Zapfendurchmesser abhängig von ihrem Winkel.

Folgende Tabelle gibt das Verhältnis zwischen Spitzenhöhe und Zapfendurchmesser bei den gebräuchlich vorkommenden Winkeln.

Tabelle der Spitzenhöhe in Funktion der Winkel

Winkel a =	45°	50°	60°	70°	75°	80°	90°	100°	110°	120°	130°
$H = D \times$	1,2	1,07	0,86	0,71	0,65	0,60	0,50	0,42	0,35	0,29	0,23

Beispiel: Wie hoch ist die Spitze von 80° Winkel bei einem Durchmesser von 1,5 mm?

Spitzenhöhe = $D \times 0{,}60 = 1{,}50 \times 0{,}60 =$ *0,90 mm.*

Berechnung des vierten Beispieles

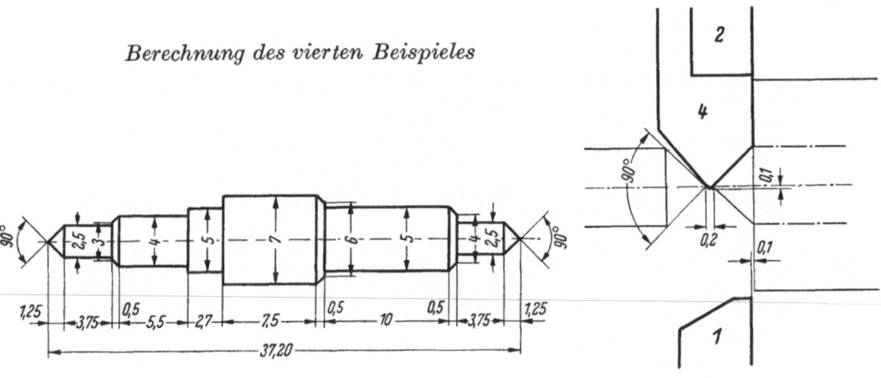

Abb. 347c
Herzustellender Trieb

Abb. 347d
Gegenseitige Lage der Werkzeuge

Material: Weichstahl

Maschine: M 10

Werkzeuganordnung:

Stahl Nr. 1 Wippe vorne, dreht vorne

Stahl Nr. 2 Wippe hinten, dreht hinten

Stahl Nr. 3 senkrecht hinten, unbenutzt

Stahl Nr. 4 senkrecht vorne, sticht ab

Vorschübe: feine bis sehr feine Arbeit

Drehspan: 0,03 mm

Zapfendrehspan: 0,025 mm

Abstechspan: 0,01 mm

Übersetzungsverhältnisse:

Spindelstock: 1:1

Wippe: 1:3

Stahl Nr. 4: 1:2

Leistung unter 6 Stück pro min gibt folgende Werte für die Totgänge:

Kurvenanstieg: 1° pro mm

Kurvenabfall: 0,5° pro mm

Es wird wieder die chronologische Reihenfolge der Maschinenbewegungen aufgestellt und jeweils die dazu nötigen Kurvenwege und Kurvenwinkel ausgerechnet.

Arbeitsfolge	Grade für die Leerwege	Umdrehungszahl des Spindelstockes
1. Lösen der Zange	10	
2. Rücklauf des Spindelstockes zum Materialnachschub. Spindelstockweg = 37,2 mm zuzüglich Materialverlust. Letzterer ergibt sich als 0,2 mm, er ist die Grundlinie im Dreieck, dessen Höhe 0,1 mm ist und dessen Spitzenwinkel 90° beträgt. Somit Spindelstockweg: $37{,}2 + 0{,}2 = 37{,}4$ mm. Kurvenweg: $37{,}4 \times 1 = 37{,}4$ mm Abfall. Kurvenwinkel: $37{,}4 \times 0{,}5 = 18{,}7°$, darf auf 20 aufgerundet werden	20	
3. Spannen der Zange	15	
4. Ausgang des Abstechstahles Nr. 4 von 0,1 mm über Mitte bis 0,5 mm über Materialaußendurchmesser: $0{,}1 + 3{,}5 + 0{,}5 = 4{,}1$. Kurvenweg: $4{,}1 \times 2 = 8{,}2$ mm Abfall. Kurvenwinkel: $8{,}2 \times 0{,}5 = 4{,}1°$, aufgerundet auf 5°	5	
Gleichzeitig Anhub des Dreshstahles Nr. 1 aus Ruhestellung bis auf Zapfendurchmesser, also um $0{,}5 + \frac{7-2{,}5}{2} = 2{,}75$ mm. Kurvenweg: $2{,}75 \times 3 = 8{,}25$ mm Abfall. Kurvenwinkel: $8{,}25 \times 0{,}5 = 4{,}1°$, die sind also enthalten in den 5°.		
5. Vorschub des Spindelstockes zum Drehen des Zapfens: $3{,}75 + 0{,}1 = 3{,}85$ mm. Es ist hier nötig, 0,1 mm zur Zapfenlänge zuzuzählen, es muß etwas Spiel sein zwischen den beiden Ebenen des Abstechstahles und des Drehstahles (siehe gegenseitige Lage beider Werkzeuge oben). Es ist die Spitzenlänge nicht zu berücksichtigen, denn diese Länge wurde von dem hinteren Drehstahl bereits abgedreht und der Abstechstahl hat sie in Spitzenform gebildet (siehe Spitzenherstellung). Kurvenweg: $3{,}85 \times 1 = 3{,}85$ mm Anstieg. Kurvenwinkel: Es ist die Spindelstockdrehzahl zu bestimmen. Drehlänge: 3,85 mm. Span = 0,025 mm. Drehzahl: $3{,}85 : 0{,}025 = 154$ Umdrehungen		154
6. Pause	2	
7. Ausgang des Drehstahles bis auf den Durchmesser 3 mm. Also Weg des Werkzeuges: $\frac{3-2{,}5}{2} = 0{,}25$ mm. Kurvenweg: $0{,}25 \times 3 = 0{,}75$ mm Anstieg. Kurvenwinkel: $0{,}75 \times 1 = 0{,}75°$. Wir haben früher gesehen, daß das Minimum an Winkel 2° beträgt infolge der Nockenform	2	
Übertrag	54	154

Arbeitsfolge	Grade für die Leerwege	Umdrehungszahl des Spindelstockes
Übertrag	54	154
8. Drehen des konischen Ansatzes, durch kombiniertes Vorschieben des Spindelstockes und Ausgang des Werkzeuges. Spindelstockvorschub = 0,5 mm. Werkzeugausgang = 0,5 mm. Kurvenweg des Spindelstockes: $0{,}5 \times 1 =$ 0,5 mm Anstieg. Kurvenweg des Werkzeuges: $0{,}5 \times 3 = 1{,}5$ mm Anstieg. Nötige Drehzahl: 0,5:0,01 = 50 Umdrehungen. . Es muß hier mit dem Einste.hspan gerechnet werden.		50
9. Drehen des Schaftes von 4 mm ∅. Spindelstockvorschub = 5,5 mm. Kurvenweg: $5{,}5 \times 1 = 5{,}5$ mm Anstieg. Nötige Zeit: 5,5:0,03 = 183 Umdrehungen......		183
10. Pause	2	
11. Ausgang des Drehstahles Nr. 1 auf den Durchmesser 5 mm. Werkzeugweg: $\frac{5-4}{2} = 0{,}5$ mm. Kurvenweg: $0{,}5 \times 3 = 1{,}5$ mm Anstieg. Kurvenwinkel: $1{,}5 \times 1 = 1{,}5° = 2°$	2	
12. Pause	2	
13. Drehen des Schaftes von 5 mm ∅. Spindelstockvorschub = 2,7 mm. Kurvenweg: $2{,}7 \times 1 = 2{,}7$ mm Anstieg. Nötige Zeit: 2,7:0,03 = 90 Umdrehungen		90
14. Pause	2	
15. Ausgang des Drehstahles Nr. 1 in Ruhestellung. Weg des Stahles: $\frac{7-5}{2} + 0{,}5 = 1{,}5$ mm. Kurvenweg: $1{,}5 \times 3 = 4{,}5$ mm Anstieg. Kurvenwinkel: $4{,}5 \times 1 = 4{,}5°$, aufgerundet auf 5°	5	
16. Vorschub des Spindelstockes um die Kopfhöhe zuzüglich Breite des hinteren Drehstahles Nr. 2. Da die Vorderkante des hinteren Drehstahles um 0,1 mm weiter vorne liegt als die des vorderen Drehstahles (wir haben ja bei der Drehoperation des Zapfens 0,1 mm zugezählt, siehe gegenseitige Stellung der Werkzeuge), so kommt ein Abzug von 0,1 mm in die Rechnung. Spindelstockweg: $7{,}5 + 1{,}5 - 0{,}1 = 8{,}9$ mm. Kurvenweg: $8{,}9 \times 1 = 8{,}9$ mm Anstieg. Kurvenwinkel: $8{,}9 \times 1 = 8{,}9°$, aufgerundet auf 9°	9	
17. Eingang des hinteren Drehstahles Nr. 2 von der Ruhestellung bis auf Materialdurchmesser. Werkzeugweg = 0,5 mm. Kurvenweg: $0{,}5 \times 3 = 1{,}5$ mm Anstieg. Kurvenwinkel: $1{,}5 \times 1 = 1{,}5°$, aufgerundet auf 2°	2	
Übertrag	78	477

Arbeitsfolge	Grade für die Leerwege	Umdrehungszahl des Spindelstockes
Übertrag	78	477
18. Drehen der Abschrägung durch kombiniertes Vorschieben des Spindelstockes und Einstechen des Drehstahles Nr. 2. Spindelstockvorschub = 0,5 mm. Werkzeugvorschub = 0,5 mm. Weg der Spindelstockkurve: 0,5 × 1 = 0,5 mm Anstieg. Weg der Werkzeugkurve: 0,5 × 3 = 1,5 mm Anstieg. Nötige Zeit: 0,5:0,01 = 50 Umdrehungen		50
Es ist bei dieser delikaten Operation immer mit dem Abstechspan zu rechnen und nicht etwa mit dem Drehspan.		
19. Einstechen des hinteren Drehwerkzeuges Nr. 2 bis auf den Durchmesser 5 mm, also von 6 auf 5 mm. Werkzeugweg: $\frac{6-5}{2} = 0{,}5$ mm. Kurvenweg: 0,5 × 3 = 1,5 mm Anstieg. Nötige Zeit: 0,5:0,01 = 50 Umdrehungen		50
20. Pause	2	
21. Vorschub des Spindelstockes zum Drehen des Durchmessers 5 mm. Spindelstockweg = 10 mm. Kurvenweg: 10 × 1 = 10 mm Anstieg. Nötige Zeit: 10:0,03 = 333 Umdrehungen		333
22. Pause	2	
23. Einstechen der Abschrägung durch kombinierte Bewegung des Spindelstockes und des Werkzeuges. Spindelstockvorschub = 0,5 mm. Werkzeugweg = 0,5 mm. Kurvenweg des Spindelstockes: 0,5 × 1 = 0,5 mm Anstieg. Kurvenweg des Werkzeuges: 0,5 × 3 = 1,5 mm Anstieg. Nötige Zeit: 0,5:0,01 = 50 Umdrehungen		50
24. Einstechen des Werkzeuges Nr. 2 auf den Zapfendurchmesser. Werkzeugweg: $\frac{4-2{,}5}{2} = 0{,}75$ mm. Kurvenweg: 0,75 × 3 = 2,25 mm. Nötige Zeit: 0,75:0,01 = 75 Umdrehungen		75
25. Pause	2	
26. Vorschub des Spindelstockes zum Drehen des hinteren Zapfens. Es ist zur Zapfenlänge zuzuzählen: Länge der Spitze, Materialverlust und Länge der vorderen Spitze des folgenden Stückes.		
Übertrag	84	1035

Arbeitsfolge	Grade für die Leerwege	Umdrehungszahl des Spindelstockes
Übertrag	84	1035
Die Spitzenlänge bei einem Zapfendurchmesser von 2,5 mm und bei 90° Spitzenwinkel = 1,25 mm. Materialverlust bei Übergang über Mitte von 0,1 mm = bei Winkel von (180 — 90) = 90°, ist 0,2 mm. Somit Länge auf die der Zapfen vorgedreht werden muß: 3,75 + 1,25 + 0,2 + 1,25 mm = 6,45 mm. Da der Drehstahl Nr. 2 aber eine Breite von 1,5 mm hat, so ist diese Zahl in Abzug zu bringen. Somit bleibt der Spindelstockvorschub: 6,45 — 1,5 = 4,95 mm. Kurvenweg: 4,95 × 1 = 4,95 mm Anstieg. Nötige Zeit: 4,95:0,025 = 198 Umdrehungen....		198
27. Ausgang des Drehstahles Nr. 2 auf Ruhestellung. Werkzeugweg: $\frac{7-2,5}{2} + 0,5 = 2,75$ mm. Kurvenweg: 2,75 × 3 = 8,25 mm Abfall. Winkel: 8,25 × 0,5 = 4,12°, abgerundet auf 4°...	4	
28. Rücklauf des Spindelstockes um die Länge, die er nachher während der Abstechoperation wieder vorwärts geht. Vorschub während des Abstechens = Spitzenlänge + halber Materialverlust (siehe Zeichnung) in unserem Falle also: 1,25 + 0,1 = 1,35 mm. Kurvenweg: 1,35 × 1 = 1,35 mm Abfall. Kurvenwinkel: 1,35 × 0,5 = 0,7. Wir setzen wieder 2°................................	2	
Gleichzeitig Eingang des Abstechstahles von der Ruhestellung bis auf Zapfendurchmesser, also von $0,5 + \frac{7-2,5}{2} = 2,75$ mm. Kurvenweg: 2,75 × 2 = 5,50 mm Anstieg. Es braucht aber hier als Kurvenwinkel nicht der nötige Winkel für den Eingang des Abstechstahles angenommen zu werden, da ja diese Bewegung schon vorher beginnen kann. Es ist nur dafür zu sorgen, daß nach den oben genannten 2° des Spindelstockrücklaufes der Abstechstahl auf Zapfendurchmesser angekommen ist.		
29. Abstechen durch kombiniertes Vorschieben des Spindelstockes und Einstechen des Abstechstahles Nr. 4. Spindelstockvorschub = 1,35 mm. Werkzeughub: 1,25 + 0,1 = 1,35 mm. Kurvenweg des Spindelstockes: 1,35 × 1 = 1,35 mm Anhub. Kurvenweg des Werkzeuges: 1,35 × 2 = 2,70 mm. Nötige Zeit: 1,35:0,01 = 135 Umdrehungen.....		135
Summe	90	1368

Es entsprechen nun diese 1368 Umdrehungen einem Gesamtkurvenwinkel von 360 — 90 = 270°. Auf jeden Arbeitsgang entfallen die Grade je nach der dazu nötigen Umdrehungszahl und sind nach dem einfachen Dreisatz zu berechnen:

$$1368 \text{ Umdrehungen entsprechen } 270^\circ$$

$$1 \text{ Umdrehung entspricht } \frac{270}{1368}$$

$$154 \text{ Umdrehungen entsprechen } \frac{270}{1368} \times 154 = 30^\circ$$

$$50 \text{ Umdrehungen entsprechen } \frac{270}{1368} \times 50 = 10^\circ$$

$$183 \text{ Umdrehungen entsprechen } \frac{270}{1368} \times 183 = 36^\circ$$

$$90 \text{ Umdrehungen entsprechen } \frac{270}{1368} \times 90 = 18^\circ$$

$$50 \text{ Umdrehungen entsprechen } \frac{270}{1368} \times 50 = 10^\circ$$

$$50 \text{ Umdrehungen entsprechen } \frac{270}{1368} \times 50 = 10^\circ$$

$$333 \text{ Umdrehungen entsprechen } \frac{270}{1368} \times 333 = 66^\circ$$

$$50 \text{ Umdrehungen entsprechen } \frac{270}{1368} \times 50 = 10^\circ$$

$$75 \text{ Umdrehungen entsprechen } \frac{270}{1368} \times 75 = 15^\circ$$

$$198 \text{ Umdrehungen entsprechen } \frac{270}{1368} \times 198 = 39^\circ$$

$$135 \text{ Umdrehungen entsprechen } \frac{270}{1368} \times 135 = 26^\circ$$

Total: 270°

Der vollständige Arbeitsplan sieht nun folgendermaßen aus:

Arbeitsfolge	Kurvenwege in mm	Totgänge in Graden	Arbeitsgänge		Summe der Grade
			in Umdrehungen	in Graden	
1. Lösen der Zange	—	10			10
2. Rücklauf des Spindelstockes ...	— 37,4	20			30
3. Spannen der Zange	—	15			45
4. Ausgang Abstechstahl .... Eingang Drehstahl Nr. 1	— 8,2 — 8,25	5			50
Übertrag		50			135

Arbeitsfolge	Kurvenwege in mm	Totgänge in Graden	Arbeitsgänge in Umdrehungen	Arbeitsgänge in Graden	Summe der Grade
Übertrag		50			135
5. Drehen des ersten Zapfens	3,85		154	30	80
6. Pause	—	2			82
7. Ausgang Drehstahl Nr. 1	0,75	2			84
8. Drehen kon. Ansatz .... Werkzeugkurve	0,5 } 1,5		50	10	94
9. Drehen des Schaftes, ⌀ 4 mm .	5,5		183	36	130
10. Pause	—	2			132
11. Ausgang Drehstahl Nr. 1	1,5	2			134
12. Pause	—	2			136
13. Drehen des Schaftes, ⌀ 5 mm .	2,7		90	18	154
14. Pause	—	2			156
15. Ausgang Stahl Nr. 1	4,5	5			161
16. Vorschub Kopfhöhe (Leerlauf) .	8,9	9			170
17. Eingang Drehstahl Nr. 2	1,5	2			172
18. Einstechen kon. Ansatz: Spindelstockkurve .... Stahlkurve	0,5 } 1,5		50	10	182
19. Einstechen auf ⌀ 5 mm	1,5		50	10	192
20. Pause	—	2			194
21. Drehen ⌀ 5 mm	10,0		333	66	260
22. Pause	—	2			262
23. Einstechen kon. Spindelstockkurve .... Werkzeugkurve	0,5 } 1,5		50	10	272
24. Einstechen auf ⌀ 2,5 mm	2,25		75	12	287
25. Pause	—	2			289
26. Drehen hinterer Zapfen	4,95		198	39	328
27. Ausgang Drehstahl Nr. 2	— 8,25	4			332
28. Rücklauf Spindelstock .... Anhub Abstechstahl	— 1,35 } 5,5	2			334
29. Abstechen Werkzeugkurve .... Spindelstockkurve	2,70 } 1,35		135	26	360
		90	1368	270	360

Hieraus können nun die Kurven für Spindelstock und Werkzeuge aufgezeichnet werden.

Aus obiger Aufstellung kann man noch eine Rechnungskontrolle in folgendem Sinne durchführen:

Es muß nämlich die Summe der Aufstiege und der Abfälle für jede Kurve gleich groß sein.

Gang Nr.	Spindelstockkurve		Wippenkurve		Kurve des senkrechten Werkzeuges	
	Aufstieg	Abfall	Aufstieg	Abfall	Aufstieg	Abfall
1						
2						
3						
4				8,25		8,20
5	3,85					
6						
7			0,75			
8	0,50		1,50			
9	5,50					
10						
11			1,50			
12						
13	2,70					
14						
15			4,50			
16	8,90					
17			1,50			
18	0,50		1,50			
19			1,50			
20						
21	10,00					
22						
23	0,50		1,50			
24			2,25			
25						
26	4,95					
27				8,25		
28		1,35			5,50	
29	1,35				2,70	
	38,75	38,75	16,50	16,50	8,20	8,20

Um die *Leistung der Maschine* auszurechnen, ist zu sehen, wir viele Umdrehungen den 360 Graden Kurvenwinkel entsprechen.

Wir hatten 270° für 1368 $\frac{\text{Umdrehungen} \times 360}{270}$ = 1820 Umdrehungen *für 1 Stück*
1
360

Bei einer Umfangsgeschwindigkeit von 80 m pro min haben wie eine minutliche Drehzahl von $\frac{80\,000}{\pi \times 7}$ = *3640 Umdrehungen,*
was auch aus der Geschwindigkeitstabelle zu sehen ist.

Leistung pro min = 3640:1820 = *2 Stück pro min.*

Hiernach die Zeichnung der betreffenden Kurven.

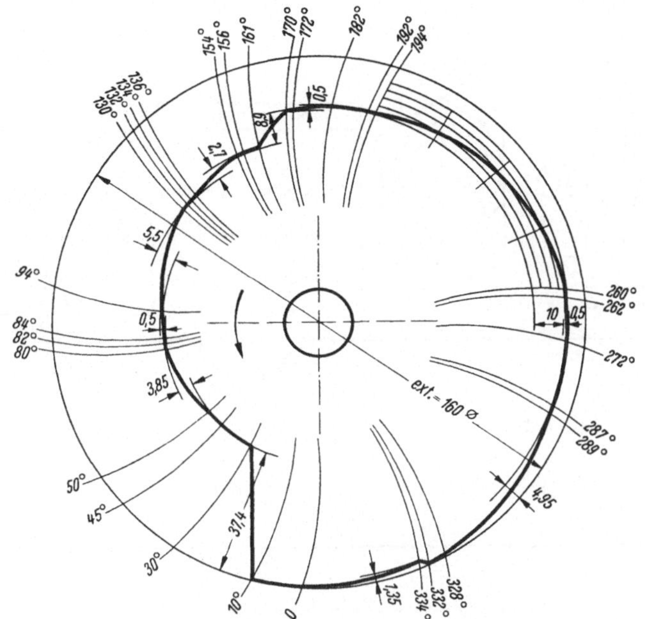

Abb. 347e. Spindelstockkurve von rechts gesehen

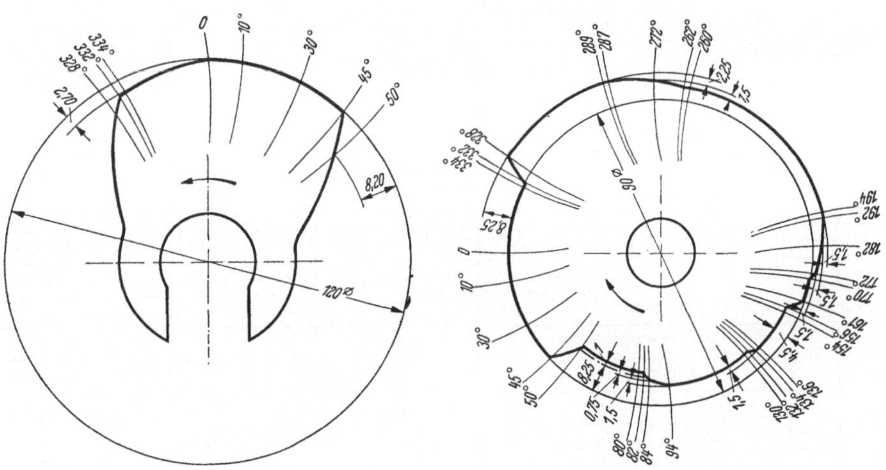

Abb. 348. Kurve der senkrechten Werkzeuge

Abb. 349. Wippenkurve von links gesehen

Im 5. Beispiel für Revolverautomaten (Abb. 350, 351) ist außer dem Innengewinde M 24×1,5, das mit Gewindebohrer geschnitten wird, noch das Außengewinde M 26×1,5 hinter dem Bund mit der Strehleinrichtung zu schneiden, und zwar mit 11 Strehlgängen.

5. Berechnungsbeispiel auf Revolverautomat mit Gewindestrehlen

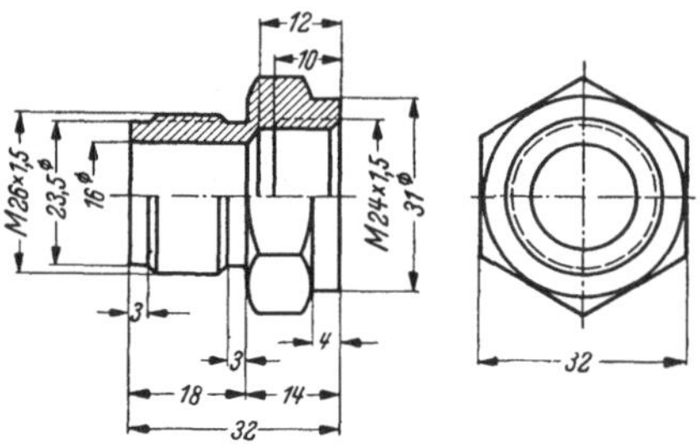

Berechnungsblatt
INDEX 36

Werkstoff: Leichtmetall 32 SW, 6 kt.

Drehzahlen der Arbeitsspindel/min	Drehen	1500 R
	Gewindestrehlen	1500 R
	Gewindeeinschneiden	600 R
	Gewindeablaufen	300 R
Schnittgeschwindigkeit m/min	Drehen	151/174
	Gewindestrehlen	122
	Gewindeeinschneiden	49
	Gewindeablaufen	22,6

Werkzeugfolge	Arbeitsfolge	Arbeitsweg mm	Vorschub bei einer Umdrehung mm	Umdrehungen für den Arbeitsgang	$^1/_{100}$ des Kurvenumfanges für: Anzahl	Kurvenaufzeichnen von	Kurvenaufzeichnen bis	Werte für Stückzeit-Berechnung: Hauptzeit in Umdrehg.	Nebenzeit in $^1/_{100}$	und Kurvenaufzeichnen von	bis
	a	b	c	d	e	f	g	h	i	k	l
Revolverkopf 1	Werkstoff anschlagen								3,5	0	3,5
	Schalten des Revolverkopfes								2,5	3,5	6
2	Kernloch bohren und andrehen 31 ⌀ .. Rückgang..........................	14 4	0,12 0,25	116 16	14,5 2	— —	— —	116 16	— —	6 20,5	20,5 22,5
	Schalten des Revolverkopfes								2,5	22,5	25
3	Kante brechen an 31 ⌀ und Kernlochbohrung anschrägen................ Stillstand	2	0,1	20	2,5	—	—	20	— 1	25 27,5	27,5 28,5
	Schalten des Revolverkopfes								3,5	28,5	32
4	Vorbohren 15,8 ⌀	22	0,138	159	20	—	—	159	—	32	52
	Schalten des Revolverkopfes								3,5	52	55,5
5	Gewindeschneiden .... auf	8 Gg.	—	20	2,5	—	—	20	—	55,5	58
	ab	8 Gg.	—	40	5	—	—	40	—	58	63
	Schalten des Revolverkopfes................				3,5	63	66,5		2	63	65
6	Nachbohren 16 ⌀	20	0,12	166	20,5	66,5	87				
	Schalten des Revolverkopfes				3,5	90	93,5				
Seitenschlitten	Vorderer: Außengewindestrehlen...... (Übers. $\varphi\ n_1$ = 1:8, $LPW\ n$ = 188)	*11 Strehlg. (11×1×8×2)		176	22 {8 8 6}	—	—	176	—	65 73 81	73 81 87
	Hinterer: Formen .... und Entgraten des Gewindes während des Strehlens ..... Stillstand	7,5	0,023	326	41 2 4	9 81 83	50 83 87				
	Dritter: Abstechen { 37—22 ⌀ .... 22—16 ⌀ .... über Bohrung }	7,5 3 1	0,045 0,045 0,072	167 67 14	21 8,5 1,5	66 — —	87 — —	 67 14	 — —	 87 95,5	 95,5 97
	Zugabe nach dem Abstechen..................								3	97	100
	Umdrehungen für 1 Werkstück: $\frac{628 \cdot 100}{78,5}$ = 800							628	21,5		

$\frac{60 \cdot 800}{1500}$ = 32 sek

*11 Strehlgänge { 4 × } Mit Vorschubunterteilung; 4 × } Mit Vorschubunterteilung; 3 × ohne Vorschub

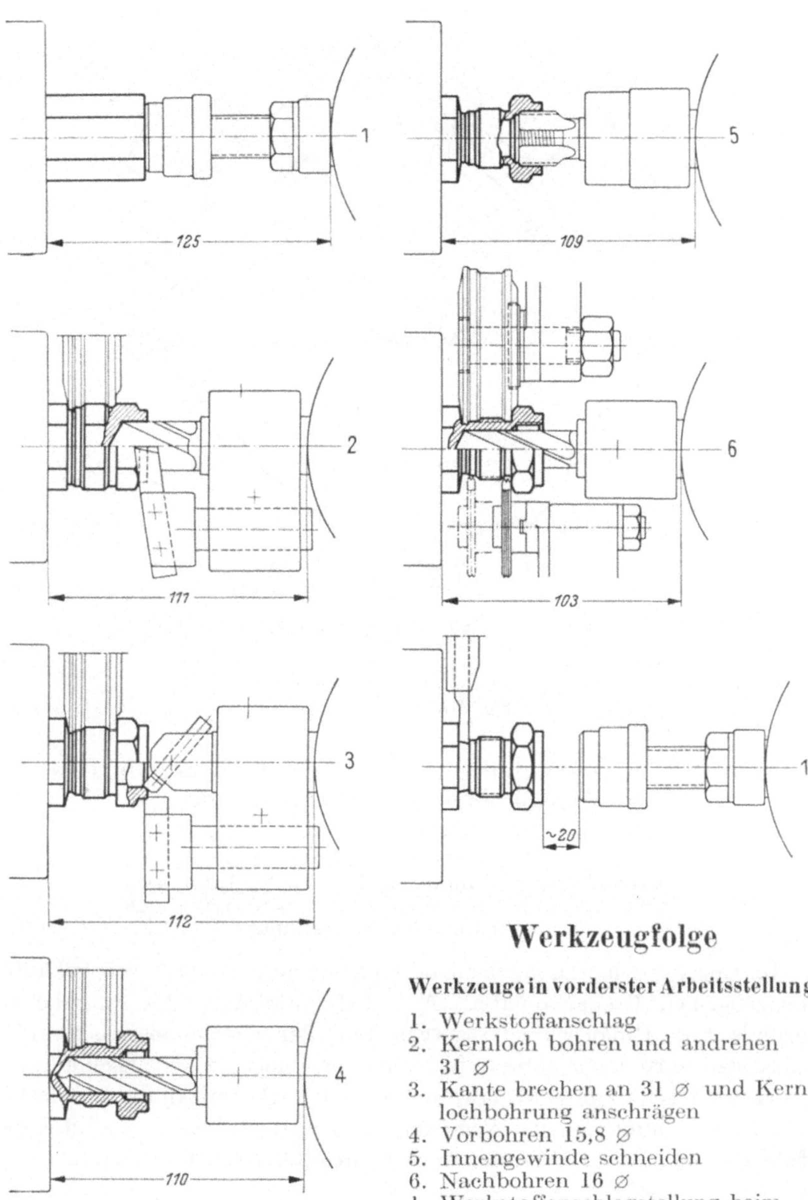

Abb. 350
5. Beispiel: Werkzeugplan (Index)

Werkzeugfolge

Werkzeuge in vorderster Arbeitsstellung

1. Werkstoffanschlag
2. Kernloch bohren und andrehen 31 ⌀
3. Kante brechen an 31 ⌀ und Kernlochbohrung anschrägen
4. Vorbohren 15,8 ⌀
5. Innengewinde schneiden
6. Nachbohren 16 ⌀
1. Werkstoffanschlagstellung beim Abstechen

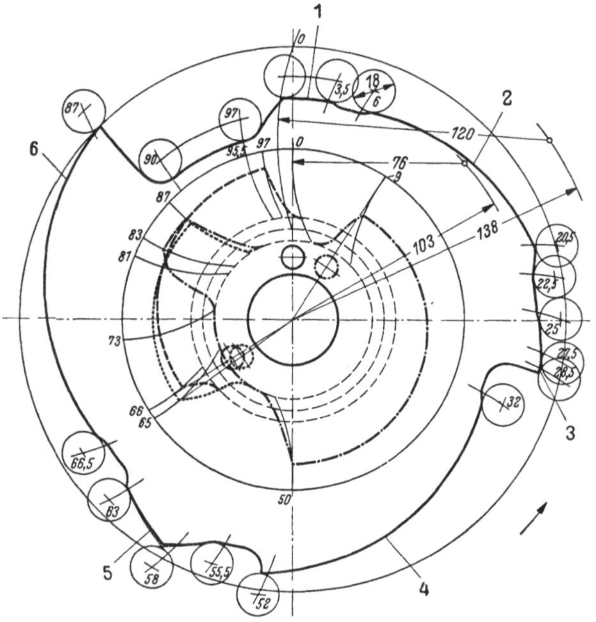

Abb. 351. *5. Beispiel:* Kurven

Sechstes Kapitel

I. Neuzeitlicher Drehautomat zur Herstellung kleiner Massen- oder Feinstdrehteile aus Ringwerkstoff

Automaten zur Verarbeitung von Ringwerkstoff sind für Spezialzwecke, z. B. in der Schloßindustrie, bereits in Anwendung. Jedoch sind diese Automaten nicht für hohe Genauigkeiten gebaut und auch nicht universal verwendbar

Im Gegensatz hierzu lag der Konstruktion des in der Schweiz gebauten neuzeitlichen Drehautomaten (Abb. 352) zwar auch die Aufgabe zugrunde von Ringwerkstoff zu arbeiten, darüber hinaus aber außer sonstigen Vorteilen gegebenenfalls auch noch höchste Arbeitsgenauigkeit zu erzielen, sofern diese für bestimmte Werkstücke unbedingt erforderlich ist. Hierzu mußten neue Wege gegangen werden, welche zu Lösungen führten, die in ihrer Wirkungsweise recht interessant und fortschrittlich sind.

Der Drehautomat hat gewöhnlich einen größten Werkstoffdurchlaß von 3 mm (in Sonderfällen 4 mm) und besteht u. a. aus folgenden bemerkenswerten Baugruppen:

1. Umlaufender Werkzeugkopf,
2. Werkstoffvorschubeinrichtung und Führungsbüchse,
3. Richtapparat,
4. Gegenspannzange und
5. Zentriermikroskop,

von denen einige patentrechtlich geschützt sind und die nachstehend im einzelnen kurz beschrieben werden.

Abb. 352. Drehautomat für Ringwerkstoff (Rotomatic)

1. Umlaufender Werkzeugkopf (Abb. 353)

Der mit konstanter Drehzahl ($n = 6000$ U/min) umlaufende und mit endlosem Riemen angetriebene Werkzeugkopf *a* ist auf einer festen Achse *b* auf Kugeln spielfrei gelagert und statisch sowie dynamisch ausgewuchtet. Seine große Masse wirkt als Schwungscheibe und verschluckt gewissermaßen die äußerst geringen Schwerpunktverlagerungen beim Arbeiten der Drehstähle, wodurch sich die unbedingte Starrheit des Werkzeugkopfes ergibt. In ihm sind um 180° versetzt zwei Drehstahlhalter *c*, *d* gelagert, die senkrecht zur Maschinenachse schwingen. Die meisten aus massivem Hartmetall hergestellten Drehstähle *e*, *f* sind so angeordnet, daß sich ein Freiwinkel von durchschnittlich 6° ergibt. Sie schneiden mit der Stirnfläche, d. h. die Spanfläche des Drehstahles entspricht dem Stahlquerschnitt, der um den Spanwinkel zur Längsachse des Stahles geneigt ist. Somit sind die Stähle nur an ihrer Stirnfläche nachzuschleifen, wodurch sie nicht geschwächt werden, sondern gut ausgenützt und formtreu bleiben, was sich bei schwierigeren Stahlformen äußerst günstig erweist.

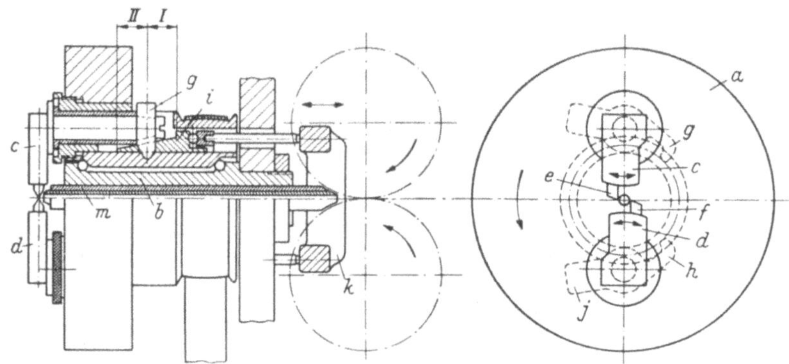

Abb. 353. Umlaufender Werkzeugkopf

Jeder der beiden Drehstahlhalter *c*, *d* ist an seinem anderen Ende mit einem Übertragungshebel *g*, *h* verbunden, der mit der axial verschiebbaren Kegelhülse *i* zusammenarbeitet. Diese Übertragungshebel sind nicht symmetrisch, sondern beide nach derselben Seite angeordnet, so daß beim Verschieben der Kegelhülse ein Drehstahl zur Maschinenmitte, der andere jedoch um den gleichen Weg nach auswärts schwingt. Es handelt sich hier also um eine Drehstahlwippe, wie sie von den üblichen Langdrehautomaten bekannt ist.

Der in Abb. 353 oben dargestellte Drehstahlhalter wird zum Einschwingen im Bereich I von der Kurve über den Kurvenhebel *k* gestoßen und somit zwangsläufig bewegt. Der andere Drehstahlhalter dagegen schwingt ein, wenn die Kegelhülse *i* durch nicht dargestellte Druckfedern nach rückwärts (rechts) bewegt wird (Bereich II). Auf ihn wirkt nur die Fliehkraft des ihm zugeordneten Hebels, der zu diesem Zwecke mit einem Gegengewicht *j* ausgestattet ist. Aus diesem Grund kann dem darin eingespannten Drehstahl nicht die gleich große Zerspanungsarbeit zugemutet werden wie dem zwangsläufig bewegten im Drehstahlhalter *c*. In der Stellung, in welcher die beiden Übertragungshebel zwischen I und II, also in der Mitte der Kegelhülse *i*, anliegen, wird jeder Drehstahl etwa 0,5 mm an den Werkstoffdurchmesser angestellt. Beide Drehstähle könnten durch eine einzige Kurve betätigt werden, die entweder an- oder absteigt, je nachdem, welcher Stahl bewegt werden soll. In diesem Falle wäre jedoch immer nur einer der Stähle auf das jeweils gewünschte Durchmessermaß einstellbar. Daher sind zur Betätigung der beiden Drehstähle zwar nur ein gemeinsamer Kurvenhebel *k*, jedoch zwei verschiedene Kurven vorgesehen. Ersterer ist mit zwei Armen ausgebildet, von denen jeder mit der entsprechenden Kurve zusammenwirkt. Diese Ausführung gestattet, jeden der Drehstähle in radialer Richtung unabhängig voneinander mittels Mikrometerschrauben genauestens einzustellen, während die Maschine arbeitet.

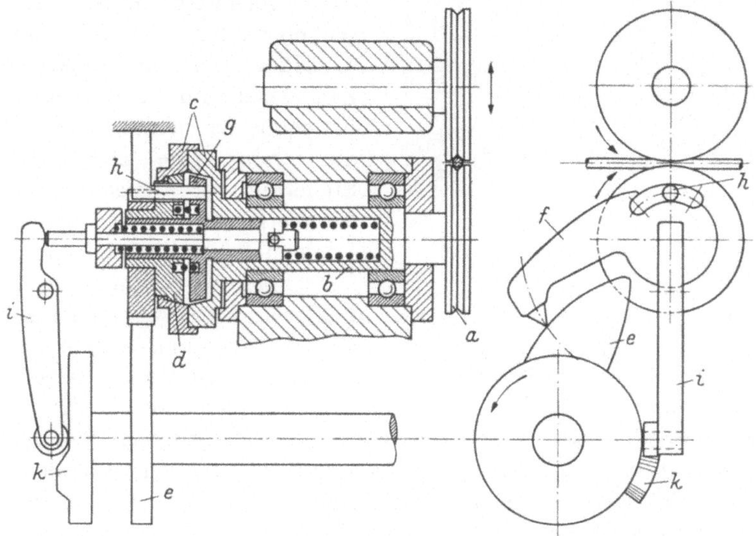

Abb. 354. Schematische Darstellung der Werkstoffvorschubeinrichtung

2. Werkstoffvorschubeinrichtung

Das Vorschieben des Werkstoffes erfolgt mittels gerillter Vorschubrollen, die nicht nur das Schnellvorschieben des Werkstoffes bewirken, bevor Form- und Abstecharbeiten ausgeführt werden, sondern auch den Vorschub beim Längsdrehen, falls an einem Werkstück Zapfen oder Spitzen anzudrehen sind. Die obere Vorschubrolle ist in einem verstellbaren Bock gelagert, der die Einstellung des Anpressungsdruckes der beiden Vorschubrollen auf den Werkstoff gestattet.

Die untere, zwangsläufig angetriebene Vorschubrolle *a* (Abb. 354) sitzt auf der Welle *b*, die am anderen Ende als doppelseitiger Hohlreibkegel *c* ausgebildet ist. In ihm sind zwei axial bewegliche Reibkegel längsverschiebbar angeordnet. Am äußeren Kegel *d* ist der unmittelbar auf die Kurve *e* wirkende Vorschubhebel *f* angebracht, während der innere Kegel *g* mit dem durch einen Schlitz des Kegels *d* ragenden Stift *h* am Maschinengestell undrehbar festgehalten ist. Die beiden Reibkegel werden mittels des Hebels *i*, der vom Kupplungsnocken *k* gesteuert wird, in Übereinstimmung mit der Vorschubkurve *e* bewegt. Solange Werkstoff vorgeschoben wird, ist der Kegel *d* in Eingriff wie in Abb. 355 dargestellt.

Nach Beendigung des Werkstoffvorschubes tritt der Kegel *g* in den ihm zugeordneten Hohlreibkegel *c* der Welle *b*, wodurch die Vorschubrolle *a* undrehbar festgehalten wird (Stellung gemäß Abb. 355). Zwischendurch waren kurzzeitig beide Reibkegel im Eingriff (siehe Abb. 355). Sobald der Kegel *g* wirksam wird, fällt anschließend der Vorschubhebel *f* von der Kurve *e* ab, um zu gegebener Zeit wiederum eine Vorschubbewegung zu veranlassen. Durch diese sinnreiche und einfache Steuerung der Vorschubrollen ist der Werkstoff zwischen den beiden Vorschubrollen immerwährend festgehalten, wodurch jeglicher Fehler in der Längsbewegung ausgeschaltet ist, um so mehr, als der Vorschubhebel ohne sonstige zwischengeschaltete Übertragungsmittel auf die untere Vorschubrolle wirkt.

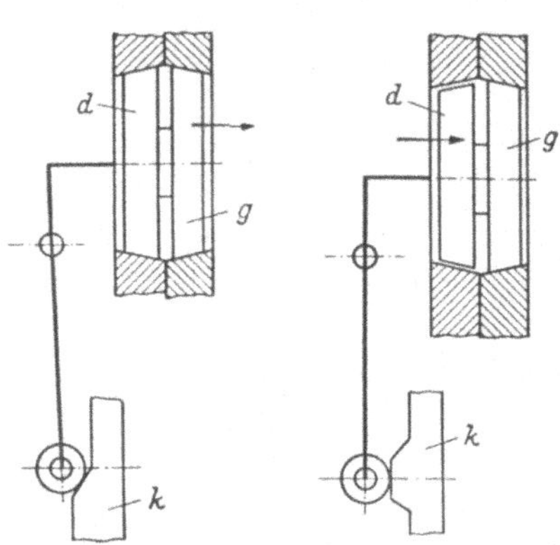

Abb. 355. Schematische Darstellung der Werkstoffvorschubeinrichtung

Gegenüber Werkstoffvorschub- und Spanneinrichtungen, die mit Vorschub- und Spannzangen arbeiten, haben Vorschubrollen außerdem den Vorzug, daß sie fast nicht verschleißen und die Verlustzeiten für das Öffnen und Schließen der Spannzange sowie das Zurückziehen derselben wegfallen. Wenn sich auch die Vorschubrollen nicht drehen, also keine Längsbewegung des Werkstoffes erfolgt, ist letzterer doch zwischen den Vorschubrollen festgehalten, um während dieser Zeit ein- und abstechen zu können. Ferner tritt bei Anwendung von Vorschubrollen nur eine sehr geringe Massenbeschleunigung auf, wodurch das Vorschieben des Werkstoffes nicht nur ruhig und erschütterungsfrei, sondern auch mit großer Längengenauigkeit, die 0,01 bis 0,02 mm beträgt, erfolgt. Außerdem kann damit vor allem dünner Werkstoff, beispielsweise unter 1,5 mm ⌀, wesentlich einfacher und deshalb viel schneller in die Maschine eingebracht werden, als bei Verwendung von Vorschub- und Spannzangen; abgesehen von den umständlichen Vorkehrungen, die für den Transport solch dünner und langer Werkstoffstangen zu treffen sind.

Das Übersetzungsverhältnis zwischen Vorschubkurve und Vorschubweg ist üblicherweise 2:1, die hierbei erreichbare größte Vorschublänge 25 mm. Zur Herstellung von Werkstücken in Längen von 25 bis 50 mm ist entweder zweimal vorzuschieben, was eine Leistungsminderung zur Folge hat, oder aber es wird ein besonderer Vorschubschlitten (Abb. 356) verwendet.

Bei dieser Zusatzeinrichtung ist an Stelle des üblichen Vorschubhebels *f* (Abb. 355) am äußeren Reibkegel *d*, das einzeln dargestellte

Zahnsegment aufgeschraubt, dessen Teilkreisdurchmesser dem wirksamen Durchmesser der Vorschubrollen entspricht. In das Zahnsegment greift die spielfrei einstellbare Zahnstange des Vorschubschlittens ein. Er wird unmittelbar von der Werkstoffvorschubkurve gesteuert, weshalb das Übersetzungsverhältnis zwischen Kurvenweg und Vorschublänge 1:1 beträgt, d. h., der größte Kurvenweg von 50 mm entspricht auch der gleichen Vorschublänge.

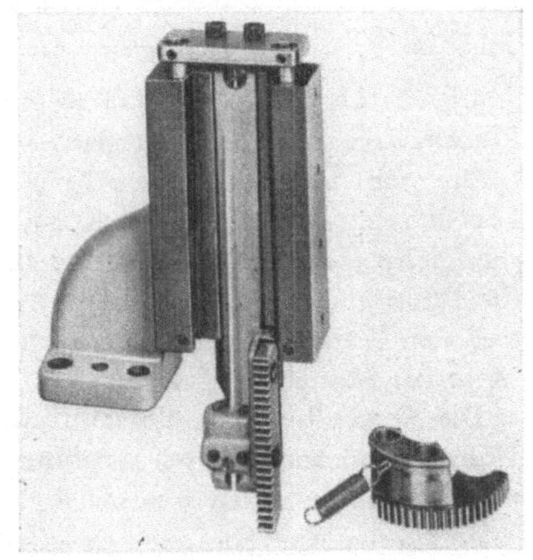

Abb. 356
Vorschubschlitten mit Zahnsegment

Dieser Vorschubschlitten wird häufig auch für Werkstücklängen unter 25 mm bevorzugt, weil das Auslegen und Herstellen der Werkstoffvorschubkurve hierfür einfacher ist, da in diesem Falle keinerlei Veränderung des Übersetzungsverhältnisses auftritt, wie sie bei Anwendung eines Vorschubhebels unvermeidbar ist, so daß beispielsweise ein Kurvenweg von 10 mm tatsächlich auch dem gleichen Vorschubweg des Werkstoffes entspricht.

In der feststehenden Achse des umlaufenden Werkzeugkopfes *a* (Abb. 353) ist ein Führungsbüchsenträger *m* axial angeordnet, der gewöhnlicherweise nicht umläuft. In ihm befindet sich die eigentliche Werkstoffführungsbüchse, deren Bohrung wie bei Langdrehautomaten üblich jeweils dem zu verarbeitenden Werkstoffdurchmesser anzupassen ist. Sie besteht an dem den Drehstählen zugekehrten Ende aus Hartmetall und unterliegt deshalb fast keinem Verschleiß. Da auch die Drehstähle aus Hartmetall sind, wird auf diesem Drehautomaten eine über Tage, nicht selten sogar eine Woche und noch länger gleichbleibende Arbeitsgenauigkeit erreicht, ohne zeitraubende Schärf- oder Nachstellarbeit. Wie bei allen anderen Drehautomaten, bei denen der Werkstoff während des Bearbeitens in einer Führungsbüchse abgestützt wird, ist auch hier die praktisch zu erzielende Arbeitsgenauigkeit von der Genauigkeit des verwendeten Werkstoffes in bezug auf Durchmesser und Unrundheit abhängig. Es ist nicht möglich, einen Zapfen mit einer größeren Genauigkeit zu drehen, als sie der Ausgangswerkstoff aufweist. Ist aber diese unbedingte Voraussetzung erfüllt, so sind im Dauerbetrieb Durchmessertoleranzen von 0,005 bis 0,01 mm einzuhalten.

Die Preisaufschläge für größere Ziehgenauigkeit sind keineswegs so ausschlaggebend, wie es oftmals irrtümlicherweise angenommen wird. Sie betragen bei Schnellautomatenstahl 9 S 20 K mit 2 mm Durchmesser etwa:

DIN 668 (h 11) Durchmessertoleranz 0,060 mm ... 0%
DIN 671 (H 9) Durchmessertoleranz 0,025 mm ... 5%
DIN 667 Durchmessertoleranz 0,018 mm ... 8%

Die Erfahrung lehrt, daß es immer wirtschaftlich ist, die geringen Mehrkosten für genauer gezogenen Ausgangswerkstoff aufzubringen und dafür nicht nur eine bessere Arbeitsgüte, sondern vor allem mit Sicherheit den ungestörten Dauerbetrieb der Maschine verbürgt zu wissen. Wird die Ziehgenauigkeit noch weiter eingeschränkt, dann steigen allerdings die Preisaufschläge beachtlich an, doch ist allgemein zu berücksichtigen, daß der Grundpreis für Ringwerkstoff an sich schon niedriger liegt als jener für Stangenwerkstoff.

Die Anwendung von Vorschubrollen ermöglicht die Verwendung einer Führungsbüchse, die den Abstand zwischen den beiden Vorschubrollen und den Drehstählen überbrückt, so daß ein Durchknicken des Werkstoffes auf dieser Maschine ausgeschlossen ist. Dieser Vorteil wirkt sich besonders beim Verarbeiten von Werkstoff unter 1,5 mm ⌀ und größeren Werkstücklängen sehr günstig aus. Tatsächlich kann auf diese Weise noch Werkstoff mit nur 0,2 mm ⌀ störungsfrei vorgeschoben und verarbeitet werden. Außerdem ist dies einer der Gründe, auf diesen Drehautomaten beim Längsdrehen üblicherweise höhere Vorschübe anzuwenden, als bei den bekannten Langdrehautomaten unter den gleichen Voraussetzungen. Bei letzteren verbleibt zwischen der Spannzange in der längsverschiebbaren Arbeitsspindel und der ortsfesten Führungsbüchse stets ein mehr oder weniger großer Abstand. Wenn sich derselbe auch von seinem Größtmaß — etwas mehr als die Länge des herzustellenden Werkstückes bei Arbeitsbeginn — vielleicht auf 1 mm nach Beendigung desselben verändert, so ist es nicht möglich, in diesem Bereich den Werkstoff zu führen, was unter Umständen bei stärkerer Spanabnahme ein Durchknicken des Werkstoffes zur Folge hat.

3. **Richtapparat** (Abb. 357)

Kurze Drehteile aus verhältnismäßig weichen Werkstoffen und bis etwa 1,5 mm größten Durchmesser sind aus Ringwerkstoff herstellbar, ohne denselben besonders zu richten, sofern der Durchmesser des zu verarbeitenden Ringes ausreichend groß ist. Zur Herstellung längerer Drehteile sowie für alle solche aus härteren Werkstoffen bzw. größeren Durchmessern muß der Ringwerkstoff unmittelbar vor der Bearbeitung einwandfrei gerichtet werden, um sowohl die verlangte Arbeitsgüte wie auch einen ungestörten Dauerbetrieb der Maschine zu gewährleisten.

Bei den bisher bekannten Drehautomaten, die Ringwerkstoff verarbeiten, wird dieser beim Vorschieben des Werkstoffes von der Werkstoffvorschubeinrichtung der Maschine durch stillstehende oder umlaufende Richtwerkzeuge gezogen, wodurch verständlicherweise die Genauigkeit der jeweiligen Vorschubgröße mehr oder weniger beeinflußt

Abb. 357. Richtapparat, Blick von oben

wird. Bei den gesteigerten Anforderungen an die Längengenauigkeit der herzustellenden Werkstücke ist es nicht mehr zulässig, die Werkstoffvorschubeinrichtung auch noch den Richtvorschub ausführen zu lassen. Aus diesem Grund ist der Drehautomat mit einem Richtapparat ausgerüstet, der nach einem neuartigen Verfahren arbeitet. Das Richten erfolgt hierbei durch Längsbewegen der Richtvorrichtung entgegen der Vorschubrichtung, beispielsweise während des Abstechens, wozu der Werkstoff besonders festgehalten ist.

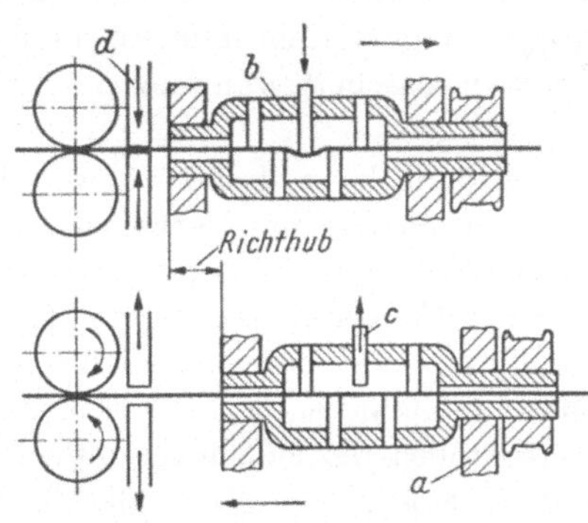

Abb. 358. Richtapparat

Dieser auch als Zusatzeinrichtung lieferbare Richtapparat besteht im wesentlichen aus dem Richtschlitten a, der in axialer Richtung hin und her bewegt wird. Er trägt den mit $n = 3000$ U/min umlaufenden Rotor b mit den bekannten Gleitbacken und zwischen diesen eine selbsttätig gesteuerte Richtbacke c. Eine Klemmeinrichtung d dient zum Festhalten des Werkstoffes während des Richtens. Der Richtschlitten a ist auf Kugellagern leicht beweglich gelagert und wird von einer auf der Rückseite des Richtapparates angeordneten Mantelkurve e zwangsläufig bewegt, von der auch die Klemmeinrichtung d gesteuert wird. Die Richtbacke c im umlaufenden Rotor wird zum Richten mittels der gleichfalls auf der Steuerwelle des Richtapparates befestigten Scheibenkurve f über die Drehachse des Rotors gedrückt und bewirkt ein Durchbiegen des zu richtenden Werkstoffes. Sobald das Richten beendet ist, wird die Scheibenkurve *f* unwirksam und die Richtbacke *c* durch die Fliehkraft zurückgezogen, wodurch während des nachfolgenden Vorschiebens des Werkstoffes jeglicher Richtwiderstand aufgehoben wird. Auf diese Weise ist durch das Richten jede ungünstige Beeinflussung der Längengenauigkeit der hergestellten Drehteile ausgeschaltet, denn das Richten des Werkstoffes erfolgt immer nur dann, wenn letzterer keinen Längsvorschub ausführt.

Zum Richten verwendete Gleit- und Richtbacken aus Fiber oder Bronze unterliegen einem mehr oder weniger großen Verschleiß, wenn der zu verarbeitende Werkstoff Unreinheiten in der Ziehhaut aufweist und müssen dementsprechend öfters nachgestellt werden. Backen aus Hartmetall vermeiden diesen Nachteil und ergeben eine ungewöhnliche lange Lebensdauer, ohne die Werkstoffoberfläche zu beschädigen.

Obgleich das Werkstoffrichten auf diesem Drehautomaten einen gesonderten Arbeitsgang darstellt, ist er nur äußerst selten bei der Leistungsbestimmung in Rechnung zu stellen, da das Abstechen eines Werkstückes immer mehr Zeit in Anspruch nimmt als das Richten selbst. Ausgenommen sind Drehteile mit schlanken Spitzen an beiden Enden, die nur durch Längsdrehen herstellbar sind, da hierbei der Werkstoff unterbrochen längsbewegt werden muß. In diesem Falle sind für das Richten etwa $^1/_6$ des Kurvenscheibenumfanges, und zwar 65° in die Leistungsberechnung einzusetzen.

Gewöhnlich wird die Steuerwelle des Richtapparates von der des Drehautomaten im Verhältnis 1:1 angetrieben, d. h., während der Bearbeitung eines Werkstückes wird eine entsprechend große Länge des Werkstoffes gerichtet. Der Richtschlitten kann bis zu 32 Hübe je Minute ausführen und begrenzt dadurch unter Umständen die Leistung der Maschine. Sind einfache Werkstücke aus leicht bearbeitbarem Werkstoff herzustellen, der jedoch gerichtet werden muß und ergibt sich dabei rechnerisch eine Leistung von über 32 Stück/min, so ist es möglich, das Verhältnis des Steuerwellenantriebes von 1:1 in 1:2 zu ändern. In diesem Fall erfolgt ein entsprechend länger gewählter Richthub, während zwei Werkstücke hergestellt werden.

4. **Gegenspannzange** (Abb. 359 und 360)

In der quer vor dem Werkzeugkopf angeordneten Schwenkplatte, die hochklappbar ist, um ungehindert an die Drehstähle heranzukommen, ist eine Gegenspannzange gelagert. Mittels Mikrometerschrauben in der Schwenkplatte kann die Gegenspannzange genau auf die Mitte der Werkstofführungsbüchse ausgerichtet werden. Die Gegenspannzange hält das zu bearbeitende Werkstück möglichst nahe an den Drehstählen immer dann fest, wenn Ein- oder Abstecharbeiten ausgeführt werden. Durch dieses beiderseitige Abstützen ist es gegenüber der üblichen fliegenden Bearbeitung möglich, mit größeren Vorschüben einzustechen. Darüber hinaus werden mittels der Gegenspannzange die Drehteile butzenlos hergestellt, wodurch das nachträgliche Entfernen des Abstechbutzens entfällt, das häufig mehr Kosten verursacht als das Drehteil selbst.

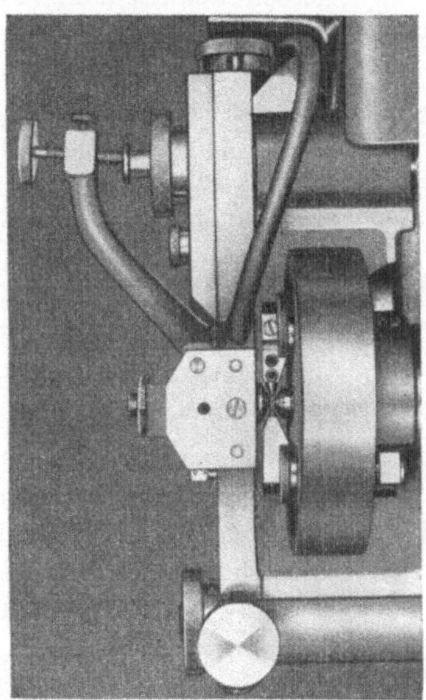

Abb. 359. Werkzeugkopf mit beiden einstellbaren Drehstählen, Führungsbüchse, Gegenspannzange und Kühlmittelzufuhr

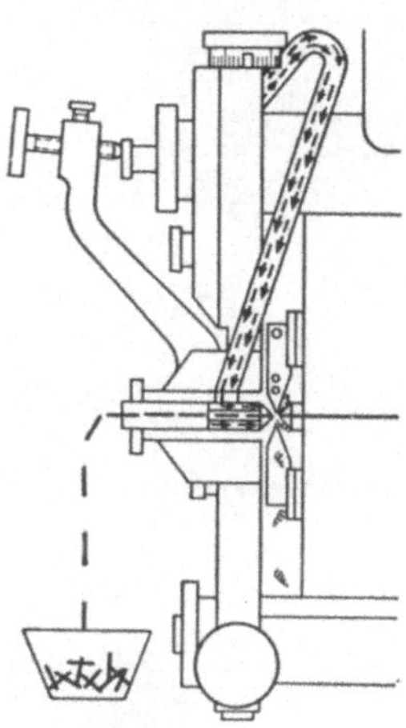

Abb. 360. Werkzeugkopf

Nach dem Abstechen fällt das Werkstück nicht wie üblich in den Späneraum, sondern es wird im weiteren Arbeitsablauf durch die Gegenspannzange geschoben; gelangt von dort getrennt von den Spänen in den Werkstückkasten und erspart gleichfalls nachträgliche Handarbeit.

Das Kühlmittel wird in reichlicher Menge durch die Zangenschlitze der Arbeitsstelle zugeführt. Es verhindert so das Eindringen von Spänen in die Gegenspannzange und sichert störungsfreies Arbeiten.

5. **Zentriermikroskop** (Abb. 361a, 361b)

Um einen der wesentlichsten Vorteile dieses Drehautomaten, die Werkstücke auch butzenlos abzustechen, tatsächlich vollkommen ausnutzen zu können, genügt die Verwendung der Gegenspannzange allein noch nicht. Es ist unbedingt Voraussetzung hierfür, daß die Schneide des Abstechstahles ganz genau auf Mitte der Führungsbüchsenbohrung steht. Diese Forderung muß auch erfüllt sein, wenn an einem Werkstück einwandfreie Kegelspitzen anzudrehen sind.

Zum genauen und schnellen „Auf-Mitte-stellen“ der Drehstahlschneiden dient als Zusatzeinrichtung das Zentriermikroskop. Im Okular desselben (20fache Vergrößerung) ist eine Strichplatte mit Fadenkreuz, um dessen Schnittpunkt konzentrische Ringe angeordnet sind. Nachdem das Zentriermikroskop auf dem Werkzeugkopf, wie in Abb. 361a gezeigt, oder anderswo auf dem Maschinenkörper befestigt wurde, werden diese Ringe zur Bohrung der feststehenden Führungsbüchse konzentrisch ausgerichtet und dadurch die optische Achse des Gerätes mit der Achse der Führungsbüchsenbohrung in vollkommene Übereinstimmung gebracht. Anschließend werden die Drehstahlschneiden auf den Schnittpunkt des Fadenkreuzes sorgfältig eingestellt, und so die genaue Mittenlage der Schneiden erreicht.

a

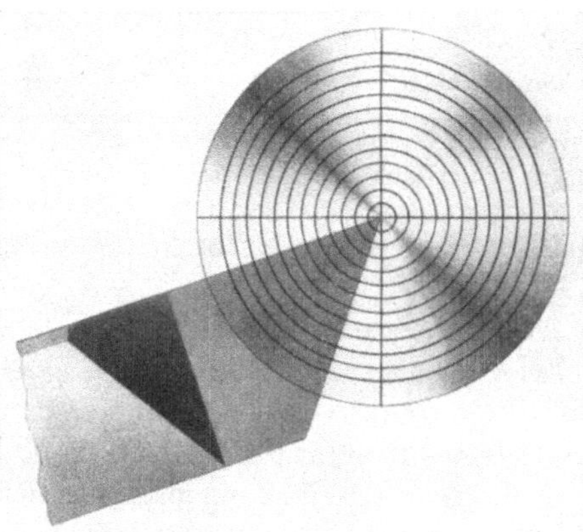

b

Abb. 361 a, b. Zentriermikroskop

6. Leistung und Wirtschaftlichkeit

Im Schaubild 362 sind einige für diesen Drehautomaten charakteristische Werkstücke verschiedener Größen, das Kleinste darunter mit einem gedrehten Durchmesser von 0,06 mm, dargestellt. Die angegebenen Stückzahlen/min gelten für Dauerbetrieb und liegen zum Teil beachtlich höher als die entsprechenden Leistungen auf den bisher hierfür eingesetzten Langdrehautomaten. Diese Mehrleistung, in der die Verarbeitung von Ringwerkstoff noch nicht zum Ausdruck kommt, ist — durch die eigenartige Konstruktion der Maschine bedingt — zusammenfassend darauf zurückzuführen, daß

1. häufig höhere Vorschübe sowohl beim Längsdrehen (überbrückende Führungsbüchse) wie auch zum Ein- bzw. Abstechen (Gegenspannzange) anwendbar sind und

2. keine Verlustzeiten durch Öffnen und Schließen der Spannzange sowie für das Zurückziehen derselben auftreten.

Um einen umfassenden Überblick zu erhalten, welchen Vorteil die Ringverarbeitung selbst bringt, ist es notwendig, nicht die jeweiligen

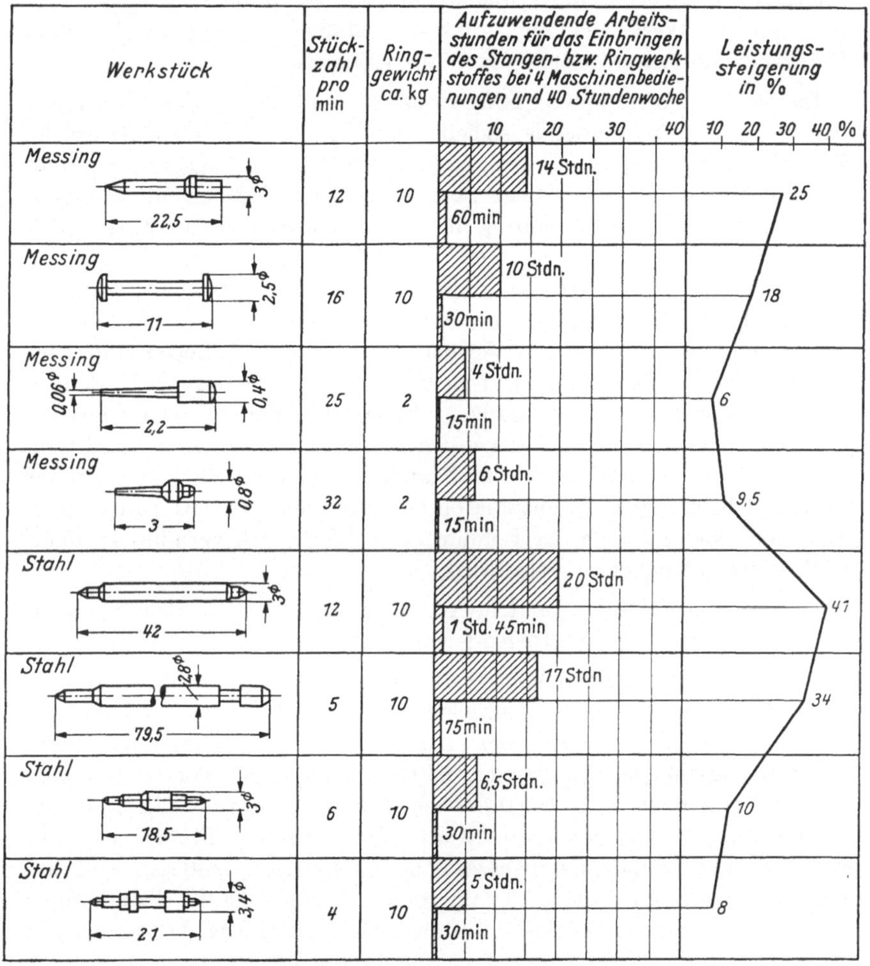

Werkstück	Stückzahl pro min	Ringgewicht ca. kg	Aufzuwendende Arbeitsstunden für das Einbringen des Stangen- bzw. Ringwerkstoffes bei 4 Maschinenbedienungen und 40 Stundenwoche (10 20 30 40)	Leistungssteigerung in % (10 20 30 40 %)
Messing (22,5; 3Φ)	12	10	14 Stdn. / 60 min	25
Messing (11; 2,5Φ)	16	10	10 Stdn. / 30 min	18
Messing (0,06Φ; 0,4Φ; 2,2)	25	2	4 Stdn. / 15 min	6
Messing (3; 0,8Φ)	32	2	6 Stdn. / 15 min	9,5
Stahl (42; 3Φ)	12	10	20 Stdn / 1 Std. 45 min	41
Stahl (79,5; 2,8Φ)	5	10	17 Stdn / 75 min	34
Stahl (18,5; 3Φ)	6	10	6,5 Stdn. / 30 min	10
Stahl (21; 3,4Φ)	4	10	5 Stdn. / 30 min	8

Abb. 362. Arbeitsbeispiele des Rotomatic

Stückzeiten, sondern die tatsächlichen Nettoleistungen über eine längere Zeitspanne beim Verarbeiten von Stangen- bzw. Ringwerkstoff miteinander zu vergleichen. Hierzu wurde angenommen, daß ein Automat nach Aufbrauch der Werkstoffstange im Durchschnitt 3 min stillsteht, worin die Zeit für das Einbringen einer neuen Stange mit 1,2 min eingeschlossen ist. Für Stillstand, Auflegen und Einführen eines neuen

Ringes sind 15 min zugrunde gelegt. Durch das Wegfallen der immer wiederkehrenden Stillstände bei Stangenverarbeitung sind bei der Herstellung der willkürlich ausgewählten Werkstücke Leistungssteigerungen bis zu 41% zu erzielen, wenn vom Ring gearbeitet wird. Wie die Kurve zeigt, ist die Leistungssteigerung weder vom Werkstoff noch ausschließlich von der Werkstücklänge abhängig. Maßgebend sind hierfür stets Stückzeit und Länge des erzeugten Werkstückes.

Da bei Verarbeitung von Ringwerkstoff auch die für das Einbringen der Stangen aufzuwendende Arbeit wegfällt, wurde untersucht, welche Zeit hierfür notwendig ist. Im ersten Beispiel ist der Arbeiter während einer 40-Stunden-Woche allein 14 Stunden ausschließlich mit Stangeneinbringen beschäftigt, wenn er nur 4 Automaten bedient. Tatsächlich betreut jedoch ein Arbeiter meist sechs Einspindelautomaten, wodurch sich die vorgenannte Zahl der aufzuwendenden Stunden noch entsprechend erhöht. Bei einem anderen Werkstück sind es sogar 20 Stunden. Demgegenüber betragen die Verlustzeiten für das Auflegen und Einbringen eines neuen Ringes 15 min bis knapp 2 Stunden pro Woche im ungünstigsten Falle. Somit sind Einrichter oder Helfer an Drehautomaten, die Ringe verarbeiten, bei derselben Anzahl von Maschinen nicht im gleichen Maße beschäftigt wie an Stangenautomaten. Sie können daher anstatt 4 bzw. 6 Stangenautomaten entsprechend mehr Ringautomaten bedienen, wodurch sich der Lohnanteil je Werkstück vermindert, demnach wirtschaftlicher gefertigt wird.

Die je Woche aufzuwendenden Arbeitsstunden für das Stangeneinbringen errechnen sich folgendermaßen:

Aus einer 3,4 m langen Werkstoffstange werden 132 Werkstücke (wie im 1. Beispiel gezeigt) unter Berücksichtigung des unvermeidlichen Reststückes und der erforderlichen Abstechbreite hergestellt, was einer Bearbeitungszeit je Stange von 660 sec entspricht. Hierzu kommen 180 sec Verlustzeit, und zwar durchschnittlich 108 sec für Stillstand nach Aufbrauch einer Werkstoffstange und 72 sec für das Einbringen einer neuen Stange, so daß sich insgesamt $660 + 180$ sec $= 840$ sec $= 14$ min ergeben. Somit muß nach 14 min immer wieder eine Werkstoffstange eingebracht werden, das sind 4,3 Stangen je Stunde bzw. 172 Stangen in einer 40-Stunden-Woche. Bei einer aufzuwendenden Zeit von 1,2 min je Stangeneinbringen ergibt dies $172 \times 1{,}2$ min $= 206$ min und bei Bedienung von 4 Maschinen fast 14 Stunden pro Woche.

Obgleich der Drehautomat ROTOMATIC erst seit einigen Jahren auf dem Markt ist, hat er sich bereits auf verschiedenen Arbeitsgebieten gut bewährt. Beispielsweise in der Uhren-, Elektro-, Spielwarenindustrie u. dgl., also überall, wo Massendrehteile ohne Gewinde, wie Achsen, Triebe, Stifte usw., die nur in ihrer Außenform zu bearbeiten sind, mit mehr oder weniger großer Genauigkeit zu niedrigsten Gestehungskosten benötigt werden.

II. Wichtigste Voraussetzungen für Automaten-Drehteilefertigung

Zur wirtschaftlichen Fertigung von Automatendrehteilen sind nicht nur die dafür geeignetsten Maschinen erforderlich, sondern darüber hinaus ist unbedingt notwendige Vorbedingung, die Automatendrehteile, die stets mehr oder weniger Massendrehteile sein werden, in jedem Falle fertigungsgerecht zu gestalten. Ferner sollen alle Anforderungen bezüglich Arbeitsgenauigkeit und Oberflächengüte ausschließlich dem jeweiligen Verwendungszweck entsprechen und diesem gegenüber nicht übertrieben werden.

Die in den vergangenen Jahren gebauten Ein- und Mehrspindelautomaten mit ihren zahlreichen Stahlhaltern und Zusatzeinrichtungen ermöglichen es, auch die schwierigsten Drehteile wirtschaftlichst darauf herzustellen, sofern sie aus einem Werkstoff sind, der überhaupt zerspanbar ist. Diese Voraussetzung wird für die in Betracht kommenden Werkstoffe immer mehr oder weniger zutreffen, und es ist deshalb tatsächlich jeder Drehkörper entsprechender Abmessung weitestgehend auf selbsttätigen Drehbänken herstellbar. Auf diese Weise werden große und kleine, starke und dünnwandige Automatendrehteile in den verschiedensten Formen aus Messing, Aluminium, Zinklegierungen oder Automaten- und Baustählen für die mannigfaltigsten Industriezweige, wie Motoren- und Fahrzeugbau, Elektrotechnik, Optik, Apparatebau u. dgl., erzeugt. Eine zusammenfassende bildliche Darstellung der einzelnen Automatendrehteile würde zeigen, daß deren Formgebung praktisch keine Grenzen gesetzt sind. Dementsprechend ist auch die Mannigfaltigkeit und Vielzahl der Automatendrehteile, denn zweifellos wurden schon Hunderttausende untereinander in Form, Größe und Werkstoff verschiedene Automatendrehteile hergestellt, wahrscheinlich sind es bereits deren Millionen.

Deshalb ist es nicht möglich, allgemeine Grundsätze über die Formgebung von Massendrehteilen aufzustellen, sondern es können nur an Hand von Beispielen Anregungen gegeben sowie verschiedene Hinweise aufgezählt werden, die hierbei besonders zu beachten sind und sich in folgende vier Gruppen gliedern:

I. Beschaffenheit des Ausgangswerkstoffes.
II. Formgebung der Automatendrehteile.
III. Zeichnungsvermerk bezüglich verlangter und erforderlicher Oberflächenbeschaffenheit.
IV. Toleranzeintragungen.

Diese Fragen sind durchwegs nicht allein für die Konstrukteure bestimmt, welche neue, auf Automaten herzustellende Erzeugnisse in den

Konstruktionsbüros entwickeln, sondern auch für diejenigen Männer, die in der Arbeitsvorbereitung den Übergang und die Anpassung von Neukonstruktionen an die Fertigung vornehmen. Manches davon mag demjenigen nebensächlich und unwesentlich erscheinen, der nicht unmittelbar mit der automatischen Fertigung zu tun hat. Zweifellos ist es für einen Konstrukteur interessanter, ausgesprochene Konstruktionsprobleme zu lösen als solche, für ihn untergeordnete Kleinarbeit zu leisten. Es ist jedoch dabei immer zu bedenken, daß derartige Kleinigkeiten und scheinbare Nebensächlichkeiten nicht selten über die wirtschaftliche Fertigung von Automatenteilen entscheiden, in ihren Auswirkungen häufig sehr große Bedeutung gewinnen und die Ursache von Fehlschlägen sind. Durch Nichtbeachtung dieser scheinbaren Nebensächlichkeiten werden vielfach die Herstellungskosten solcher Werkstücke in unverantwortlicher Weise erhöht, ohne durch deren Verwendungszweck begründet zu sein. Besonders bei der Fertigung von Automatendrehteilen ist es äußerst wichtig, jede Arbeitsminute, ja jede Arbeitssekunde einzusparen, denn es ist immer wieder zu berücksichtigen, daß es sich hierbei stets um Massendrehteile handelt und jede, an einem Werkstück unnützerweise aufgewandte Arbeitszeit sich jeweils um die Stückzahl der herzustellenden Teile entsprechend, beispielsweise um das Zehntausendfache oder vielleicht sogar um das Millionenfache, erhöht.

1. Beschaffenheit des Ausgangswerkstoffes

Obwohl derzeit die selbsttätigen Drehbänke in immer steigenderem Maße auch für die Bearbeitung von Zieh-, Schmiede- und Gußteilen herangezogen werden, erfolgt die Herstellung der weitaus meisten Automatendrehteile doch nach wie vor von Werkstoffstangen. Am häufigsten gelangen dabei runde Stangen zur Verarbeitung, dann folgen die Sechskant-, Vierkant- und Sonderprofile. Werden auf Automaten runde Werkstoffstangen verarbeitet, so ist der Einfluß der Maßgenauigkeit derselben auf die jeweilige Werkstückgenauigkeit zu beachten, wobei grundsätzlich zwischen zwei verschiedenen Arbeitsverfahren beim Drehen zu unterscheiden ist.

Bei den üblichen Form- und Schraubenautomaten, den einspindligen Revolverautomaten und den Mehrspindelautomaten ist in jedem Fall die Werkstoffspannung ortsfest, d. h., die Vorschubbewegung wird hierbei jeweils von den längs bewegten Drehstählen, die beispielsweise in einem Revolverkopf angeordnet sind (Abb. 363a), ausgeführt.

Diesem am häufigsten angewendeten Arbeitsverfahren steht die sogenannte Langdreharbeitsweise der Langdreh- oder Schweizer Automaten gegenüber, bei der die üblicherweise in der Arbeitsspindel festgehaltene und in Umdrehung versetzte Werkstoffstange beim Drehvorgang vorgeschoben wird und so die Längsvorschubbewegung ausführt, während die Seitenwerkzeuge nach Art des Planvorschubs lediglich in der Querrichtung, also senkrecht zur Arbeitsspindelachse, bewegt werden (Abb. 363 b). Unmittelbar neben der Schnittstelle der Stähle wird die Werkstoffstange in einer meist feststehenden Werkstoffführungsbüchse geführt.

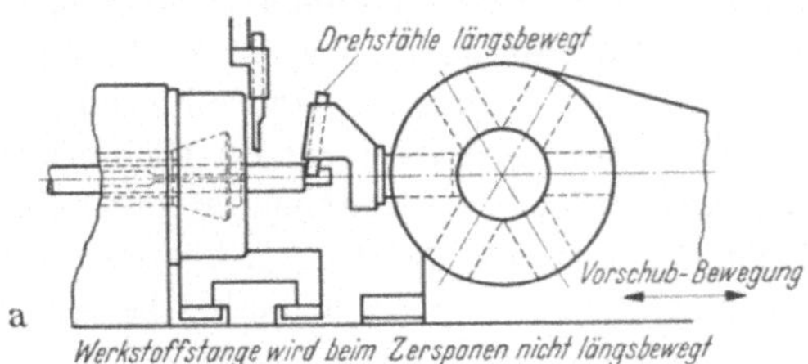

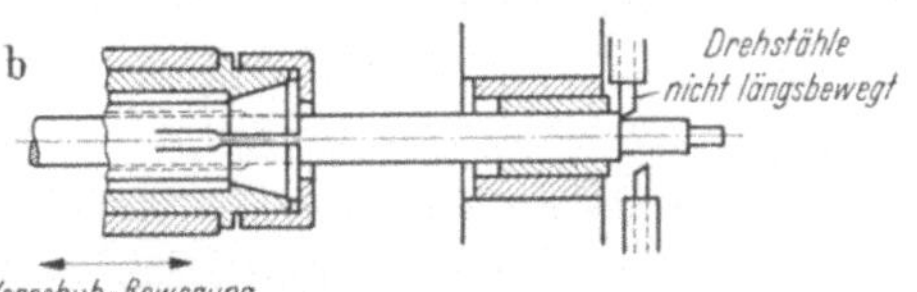

Abb. 363a, b. Vorschübe bei Formdreh-, Revolver- und Langdrehautomaten

Bei Automaten mit ortsfester Werkstoffspannung, die also ohne Werkstoffführungsbüchse arbeiten, ist die Maßgenauigkeit des Ausgangswerkstoffes ohne jeden Einfluß auf die damit erzielbare Arbeitsgenauigkeit des Werkstückes. Diese ist in jedem Fall ausschließlich von der Güte des Automaten, insbesondere von dessen Lager- und Gleitstellen abhängig.

Grundsätzlich anders ist dies bei den Langdrehautomaten. Hier dreht sich die Werkstoffstange in der feststehenden Führungsbüchse wie eine Welle in ihrem Lager. Unter der Wirkung des beim Drehen auftretenden Schnittdruckes wird sie abgedrängt und liegt dann auf einer, dem Drehstahl abgekehrten Seite der Führungsbüchsenbohrung an, wie es Abb. 364 zeigt. In dieser Lage wälzt sich die Werkstoffstange in der Bohrung der Führungsbüchse ab.

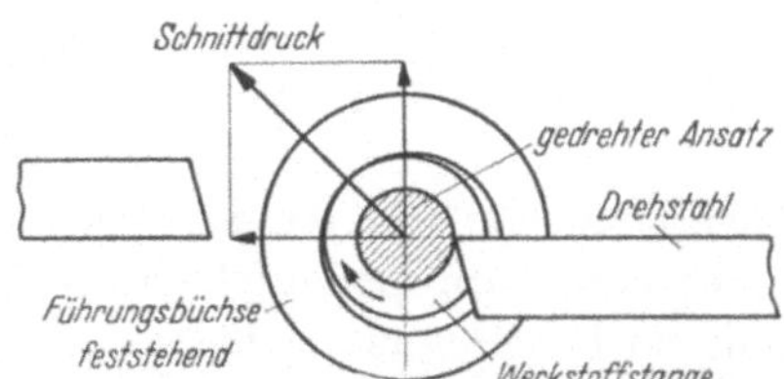

Abb. 364. Lage der schnittdruckbelasteten Werkstoffstange in der Führungsbüchse

Ist der Werkstoffquerschnitt mathematisch genau kreisrund, dann wird auch der gedrehte Ansatz entsprechend rund, da die Werkstoffstange ständig mit dem gleich großen Halbmesser an der Führungsbüchsenbohrung anliegt und sich daher ihre Lage zur Drehstahlspitze nicht ändert. Wenn jedoch der Werkstoffquerschnitt unrund ist, führt die Stange außer der Drehbewegung eine hin- und herpendelnde Bewegung in der Führungsbüchse aus, denn sie liegt dann mit wechselndem Halbmesser an der Wandung der Büchse an. Da die Stange dadurch auch ihre Lage zur Drehstahlspitze ständig ändert, werden am gedrehten Ansatz ebenfalls wechselnde Halbmessergrößen entstehen. Der Ansatz wird daher wiederum unrund, und zwar in gleichem Maße wie der ursprüngliche Stangenwerkstoff. Auch plötzliche Änderungen des Außendurchmessers der Werkstoffstangen zeichnen sich am Werkstück ab. Verringert sich ihr Durchmesser, so wird der Drehteilansatz größer, vergrößert er sich aber, dann wird der Drehteildurchmesser kleiner.

Diese Überlegungen lassen deutlich erkennen, daß Drehteile auf Langdrehautomaten mit feststehender Führungsbüchse nur dann mit engsten Toleranzen hergestellt werden können, wenn ein sehr genauer Stangenwerkstoff verwendet wird. Dabei bezieht sich diese Bezeichnung „sehr genauer Stangenwerkstoff" auf:

1. geringste Unrundheit,
2. gute Durchmessergleichheiten über die ganze Stangenlänge, d. h. also geringes Abweichen von der Zylinderform,
3. gute Durchmessergleichheiten sämtlicher Stangen, d. h. geringe Abweichung vom Nenndurchmesser gefordert.

Aus diesem Grunde ist es notwendig, zur Erreichung einer großen Arbeitsgenauigkeit bei der Herstellung von langen und dünnen Werkstücken auf Langdrehautomaten mit feststehender Führungsbüchse äußerst genau gezogene, am besten geschliffene Werkstoffstangen mit einer Maßgenauigkeit nach DIN 175 oder noch enger zu verwenden.

Der Vollständigkeit halber sei noch darauf hingewiesen, daß es auch Führungsbüchsen gibt, die mit der Werkstoffstange umlaufen, um den Einfluß der Ungenauigkeit des Ausgangswerkstoffes zu mindern oder völlig auszuschalten. Es hat sich jedoch gezeigt, daß in diesem Fall andere Einflüsse, nämlich die Lager- und Laufungenauigkeiten der Umlaufbüchse, zur Geltung kommen und die Genauigkeit der Werkstücke beeinträchtigen. Wenn daher auch derartige umlaufende Führungsbüchsen Vorteile bieten, so ist hier doch entscheidend, daß auch die mit ihnen erzielbare Genauigkeit für die Fertigung der Genauestlangdrehteile noch nicht ausreicht, so daß nach wie vor genau gezogener oder geschliffener Stangenwerkstoff verwendet werden muß.

Diese Abhängigkeit der erzielbaren Maßgenauigkeit von jener des Ausgangswerkstoffes besteht, wie bereits erwähnt, bei allen anderen Automatentypen, die nicht nach der Langdreharbeitsweise arbeiten, nicht. Zu beachten ist hierbei nur, daß die gezogene, ja selbst eine geschliffene Werkstoffstange nie absolut rund laufen wird, da immer mit einem mehr oder weniger großen Schlag der Spannzange zu rechnen ist. Die zulässigen Abweichungen im Rundlauf der Spannzangen zeigt Abb. 3. Danach kann eine handelsübliche Spannzange von 18 mm ⌀ im Abstand von 40 mm von der Spannstelle um 0,03 mm schlagen. Genau rund laufende Spannzangen herzustellen ist äußerst schwierig und nur dann mit Sicherheit zu erreichen, wenn diese auf dem Automaten, auf dem sie verwendet werden, an ihrer Spannstelle ausgeschliffen werden.

Denn was nützt tatsächlich eine ganz genau rund laufend hergestellte Spannzange, wenn die Aufnahme der Spannzange in der Arbeitsspindel des Automaten bereits einen Schlag aufweist, wofür nach den Abnahmebedingungen ein Wert von 0,01 mm zulässig ist.

Spann-⌀ mm	Maximaler Schlag in Abstand L mm	Maximaler Schlag Rundlaufgenauigkeit mm
bis 3	15	0,02
3,1 bis 6	20	0,02
6,1 bis 10	25	0,025
10,1 bis 18	40	0,03
18,1 bis 30	60	0,035
30,1 bis 50	80	0,04
über 50	80	0,04

Als Ergebnis ist der Durchschnittswert von fünf aufeinanderfolgenden Spannungen und Messungen zu betrachten.

Der harte, zylindrisch geschliffene Prüfdorn hat ein Untermaß von 10 PE entsprechend dem Mindestmaß von gezogenem Werkstoff nach DIN 668.

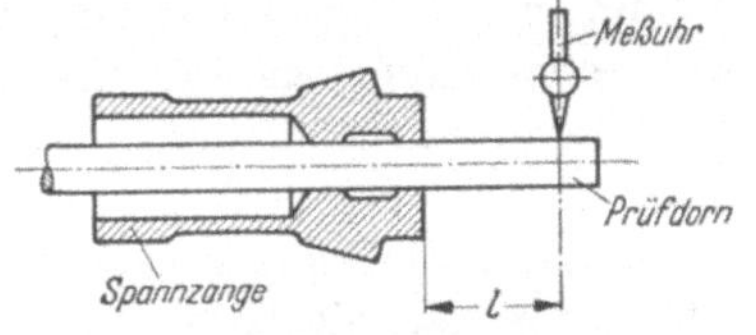

Abb. 365. Rundlaufprüfung von Spannzangen und zulässige Werte

Aus diesem Grunde ist es nicht möglich, zwischen dem größten Durchmesser eines Werkstückes und einem angedrehten Zapfen eine absolute Rundlaufgenauigkeit zu verlangen, wenn der Durchmesser der verwendeten Werkstoffstange gleich dem größten Durchmesser des fertigen Werkstückes ist, also nicht überdreht würde.

In den seltenen Fällen, in denen derartige Forderungen überhaupt begründet sind, ist es immer am zweckmäßigsten, den größten Durchmesser der Werkstücke zu überdrehen, denn nur dann ist der verlangte Rundlauf des größten Werkstückdurchmessers unbedingt gewährleistet.

Wie aus Abb. 366a ersichtlich, kann es bei Verwendung einer handelsüblichen Spannzange ungünstigenfalls vorkommen, daß der angedrehte Zapfendurchmesser zum unbearbeiteten Werkstoffstangendurchmesser bis zu 0,05 mm schlägt. Um diese Exzentrität, wie sie dieser gegenseitige Schlag darstellt, bestimmt zu vermeiden, ist der Werkstoffstangendurchmesser auf etwa 17,6 mm ⌀ zu überdrehen (Abb. 366b).

Ebenso ist es zweckmäßig, den Außendurchmesser zu überdrehen, wenn anschließend an diesen ein schlanker Kegel angedreht werden soll

(Abb. 366c), andernfalls die Durchdringung zwischen dem gedrehten Kegel und dem Zylinder der Werkstoffstange nicht einen Kreis, sondern eine Raumkurve ergibt (Abb. 366d).

Neuerdings wird immer häufiger die Forderung gestellt, statt blank gezogenem oder geschältem Werkstoff sofort roh gewalzte Werkstoffstangen auf Automaten zu verarbeiten. Stangenautomaten sind üblicherweise nur mit mechanischen Spanneinrichtungen ausgerüstet, deren Spannbereich — gleichgültig ob es sich dabei um Zug- oder Druckspannung handelt — begrenzt ist. So können beispielsweise auf INDEX-Revolverautomaten Durchmesserunterschiede bis zu etwa 0,3 mm überbrückt werden. Durch Zwischenschalten sogenannter Ausgleichfedern ist es bestenfalls noch möglich, Durchmesserunterschiede von 0,4 mm mit Sicherheit zu spannen, wobei die Spannzange dann nicht wie üblich drei, sondern vier Schlitze aufweisen muß, um einen ausreichenden Durchlaß der Spannzangen in geöffnetem Zustande zu erreichen.

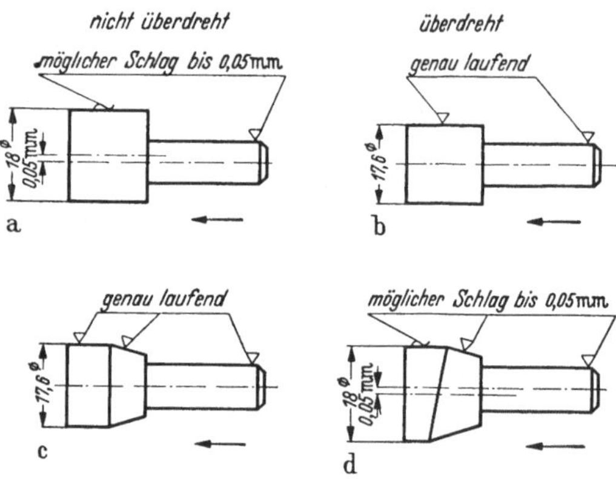

Abb. 366a—d. Rundlaufgenauigkeit von unbearbeiteten und bearbeiteten Durchmessern

Bei Berücksichtigung dieses größten Spannbereiches kann auf Stangenautomaten roh gewalzter Rundstahl nach DIN 1013, die bereits für einen Nenndurchmesser von nur 5 mm eine Dickenabweichung von 0,5 mm zuläßt, keineswegs gespannt werden. Bei derart großen Walztoleranzen ist es auch zwecklos, die zu verarbeitenden Werkstoffstangen vorher zu sortieren, da hierbei die Durchmesserunterschiede und Formungenauigkeiten innerhalb einer Stange bereits viel zu groß sein werden, um ein sicheres Spannen im Dauerbetrieb zu gewährleisten.

Selbst wenn das Spannen von nur gewalzten Werkstoffstangen möglich wäre, so hätte deren Verarbeitung auf Automaten noch den großen Nachteil, daß, wenn mit den Seitenwerkzeugen geformt werden soll, es unbedingt notwendig ist, vor Beginn dieser Formarbeit die Walzkruste durch Überdrehen zu entfernen, andernfalls die Formwerkzeuge vorzeitig stumpfen.

Demgegenüber ist dies nicht erforderlich, wenn beispielsweise geschälter Werkstoff verarbeitet wird, wie ihn seit Jahrzehnten die Kugellagerindustrie mit bestem Erfolg verwendet. In diesem Falle kann sofort nach dem Vorschieben der Werkstoffstange mit der Formarbeit begonnen werden. Das vorhergehende Längsdrehen erübrigt sich, wodurch häufig wesentlich günstigere Stückzeiten auf den Automaten erzielt werden. Dazu kommt noch, daß heute vielfach der größte Durchmesser gleich auf ein bestimmtes Schleifmaß geschält wird und dadurch das Überdrehen des betreffenden Durchmessers überhaupt eingespart werden kann.

Die Forderung, künftig gleich gewalzte Stangen auf Automaten zu verwenden, hätte zur Folge, daß die bisher stets aus wirtschaftlichen Gründen vorgenommene Weiterbearbeitung der zunächst gewalzten Werkstoffstangen auf leistungsfähigen Einzweckmaschinen, wie Ziehbänken, Schälmaschinen oder auch spitzenlose Rundschleifmaschinen nunmehr auf die hochwertigen Automaten verlagert werden würde, wobei unweigerlich ein entsprechender Leistungsabfall eintreten müßte.

Bei der großen Bedeutung der automatischen Drehteilefertigung für die mannigfaltigsten Industriezweige müssen die wirtschaftlichen Voraussetzungen hierfür unbedingt erfüllt werden. Dazu gehört vor allen Dingen die Verwendung von entsprechend zugerichteten Werkstoffstangen, d. h. von gezogenen, geschälten oder geschliffenen, keineswegs aber die Verarbeitung von nur gewalzten Werkstoffstangen, die nicht gespannt werden könnten, einen bedeutend höheren Werkzeugverschleiß und damit größere Maschinenstillstände durch Schärfen der Werkzeuge u. dgl. sowie vielfach wesentlich längere Stückzeiten durch notwendiges Überdrehen erfordern.

Sollen auf Automaten mit mechanischer Spanneinrichtung gepreßte oder gegossene Rohteile bearbeitet werden, so ist zu beachten, daß an diesen entsprechende Spannstellen vorgesehen werden, die keine Preßgrate u. dgl. aufweisen, gut rund sind und untereinander keine nennenswerten Maßabweichungen zeigen. Da die Spannzange auch bei Anwendung von zwischengeschalteten Ausgleichfedern nur Durchmesserunterschiede bis zu 0,4 mm überbrücken kann, ist fast immer der Spanndurchmesser des Rohteils vor der selbsttätigen Bearbeitung zu überdrehen, oder, was noch empfehlenswerter ist, durch eine Matrize auf genaues Maß zu ziehen. Anders ist dies bei der Verarbeitung gezogener Rohteile, deren übliche Ziehgenauigkeit ein ausreichendes Spannen verbürgt.

2. Formgebung der Automatendrehteile

Wie bereits erwähnt, werden auf Automaten nicht nur runde Werkstoffstangen, sondern auch Sechs- und Vierkante sowie andere Profile verarbeitet. Selbstverständlich ist das Verarbeiten von derart profilierten Werkstoffstangen im allgemeinen wesentlich wirtschaftlicher, als wenn an einem auf Automaten hergestellten Werkstück nachträglich vielleicht Vier- oder Sechskante anzufräsen sind. Die Verwendung von profilierten

Werkstoffen setzt jedoch eine entsprechende Formgebung des Werkstückes voraus.

Gewindestutzen aus Automatenstahl (StAz) für 1000 Stück Gesamtzeit der Fertigung		
Rund 11 Stdn.	Sechskant 2,2 Stdn.	Arbeitskräfte 5fach
Gewicht 42,3 kg	46,8 kg	— 10%

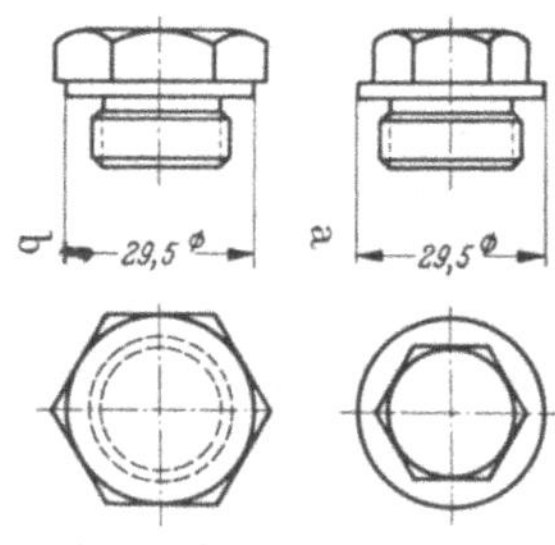

Abb. 367a, b
Verwendung von Profilmaterial

Immer wieder findet man beispielsweise Gewindestutzen, wie in Abb. 367a dargestellt, bei denen das Sechskant nachträglich in einem besonderen Arbeitsgang gefräst werden muß, da dessen Schlüsselweite kleiner ist als ein oder mehrere Durchmesser des Werkstücks. Wenn auch nicht immer, so dürften es doch die Platzverhältnisse oft zulassen, demgegenüber die Form so zu wählen, daß das Werkstück aus gezogenen Sechskantstangen hergestellt werden könnte, ganz besonders, wenn die Konstrukteure wüßten, welche große Zahl an Arbeitskräften dadurch einzusparen wäre. Wenn an den Gewindestutzen nachträglich das Sechskant gefräst werden muß, so beträgt die Gesamtzeit für die Fertigung von 1000 Stück bei den üblichen Werkseinrichtungen und Hilfsmitteln 11 Stunden, während für dieselben Teile und die gleiche Menge nur 2,2 Stunden erforderlich sind, sobald die Gewindestutzen aus Sechskantstangen in der Ausführung, wie sie Abb. 367b zeigt, auf Einspindelautomaten fix und fertig hergestellt werden können. Die Ausführung nach Abb. 367a erfordert somit nicht weniger als fünfmal soviel Arbeitskräfte als die Ausführung gemäß Abb. 367b, denen ein größerer Werkstoffverbrauch von nur 10% gegenübersteht. Bei Herstellung der dargestellten Gewindestutzen auf Mehrspindelautomaten verringert sich die Automatenzeit von 2,2 Stunden noch wesentlich, die Zeit für das Flächenfräsen bleibt jedoch unverändert, so daß in diesem Falle das Verhältnis noch bedeutend ungünstiger wird. Werkstücke, die in einem Arbeitsgang auf Automaten fix und fertig hergestellt werden, durchlaufen wesentlich rascher die Fertigung, als wenn nachträglich noch weitere Arbeitsgänge daran vorzunehmen sind, wodurch auch das investierte Kapital rascher umgeschlagen wird.

a) Außenform der Automatendrehteile

Soweit die Außenform mittels Formwerkzeugen durch Stechen von der Seite herstellbar ist, kann sie eine beliebige Gestalt annehmen. Voraussetzung ist allerdings dabei, daß die Grundform des Werkstückes bei der einseitigen Einspannung für die Beanspruchung von der Seite an sich noch genügend starr ist. Diese Starrheit ist immer dann mit Sicherheit gegeben, wenn die gesamte Formbreite nicht größer ist als etwa das 2,5fache des an die Abstichseite zu liegen kommenden, kleinsten gestochenen Durchmessers, wie in Abb. 368a dargestellt. Wird das Werkstück

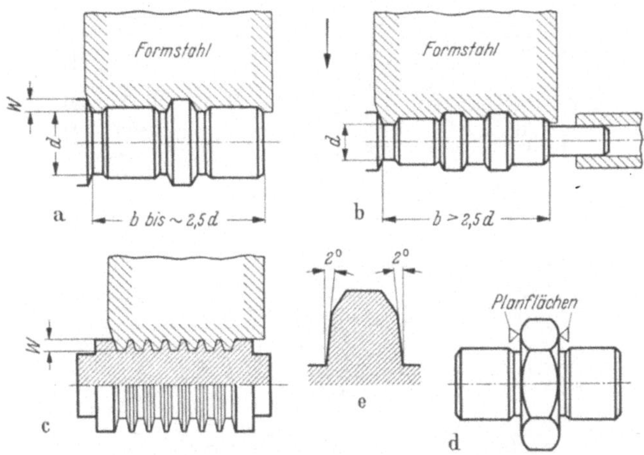

Abb. 368a—e. Außenbearbeitung mit Formstählen

während dieser Formarbeit, z. B. vom Revolverkopf aus abgestützt, wie dies Abb. 368b zeigt, so kann dies Verhältnis entsprechend größer gewählt werden.

Sofern der Arbeitsweg zum Formen, in den Abb. 368a und 368c mit w bezeichnet, jeweils der gleiche ist, so ist die komplizierte Außenform nach Abb. 368c in der gleichen Zeit herzustellen als die wesentlich einfachere Form gemäß der Abb. 368a. Zum Bearbeiten derartiger Formen werden auf Form- und Schraubenautomaten sowie auf einspindligen Revolver- und Mehrspindelautomaten allgemein profilierte Formscheibenstähle (Rundformstähle) verwendet, wie sie auf Langdrehautomaten nicht anwendbar sind. Diese Formscheibenstähle gewährleisten beste Werkstoffausnützung und haben gegenüber Flachformstählen noch den großen Vorteil, daß sie beim Stumpfwerden nur an ihrer Spanfläche nachzuschärfen sind und bis zu ihrem vollkommenen Aufbrauch profiltreu bleiben. Zur Erreichung günstiger Schnittverhältnisse beim Arbeiten mit Formscheibenstählen ist aber wichtig, daß größere Planflächen möglichst vermieden werden. Insbesondere können damit nicht zwei, einen Bund umschließende Planflächen sauber gedreht werden, wie sie Abb. 368d darstellt. Es sollten daher grundsätzlich Planflächen an Außenformen nur dort vorgesehen werden, wo dies der Verwendungszweck des Werkstückes unbedingt erfordert, andernfalls sind gering geneigte Schräg-, also Kegelflächen mit mindestens 2° Neigung empfehlenswert, wie Abb. 368e zeigt.

Hierauf wird bei der Formgebung der Automatendrehteile noch viel zuwenig Rücksicht genommen, wie aus folgendem Beispiel zu ersehen ist.

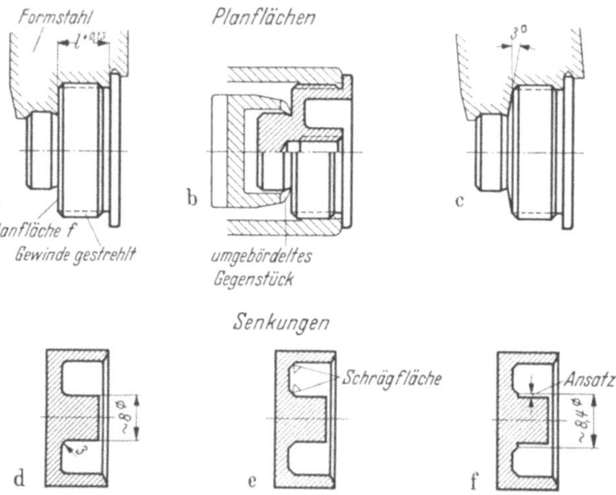

Abb. 369a—f. Drehen von Planflächen und Senkungen

Zur Herstellung des Werkstückes nach Abb. 369a und 369b auf einspindligen Revolverautomaten sollte eine Werkzeugeinrichtung ausgearbeitet werden. Für das Maß I war, wie Abb. 369a zeigt, eine Längentoleranz von + 0,15 mm eingetragen und die Fläche *f* als verhältnismäßig breite Planfläche gezeichnet. Da das Gewinde hinter dem Bund auf der Abstichseite liegt, mußte es zum Strehlen vorgesehen werden, und der vordere Seitenschlitten, auf dem die Gewindestrehleinrichtung aufgebaut ist, fiel daher für weitere Formarbeiten aus. Der vertikal angeordnete Seitenschlitten diente zum Abstechen, so daß zum Formen nur der hintere Seitenschlitten übrigblieb. Mit Rücksicht auf die schwierige Form und die großen zu fertigenden Stückzahlen kam nur die Verwendung eines Formscheibenstahls in Frage. Dem stand aber die breite Planfläche *f* auf der Abstichseite im Wege, weil von vornherein damit gerechnet werden mußte, daß diese Planfläche bei der Bearbeitung Schwierigkeiten bereitet. Es war daher festzustellen, ob und wieweit die dargestellte Planfläche tatsächlich unbedingt plan sein muß. Dabei stellte sich heraus — wie aus Abb. 369b zu ersehen ist —, daß über den Zapfen ein zweites Teil geklemmt wird und die Planfläche als solche überhaupt keine Anlagefläche darstellt und keinerlei Funktion zu erfüllen hat. Dadurch war es ohne weiteres möglich, an Stelle der dargestellten Planfläche eine schwach geneigte Kegelfläche von etwa 3° vorzusehen, gemäß Abb. 369c, und diese Werkzeugeinrichtung konnte ohne Bedenken ausgelegt werden.

Dieses Werkstück war im übrigen auch noch in anderer Hinsicht interessant. Die Seite mit dem Innengewinde, die bei der Fertigung zum Revolverkopf zeigt, weist, wie Abb. 369b zeigt, eine Senkung auf, deren Form in bezug auf Schönheit zweifellos vorbildlich ist. Weniger schön aber ist es, derartige Senkungen herzustellen. Anschließend an die Nabe ist ein Übergang mit 3 mm Radius gezeichnet, der in Abb. 369d besonders dargestellt ist. Diese Form erfordert bei dem kleinen Nabendurchmesser von etwa 8 mm, der hier in Frage kommt, ein äußerst schwierig herzustellendes Werkzeug. Soweit es sich um das Zerspanen von leicht bearbeitbaren und kurzspanigen Werkstoffen handelt, die keinen Spanwinkel erfordern, so daß Werkzeuge ohne Spanwinkel, also auch Zweischneider verwendbar sind, geht es noch an. Wenn jedoch das Ausdrehwerkzeug bei schwerer zu bearbeitenden Werkstoffen einen Spanwinkel aufweisen muß, so ist es oft äußerst schwierig, für solche formenschönen Übergänge richtig schneidende Werkzeuge zu fertigen. Meist handelt es sich bei solchen Ausdrehungen nur um Gewichtserleichterungen, fast niemals reicht ein genau angepaßtes Gegenstück hinein, weshalb bei der Formgebung derartiger Senkungen viel mehr auf die Fertigung Rücksicht genommen werden könnte. Für die Herstellung ist es am einfachsten, wenn auf die Radien überhaupt verzichtet wird. Dort, wo man glaubt, aus Festigkeitsgründen dies nicht verantworten zu können, sollen die Radien möglichst klein gewählt, oder noch besser, dafür Schrägflächen vorgesehen werden, entsprechend der Abb. 369c, denn solche sind am Werkzeug wesentlich leichter anzuschleifen als Radien. Außerdem ist es für die Fertigung eine wesentliche Erleichterung, wenn Rundung oder Schräge nicht unmittelbar anschließend an die Nabe verlaufen, sondern wenn zwischen dem Außendurchmesser der Nabe und dem Innendurchmesser der Senkung ein kleiner Absatz entstehen kann, der nur einige Zehntelmillimeter zu betragen braucht. Dies hat den Vorteil, daß das Senkwerkzeug nicht gleichzeitig auch die Nabe überdrehen

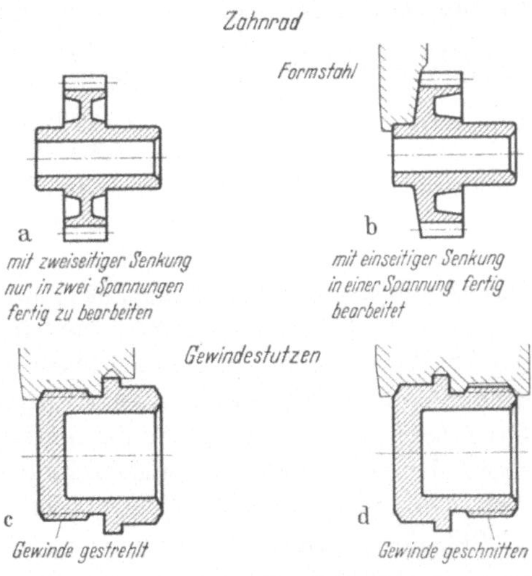

Abb. 370a—d. Werkstücke mit Aussparungen zur Gewichtserleichterung

muß, wodurch die Oberflächenbeschaffenheit der Nabe wesentlich besser ausfällt, als wenn das Senkwerkzeug, das ohnehin keine günstigen Schnittverhältnisse aufweist, auch noch die Nabe sauber überdrehen soll.

Im Fahrzeug- und besonders im Flugzeugbau kann auf Gewichtserleichterungen dieser Art meist nicht verzichtet werden, doch sollen derartige Senkungen für diesen Zweck, wenn sie schon unbedingt erforderlich sind, dann derart gestaltet und am Werkstück so angebracht werden, daß sie am wirtschaftlichsten herstellbar sind. Abb. 370a zeigt ein Zahnrad, das auf beiden Seiten des Zahnkranzes Senkungen hat, um an Gewicht zu sparen. Wenn an Stelle dieser beiden Senkungen nur eine etwa gleichen Volumens auf einer Seite vorgesehen wird, wie in Abb. 370b dargestellt, so ist es möglich, das Zahnrad in einer Aufspannung auf dem Automaten fertigzustellen. Im anderen Fall erfordert das Zahnrad unbedingt eine Nachbearbeitung, bei der die zweite Senkung auf der Gegenseite ausgedreht werden muß.

An dem in Abb. 370c gezeigten Gewindestutzen ist die eine Gewichtserleichterung bezweckende Senkung auf der Kopfseite, das andere Mal in Abb. 370d an der Gewindeseite des Werkstückes angebracht. Selbstverständlich muß man von vornherein bemüht sein, derartige Gewindestutzen auf dem Automaten fix und fertig herzustellen. Dazu ist jedoch bei der Ausführung gemäß Abb. 370c notwendig, daß die Senkung zum Revolverkopf zeigt, wobei in diesem Fall das Gewinde hinter den Bund zu liegen kommt und daher gestrehlt werden muß. Bei der anderen möglichen Ausführungsform nach Abb. 370d hingegen zeigen Senkung und Gewinde zum Revolverkopf, wodurch in diesem Falle das Außengewinde mit Schneideisen oder Schneidkopf geschnitten werden kann, was wesentlich wirtschaftlicher ist als die Fertigung der erst gezeigten Form. Die Stückzeit der Ausführung nach Abb. 370c liegt um etwa 20 % höher als nach Abb. 370d. Dabei liegt dieser Leistungsvergleich insofern äußerst günstig, als der Gewindestutzen aus Aluminium angenommen wurde, bei welchem Werkstoff das Gewinde bekanntlich gut zu strehlen ist. Würde das Teil beispielsweise aus einem Stahl sein, der das Strehlen des Gewindes auf dem Automaten nicht zuläßt, so daß dieses nachträglich in einem besonderen Arbeitsgang geschnitten, gefräst oder gerollt werden müßte, so würden sich die Herstellungskosten der Ausführung, entsprechend der Abb. 370c, mindestens um 200 % höher stellen.

Wie die Anbringung solcher Senkungen, ergibt selbst das Kantenbrechen und Anbringen von Fasen in Bohrungen, das an und für sich bedeutungslos und nicht der Rede wert erscheint, in Wirklichkeit günstige und ungünstige Formen. Wird ein Werkstück in Einzelanfertigung auf einer Drehbank hergestellt und ist dabei eine Kante zu brechen, so sieht man, wie aus Abb. 371a ersichtlich, hierfür zweckmäßigerweise eine Abrundung vor, weil der Dreher dieses Kantenabrunden in diesem Falle zweifellos mit dem Handstahl ausführt. Ganz anders ist dies bei der Herstellung von Massendrehteilen. Hier kommt nicht mehr der Handstahl in Betracht, sondern es muß für das Kantenabrunden ein Flachstahl oder ein Senker beim Kantenbrechen in Bohrungen entsprechend angeschliffen werden, was äußerst schwierig ist (Abb. 371b). Sofern diese Arbeit nicht

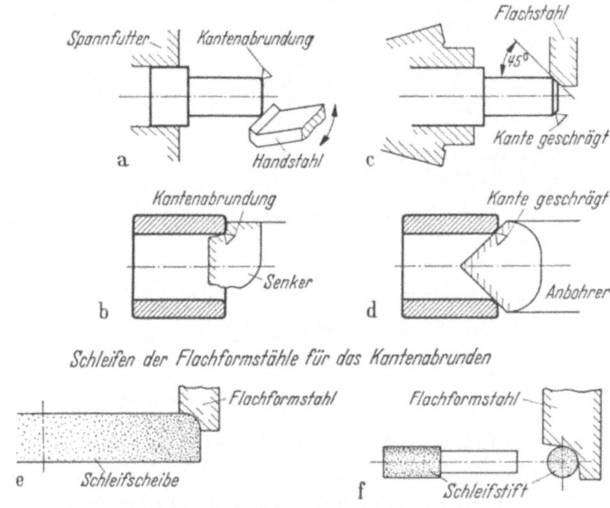

Abb. 371a—f. Hinweise zum Kantenbrechen

von einem Formscheibenstahl mit übernommen werden kann, sieht man daher bei Automatenteilen zweckmäßigerweise nicht Kantenabrunden, sondern Kantenbrechen, also Schrägen bzw. Kegelflächen (Abb. 371c) vor, da dann jeder Flachstahl einfach angeschliffen werden kann oder bei Kantenbrechen in Bohrungen jeder Anbohrer für diesen Zweck verwendbar ist (Abb. 371d). Soll dagegen ein Flachstahl oder ein Senker einen Radius drehen, so muß zum Schleifen des Werkzeuges meist eine Schleifscheibe (Abb. 371e) besonders hierzu abgerichtet werden, weil besonders bei kleinen Radien selbst die kleinen Schleifstifte (Abb. 371f), wie sie an Schneideisenschärfmaschinen verwendet werden, dafür zu groß sind.

Häufig sind an Stirnseiten von Automatendrehteilen Senkungen zu bearbeiten nach Abb. 372a—c. Wird diese plane Bodenfläche der Senkung nach Zeichnung ausgeführt — gleichgültig ob durch Stechen von vorn oder durch Längsdrehen der Planfläche mit Schiebe- oder mit Schwingwerkzeug —, so wird in der Mitte des Werkstücks immer ein mehr oder weniger starker Butzen stehenbleiben, da das die Bodenfläche bearbeitende Werkzeug nie ganz genau auf Arbeitsspindelmitte steht, wie Abb. 372a und b übertrieben darstellen. Ein solcher Butzen hat meist zur Folge, daß das Gegenstück, welches auf der Planfläche aufliegen soll, nicht auf der Fläche, sondern auf dem Butzen zu liegen kommt (Abb. 372b), weshalb dieser Butzen nachträglich entfernt werden muß. Außerdem wird die Fläche unmittelbar um die Werkstückachse nicht sauber werden, denn an dieser Stelle ist die Schnittgeschwindigkeit null bzw. sehr gering. Um

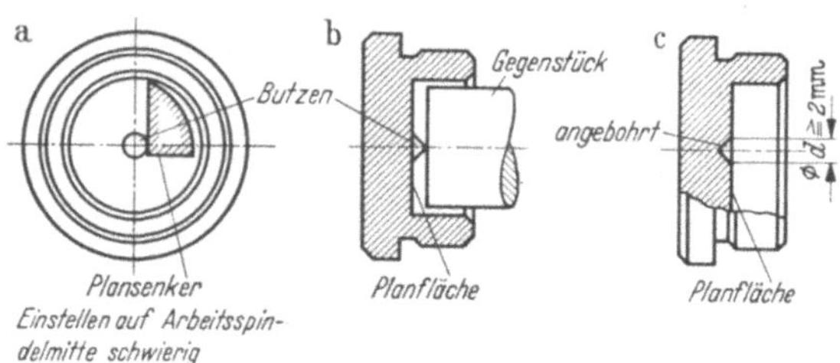

Abb. 372a—c. Senken von Planflächen

diese Fehler zu verhindern, müssen derartige Planflächen unbedingt angebohrt werden, gemäß Abb. 372c, wobei der Durchmesser d bei größeren Flächen nicht unter 2 mm betragen soll.

b) Bohrungen, Inneneinstiche u. dgl.

Die vorhergehenden Ausführungen zeigten, daß der äußeren Formgebung der Automatenteile die Grenzen verhältnismäßig weit gesteckt sind und andernfalls nur geringfügige Berichtigungen und kleine Kniffe erforderlich werden können, um günstige Arbeitsbedingungen zu erhalten.

Diese Freizügigkeit besteht bei der Innenbearbeitung von Automatendrehteilen nicht mehr in gleichem Maße, da hierbei außerdem auf einen guten Späneabfluß Rücksicht genommen werden muß. Weiterhin ist in diesem Fall neben der notwendigen Starrheit des Werkstückes, wie sie bei der Außenbearbeitung maßgebend ist, auch noch die Starrheit des verwendeten Werkzeuges für die Innenbearbeitung zu berücksichtigen.

Guter Späneabfluß ist insbesondere beim Bohren von tieferen Löchern äußerst wichtig. Sobald bei derartigen Arbeiten die Bohrtiefe gegenüber dem jeweiligen Bohrdurchmesser zu groß wird, verstopfen sich sehr leicht die Spannuten des Bohrwerkzeuges und dieses geht über kurz oder lang zu Bruch. Handelt es sich dabei um einfachere Werkstücke, so ist es bei deren Bearbeitung auf Revolverautomaten, bei denen bis zu sechs spanabhebende Werkzeuge im Revolverkopf zur Verfügung stehen, nicht notwendig, solche tiefe Bohrungen mit einem Bohrer fix und fertig zu bohren, sondern es können hierzu vielleicht zwei oder auch drei nacheinander in die Revolverkopfbohrungen gespannte Bohrer verwendet werden. Um zu verhindern, daß der zweite Bohrer in der Bohrung, die vom ersten Bohrer ausgeführt wurde, klemmt, ist es zweckmäßig, wie in Abb. 373a übertrieben gezeichnet, diese zweite Bohrstufe um etwa 0,1 mm kleiner und weniger tief auszuführen als die erste. Für den dritten Bohrer empfiehlt sich eine ebensolche Abstufung gegenüber der zweiten Stufe, wobei die Bohrtiefe abermals herabzusetzen ist. In vielen Fällen wird diese geringfügige Abstufung in der Bohrung für die Verwendung des Werkstückes keineswegs nachteilig sein, und für die Fertigung wird auf diese Weise eine wesentliche Erleichterung erzielt, ganz besonders eine bessere Ausnützung der Bohrwerkzeuge erreicht und deren Bruchgefahr bedeutend herabgesetzt. Sofern die entstehende Abstufung tatsächlich nachteilig ist, muß die Bohrung mit einem weiteren Werkzeug aufgebohrt werden, was natürlich wiederum eine längere Herstellungszeit erfordert.

Ist hingegen zum Bohren einer tieferen Bohrung (Abb. 373 b) nur ein Bohrer verfügbar, so muß bis zur endgültigen Fertigstellung der Bohrung dieselbe einige Male geleert werden, das heißt nach Erreichung einer Bohrtiefe von etwa 4 bis 5 d wird der Bohrer aus der Bohrung entfernt, damit

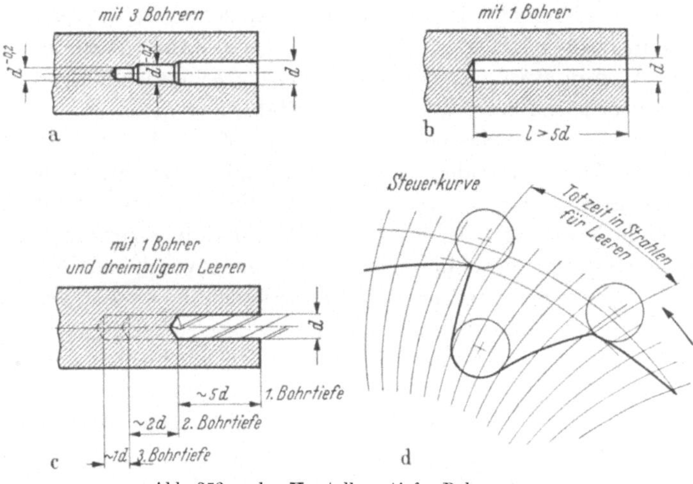

Abb. 373a—d. Herstellung tiefer Bohrungen

die Späne abfallen und das Bohrwerkzeug, wenn auch nur kurze Zeit, gekühlt wird und frisches Kühlmittel in die vorgearbeitete Bohrung eindringen kann. Bis die endgültige Bohrtiefe erreicht ist, muß dieses Leeren mehrmals wiederholt werden, wie dies Abb. 373c zeigt. Diese Leerbewegungen des Bohrers werden von der Revolverkurve (Abb. 373 d) ausgeführt und erfordern deshalb bei längerer Stückzeit verhältnismäßig viel Totzeit. Jedenfalls geht dieses Leeren, wenn es nicht selbsttätig, sondern von Hand auf Bohrmaschinen erfolgt, meist schneller. Tiefe, kleine Bohrungen in schwerer bearbeitbaren Werkstoffen sollten daher in Automatenteilen möglichst vermieden werden. Dagegen werden kleinere Bohrungen in Werkstücke aus leicht bearbeitbaren, kurzspanigen Werkstoffen wie Messing Ms 58 und dergleichen vorteilhaft durch Schnellbohren hergestellt, wodurch für diese kleinen Bohrerdurchmesser dann wirtschaftlich vorteilhafte Schnittgeschwindigkeiten erreicht werden.

Bei langen Automatendrehteilen mit der Form von Hohlzylindern und großer Bedarfszahl ist unbedingt zu prüfen, ob nicht an Stelle voller Werkstoffstangen entsprechende Rohre verwendet werden können, denn es kann niemals Aufgabe von Automaten sein, auf ihnen durch Zerspanen Rohre herzustellen.

Allerdings gibt es auch hier keine Regel ohne Ausnahme. Sobald es sich um kürzere Werkstücke, also um Ringe oder diesen ähnlichen Formen handelt, ist es wiederum vielfach zweckmäßiger, an Stelle von Rohren gleich volle Werkstoffstangen zu verwenden, da hierbei oft in der gleichen Zeit, in der das Rohr auf einen bestimmten Innendurchmesser ausgedreht wird, dieser auch durch Bohren in den Vollwerkstoff hergestellt werden kann. Zweifellos wird dadurch mehr Werkstoff zerspant und verbraucht, andererseits jedoch ein beträchtlicher Arbeitsaufwand gespart, wenn berücksichtigt wird, daß Präzisionsstahlrohr in der Abmessung $25 \times 4{,}5$ mm etwa das $2^1/_2$fache des entsprechenden Vollwerkstoffes kostet. Weiter ist zu beachten, daß sich Stahlrohre meist an und für sich schwieriger bearbeiten lassen als Vollwerkstoff, wobei auf Automaten insbesondere die anfallenden langen Späne häufig zu Störungen Anlaß geben. Es gibt keine Stahlrohrqualität, die sich nur annähernd so bearbeiten läßt wie Automatenstahl (St Az), so daß es vorkommen kann, daß ein Gewindering einschließlich seines Außengewindes aus Automatenvollstangen in kürzerer Zeit hergestellt wird als ohne Gewinde aus Stahlrohren, da deren Güte niemals die Schnittgeschwindigkeit von Automatenstahl zuläßt und es außerdem unmöglich ist, hierauf das Gewinde auf dem Automaten zu strehlen.

Soll in einer Bohrung zum Beispiel als erforderlicher Gewindeauslauf ein Inneneinstich ausgeführt werden, so ist in erster Linie zu beachten, daß das Einstechwerkzeug in seinem Querschnitt so bemessen werden kann, daß es für die zu leistende Zerspanungsarbeit genügend starr ist.

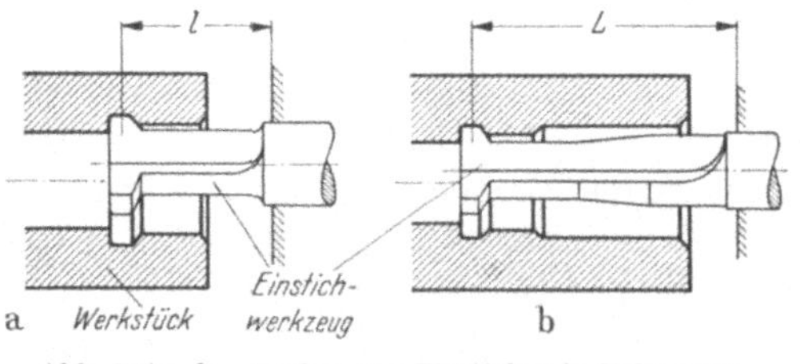

Abb. 374a, b. Drehen von Einstichen in Bohrungen

Der Inneneinstich gemäß Abb. 374a wird bei dem kleinen Abstand vom Werkstücksende und dem verhältnismäßig großen Durchmesser der Innenbohrung keine Schwierigkeiten bereiten. Liegt jedoch der Einstich wesentlich weiter im Drehteil, wie in Abb. 374b dargestellt, dann erhält das Einstechwerkzeug eine weite Ausladung, die bei verhältnismäßig kleinem Querschnitt und dazu vielleicht noch schwer zu bearbeitendem

Werkstoff zur Folge hat, daß der Einstechstahl beim Arbeiten rattert, zum Einhaken neigt und früher oder später in Brüche geht. Einstiche in solchen Lagen sind daher möglichst zu vermeiden. Grundsätzlich sollen Inneneinstiche überhaupt nur vorgesehen werden, wenn der Verwendungszweck dies unbedingt erfordert, da damit fast immer ein beträchtlicher Zeitaufwand verbunden ist. In jedem einzelnen Falle ist zu überlegen, ob der Einstich nicht in die Außenform des Gegenstückes gelegt werden kann, was keine zusätzliche Mehrzeit erfordert.

Das Bestreben, für Gewindebohrer oder Innengewindestrehler einen Auslauf zu schaffen, rechtfertigt allein noch keineswegs einen Inneneinstich. So ist es beispielsweise ganz unnütz, bei einer Verschraubung, wie sie Abb. 375a zeigt, einen Einstich für das Innengewinde vorzusehen. Hier genügt es vollkommen, das Innengewinde etwas tiefer einzuschneiden, wie dies aus Abb. 375b zu ersehen ist. Einen Inneneinstich deshalb vorzusehen, um in einer Verschraubung eine Büchse gemäß Abb. 375c

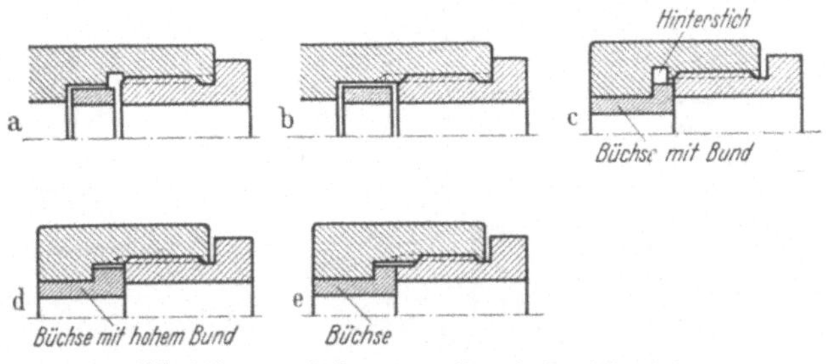

Abb. 375a—e. Bohrungen mit und ohne Einstich

festzuhalten, kann oftmals entweder durch einen höheren Bund der Büchse, wie in Abb. 375d dargestellt, oder aber durch einen gewindelosen Ansatz (Fuß) an dem Schraubteil vermieden werden, wie es Abb. 375e zeigt.

Sind in Bohrungen besonders breite und tiefe Inneneinstiche, also Auskesselungen, zu drehen, so sind nicht nur die bisher aufgeführten Hinweise zu beachten, sondern es ist bei solchen Arbeiten auch noch zu berücksichtigen, daß die beim Auskesseln anfallenden Späne aus der Bohrung austreten können. Ist dies nicht möglich, so sammeln sich die Späne in der gedrehten Auskesselung und stauen sich in zunehmendem Maße, wobei auch noch die Fliehkraft mitwirkt, so daß oftmals das Einstichwerkzeug nach beendeter Arbeit auch nicht zwangsläufig aus der Auskesselung entfernt werden kann. Die Folge davon sind Ausschußteile und gebrochene Werkzeuge.

Bei großen Werkstückbohrungen kann häufig durch Zuführen des Kühlmittels durch eine durchgehende Bohrung im Ausdrehwerkzeug ein Ausspülen der Auskesselung erreicht werden. Bei kleinen Werkstückbohrungen scheidet dieses Hilfsmittel jedoch aus, da der dann ohnedies schon sehr kleine Werkzeugquerschnitt durch eine durchgehende Bohrung noch zusätzlich geschwächt werden würde. Von wesentlichem Einfluß ist bei diesen Ausdreharbeiten auch noch der zu zerspanende Werkstoff. In Abb. 376a ist ein verhältnismäßig großes Drehteil aus Messing Ms 58 dargestellt, an dem die große Auskesselung im Dauerbetrieb störungsfrei gedreht werden konnte.

Undenkbar ist es aber, ein Werkstück gemäß Abb. 376d aus Stahl auf Automaten fertigen zu wollen. Hier soll bei einem Innengewinde von M 6,

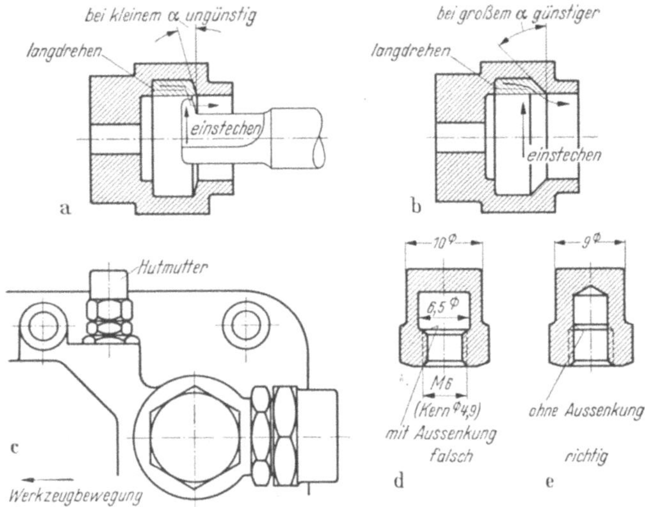

Abb. 376a—e. Drehen von Auskesselungen

das nur einen Kerndurchmesser von höchstens 4,9 mm aufweist, anschließend an das Innengewinde die dargestellte Auskesselung ausgedreht werden. Dabei muß bereits der Ausdrehstahl die verfügbare lichte Weite des Gewindes ausfüllen, und es ist unerklärlich, wo dann die beim Auskesseln entstehenden Späne hinkommen sollen. Bevor ein derartiges Automatendrehteil zeichnerisch festgelegt und für die automatische Fertigung freigegeben wird, sind vorerst versuchsweise einige Handmuster auf Drehbänken anzufertigen, um von der Werkstätte ihr Urteil über die Zweckmäßigkeit der Gestaltung zu hören. Wie so oft, könnten auch bei diesem Werkstück, das ein Musterbeispiel eines Massendrehteiles darstellt, wie es nicht sein soll, bei etwas Rücksichtnahme auf die Fertigung alle diese Schwierigkeiten vermieden werden. Es handelt sich hier um eine Hutmutter, die lediglich an einem Gerät, von dem Abb. 376c eine Teilansicht zeigt, den Zweck hat, als Gegenmutter der darunter liegenden Sechskantmutter zu dienen und gleichzeitig zu verhindern, daß in das Gewinde der Schraubenverbindung Feuchtigkeit kommt. Die Auskesselung von 6,5 mm ⌀ hinter dem Gewinde ist lediglich aus Gründen der Gewichtsersparnis vorgeschrieben. Ebenso könnte die Kernlochbohrung auch glatt durchgeführt, das Gewinde etwas tiefer geschnitten werden und dafür, um an Gewicht zu sparen, sofern dies wirklich schon etwas ausmacht, der zylindrische Ansatz von 10 mm ∅ auf 9 mm ∅ gedreht werden.

Sind Auskesselungen an größeren Automatendrehteilen unvermeidbar, so muß wenigstens deren Innenform so gewählt werden, daß ein einwandfreier Späneablauf gewährleistet ist. Dazu ist es notwendig, die in Abb. 376a dargestellte rechte Seitenfläche der Auskesselung, welche beim Bearbeiten zum Revolverkopf zeigt, nicht nur der Schnittverhältnisse wegen um etwa 3°, sondern möglichst noch viel schräger auszuführen, damit die Späne sich an dieser Fläche nicht stoßen und einen guten Späneaustritt zulassen (Abb. 376b).

Wie derartige Auskesselungen, so erfordern in gleicher Weise auch Hinterstiche, die am Übergang von Zapfen an Planflächen vorgesehen

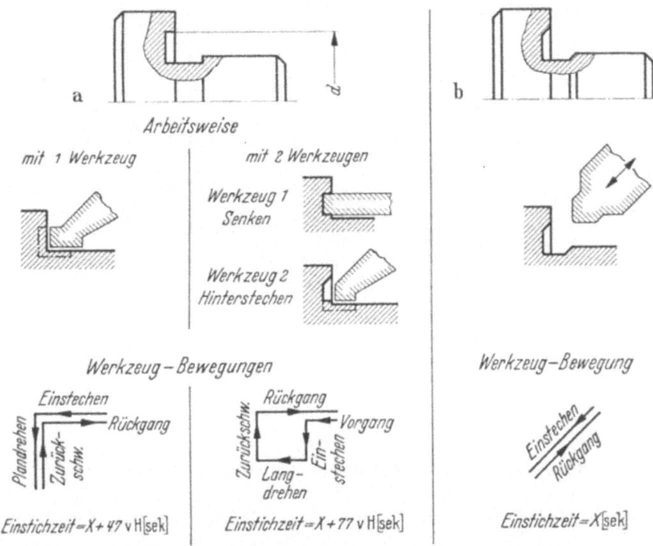

Abb. 377a, b. Einstiche an Zapfen und Bund

werden, eine fertigungsgerechte Formgebung. Der in Abb. 377a dargestellte Hinterstich zwischen Zapfen und Anlagefläche eines Werkstückes wird immer wieder maßlich ganz genau festgelegt, obwohl dessen Herstellung nach Zeichnung und Maßen umständlich und schwierig ist, wie dies die Bewegungsbilder des dazu verwendeten Werkzeuges zeigen. In den weitaus meisten Fällen erfüllen Hinterstiche in der Form nach Abb. 377b den gleichen Zweck. Verwendet man zur Herstellung des Hinterstiches nach Abb. 377a nur ein Werkzeug, so ist dasselbe sehr schwierig anzuschleifen und die beiden Steuerkurven für die Längs- und Querbewegung des Einstichwerkzeuges müssen zueinander genauest abgestimmt sein. Die Form des Werkzeuges wird einfacher, wenn man zwei Werkzeuge verwendet, eines zum Senken und das zweite zum eigentlichen Hinterstechen. Am einfachsten ist es, hierfür das Werkzeug schräg einstechen zu lassen, wie es die Werkzeugbewegung der Abb. 377b zeigt. Für diese Arbeitsweise ist auch die geringste Zeit erforderlich. Ein Hinterstich nach Abb. 377a kostet mit einem Werkzeug 47% und mit zwei Werkzeugen sogar 77% mehr als der Hinterstich nach der Abb. 377b.

Viele unverantwortliche Fehler werden noch immer bei der maßlichen Festlegung von Einstichbreiten für Gewinde gemacht, die meist zu schmal sind. Einstiche für Gewinde, besonders solche in Bohrungen,

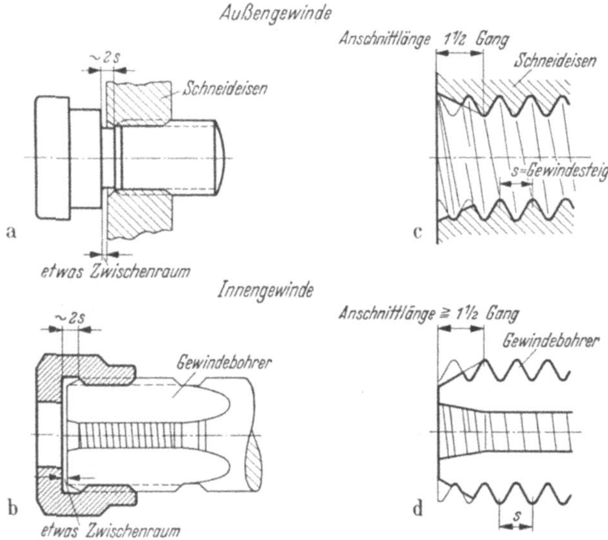

Abb. 378a—d. Breite der Einstiche für Außen- und Innengewinde

sollten überhaupt nur dann vorgesehen werden, wenn das Gegenstück gegen einen Bund oder eine Schulter zur Anlage kommen muß. Wie aus Abb. 378a und b zu ersehen, muß hierbei mindestens gleich das $1^1/_2$fache der Steigung des zu schneidenden Gewindes, aber noch besser das 2fache derselben sein, denn jedes Gewindeschneidwerkzeug braucht eine bestimmte Anschnittlänge, gleichgültig, ob es sich um Schneideisen (Abb. 378c) oder Gewindebohrer (Abb. 378d) handelt.

c) Außen- und Innengewinde

Die Anschnittlänge der Gewindeschneidwerkzeuge soll selbst bei gut bearbeitbarem Werkstoff wenigstens $1^1/_2$ Gang betragen. Bei schwieriger zu zerspanenden Werkstoffen muß der Anschnitt noch länger sein und dementsprechend auch die Einstichbreite größer gewählt werden. Dies trifft insbesondere beim Gewindeschneiden mit Gewindeschneidköpfen zu, die meist für schwerer zu bearbeitende Werkstoffe angewendet werden. Sofern der Verwendungszweck des Automatenteils eine größere Einstichbreite tatsächlich nicht zuläßt, muß das Gewinde vor- und nachgeschnitten werden. Vorgeschnitten wird mit einem Gewindeschneidwerkzeug, dessen Anschnitt der Bearbeitbarkeit des betreffenden Werkstoffes entspricht, während der Anschnitt des Nachschneiders der zulässigen Einstichbreite angepaßt werden muß. Dieses Vor- und Nachschneiden erfordert selbstverständlich wieder eine längere Fertigungszeit und außerdem besondere Halter der Gewindeschneidwerkzeuge, die zum Nachschneiden in achsialer Richtung federnd sein müssen, um so in die vorgeschnittenen Gewindegänge hineinzufinden, andernfalls das Gewinde überschnitten und dadurch unbrauchbar werden würde. Heute werden auf Automaten vielfach Werkstoffe verarbeitet mit Festigkeiten von über 80, ja selbst über 100 kg. Sobald die daraus zu fertigenden Teile auch noch Gewinde aufweisen, ist es nicht mehr zweckmäßig, diese zu schneiden, da selbst bei Anwendung von selbstöffnenden Schneidköpfen mehr oder weniger große Schwierigkeiten, je nach den geforderten Genauigkeits- und Sauberkeitsansprüchen, unvermeidbar sind. Deshalb werden Gewinde auf derart hartem Werkstoff — sofern es sich um kleinere Abmessungen handelt — auf Automaten gerollt oder nachträglich auf hydraulisch arbeitenden Gewindewalzmaschinen gewalzt, seltener aus dem Vollen geschliffen.

Als weitere Herstellungsart von Gewinden bleibt noch das Strehlen von Außen- und Innengewinden. Hierfür werden auf Automaten zusätzlich Gewindestrehleinrichtungen benützt, die für verschiedene Bauarten von Automaten zwar verschiedenartig gestaltet sind, deren Arbeitsweise und auch die erzielten Arbeitsergebnisse jedoch im großen und ganzen die gleichen sind.

Das Gewindestrehlen wird angewendet zur Herstellung von Automatenteilen mit Gewinden, an die besonders hohe Anforderungen bezüglich Genauigkeit, Sauberkeit und Rundlauf gestellt werden, wie diese beispielsweise in der optischen und feinmechanischen Industrie vorkommen. Drehteile, an denen das Gewindestrehlen sowie die Fertigbearbeitung nachträglich auf Handbänken vorgenommen werden, sind immer entsprechend der Geschicklichkeit und Gewissenhaftigkeit der Arbeiter mit mehr oder weniger großen Ungenauigkeiten behaftet. Werden jedoch solche Werkstücke in einer Aufspannung auf dem Automaten fertiggestellt, so sind höchste Anforderungen bezüglich Rundlauf und gleichbleibender Genauigkeit erreichbar. Außerdem werden Gewinde hinter Ansätzen, für welche die Anfertigung mittels im Revolverkopf eingespannten Schneidwerkzeugen ausscheidet, wirtschaftlich mit den Gewindestrehleinrichtungen gefertigt. Es lassen sich sowohl ein- wie auch mehrgängige Außen- und Innengewinde strehlen.

Das Strehlen von Gewinden auf Automaten ist zweifellos, wo es am Platze ist, äußerst zweckmäßig. Es ist aber grundsätzlich nur für verhältnismäßig gut zu verarbeitende Werkstoffe anzuwenden, wenn

a) die Lage des herzustellenden Gewindes am Werkstück so ist, daß es nicht mittels Schneideisen oder Gewindebohrer geschnitten werden kann,
b) besondere Rundlaufgenauigkeit gefordert wird und
c) die mit Schneideisen oder Gewindebohrer zu erzielende Genauigkeit und Sauberkeit des Gewindes nicht ausreichend sind.

Diese Überlegung muß stets angestellt werden, denn beim Gewindestrehlen ist zu berücksichtigen, daß die derzeit üblichen Strehlverfahren länger dauern als das Gewindeschneiden.

In vielen Fällen ist es beim Strehlen von Außengewinde möglich, daß sowohl Werkzeuge im Revolverkopf, als auch solche von den noch übrigen Seitenschlitten gleichzeitig in Tätigkeit sind. Diese Vorteile fallen beim Innengewindestrehlen weg.

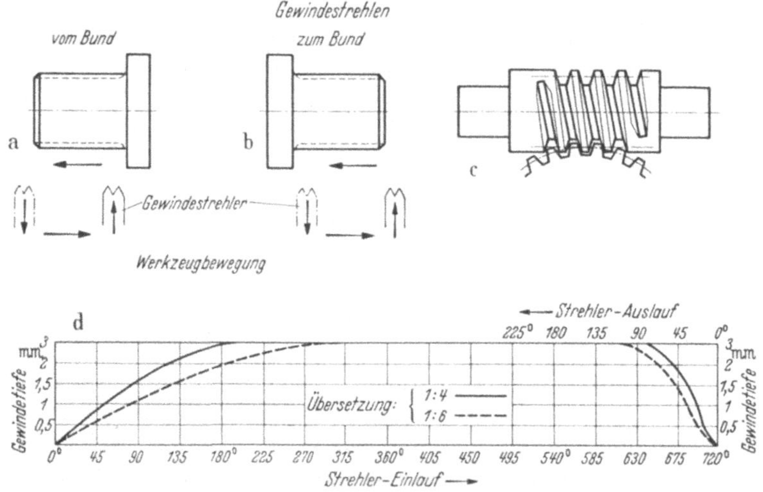

Abb. 379a—d. Ein- und Auslauf an gestrehltem Gewinde

Bei dieser Gelegenheit sei auch noch einmal bemerkt, daß das Gewindestrehlen auf schwer zerspanbarem Werkstoff nicht empfohlen werden kann. Um in solchen Fällen halbwegs erträgliche Standzeiten des Strehlers zu erreichen, müssen derart viele Strehlerdurchgänge gewählt werden, und zwar je nach Gewindetiefe bis zu 60 und mehr, daß die Wirtschaftlichkeit dieser Art der Gewindeherstellung in Frage gestellt ist.

Zum Gewindestrehlen brauchen weder im Gewindeauslauf noch am Beginn eines Gewindes, das hinter einem Bund zu strehlen ist, besondere Einstiche vorgesehen werden, wie es die Abb. 379a und b zeigen. Deshalb kann auch ohne weiteres eine Schnecke aus gut bearbeitbarem Werkstoff in der Ausführung nach Abb. 379c gestrehlt werden. Selbstverständlich ist das gestrehlte Gewinde bis zum sichtbaren Gewindeanfang oder -ende nicht voll ausgeschnitten. Dieser Übergang vom Gewindeanfang auf die volle Gewindetiefe und von dieser zum Gewindeende wird als Strehlerein- bzw. -auslauf bezeichnet. Strehlereinlauf bzw. Strehlerauslauf sind von der Konstruktion der jeweiligen Gewindestrehleinrichtung abhängig und richten sich nach der Gewindetiefe und der jeweiligen Übersetzung zwischen Arbeitsspindel und Leitpatronenwelle. Bei einer Übersetzung 1:4, bei welcher die Arbeitsspindel vier Umdrehungen macht, während die Leitpatronenwelle eine Umdrehung ausführt, beträgt bei einer Gewindetiefe von 2 mm der Strehlereinlauf etwa 130 Bogengrade, entsprechend dem Schaubild in Abb. 379d. Ist die Übersetzung 1:6, so ist der Strehlereinlauf größer und beträgt bei der gleichen Gewindetiefe 180 Bogengrade, also eine halbe Werkstückumdrehung. Dagegen ist der Strehlerauslauf wesentlich geringer. Er beträgt für ein Gewinde mit 2 mm Tiefe bei der Übersetzung von 1:4 nur 45 Bogengrade. Bei höheren Über-

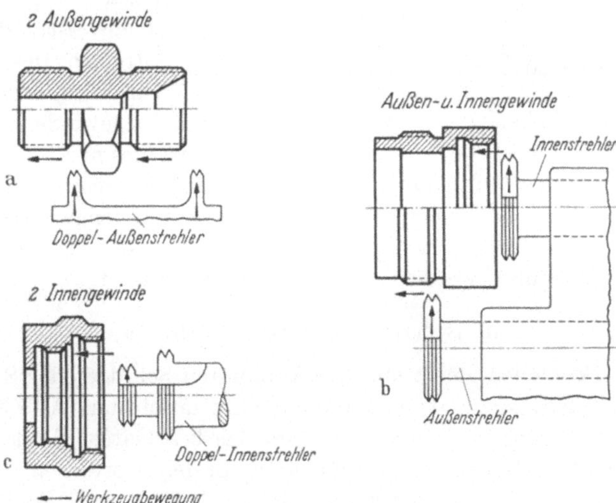

Abb. 380a—c. Gleichzeitiges Strehlen zweier Gewinde mit gleicher Steigung

setzungen ist der Strehlereinlauf entsprechend größer, kann jedoch durch Sondereinrücknocken verringert werden.

Hat ein Werkstück zwei Außengewinde, wie in Abb. 380a, oder ein Außengewinde und ein Innengewinde nach der Abb. 380b, oder zwei

Innengewinde gemäß Abb. 380c, die alle gestrehlt werden sollen, so ist bei deren Fertigung auf Einspindelautomaten oder Revolverbänken unbedingte Voraussetzung, daß die beiden Gewinde an einem Werkstück gleiche Steigung haben.

Wie das Drehen der Außenform eines Werkstückes, so ist auch das Strehlen von Außengewinden fast unbegrenzt, soweit dies die Bearbeitbarkeit des betreffenden Werkstoffes zuläßt. Dagegen muß beim Strehlen von Innengewinden wiederum beachtet werden, daß die Abmessung und Lage des zu strehlenden Innengewindes am Werkstück so bemessen ist, daß der Innengewindestrehler auch noch genügend Starrheit besitzt, das heißt kleine Innengewinde, etwa solche unter 12 mm ∅, machen Schwierigkeiten, ganz besonders dann, wenn sie länger sind oder in größeren Abständen von der Werkstückseite liegen, von der aus das Strehlen erfolgt.

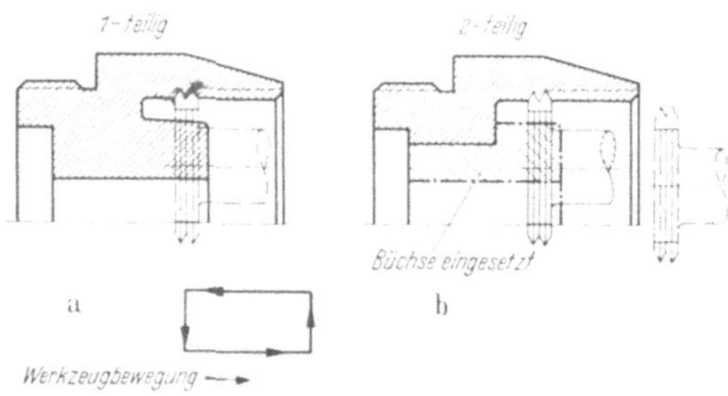

Abb. 381a, b
Änderung eines Werkstücks zwecks Strehlens des Innengewindes

Es gibt aber auch verhältnismäßig große Gewinde an Werkstükken, deren Innenform derart ungünstig erdacht ist, daß das Strehlen des an und für sich großen Innengewindes unmöglich wird. Sollte z. B. das Innengewinde an einem Werkstück nach Abb. 381a gestrehlt werden, so ist dies nicht ausführbar, weil der Innengewindestrehler bei der vorgeschriebenen Gewindelänge durch die Innennabe keinen Platz hat. Um das Innengewindestrehlen zu ermöglichen, müßte die Innennabe fortfallen und das Werkstück zweiteilig ausgeführt werden, wie dies Abb. 381b zeigt.

d) Schlitz- und Fräsarbeiten

Sind an Drehteilen gleich auf den Automaten Schlitze oder Schlüsselflächen zu fräsen, so wird hierfür die Schlitzeinrichtung (Abb. 382) verwendet. Wie daraus zu ersehen ist, wird das bearbeitete Werkstück, in diesem Falle eine Sechskantschraube, kurz vor dem Abstechen von einem Greifarm aufgenommen, der dann das Werkstück zum Schlitzfräsen bringt. Dieses Schlitzen erfolgt gleichzeitig, während das nächstfolgende Werkstück bearbeitet wird, so daß sich dadurch keine oder eine nur geringfügige Stückzeiterhöhung ergibt.

Das Wesentliche aller auf Automaten verwendeten Schlitzeinrichtungen dieser Art besteht darin, daß das Schlitzen oder Flächenfräsen mit Schlitzfräsern von etwa 50 bis 80 mm ∅ ausgeführt wird. Die Folge davon ist, daß der Schlitzgrund an den bearbeiteten Werkstücken nicht absolut plan wird, sondern einen Radius entsprechend jenem des ver-

Abb. 382. Schlitzeinrichtung mit Wendevorrichtung

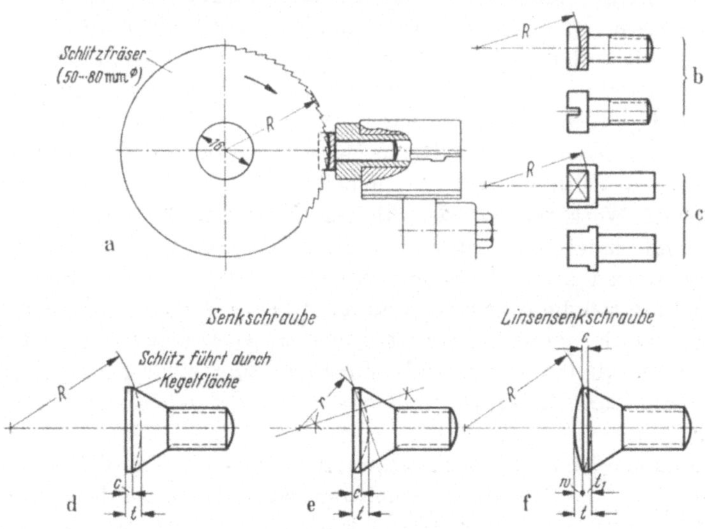

Abb. 382a—f. Flachen und Schlitzfräsen von Schrauben

wendeten Schlitzfräsers aufweist, wie dies Abb. 382a—f zeigt. Dieser Radius ist in den weitaus meisten Fällen ganz belanglos.

Bei der Fertigung von Schrauben oder schraubenähnlichen Automatenteilen (Abb. 382b) wird sich deren Hersteller nicht davon abhalten lassen, die Teile auf dem Automaten zu schlitzen, auch wenn dort vielleicht der Schlitzgrund der einfacheren Darstellung wegen plan gezeichnet ist. Anders ist dies jedoch, wenn es sich um Werkstücke handelt, deren Verwendungszweck dem Hersteller nicht bekannt sein kann. In diesem Fall muß aus der Zeichnung unbedingt zu ersehen sein, ob der Schlitzgrund tatsächlich plan sein muß. Dabei ist stets zu beachten, daß ein Schlitzgrund mit einem Radius entsprechend jenem des Schlitzfräsers fast nicht mehr Herstellungszeit erfordert als das Werkstück ohne Schlitz, während hingegen ein gerader Schlitzgrund auf dem Automaten im allgemeinen nicht herstellbar ist und ein nachträgliches Schlitzen erfordert, wozu weitere Arbeitskräfte eingesetzt werden müssen. Dies gilt in gleicher Weise auch für das Flächenfräsen (Abb. 382c), insbesondere bei Werkstücken mit Durchmesser bis etwa 20 mm ist der gekrümmte Fräsergrund bestimmt nicht nachteilig.

Ebenso, wie es unwirtschaftlich ist, einen ebenen Schlitzgrund zu fordern, wenn es nicht unbedingt sein muß, ist es für die Massenanfertigung auch nicht angängig, für Schlitze anstatt Radien von 25 bis 40 mm solche von vielleicht nur 10 mm vorzuschreiben. Die üblicherweise auf Automaten verwendeten Schlitzfräser haben der DIN-Norm entsprechend eine Aufnahmebohrung von 16 mm. Wird dies berücksichtigt, so ist es sofort verständlich, daß es nicht möglich ist, an Stelle von Schlitzfräsern mit 50 bis 80 mm ∅ ohne weiteres solche von 20 mm ∅ zu verwenden, deren Aufnahmebohrung ebenfalls 16 mm sein müßte. Aber auch dann, wenn für diesen Zweck ein besonderer, schwächerer Aufnahmedorn in der Schlitzeinrichtung angebracht werden würde, wäre es wahrscheinlich mit Rücksicht auf die Lage des in diesem Fall sehr kleinen Schlitzfräsers zur Arbeitsspindel nicht möglich, das zu schlitzende Werkstück an den kleinen Fräser heranzubringen. Derart kleine und daher auf Automaten nicht ohne weiteres auszuführende Schlitze weisen öfters besondere Senkschrauben auf. Der Schlitz soll dort nicht durch die Kegelfläche führen, um die Gratbildung, die bei dem Schlitzen am Kegel mehr oder weniger stark auftreten würde, von vornherein auszuschalten (Abb. 382d). Zur Erreichung einer genügend großen Schlitztiefe wird in diesen Fällen der Radius zeichnerisch ermittelt (Abb. 382e).

Zweifellos wäre es oftmals möglich, die beträchtlichen Mehrkosten für das nachträgliche Schlitzen einzusparen, wenn die Schrauben mit einem Kugelabschnitt als Linsensenkschraube ausgeführt werden würden (Abb. 382f). In vorliegendem Fall genügt beispielsweise zur Erreichung derselben Schlitztiefe eine Höhe des Kugelabschnittes von nur 1 mm ($w = 1$ mm), um das Schlitzen auf dem Automaten mit einem Schlitzfräser von 50 mm ∅ zu ermöglichen, ohne dabei die Kegelfläche zu beschädigen.

3. Zeichnungsvermerke bezüglich verlangter und erforderlicher Oberflächenbeschaffenheit

Bekanntlich ist in der DIN-Norm 140 (Blatt 1 und 2) die Oberflächenkennzeichnung festgelegt, welche den Zweck haben soll, aus der Werkstattszeichnung *Oberflächenart* (roh, Bearbeitung oder sonstwie eine Oberflächenverschönerung) und *Oberflächengüte* (Gleichförmigkeit und Glätte), wie sie durch den Verwendungszweck bedingt sind, zu erkennen.

An Automatendrehteilen ist meist der größte Außendurchmesser unbearbeitet, und zwar gezogen u. dgl., während die Oberflächen aller Zapfen, Ansätze u. dgl. durch Drehen, also durch spanabhebende Bearbeitung, hergestellt werden. Auf diese Weise steht die Oberflächenart gemäß DIN 140 eindeutig fest, dagegen bestehen über die Oberflächengüte der gedrehten Flächen, und zwar nicht deren Gleichförmigkeit wegen, sondern fast ausschließlich in bezug auf deren Güte, häufig gänzlich unbegründete und zum Teil unerfüllbare Forderungen. Dies ist darauf zurückzuführen, daß die im Blatt 2 der DIN-Norm 140 festgelegten Oberflächenzeichen, die im Konstruktionsbüro in die Werkstattzeichnungen eingetragen werden sollen, grundsätzlich nur die Beschaffenheit, nicht aber die zur Erzielung derselben seitens der Werkstätten zu wählenden Bearbeitungsverfahren vorschreiben. Dazu kommt noch, daß innerhalb eines jeden, durch die Oberflächenzeichen festgelegten Gütebereichs bei ein und demselben Bearbeitungsverfahren Unterschiede in der Oberflächenbeschaffenheit, in Abhängigkeit von den jeweiligen Werkstoffeigenschaften, insbesondere deren Bearbeitbarkeit und den Abmessungen des Werkstückes selbst gemacht werden.

Als spanabhebende Bearbeitung nennt die erwähnte DIN-Norm Drehen, Fräsen, Hobeln, Schleifen usw. Nun kann eine gedrehte Fläche bezüglich ihrer Glätte in die Gütebereiche, die mit einem und zwei, ja sogar mit drei Dreiecken bezeichnet werden, fallen. Durch diese nur beim Drehen in diesem Ausmaße mögliche Gütestreuung ergeben sich bedauerlicherweise immer wieder Unklarheiten beim Festlegen der einzelnen Arbeitsfolgen in der automatischen Fertigung.

Für die Massenherstellung von Drehteilen genügt der Sammelbegriff „Drehen" allein nicht mehr. Zwecks ausführlicher Bezeichnung muß zwischen zwei grundsätzlich verschiedenen Drehverfahren unterschieden werden, und zwar

1. Längsdrehen und
2. Stechen (Formen) von der Seite bzw. Stirndrehen oder Senken in achsialer Richtung,

wobei in beiden Fällen selbstverständlich beliebig oft vor- und fertiggedreht werden kann.

Beim Längsdrehen, dessen Arbeitsweise in den Abb. 383a und b ersichtlich ist, wird die erzielte Oberflächengüte stets von dem dabei angewendeten Vorschub und der jeweiligen Spantiefe abhängig sein. Kleinere Vorschübe ergeben bei sonst gleichen Voraussetzungen selbstverständlich bessere Oberflächen, aber wenn mit kleineren Vorschüben gearbeitet wird, ist dazu ein entsprechend größerer Zeitaufwand erforderlich. Die Oberflächengüte steht etwa im direkten Verhältnis zu der dafür aufgewandten Arbeitszeit.

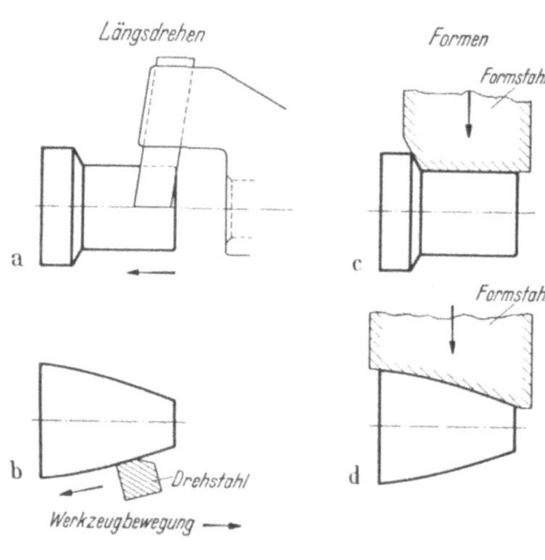

Abb. 383a—d
Grundsätzlich verschiedene Drehverfahren

Grundsätzlich anders ist dies beim Stechen von der Seite mittels Formstählen, wie es die Abb. 383c, d zeigen. Hierbei spielt der angewandte Vorschub nur eine untergeordnete Rolle. Maßgebend für die Oberflächenbeschaffenheit ist in diesem Fall die Güte des Werkzeuges einerseits und das Verhalten des zu bearbeitenden Werkstoffes beim Zerspanen andererseits. Mancher Werkstoff setzt mehr auf, mancher weniger, und dementsprechend entstehen auch mehr oder weniger starke Drehtiefen. Im allgemeinen ist beim Stechen von der Seite nicht nur mit sichtbaren, sondern auch mit fühlbaren Drehtiefen zu rechnen, gleichgültig, ob dabei der Vorschub groß oder klein gewählt ist. Da beim Längsdrehen die Oberflächengüte vom jeweiligen Vorschub abhängt, während dies beim Formen nicht zutrifft, ist es sofort verständlich, daß das Stechen von der Seite im allgemeinen wesentlich wirtschaftlicher ist als das Längsdrehen, sofern die dabei erzielte Oberflächengüte ausreichend ist.

Beim Bearbeiten von Außenformen ist die Entscheidung, ob Längsdrehen oder Formen anzuwenden ist, meist nicht sehr schwierig, weil manche Außenformen nicht längsgedreht werden können und andererseits im allgemeinen längere Zapfen schon mit Rücksicht auf die Starrheit des Werkstückes längsgedreht werden müssen, wie es die Abb. 384b zeigt. Bei solchen Werkstückformen ist dann nur noch fraglich, ob für den kürzeren Ansatz hinter dem Bund Stechen von der Seite (gegebenenfalls Nachschlichten) genügt oder ob mit Rücksicht auf den Verwendungszweck tatsächlich Längsdrehen erforderlich ist und dafür der entstehende Mehraufwand an Zeit in Kauf genommen werden muß. Selbstverständlich ist Längsdrehen nur dann begründet, wenn auf diesem kürzeren

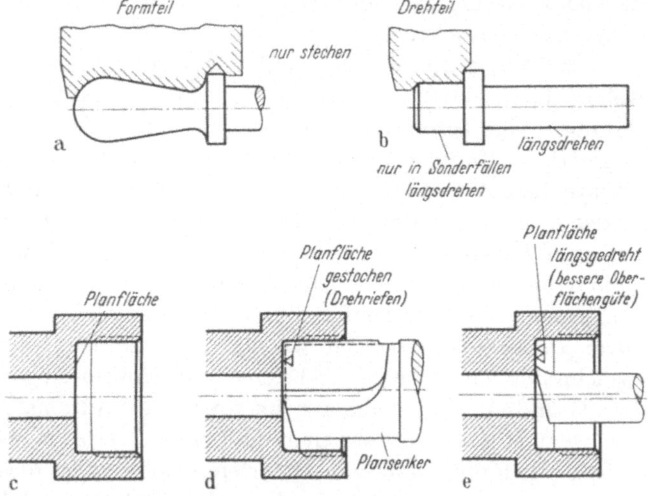

Abb. 384a—e. Stechen (Senken) oder Längsdrehen von Außen- und Innenformen

Zapfen ein Gegenstück gleitet, hingegen ist dies nicht am Platze und vollkommen unverantwortlich, wenn darauf vielleicht ein Vierkant gefräst oder ein Gegenstück zentriert wird.

Eine Ausnahme von diesen Betrachtungen bilden alle jene Automatendrehteile, die nachträglich noch gehärtet oder vergütet werden, wie dies vielfach im Motorenbau der Fall ist. Um zu verhindern, daß an derartigen Werkstücken bei der nachfolgenden Wärmebehandlung durch mehr oder weniger starke Drehriefen, die wie Einkerbungen wirken, Risse entstehen, sollen diese Teile, wie die Kugelpfannen u. dgl., mit sehr kleinem Vorschub allseitig längsgedreht werden.

Während sich die Frage, ob Längsdrehen oder Stechen von der Seite, bei Außenformen zum Teil durch die Form des Werkstückes bzw. durch die üblichen Herstellungsarten beantwortet, bedarf es hierüber bei Planflächen, insbesondere bei solchen im Innern von Werkstücken, stets ganz eindeutiger Angaben.

Es gibt unzählige Werkstücke nach Abb. 384c, deren Innenform einen Boden aufweist. Wenn deren Verwendungszweck nicht bekannt ist, tritt beispielsweise beim Ausarbeiten der Werkzeugeinrichtung sofort die Frage auf, ob es ausreichend ist, diesen Boden in achsialer Richtung zu senken (Abb. 384d) oder ob dieser nach dem Senken noch plangedreht werden muß (Abb. 384e). Das Plandrehen ergibt besonders im Dauerbetrieb eine bessere Oberflächengüte, erfordert aber wiederum wesentlich mehr Zeit als Senken. Grundsätzlich soll Längsdrehen von Planflächen nur dann gefordert werden, wenn es sich bei diesen um Gleitflächen handelt.

Mit Rücksicht darauf, daß den Firmen, welche beispielsweise Maschinen oder Werkzeugeinrichtungen für bestimmte Werkstücke zu liefern haben, selbst meist keine Zusammenstellungs-Zeichnungen zur Verfügung stehen, welche die Funktion erkennen lassen, ist es unerläßlich, in Werkstattzeichnungen von Automatendrehteilen die Oberflächenzeichen ganz besonders gewissenhaft einzutragen. Bedauerlicherweise machen sich die Konstrukteure diese Arbeit oftmals sehr einfach. Sie tragen im allgemeinen zwei oder noch besser drei Dreiecke für die Bearbeitung ein. In den weitaus meisten Fällen sind diese Anforderungen übertrieben, denn es wurden schon unzählige verschiedene Massendrehteile auf Automaten fix und fertig hergestellt, obwohl in den Zeichnungen als Oberflächenzeichen drei Dreiecke eingetragen waren, d. h. an den bearbeiteten Flächen zeichnungsgemäß keine Drehriefen mit bloßem Auge sichtbar sein sollten. Grundsätzlich entstehen beim Drehen auf Automaten immer mehr oder weniger starke Drehriefen, und wenn verlangt wird, daß gedreht werden soll, ohne daß man Drehriefen sieht, so ist dies bei der Herstellung von Massendrehteilen im Dauerbetrieb nicht möglich. Die Erfahrung lehrt, daß bei den meisten Massendrehteilen die Oberflächengüte, wie sie sich beim Längsdrehen mit den üblichen Vorschüben und auch beim Stechen von der Seite ergibt, vollkommen ausreicht. Bei einem ganz geringen Hundertsatz von Automatenteilen wird es vorkommen, daß eine oder mehrere Flächen des Werkstückes eine über das übliche Maß hinausgehende Oberflächengüte haben müssen. In diesen seltenen Fällen wird man als allgemeines Oberflächenzeichen zwei Dreiecke eintragen und für Planflächen, wenn es sich um Gleitflächen handelt, drei Dreiecke vorsehen. Wenn begründeterweise eine besonders große Sauberkeit notwendig ist, wird man ganz kleine Vorschübe anwenden.

Unverständlich ist es, wenn Automatenteile nicht mit Rücksicht auf ihren Verwendungszweck, sondern nur deshalb keine Drehriefen aufweisen dürfen, weil dies für die Abnahme wesentlich eindeutiger sei, als eine zulässige Grenze für die Oberflächenbeschaffenheit festzulegen und zu sagen, dieser oder jener Rauhigkeitsgrad ist noch zulässig. Solche Prüfmethoden sind zweifellos bequem, verteuern jedoch unnötig das Endprodukt.

Um in solchen Fällen ein für allemal die Grenze der erforderlichen Sauberkeit des Drehbildes festzulegen, wählt man für die Automaten selbstverständlich die wirtschaftlichste Arbeitsweise und läßt die anfallenden Teile laufend von der zuständigen Abnahme auf ihre Oberflächenbeschaffenheit prüfen. Solange die Stähle gut schneiden, werden die Ausfallmuster gut sein. Mit zunehmendem Stumpfwerden der Werkzeuge nehmen die Drehriefen an Zahl und Größe zu, und die Oberflächengüte des Werkstückes sinkt entsprechend ab. Nun wird der Augenblick eintreten, in dem dieses Werkstück nicht mehr der verlangten Oberflächengüte entspricht. Damit ist die zulässige Grenze der Sauberkeit erreicht, und die Ausfallmuster, welche vorher noch entsprochen haben, wählt man als maßgebliche Musterstücke für das Aussehen der Oberfläche. Zweckmäßigerweise übergibt man nach dieser Feststellung dem Bedienenden an dem Automaten ein Werkstück, das vielleicht schon eine halbe Stunde früher auf diesem gefertigt wurde und somit in bezug auf sein Aussehen mit noch größerer Sicherheit der Prüfung entspricht. Der Automateneinrichter wird dann stets die Drehstähle mit einem Ölstein abziehen oder nachschärfen, lange bevor die kritische Grenze der Sauberkeit erreicht ist.

In Zweifelsfällen besteht noch die Möglichkeit, mit einem Vergleichsmikroskop, dem sogenannten „Oberflächenprüfer", die zu prüfenden Werkstücke mit dem einmal als gut anerkannten Musterstück im Vergleichsverfahren auf seine Oberflächenbeschaffenheit zu prüfen. Dieses Gerät ist optisch so durchgebildet, daß die Bilder der beiden zu vergleichenden Werkstücke im Okular gleichzeitig und in einer Ebene ohne jede Trennungslinie unmittelbar nebeneinander liegen, so daß eine wirklich einwandfreie vergleichende subjektive Prüfung möglich ist.

4. Toleranzeintragungen

Was für die Eintragung der Oberflächenzeichen an Automatendrehteilen gilt, ist sinngemäß auch für die Toleranzeintragungen derselben maßgebend. Greifen wir eine beliebige Anzahl von Zeichnungen irgendeiner Massenfertigung heraus, um sie lediglich auf die Toleranz zu prüfen, streichen wir alle überflüssigen Toleranzen, vor allem diejenigen, die der Konstrukteur auch wiederum zu seiner Sicherung oder aus Überlieferung eingeschrieben hat, dann werden für viele Automatendrehteile bei den großen Stückzahlen, in denen diese benötigt werden, Tausende und aber Tausende von Arbeitsminuten gespart.

Es ist widersinnig, Gewindelängen so festzulegen, wie dies bei dem Stahlröhrchen in Abb. 385a der Fall ist. Eine Gewindelänge einschließlich Gewindeauslauf kann niemals als festes Maß angenommen werden, denn sobald das Gewindeschneidwerkzeug — gleichgültig ob Schneideisen oder Schneidkopf — einen anderen Gewindeanschnitt erhält, so wird sich dementsprechend auch die Einschraublänge des Gewindes ändern. Wenn die beiden in Abb. 385b dargestellten Gegenstände bei richtiger Gewindelänge nach Zeichnung und einem Gewindeanschnitt von $1^1/_2$ Gängen einen Abstand von A aufweisen, so kann dieser ohne weiteres um 2 mm größer werden, sobald bei einer Gewindesteigung von 1 mm der Anschnitt des Schneideisens beispielsweise anstatt mit $1^1/_2$ Gang mit $2^1/_2$ Gängen ausgeführt wird. In gleicher Weise gilt dies selbstverständlich auch für die Senkung der Mutternteile. Für eine fertigungsreife Ausführung müßte

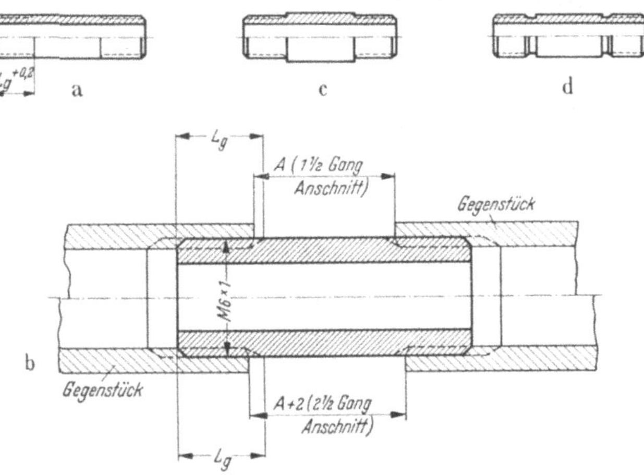

Abb. 385a—d. Maß- und Toleranzeintragung für Gewindelängen

der gewindelose Durchmesser des Stahlröhrchens gegenüber den beiden Gewindedurchmessern vergrößert werden, damit jeweils ein Gewindesatz (Abb. 385c) entsteht, oder es müßten beide Gewinde hinterstochen werden, entsprechend der Ausführung nach Abb. 385d.

Das Eintragen der Tiefenmaße in genaue Bohrungen ist häufig ebenfalls sehr mangelhaft. Zur Erreichung der in Abb. 386a vorgeschriebenen Bohrungstoleranz ist es unbedingt notwendig, die Bohrung zu reiben. Jede Reibahle muß jedoch eine entsprechende Anschnittlänge haben, so daß es unmöglich ist, die Bohrung bis auf den Grund derselben maßrichtig aufzureiben.

Um diesen, wenn auch kurzen Kegel, der vom Anschnitt der Reibahle im Bohrungsgrund stehen bleibt, zu entfernen, müßte die Bohrung bereits vor dem Reiben hinterstochen werden, was wiederum einen Mehraufwand an Arbeitszeit erfordert und bei besonders tiefen Bohrungen gegebenenfalls noch Schwierigkeiten bereiten könnte (Abb. 386b).

Wenn man derartige Fertigungsbeispiele untersucht, wird häufig festgestellt, daß sich z. B. in dieser Bohrung ein federbelasteter Druckbolzen bewegt, dessen größter Durchmesser höchstens bis auf 15 mm in die Bohrung eintreten kann (Abb. 386c). In diesem Falle wird man die Bohrung auf etwa 20 mm Tiefe aufreiben und dieses Maß besonders in die Zeichnung eintragen (Abb. 386d), womit alle Schwierigkeiten, die sonst bei dieser Herstellung auftreten könnten, ausgeschaltet und vermieden werden.

Diese Ausführungen sollen aufzeigen, wie wichtig es ist, viele unscheinbare Nebensächlichkeiten nicht als zweitrangig zu betrachten, und besonders sollen sie hinweisen, wie durch ungünstige Formgebung oder gänzlich unbegründete Vorschriften die Wirtschaftlichkeit der auto-

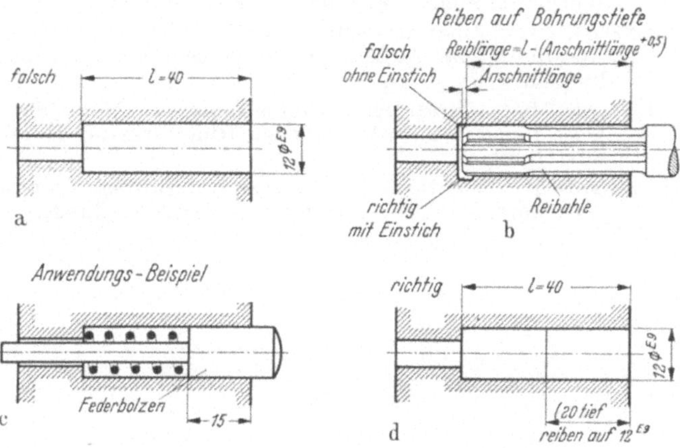

Abb. 386a—d. Festlegung der Tiefe von Bohrungen

matischen Drehteilfertigung gefährdet ist. Es wird oft der Fehler begangen, daß die Werkstücke nach ihrer Zugehörigkeit zu einem bestimmten Gerät, anstatt nach ihrer Funktion, die sie dabei zu erfüllen haben, also ausschließlich nach ihrem Verwendungszweck, bewertet und dementsprechend dargestellt und erzeugt werden. Beispielsweise ist es nicht zutreffend, daß ausnahmslos alle Drehteile nur deshalb, weil sie vielleicht zu einem Präzisionsgerät gehören, in all ihren Maßen Toleranzen von keinesfalls mehr als einigen Hundertstel Millimeter aufweisen dürfen. Ebenso ist es unverantwortlich, wenn z. B. die genormten Ringstutzen und Ringlötstücke in ihrem Aussehen wie poliert sein sollen, nur weil diese Teile im Flugzeugbau Verwendung finden. Solche übertriebenen Forderungen und Vorschriften haben nichts mit der Güte der betreffenden Geräte zu tun, und erhöhen nur unnütz die Erzeugungskosten der Drehteile.

Literatur

KELLE, PH.: Automaten, 2. Aufl. Berlin: Springer 1927.

KELLE, PH.: Werkzeuge und Einrichtung der selbsttätigen Drehbänke. Berlin: Springer 1929.
Werkstattbücher. Berlin: Springer.

SCHWENDENWEIN, K.: Ausführungsformen von Meißelschneiden und deren Anordnung bei Außen- und Innenbearbeitung. Index-Mitteilungen.

SCHWENDENWEIN, K.: Neuzeitlicher Drehautomat zur Herstellung kleiner Massen- oder Feinstdrehteile aus Ringwerkstoff. Hahn & Kolb-Mitteilungen.

SCHWENDENWEIN, K.: Wichtigste Voraussetzungen für zweckentsprechende Automaten-Drehteilefertigung. Index-Mitteilungen.

Sachverzeichnis

721/22/57